Studien zur Hochschuldidaktik und zum Lehren und Lernen mit digitalen Medien in der Mathematik und in der Statistik

Reihe herausgegeben von

Rolf Biehler, Universität Paderborn, Paderborn, Deutschland

Fachbezogene Hochschuldidaktik und das Lehren und Lernen mit digitalen Medien in der Schule, Hochschule und in der Mathematiklehrerbildung sind in ihrer Bedeutung wachsende Felder mathematikdidaktischer Forschung. Mathematik und Statistik spielen in zahlreichen Studienfächern eine wesentliche Rolle. Hier stellen sich zahlreiche didaktische Herausforderungen und Forschungsfragen, ebenso wie im Mathematikstudium im engeren Sinne und Mathematikstudium aller Lehrämter. Digitale Medien wie Lern- und Kommunikationsplattformen, multimediale Lehrmaterialien und Werkzeugsoftware (Computeralgebrasysteme, Tabellenkalkulation, dynamische Geometriesoftware, Statistikprogramme) ermöglichen neue Lehr- und Lernformen in der Schule und in der Hochschule.

Die Reihe ist offen für Forschungsarbeiten, insbesondere Dissertationen und Habilitationen, aus diesen Gebieten.

Reihe herausgegeben von
Prof. Dr. Rolf Biehler
Institut für Mathematik, Universität Paderborn, Deutschland

Weitere Bände in der Reihe http://www.springer.com/series/11974

Angela Laging

Selbstwirksamkeit, Leistung und Calibration in Mathematik

Eine Studie zum Einfluss von Aufgabenmerkmalen und Feedback zu Studienbeginn

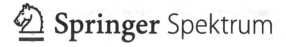 Springer Spektrum

Angela Laging
Ettlingen, Deutschland

Mathematische Selbstwirksamkeitserwartung, Leistung und Calibration. Eine quantitative Studie zum Einfluss von Aufgabenmerkmalen und Feedback in der Studieneingangsphase wirtschaftswissenschaftlicher Studiengänge.

Dissertation zur Erlangung des akademischen Grades eines Doktors der Naturwissenschaften (Dr. rer. nat.) im Fachbereich Mathematik/Informatik der Universität Kassel

Disputation am 19.6.2019

ISSN 2194-3974   ISSN 2194-3982 (electronic)
Studien zur Hochschuldidaktik und zum Lehren und Lernen mit digitalen Medien in der Mathematik und in der Statistik
ISBN 978-3-658-32479-7   ISBN 978-3-658-32480-3 (eBook)
https://doi.org/10.1007/978-3-658-32480-3

Die Deutsche Nationalbibliothek verzeichnet diese Publikation in der Deutschen Nationalbibliografie; detaillierte bibliografische Daten sind im Internet über http://dnb.d-nb.de abrufbar.

Planung/Lektorat: Marija Kojic
Springer Spektrum ist ein Imprint der eingetragenen Gesellschaft Springer Fachmedien Wiesbaden GmbH und ist ein Teil von Springer Nature.
Die Anschrift der Gesellschaft ist: Abraham-Lincoln-Str. 46, 65189 Wiesbaden, Germany

Geleitwort

Die Bestimmungsgründe der Leistungen in Mathematik sind aus naheliegenden Gründen für Lernende (u. a. Schülerinnen und Schüler, Studentinnen und Studenten) und Lehrende (u. a. Lehrerinnen und Lehrer, Professorinnen und Professoren) an Schulen und Hochschulen ebenso wie für viele Wissenschaftlerinnen und Wissenschaftler aus verschiedenen Disziplinen von höchstem Interesse. Obwohl unzählbar viele (theoretische und empirische) Studien existieren, ist der wissenschaftliche Erkenntnisstand nicht befriedigend. Dies gilt vor allem für die Zusammenhänge zwischen den Leistungen in Mathematik, den mathematischen Selbstwirksamkeitserwartungen und dem Maß der (richtigen bzw. falschen) Einschätzung der eigenen Fähigkeiten („Calibration"). Diese komplizierten Zusammenhänge werden zudem durch das Feedback, das Lernende erhalten, beeinflusst. Ferner spielen die Merkmale der Aufgaben der Tests, mit denen die Leistung und die Selbstwirksamkeitserwartungen gemessen werden, eine wesentliche Rolle.

Die Gründe für den unbefriedigenden Erkenntnisstand sind vielfältig. Unterschiedliche Theorien, Methoden und Daten führen oftmals zu unklaren oder gar widersprüchlichen Ergebnissen. Hinzu kommt, dass der größte Teil der Studien für den schulischen Bereich entstanden ist. Für den Bereich der Hochschule ist die Studienlage mager.

Diese Sachlage hat Angela Laging als Herausforderung angesehen. Im Rahmen ihres Dissertationsprojektes hat sich Angela Laging mit den skizzierten Zusammenhängen intensiv befasst. Zentral sind die drei folgenden Forschungsfragen:

1. Welche Aufgabenmerkmale beeinflussen die Aufgabenschwierigkeit, die Stärke der Selbstwirksamkeitserwartung, den Calibration Bias und die Calibration Accuracy bei Studienanfängerinnen und Studienanfängern wirtschaftswissenschaftlicher Studiengänge?

2. Wie entwickeln sich die Mathematikleistung, die Stärke der Selbstwirksamkeitserwartung, der Calibration Bias und die Calibration Accuracy bei Studierenden wirtschaftswissenschaftlicher Studiengänge innerhalb des ersten Studiensemesters?

3. Welchen Einfluss üben regelmäßige fakultative Kurztests mit informativem tutoriellem Feedback auf die Mathematikleistung, die Stärke der Selbstwirksamkeitserwartung, den Calibration Bias und die Calibration Accuracy innerhalb des ersten Semesters bei Studienanfängerinnen und Studienanfängern wirtschaftswissenschaftlicher Studiengänge aus?

Damit schließt Frau Laging an aktuelle wissenschaftliche Fragen an, die in der Mathematikdidaktik, der empirischen Bildungsforschung und der Hochschuldidaktik diskutiert werden. Sie trägt mit ihrer Arbeit aber auch zur praktischen Verbesserung der Lehrangebote bei.

Darüber hinaus ist die Arbeit von Angela Laging auch aus weiteren Gründen sehr bemerkenswert. Die umfangreichen empirischen Untersuchungen basieren auf Leistungstests und Befragungen, die im Fachbereich Wirtschaftswissenschaften der Universität Kassel durchgeführt wurden. Damit waren besondere Herausforderungen, aber auch besondere Möglichkeiten verbunden. Zu berücksichtigen waren, einerseits, die Besonderheiten des Lehrens und Lernens von Mathematik im Bereich der Wirtschaftswissenschaften. Andererseits ermöglichten die relativ großen Teilnehmerzahlen bei den Leistungstests und Befragungen verlässliche quantitative Analysen.

Die Dissertation ist weitgehend in der Zeit entstanden, als Angela Laging als Projektmitarbeiterin des Teilprojektes „Heterogenität der mathematischen Vorkenntnisse und Selbstwirksamkeitserwartungen von Studienanfänger/innen in wirtschaftswissenschaftlichen Studiengängen" des „Kompetenzzentrums Hochschuldidaktik der Mathematik" (khdm) am Fachgebiet Quantitative Methoden/VWL im Fachbereich Wirtschaftswissenschaften der Universität Kassel tätig war.

Dies war der Ausgangspunkt für eine sehr fruchtbare interdisziplinäre Zusammenarbeit zwischen dem Fachgebiet Quantitative Methoden/VWL, dem Institut für Mathematik an der Universität Kassel sowie dem khdm insgesamt. Insbesondere die vorliegende Dissertationsschrift von Angela Laging und weitere wissenschaftliche Publikationen haben maßgeblich von dieser Zusammenarbeit profitiert. Ganz wesentlich ist dabei auch, dass die Erkenntnisse, die Angela Laging gewonnen hat, die Neukonzeption der Mathematik-propädeutischen Angebote (Vorkurs, Brückenkurs, Lernumgebung Mathetreff, Kurztests) sowie der Grundlagenmodule Mathematik im Bereich der Wirtschaftswissenschaften positiv beeinflusst hat. Somit ist die Dissertationsschrift ein großer Gewinn - für die Wissenschaft und für die Praxis.

Inhaltsverzeichnis

Abkürzungsverzeichnis

AB	Anforderungsbereich
AGFI	Adjusted-Goodness-of-Fit-Index
AIC	Akaike Information Criterion
AV	Abhängige Variable
BIC	Bayes Information Criterion
CA	Calibration Accuracy
CFI	Comparative Fit Index
CW	Curriculare Wissensstufe
DMV	Deutsche Mathematiker Vereinigung
EFA	Exploratorische Faktorenanalyse
ES	Effektstärke
ET	Eingangstest
FB	Feedback
FOS	Fachoberschule
FP	Feedback Process level
FR	Feedback Self-regulation level
FS	Feedback Self level
FT	Feedback Task level
GDM	Gesellschaft für Didaktik der Mathematik
GFI	Goodness-of-Fit-Index
GI	Grundvorstellungsintensität
ICC	Item Characteristic Curve
ITF	Informatives Tutorielles Feedback
K	Kontext
khdm	Kompetenzzentrum Hochschuldidaktik Mathematik
KMK	Kultusminister Konferenz

M	Mittelwert
MAP	Velicer's Minimum Average Partial
MNSQ	Mean Square Fit Statistic
MSA	Measure of Sample Adequacy
MSES	Mathematics Self-Efficacy Scale
MSLQ	Motivated Strategies for Learning Questionnaires
NFI	Normed Fit Index
OECD	Organisation für wirtschaftliche Zusammenarbeit und Entwicklung
PA	Prozessbezogenes Feedback
PISA	Programme for International Student Assessment
PU	Praktische Übung
RMSEA	Root Mean Square Error
SD	Standardabweichung
SE	Standardfehler
SK	Selbstkonzept
SpK	Sprachlogische Komplexität
SRL	Selbstreguliertes Lernen
SV	Sozial-vergleichendes Feedback über Noten
SWK	Selbstwirksamkeit
TIMSS	Trends in International Mathematics and Science Study
U	Umfang der Bearbeitung
UB	Übungsblatt
UV	Unabhängige Variable
WA	Wissensart
WiPäd	Wirtschaftspädagogik
WiWi	Wirtschaftswissenschaften
WS	Wintersemester
ZA	Zusatzaufgaben
ZT	Zwischentest

Abbildungsverzeichnis

Tabellenverzeichnis

Einleitung

1

Das Vertrauen in die eigene Selbstwirksamkeit[1] ist ein zentrales Konzept im Lernprozess (u. a. Perels, Löb, Schmitz, & Haberstroh, 2006, S. 176). Selbstwirksamkeitsüberzeugungen haben viele Effekte, die im akademischen Bereich, z. B. im Studium, von besonderer Bedeutung sind:

> Such beliefs influence the courses of action people choose to pursue, how much effort they put forth in given endeavors, how long they will persevere in the face of obstacles and failures, their resilience to adversity, whether their thought patterns are self-hindering or self-aiding, how much stress and depression they experience in coping with taxing environmental demands, and the level of accomplishments they realize. (Bandura, 1997, S. 3)

Der positive Zusammenhang der Selbstwirksamkeitserwartung zur Leistung ist unumstritten und wurde bereits in zwei Meta-Analysen (Laging, 2015; Multon, Brown, & Lent, 1991) nachgewiesen. Auch in der PISA-Studie 2003 wird die mathematische Selbstwirksamkeitsüberzeugung als bedeutender Prädiktor der Mathematikleistung identifiziert (OECD, 2004, S. 135 ff.). Insbesondere beim Übergang von der Schule zur Hochschule wird der akademischen Selbstwirksamkeitserwartung eine zentrale Bedeutung für einen erfolgreichen Studieneinstieg zugesprochen, da sie nicht nur die akademische Leistung, sondern auch die persönliche Anpassung im ersten Studienjahr positiv beeinflusst (Chemers, Hu, & Garcia, 2001, S. 55).

---

[1] Selbstwirksamkeitsüberzeugung, Selbstwirksamkeitserwartung und Vertrauen in die eigene Selbstwirksamkeit werden synonym für „self-efficacy beliefs" verwendet.

© Der/die Autor(en), exklusiv lizenziert durch Springer Fachmedien Wiesbaden GmbH, ein Teil von Springer Nature 2021
A. Laging, *Selbstwirksamkeit, Leistung und Calibration in Mathematik*, Studien zur Hochschuldidaktik und zum Lehren und Lernen mit digitalen Medien in der Mathematik und in der Statistik, https://doi.org/10.1007/978-3-658-32480-3_1

Eine leichte Überschätzung der eigenen Fähigkeiten wird nach Bandura (u. a. 1997; 1986, S. 394) als vorteilhaft angesehen, um das eigene Potenzial auszuschöpfen, indem realistisch herausfordernde Aufgaben gewählt werden und zugleich eine hohe Motivation, verbunden mit einer hohen Anstrengungsbereitschaft und Persistenz, vorhanden ist. Starke Fehleinschätzungen der Selbstwirksamkeit, sowohl in Form einer Überschätzung als auch in Form einer Unterschätzung, haben jedoch negative Konsequenzen (Bandura, 1986, S. 393). Eine Überschätzung der eigenen Fähigkeiten kann zu Aktivitäten außerhalb des eigenen Fähigkeitenspektrums führen, was wiederum zu Schwierigkeiten, Misserfolgen und unter Umständen auch zu größeren Schäden führen kann (Bandura, 1986, S. 393 f.). Eine Unterschätzung der eigenen Fähigkeiten behindert dagegen das Ausbilden und Ausschöpfen der eigenen Fähigkeiten (Bandura, 1986, S. 394).

Ein wichtiger Bestandteil des selbstregulierten Lernens ist es, die eigenen Fähigkeiten möglichst exakt einschätzen zu können (u. a. Boekaerts & Rozendaal, 2010; Labuhn, Zimmerman, & Hasselhorn, 2010). Innerhalb des Lernprozesses hilft eine exakte Selbsteinschätzung Bereiche zu identifizieren, bei denen noch Lernbedarf besteht und maximiert somit die Passgenauigkeit der Vorbereitung für eine Prüfung (Hacker, Bol, Horgan, & Rakow, 2000, S. 160). In der Prüfungssituation selbst ermöglicht eine genaue Selbsteinschätzung ein strategisches Vorgehen und hilft damit beim Zeitmanagement (van Loon, Bruin, van Gog, & van Merrienboer, 2013): „Without monitoring accuracy, efficient control of one's performance may be impossible" (Nietfeld, Cao, & Osborne, 2005, S. 9).

Zur Beschreibung der Differenz zwischen eingeschätzter Leistung und erbrachter Leistung wird der Begriff der *Calibration*[2] verwendet. In der vorliegenden Arbeit erfolgt die Einschätzung der zu erbringenden Leistung anhand der mathematischen Selbstwirksamkeitserwartung. Zur Messung und Beschreibung der Exaktheit der Selbstwirksamkeitserwartung werden der *Calibration Bias* und die *Calibration Accuracy* verwendet. Der Calibration Bias gibt an, wie stark sich die untersuchten Personen durchschnittlich über- oder unterschätzt haben, und die Calibration Accuracy zeigt, wie nah ihre Einschätzung an der tatsächlich erbrachten Leistung ist – unabhängig davon, ob es sich um eine Unter- oder Überschätzung der eigenen Fähigkeiten handelt[3].

Häufig überschätzen Schülerinnen und Schüler sowie Studierende ihre Fähigkeiten – und das zum Teil sehr stark (u. a. Pajares & Kranzler, 1995; Pajares &

---

[2]Es gibt eine Vielzahl von deutschen Übersetzungen, jedoch keine einheitliche Verwendung für das Konstrukt der Calibration. Aus diesen Grund werden in der vorliegenden Arbeit die englischen Begriffe verwendet, die die Zugehörigkeit zum Forschungsstrang deutlich machen.
[3]Ausführlichere Definitionen und Abgrenzungen erfolgen in Unterabschnitt 2.2.1.

Miller, 1994), was Hattie (2013) als problematisch kennzeichnet: „If our confidence is high and our accuracy is low then there is a major problem" (S. 63). Eine Überschätzung der eigenen Fähigkeiten ist besonders dann problematisch, wenn sie zu unzureichendem Lernen führt (Zimmerman et al., 1996, zitiert nach Chen & Zimmerman, 2007, S. 233).

Zur Entwicklung der Selbstwirksamkeitserwartung, sowohl bezüglich der Stärke als auch bezüglich der Exaktheit, ist Feedback nötig (Hattie, 2013, S. 65). Dieses kann in sehr unterschiedlicher Form erfolgen und auch sehr unterschiedlich wirken. Entsprechend müssen die Spezifika des Feedbacks bei den Analysen der Wirksamkeit berücksichtigt werden.

Das Problem der starken Überschätzung zeigt sich auch in den Untersuchungen zu Studienanfängerinnen und Studienanfängern wirtschaftswissenschaftlicher Studiengänge in Mathematik an der Universität Kassel. Im Rahmen des Teilprojektes „Heterogenität der mathematischen Vorkenntnisse und Selbstwirksamkeitserwartungen von Studienanfänger/innen in wirtschaftswissenschaftlichen Studiengängen"[4] des Kompetenzzentrums Hochschuldidaktik Mathematik (khdm) werden seit dem Wintersemester 2011/12 innerhalb der Veranstaltung „Mathematik für Wirtschaftswissenschaften I" u. a. mathematische Selbstwirksamkeitserwartungen und mathematische Leistungen bei Studierenden im Grundlagenstoff aus der Sekundarstufe I und II untersucht. Es wurden mehrere Lehr-Lern-Innovationen entwickelt und ab dem Wintersemester 2011/12 eingeführt, die den Studierenden Rückmeldung[5] zu ihrem Leistungsstand und ihrer Leistungsentwicklung geben.

Die vorliegende Dissertation ist an dieses Teilprojekt angebunden und knüpft an die vorgängigen Ergebnisse zur starken Überschätzung durch die Studierenden an. Die Grundlage für die eigene Untersuchung bilden die Erhebungen des Projekts zu Beginn und zur Mitte des Wintersemesters 2012/13. Neben der Untersuchung der Mathematikleistung und der Stärke der mathematischen Selbstwirksamkeitserwartung liegt der Fokus dieser Arbeit auf der Untersuchung der Exaktheit der Selbstwirksamkeitserwartung in Form des Calibration Bias und der Calibration Accuracy. Es werden drei Forschungsschwerpunkte identifiziert, die sowohl inhaltlich als auch strukturell die vorliegende Arbeit gliedern:

1. Der Einfluss von Aufgabenmerkmalen auf die Stärke und Exaktheit der mathematischen Selbstwirksamkeitserwartung sowie auf die Mathematikleistung;
2. Die Entwicklung der Stärke und Exaktheit der mathematischen Selbstwirksamkeitserwartung sowie der Mathematikleistung innerhalb des ersten Semesters;

---

[4]Informationen zum Projekt: www.khdm.de
[5]Die Begriffe Rückmeldung und Feedback werden hier synonym verwendet.

3. Der Einfluss von Feedback auf die Entwicklung der Stärke und Exaktheit der mathematischen Selbstwirksamkeitserwartung sowie auf die Mathematikleistung.

Zu dieser Thematik existieren im Bereich der Mathematik bisher kaum Studien. Im Rahmen der PISA-Studien wurde zwar die Vorhersagekraft von Aufgabenmerkmalen auf die empirische Schwierigkeit von Mathematikaufgaben untersucht (u. a. Blum, vom Hofe, Jordan, & Kleine, 2004; Cohors-Fresenborg, Sjuts, & Sommer, 2004; Neubrand, Klieme, Lüdtke, & Neubrand, 2002; Turner, Dossey, Blum, & Niss, 2013), jedoch existieren keine derartigen Studien zur Einschätzung der individuell bedeutsamen Schwierigkeit bzw. dem Zutrauen, konkrete Aufgaben erfolgreich lösen zu können. Für den Bereich der Calibration besteht insgesamt noch ein großer Forschungsbedarf (Alexander, 2013), vor allem in realen Settings (Hacker, Bol, Bahbahani, 2008). Veränderungen der Calibration sind bisher wenig erforscht. Zum Einfluss von Feedback (insbesondere elaboriertem Feedback) auf Calibration existieren im Bereich Mathematik nach Kenntnisstand der Autorin nur zwei Studien (Harks, Rakoczy, Hattie, Besser, & Klieme, 2013; Labuhn et al., 2010). Weder in realen Settings noch mit Studierenden als Probanden existieren Untersuchungen zum Einfluss von elaboriertem Feedback auf die Calibration im Bereich Mathematik.

Die drei oben genannten Forschungsschwerpunkte sind relativ offen formuliert. Eine Klärung der Zusammenhänge und Entwicklungen ist in dieser Breite im Rahmen einer Dissertation nicht möglich, dazu wäre eine Vielzahl von Studien in verschiedenen Settings mit unterschiedlichen Probanden nötig. Um den möglichen Rahmen nicht zu sprengen, einen klaren Fokus zu setzen und inhaltlich direkt an das khdm-Projekt anzuknüpfen, erfolgen mehrere Eingrenzungen.

Durch die Mitarbeit der Verfasserin am khdm-Teilprojekt im Fachbereich der Wirtschaftswissenschaften an der Universität Kassel handelt es sich bei der untersuchten Stichprobe um Studierende wirtschaftswissenschaftlicher Studiengänge, die sich überwiegend im ersten Semester befinden. Sie studieren somit Mathematik als Servicefach und müssen deshalb Mathematik-Veranstaltungen in ihrem Studium belegen. Im Vergleich zu Studierenden mit Hauptfach Mathematik stellen u. a. das sehr heterogene Vorwissen sowie der Mangel an Fachinteresse und Motivation besondere Probleme dar (Eilerts, Bescherer, & Niederdrenkfelgner, 2010, S. 959). Bei der Interpretation der Ergebnisse werden die Besonderheiten der Stichprobe berücksichtigt und deren Übertragbarkeit diskutiert.

Ausgehend von den Erfahrungen, dass die Studierenden wirtschaftswissenschaftlicher Studiengänge zum Teil gravierende Defizite im Bereich der grundlegenden Mathematik der Sekundarstufe I und II aufweisen, wurde innerhalb des khdm-Projekts der Fokus auf diese „Grundlagenmathematik" gelegt. Für die Dissertation wird analog verfahren. Der aktuelle Forschungsstrang in der Hochschuldidaktik Mathematik zum *Advanced Mathematical Thinking* (siehe z. B. Tall, 2008) beschäftigt sich mit höherer Mathematik, die innerhalb der vorliegenden Arbeit nicht untersucht wird.

Der Übergang von der Schule zur Hochschule und damit verbundene Schwierigkeiten werden zur Einordnung der Ergebnisse aufgegriffen. Da eine umfassende Erläuterung dieser umfangreichen Thematik ebenfalls den Rahmen dieser Arbeit sprengen würde, werden nur für die Arbeit relevante Aspekte diskutiert. Da Grundlagenmathematik untersucht wird, bedarf es z. B. keiner Diskussion der Unterschiede zwischen Mathematik an der Schule und der Hochschule und der daraus resultierenden Probleme der Studierenden (siehe z. B. Rach, Heinze, & Ufer, 2014).

Da es sich bei dem khdm-Projekt um ein Entwicklungsprojekt mit begleitender Forschung handelt, liegt der Fokus auf der Weiterentwicklung der Lehr-Lern-Angebote zur Unterstützung der Studierenden. Für die begleitende Forschung gibt es entsprechend einige methodische Einschränkungen, die die Ergebnisse und ihre Interpretierbarkeit deutlich beschränken, wie im methodischen Teil genauer erläutert wird.

Die vorliegende Arbeit ist folgendermaßen aufgebaut: Der theoretische Hintergrund wird mit dem aktuelle Forschungsstand zur Selbstwirksamkeitserwartung, der Calibration, dem Feedback und der Aufgabenklassifikation in Kapitel 2 dargelegt. Neben Definitionen, Abgrenzungen, Möglichkeiten der Erfassung und empirischen Ergebnissen zu den verschiedenen Wirkungsbereichen werden auch Bezüge zum selbstregulierten Lernen und Feedbackmodellen hergestellt, die die zentrale Rolle der untersuchten Konzepte innerhalb des Lernprozesses verdeutlichen. Dieses Kapitel schließt mit der Formulierung von drei Forschungsfragen ab, die eine Konkretisierung der oben genannten Forschungsschwerpunkte darstellen. Innerhalb des Kapitels 3 werden methodische Aspekte erläutert, die neben den allgemeinen Rahmenbedingungen, dem Studiendesign und der Stichprobe auch kurze Erläuterungen ausgewählter statistischer Verfahren enthalten. Die eingesetzten und zum Teil neu entwickelten Instrumente werden zu Beginn des Kapitels 4 vorgestellt. Die Ergebnisse in Kapitel 4 und auch die Diskussion der Ergebnisse in Kapitel 5 sind basierend auf den drei Forschungsfragen jeweils in drei Unterkapitel gegliedert. Das Fazit in Kapitel 6 fasst die zentralen Ergebnisse zusammen und diskutiert die inhaltlichen Eingrenzungen sowie Übertragbarkeit bzw. Verallgemeinerung der Ergebnisse.

Theoretischer Hintergrund und Forschungsstand

2

Innerhalb dieses Kapitels werden die theoretischen Hintergründe zur Selbstwirksamkeitserwartung, zur Calibration, zum Feedback und zur Aufgabenklassifikation erläutert und der zugehörige aktuelle Forschungsstand zusammengefasst. Die Selbstwirksamkeitserwartung und die Calibration sind die zentralen Konstrukte der vorliegenden Dissertation. Um Rückschlüsse auf den Einfluss von Feedback auf diese Konstrukte ziehen zu können, widmet sich ein weiterer Abschnitt dem Feedback. Innerhalb des Abschnitts zur Aufgabenklassifikation werden die relevanten Aufgabenmerkmale erläutert, die bei der Kodierung der Aufgaben des Eingangstests eingesetzt wurden. Diese Klassifikation der Aufgaben ermöglicht Untersuchungen zum Einfluss der einzelnen Merkmale auf die mathematische Leistung, Selbstwirksamkeitserwartung und Calibration. Der empirische Forschungsstand zum Einfluss von Aufgabenmerkmalen auf die Leistung in Mathematik bildet einen Grundstein der späteren Analysen.

Ausgehend von den theoretischen Erläuterungen und den aktuellen Forschungsergebnissen, werden zum Abschluss dieses Kapitels die drei Forschungsfragen konkretisiert. Diese strukturieren im weiteren Verlauf die Arbeit.

Elektronisches Zusatzmaterial Die elektronische Version dieses Kapitels enthält Zusatzmaterial, das berechtigten Benutzern zur Verfügung steht.
https://doi.org/10.1007/978-3-658-32480-3_2

2.1   Selbstwirksamkeitserwartung

Das Konzept der Selbstwirksamkeit (*self-efficacy*) geht auf Bandura (1977) zurück, der mit Hilfe dieses Konstrukts eine Theorie zur Erklärung von Verhaltensänderungen entwickelte. Der Selbstwirksamkeitserwartung wird dabei eine wichtige Rolle bei Änderungen in ängstlichem und vermeidendem Verhalten zugesprochen (Bandura, 1977, S. 193). Mittlerweile hat sich das Konzept der Selbstwirksamkeitserwartung auch in anderen Bereichen der Psychologie fest etabliert und ihm ist viel Aufmerksamkeit in der Bildungsforschung zuteil geworden (Usher & Pajares, 2008, S. 751).

2.1.1 Definition der Selbstwirksamkeitserwartung[1]

Bandura (1986) definiert Selbstwirksamkeitserwartung „as people's judgments of their capabilities to organize and execute courses of action required to attain designated types of performances" (S. 391). Damit wird also die Überzeugung eines Individuums beschrieben, ein bestimmtes Verhalten innerhalb einer bestimmten Situation erfolgreich ausführen zu können. Es handelt sich somit um eine aufgaben- und situationsspezifische Einschätzung zum Einsatz der eigenen Fähigkeiten. Es stellt kein Maß für die Fähigkeiten selbst dar, sondern für das eigene Zutrauen, diese einsetzen zu können (Bandura, 1986, S. 391; 1997, S. 37). Die Anforderungen an die zugrunde gelegten Aufgaben werden bei der Definition von Schwarzer und Jerusalem (2002) deutlich, wonach Selbstwirksamkeitserwartungen definiert werden „als die subjektive Gewissheit, neue oder schwierige Anforderungssituationen auf Grund eigener Kompetenz bewältigen zu können. Dabei handelt es sich nicht um Aufgaben, die durch einfache Routine lösbar sind, sondern um solche, deren Schwierigkeitsgrad Handlungsprozesse der Anstrengung und Ausdauer für die Bewältigung erforderlich macht" (Schwarzer & Jerusalem, 2002, S. 35).

Im Rahmen der von Bandura entwickelten Social Cognitive Theory (Bandura, 1986; 1997) stellt das Konzept der Selbstwirksamkeitserwartung einen wichtigen Bestandteil dar. Grundlegend für die Theorie ist die Annahme, dass Menschen Einfluss auf ihr Handeln nehmen können (*human agency*) und dass die Selbstwirksamkeitserwartung hierfür zentral ist: „Beliefs of personal efficacy constitute the

---

[1]Einzelne Inhalte aus Abschnitt 2.1 der unveröffentlichten Masterarbeit der Autorin (Laging, 2015) wurden für diesen Unterabschnitt übernommen, überarbeitet und deutlich erweitert.

key factor of human agency" (Bandura, 1997, S. 3). Dabei beeinflussen persönliche Faktoren (kognitive, affektive, biologische), Verhalten und Umwelteinflüsse
sich gegenseitig. Diesen Zusammenhang bezeichnet Bandura (1986; 1997) als
triadic reciprocal causation.

Der Glaube an die eigene Selbstwirksamkeit beeinflusst das eigene Handeln,
indem die Wahl der Aktivität, der Grad der investierten Anstrengung und das
Durchhaltevermögen bei Schwierigkeiten und Misserfolgen beeinflusst werden
(Bandura, 1997, S. 3). Aber auch damit verbundene Gedankengänge, die sowohl
förderlich als auch selbsthinderlich sein können, hängen von der Selbstwirksamkeitserwartung ab, sodass Personen mit Stress und Depression auf externe
Anforderungen reagieren können (Bandura, 1997, S. 3). Insgesamt wird somit
auch der Grad der realisierten Leistungen durch die Stärke der Selbstwirksamkeitserwartung beeinflusst (Bandura, 1997, S. 3). Diese Einflüsse werden sowohl
auf theoretischer Seite aufgrund des Konstrukts der Selbstwirksamkeitserwartung
hergeleitet als auch durch diverse Studien empirisch bestätigt, wie im Unterabschnitt 2.1.5 dargelegt wird. Menschen mit einer hohen Selbstwirksamkeitserwartung sehen schwierige Aufgaben bzw. Situationen als Herausforderungen, nicht
als Hindernisse (Bandura, 1997). Sie setzen sich höhere Ziele und investieren
mehr Anstrengung, um diese zu erreichen (Bandura, 1997).

Selbstwirksamkeitserwartungen sind ein zentraler Bestandteil der motivationalen Komponente beim selbstregulierten Lernen, wie z. B. im zyklischen Modell
der Selbstregulation nach Zimmerman (2000a, S. 16) dargestellt wird[2]. Das selbstregulierte Lernen wird durch die Erwartung von Selbstwirksamkeit gefördert,
indem Personen sich mit Hilfe von selbstregulativen Prozessen wie Zielsetzung,
Selbstüberwachung, Selbstbewertung und Strategienutzung selbst zum Lernen
motivieren können (Zimmerman, 2000b, S. 87). Misserfolge werden von Personen mit hoher Selbstwirksamkeitserwartung über interne, veränderbare Faktoren
wie unzureichende Anstrengung attribuiert, wodurch Rückschläge schneller über-
wunden werden können (Bandura, 1997). „Such an efficacious outlook enhances
performance accomplishments, reduces stress, and lowers vulnerability to depression" (Bandura, 1997, S. 39).

Eine leichte Überschätzung der eigenen Fähigkeiten wird nach Bandura
(u. a. Bandura, 1997) aus theoretischer Sicht als vorteilhaft angesehen, um
das eigene Potential auszuschöpfen. Starke Fehleinschätzungen hingegen sind in
beide Richtungen problematisch (Bandura, 1986). Bei einer starken Unterschätzung der eigenen Fähigkeiten wird das eigene Potenzial nicht ausgeschöpft und

---

[2]Modelle zum selbstregulierten Lernen werden im Rahmen der Calibration in Unterabschnitt 2.2.2 genauer erläutert.

das Erfolgserleben bleibt aus. Mit einer starken Überschätzung werden Ziele außerhalb der eigenen Reichweite angestrebt, die wiederum mit Misserfolgen einhergehen. Abschnitt 2.2 widmet sich der Frage der Exaktheit der eigenen Selbsteinschätzung.

Prinzipiell wird in der Selbstwirksamkeits-Theorie zwischen den Effekten der Selbstwirksamkeitserwartung während der Entwicklung neuer Fähigkeiten (Lernsituationen) und dem Einsatz bereits entwickelter Fähigkeiten (Leistungs-situationen) unterschieden (u. a. Bandura, 1997, S. 76). Empirische Studien beziehen sich bisher wesentlich auf Selbstwirksamkeitserwartungen zum Einsatz bereits entwickelter Fähigkeiten. In Phasen des Erlernens, in denen neue Fähig-keiten entwickelt werden müssen, kann eine hohe Überzeugung in die eigenen Fähigkeiten dazu führen, dass der Anreiz zur Vorbereitung bzw. zur Investition von Anstrengung fehlt, so Banduras (1997, S. 76) theoretische Annahme.

2.1.2 Abgrenzung zu ähnlichen Konstrukten[3]

Die wahrgenommene Selbstwirksamkeit ist eine von vielen Facetten der Selbst-wahrnehmung bzw. von *self-beliefs*, die zwar alle selbstbezogen, aber nicht mit der Selbstwirksamkeitserwartung gleichzusetzen sind (Bandura, 1997, S. 10). Erwartungen in die eigene Selbstwirksamkeit sind von anderen ähnlichen Kon-strukten wie u. a. dem Selbstkonzept, dem Selbstwertgefühl, der Kontrollüberzeu-gung und der Erfolgserwartung zu unterscheiden. Trotz gewisser Gemeinsamkei-ten wird von eigenständigen Konzepten ausgegangen, die getrennt voneinander zu betrachten sind, je unterschiedlich erhoben werden und andere Zusammenhänge ergeben bzw. Einflüsse ausüben.

Insgesamt sind Selbstwirksamkeitserwartungen aufgaben- und situationsspe-zifischer als die genannten ähnlichen Konstrukte und sollten dementsprechend stärker auf mikroanalytischer Ebene erfasst werden (Pajares, 1996, S. 546). In der Praxis überschneiden sich jedoch die Erhebungsinstrumente bei der Erfas-sung der Konstrukte. So werden insbesondere bei quantitativen Studien mit eher unspezifischen Erhebungsinstrumenten, die beispielsweise nicht aufgabenspezi-fisch erfassen, sehr ähnliche Items verwendet, die aus theoretischer Sicht oftmals auch anderen Konstrukten zugeordnet werden könnten. Besonders häufig ist dies bei der Selbstwirksamkeit und dem Selbstkonzept der Fall, wie im Rahmen

---

[3]Einzelne Absätze aus Abschnitt 2.1 der unveröffentlichten Masterarbeit der Autorin (Laging, 2015) wurden für diesen Unterabschnitt übernommen, überarbeitet und deutlich erweitert.

der Erfassung der Selbstwirksamkeitserwartung in Unterabschnitt 2.1.4 genauer erläutert wird.

2.1.2.1 Selbstkonzept (*Self-Concept*)

Zum Selbstkonzept wurde ähnlich wie zur Selbstwirksamkeit im Schulkontext in den letzten Jahrzehnten viel geforscht, wobei beide Konstrukte nicht so einfach voneinander zu trennen sind (Bong & Slaavik, 2003, S. 2). Die Nähe zur Selbstwirksamkeit ist beim Selbstkonzept besonders groß (Zimmerman, 2000b, S. 84), weshalb die beiden Konzepte hier etwas ausführlicher verglichen werden. Insbesondere in früheren Arbeiten wurden die Begriffe oft nicht voneinander getrennt. Mittlerweile existieren mehrere Artikel und Reviews, die die Gemeinsamkeiten und Unterschiede der beiden Konstrukte sowohl auf theoretischer als auch empirischer Basis ausführlich thematisieren (u. a. Bong & Skaalvik, 2003; Bong, Cho, Ahn, & Kim, 2012). Trotzdem erfolgt diese Trennung nicht immer, was z. B. die bekannte Meta-Meta-Analyse *Visible Learning* von Hattie (2008) zeigt, bei der die Befunde zum Zusammenhang dieser beiden Konstrukte mit akademischer Leistung zu einem Gesamteffekt verrechnet werden. Auch verbreitete Erhebungsinstrumente zur Erfassung der Selbstwirksamkeitserwartung (z. B. MSLQ), die bereichs-, aber nicht problem-/aufgabenspezifisch sind, verwenden teilweise einzelne Items, die eher dem Selbstkonzept zugeordnet werden müssten[4].

„Unter ‚Selbstkonzept' (engl. ‚self-concept') versteht man das mentale Modell einer Person über ihre Fähigkeiten und Eigenschaften" (Moschner & Dickhäuser, 2006, S. 685). Heutzutage ist eine Trennung von bereichsspezifischen Konzepten, wie sie auch das hierarchische Modell nach Shavelson, Hubner und Stanton (1976) vertritt, weit verbreitet. Danach gliedert sich das generelle Selbstkonzept in das akademische, das soziale, das emotionale und das körperliche Selbstkonzept, wobei hier der Fokus auf dem akademischen Selbstkonzept liegt, das wiederum nach Fächern weiter untergliedert werden kann (siehe Abbildung 2.1).

Selbstkonzept und Selbstwirksamkeit haben zwar viele Gemeinsamkeiten wie u. a. die wahrgenommene Kompetenz und die Multidimensionalität. Es werden ihnen ähnliche Effekte bzgl. kognitiver, affektiver und verhaltensbezogener Wirkungen zugeschrieben (Bong & Skaalvik, 2003, S. 6 f.), aber sie weisen auch theoretische Unterschiede auf, die sich in der Erhebung und damit auch in den empirischen Ergebnissen wiederspiegeln sollten. Die Fokussierung auf den akademischen Bereich erschwert jedoch die klare konzeptuelle Trennung zusätzlich (Bong & Skaalvik, 2003, S. 7). Der entscheidende Unterschied ist:

---

[4]Genauere Erläuterung zu den Erhebungsinstrumenten in Unterabschnitt 2.1.4.

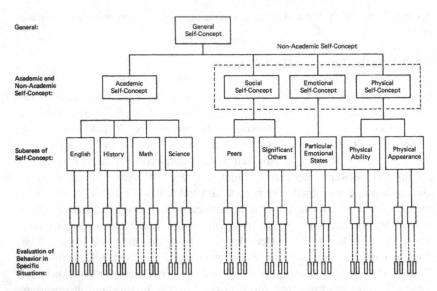

Abbildung 2.1   Eine mögliche Darstellung des hierarchischen Modells des Selbstkonzeptes (Shavelson et al., 1976, S. 413)

Das Selbstkonzept wird bereichsspezifisch erfasst, die Selbstwirksamkeit dagegen problem- bzw. aufgabenspezifisch (Pajares, 1996, S. 561). Die Überzeugungen in die eigene Selbstwirksamkeit sind situationsspezifisch und werden als dynamischer und veränderbarer angesehen als das eher stabile Selbstkonzept (Schunk, Pintrich, & Meece, 2009, S. 142). So verkörpert das Selbstkonzept „fairly stable perceptions of the self that are past-oriented, whereas self-efficacy represents relatively malleable and future-oriented conceptions of the self and its potential" (Bong & Skaalvik, 2003, S. 9). Insbesondere bezüglich der Quellen bzw. ihres Bezugsrahmens unterscheiden sich beide Konstrukte. Beurteilungen über das eigene Selbstkonzept basieren stärker auf sozialen Vergleichen und Vergleichen der eigenen Fähigkeiten in anderen Gebieten (Pajares, 1996, S. 561), wohingegen Selbstwirksamkeitsüberzeugungen stark von eigenen zurückliegenden Erfahrungen geprägt sind. So lässt sich das Internal/External Frame of Reference Model (Marsh, 1986) zum Selbstkonzept, das die internen Vergleiche berücksichtigt, wodurch sich hohe Leistungen in sprachlichen Fächern negativ auf das mathematische Selbstkonzept auswirken und umgekehrt (siehe Abbildung 2.2), nicht auf akademische Selbstwirksamkeitserwartungen übertragen (Bong & Skaalvik,

2003, S. 16). Das akademische Selbstkonzept korreliert in der Regel in mathematischen und verbalen Fächern fast überhaupt nicht, wobei die akademischen Selbstwirksamkeitserwartungen in Mathematik und in sprachlichen Fächern meist hoch korrelieren (Bong & Skaalvik, 2003, S. 23).

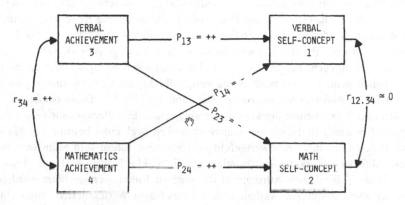

Abbildung 2.2 Internal/External Frame of Reference Model (Marsh, 1986, S. 134)

Entsprechend der theoretischen Unterschiede sollten die Konstrukte auch unterschiedlich erhoben werden, wobei Selbstwirksamkeitserwartungen spezifischer erfasst werden (siehe Unterabschnitt 2.1.4).

Die Selbstkonzept- und Selbstwirksamkeits-Forscher kritisieren sich gegenseitig und es herrscht Uneinigkeit darüber, welches Konstrukt bessere Vorhersagekraft hat, insbesondere bzgl. akademischer Leistungen. Die Selbstwirksamkeits-Vertreter kritisieren die fehlende Aufgabenspezifität beim Selbstkonzept und die Selbstkonzept-Vertreter kritisieren aufgrund der Aufgabenspezifizität der Selbstwirksamkeit den fehlenden praktischen Nutzen und die mangelnde Übertragbarkeit auf andere Gebiete (Bong & Skaalvik, 2003, S. 17 f.). In der Regel wird der Selbstwirksamkeit ein stärkerer Zusammenhang zur akademischen Leistung zugesprochen als dem Selbstkonzept (Bandura, 1997, S. 11; Zimmerman, 2000b, S. 85). Dies wurde u. a. von Pajares und Miller (1994) mit Hilfe eines Pfadmodells bestätigt, welches in Teilunterabschnitt 2.1.5.4 genauer erläutert wird. Bong und Skaalvik (2003) kommen bei ihrem Vergleich der Vorhersagekraft der beiden Konstrukte zu folgender Schlussfolgerung: „In general, self-concept better predicts affective reactions such as anxiety, satisfaction, and self-esteem, whereas self-efficacy better predicts cognitive processes and actual performance.

Such relative superiority notwithstanding, both constructs have been found useful for predicting similar outcomes" (S. 28).

2.1.2.2 Selbstwertgefühl (*Self-Esteem*)

Als Selbstwertgefühl[5] „wird der individuelle Grad an positiver Selbstbewertung, also an Selbstwertgefühl oder Selbstachtung, bezeichnet" (Mummendey, 2006, S. 69). Es handelt sich um eine individuelle subjektive Einschätzung, die nicht unbedingt die objektiven Fähigkeiten oder die Bewertung durch andere wiedergeben muss (Orth & Robins, 2014, S. 381). Im Gegensatz zu Selbstwirksamkeitserwartungen, bei denen es um Einschätzungen bezüglich der eigenen Fähigkeiten geht, werden beim Selbstwertgefühl Einschätzungen zum eigenen Selbstwert (*self-worth*) herangezogen (Bandura, 1997, S. 11). Diese beiden Einschätzungen haben keinen direkten Bezug zueinander: Eine Person kann eine sehr geringe Erwartung in die eigene Selbstwirksamkeit bzgl. einer bestimmten Aktivität haben, ohne das Selbstwertgefühl zu verringern, sofern kein Selbstwert in diese Aktivität investiert wird (Bandura, 1997, S. 11). Selbstwert hängt davon ab, wie die persönlichen Attribute in der eigenen Kultur wertgeschätzt werden und inwiefern das eigene Verhalten den persönlichen Wertekriterien entspricht (Bandura, 1986, S. 410). Orth und Robins (2014) kommen in ihrem Review über aktuelle Studien zur Entwicklung des Selbstwertgefühls zu dem Schluss, dass das Selbstwertgefühl relativ stabil ist: „Taken together, these new findings suggest that self-esteem should be thought of as a relatively stable, but by no means immutable, trait, with a level of stability that is comparable to that of basic personality characteristics" (S. 384). In dieser Hinsicht unterscheidet es sich von der Selbstwirksamkeitserwartung, die aus theoretischer Sicht als dynamischer und weniger stabil eingeschätzt wird (Schunk, Pintrich & Meece, 2009, S. 142).

2.1.2.3 Kontrollüberzeugung (*Personal Control*)

Ein weiteres Konstrukt, das von der Selbstwirksamkeitserwartung und den anderen oben dargestellten Konstrukten abzugrenzen ist, ist die Kontrollüberzeugung: „Perceived control refers to general expectancies about whether outcomes are controlled by one's behavior or by external forces, and it is theorized that an internal locus of control should support self-directed courses of action, whereas an external locus of control should discourage them" (Zimmerman, 2000b, S. 85). Kontrollüberzeugungen beschäftigen sich überhaupt nicht mit den wahrgenommenen eigenen Fähigkeiten, sondern allgemein damit, ob Ergebnisse durch das eigene Handeln beeinflusst werden können (Bandura, 2006, S. 309). Es handelt

---

[5] Alternative Übersetzungen für self-esteem: Selbstwertschätzung, Selbstachtung.

sich also um zwei unterschiedliche Phänomene: "Beliefs about whether one can produce certain actions (*perceived self-efficacy*) cannot, by any stretch of the imagination, be considered the same as beliefs about whether actions affect outcomes (*locus of control*)" (Bandura, 1997, S. 20). Entsprechend wird ein gewisses Maß an Kontrollüberzeugungen für eine hohe Selbstwirksamkeitserwartung benötigt, denn ohne die Überzeugung, durch das eigene Handeln Einfluss zu nehmen, kann auch keine hohe Erwartung in die eigene Selbstwirksamkeit erfolgen. Umgekehrt kann eine hohe Kontrollüberzeugung ohne starke Selbstwirksamkeitserwartung bestehen, z. B. wenn Schüler/innen zwar fest davon überzeugt sind, dass die Noten von ihren Leistungen abhängen, aber eine geringe Selbstwirksamkeitserwartung besitzen, die geforderten Leistungen tatsächlich erbringen zu können (Bandura, 2006, S. 309). In der Regel werden Kontrollüberzeugungen weder bereichs- noch aufgabenspezifisch erfasst, sondern über allgemeine Überzeugungen zu internen oder externen Kausalitäten (Zimmerman, 2000b, S. 85).

2.1.2.4 Erfolgserwartung (*Outcome Expectation*)

Erfolgs- bzw. Ergebniserwartung (*outcome expectation*) beschreibt die Erwartung einer Person, dass ein bestimmtes Verhalten auch eine bestimmtes Ergebnis erzielt (Bandura, 1977, S. 193). Bei der Selbstwirksamkeit hingegen handelt es sich um die Erwartung, dieses Verhalten erfolgreich ausführen zu können (Bandura, 1977, S. 193). Entsprechend benötigt eine Person ein gewisses Maß an Selbstwirksamkeitsüberzeugung, um das Verhalten auszuführen, von dem wiederum eine bestimmte Erfolgserwartung ausgeht. Abbildung 2.3 verdeutlicht diesen Zusammenhang schematisch. Wenn das eigene Handeln das Ergebnis bestimmt, erklären Selbstwirksamkeitserwartungen einen Großteil der Abweichungen zu den erwarteten Ergebnissen (Bandura, 1997, S. 24).

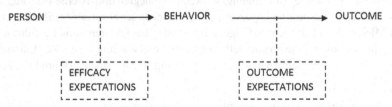

Abbildung 2.3 Schematische Darstellung der Unterscheidung zwischen *efficacy expectations* und *outcome expectations* (Bandura, 1977, S. 193)

2.1.3 Quellen der Selbstwirksamkeitserwartung

Nach Bandura (1986; 1997) werden Selbstwirksamkeitsüberzeugungen durch
vier zentrale Quellen geprägt: Bewältigungserfahrungen (*enactive mastery experiences*), stellvertretende Erfahrungen (*vicarious experiences*), Rückmeldungen[6]
durch Dritte (*verbal persuation*) sowie physiologische und affektive Zustände
(*physiological state*)[7]. Jeder Einfluss auf die Erwartung in die eigene Selbstwirksamkeit kann über eine oder mehrere dieser Quellen erfolgen (Bandura, 1986;
1997). Bandura (1997, S. 79) unterscheidet zwischen der erfahrenen Information und den ausgewählten, gewichteten und in Selbstwirksamkeitsbewertungen
einbezogenen Informationen. Erst durch kognitive Prozesse und reflektierende
Gedanken werden Informationen zur Selbstwirksamkeit verarbeitet. Dabei spielen
sowohl die Art der Informationen bzw. die Quellen als auch deren Gewichtung
und Integration eine Rolle. Bandura (1986; 1997) beschreibt diese vier Quellen
der Selbstwirksamkeit folgendermaßen[8]:

Bewältigungserfahrungen bzw. Erfahrungen aus bereits erbrachten Leistungen
dienen als Indikator der eigenen Fähigkeit. Dazu zählen sowohl die eigenen Erfahrungen mit Erfolg und Misserfolg als auch die zugehörigen Attributionsprozesse[9].
Erfolge steigern die Einschätzungen der eigenen Selbstwirksamkeit und wieder-
holtes Scheitern senken sie. Insbesondere Misserfolge, die nicht auf mangelnde
Anstrengung oder externe Umstände zurückzuführen sind, wirken sich negativ auf
die eigene Selbstwirksamkeitserwartung aus, da als Ursache des Scheiterns die eigenen Fähigkeiten gesehen werden. Bei Personen, die bereits ein starkes Vertrauen in
die eigene Selbstwirksamkeit entwickelt haben, wirken sich gelegentliche Misserfolge in der Regel kaum auf die eigene Selbstwirksamkeitserwartung aus. Dies liegt
oftmals auch an der günstigeren Attribution, bei der eher variable und externe Faktoren wie unzureichende Anstrengung, schwache Strategien und externe Faktoren als
Ursachen des Scheiterns herangezogen werden. Bei dieser Form der Attribution werden Misserfolge eben nicht auf eigene mangelnde Fähigkeiten zurückgeführt und
beeinflussen deshalb die eigene Selbstwirksamkeitserwartung kaum. Zur Entwicklung einer robusten Selbstwirksamkeitserwartung werden auch Erfahrungen zum

---

[6]Das Thema Feedback wird in Abschnitt 2.3 ausführlicher erläutert.
[7]Deutsche Übersetzung der Quellen nach Köller & Möller (2006, S. 693).
[8]Die folgenden Beschreibungen der Quellen basieren inhaltlich auf Bandura (1997, S. 79 ff.)
und Bandura (1986, S. 399 ff.).
[9]Bei Attributionen handelt es sich um Ursachenzuschreibungen, die z. B. bei Erfolgen und
Misserfolgen eintreten.

Überwinden von Schwierigkeiten mit Hilfe beharrlicher Anstrengung benötigt. Entsprechend bieten Schwierigkeiten auch die Möglichkeit, Erfahrungen zu machen, wie Misserfolge aufgrund der eigenen Fähigkeiten in Erfolge umgewandelt werden können. Der Einfluss von Leistungserfahrungen auf die wahrgenommene Selbstwirksamkeit hängt von verschiedenen Faktoren ab, u. a. der vorgefassten Meinung über die eigenen Fähigkeiten, der wahrgenommenen Aufgabenschwierigkeit und der investierten Anstrengung. Entsprechend ist die wahrgenommene Selbstwirksamkeit oft ein besserer Prädiktor für die eigenen Fähigkeiten als frühere Leistungen. Gesteigerte Selbstwirksamkeitserwartungen, die anhand der beschriebenen eigenen Erfahrungen gemacht werden, können sich auch auf andere Situationen/Bereiche übertragen, wobei dies vor allem bei Tätigkeiten geschieht, die der erfahrenen selbstwirksamkeitsstärkenden Tätigkeit ähneln. Bewältigungserfahrungen stellen die wichtigste Quelle der Selbstwirksamkeitserwartung dar, weil sie besonders authentisch sind.

Stellvertretende Erfahrungen werden durch die Beobachtung und den Vergleich mit anderen Personen gemacht. Erfolge und Misserfolge Anderer können sich auf die eigene Selbstwirksamkeit auswirken, insbesondere wenn ihnen vergleichbare Fähigkeiten zugesprochen werden. So kann die erfolgreiche Bewältigung einer Situation/Aufgabe durch eine andere Person die eigene Selbstwirksamkeit stärken, indem der Beobachter davon ausgeht, derartige Situationen/Aufgaben ebenfalls bewältigen zu können. Umgekehrt kann die eigene Selbstwirksamkeitserwartung geschwächt werden, wenn eine andere Person mit vergleichbaren Fähigkeiten trotz Anstrengung scheitert. Häufig werden Vergleiche mit Personen in ähnlichen Situationen gezogen, wie z. B. Klassenkamerad/innen oder Kolleg/innen. Wie stark Personen durch stellvertretende Erfahrungen beeinflusst werden, hängt von verschiedenen Faktoren ab. Herrscht Unsicherheit über die eigenen Fähigkeiten, z. B. aufgrund fehlender oder widersprüchlicher eigener Erfahrungen, werden stellvertretende Erfahrungen stärker zur Einschätzung der eigenen Selbstwirksamkeit herangezogen.

Rückmeldungen durch Dritte erfolgen überwiegend anhand mündlicher oder schriftlicher Beurteilungen Anderer bezüglich der eigenen Fähigkeiten. Um Personen davon zu überzeugen, dass sie die benötigten Fähigkeiten besitzen, muss die Wertschätzung in einem realistischen Rahmen erfolgen. Nur eine glaubhafte Rückmeldung kann als Quelle der Selbstwirksamkeit in Betracht gezogen werden. Unrealistische Erwartungen zu schüren, würde außerdem eher dazu führen, dass die Person weitere Misserfolge erlebt, die wiederum die eigene Selbstwirksamkeit schwächen. Bei der Schwächung der Selbstwirksamkeit durch Dritte hingegen kann die dadurch entstandene Unsicherheit in die eigenen Fähigkeiten dazu führen, dass herausfordernde Situationen gemieden werden bzw. bei Schwierigkeiten aufgegeben wird. Die Bedeutung von Feedback als Quelle der Selbstwirksamkeit wird hier deutlich.

Der eigene **physiologische Zustand** beeinflusst die Selbstwirksamkeit, indem körperliche Anzeichen wie Aufregung und Stress bezüglich der eigenen Fähigkeiten gedeutet werden. Auftretende Ängste schüren weitere Ängste und das Bewusstsein über diese Ängste senkt die Selbstwirksamkeitserwartung. Aber auch Müdigkeit, Kurzatmigkeit und Schmerzen können insbesondere bei physischen Aktivitäten die wahrgenommene Selbstwirksamkeit schwächen.

Die Quellen der Selbstwirksamkeitserwartung wurden sowohl in qualitativen als auch in quantitativen Studien untersucht. Innerhalb der quantitativen Studien wurden unterschiedliche Items und Skalen zur Erhebung verwendet, wobei nicht immer theoretische Richtlinien zu den Konstrukten verwendet wurden (Usher & Pajares, 2008, S. 755).

Bewältigungserfahrungen wurden in sehr unterschiedlicher Weise erfasst, wobei die Erfassung anhand objektiver zurückliegender Leistungen wie z. B. früherer Noten von Usher und Pajares (2008, S. 755) als problematisch eingestuft wird, weil sie den Aspekt der individuellen Interpretation und Attribution der Leistung nicht erfassen. Eine bestimmte Notenstufe kann für die eine Person eine selbstwirksamkeitssteigernde und für die andere Person eine selbstwirksamkeitsschwächende Erfahrung sein. Zur Erfassung des physiologischen Zustandes wird meist die Ängstlichkeit bezüglich eines speziellen Fachs erhoben. Ähnlich wie bei der Erfassung der Selbstwirksamkeitserwartung müssen auch die Quellen spezifisch genug erfasst werden und der Selbstwirksamkeitsmessung entsprechen, da ansonsten die Ergebnisse konfundiert sein können (Usher & Pajares, 2008, S. 763).

Die Quellen der Selbstwirksamkeitserwartung werden zwar einzeln erfasst, hängen inhaltlich aber meist auch miteinander zusammen bzw. beeinflussen sich gegenseitig. Usher und Pajares (2008) erläutern den Zusammenhang an folgendem Beispiel des Schreibens:

> A student who writes an excellent essay will likely earn top marks, receive praise from others, and experience positive feelings toward writing. Excellent writers are also influenced by models proficient at writing. As a consequence, such students will likely approach the task of composition with a strong sense of efficacy gained from the combined effects of the information these sources provide. (S. 775)

Feedbackmaßnahmen, die Einfluss auf die Selbstwirksamkeitserwartung haben (sollen), fungieren in der Regel über eine oder mehrere dieser Quellen (vgl. zum Feedback auch den Abschnitt 2.3).

2.1.4 Erfassung von Selbstwirksamkeitserwartungen[10]

Selbstwirksamkeitserwartungen variieren bezüglich drei Dimensionen: Niveau (*level*), Allgemeinheit (*generality*) und Stärke (*strength*). Das *Niveau* gibt den Schwierigkeitsgrad der einzuschätzenden Aufgabe an, wobei die Bandbreite der wahrgenommenen Fähigkeiten über variierende Niveaus mit unterschiedlichem Grad an Herausforderungen gemessen wird (Bandura, 1997, S. 42). Je nachdem wie stark die Selbstwirksamkeitsüberzeugungen auf andere Bereiche übertragen werden können, spricht man von *Allgemeinheit* (Zimmerman, 2000b, S. 83). Sie kann vielseitig variieren, in Abhängigkeit von der Ähnlichkeit der Aufgabe, der Situation und weiterer Aspekte (Bandura, 1997, S. 43). Die *Stärke* der Selbstwirksamkeit wird anhand der Sicherheit der eigenen Einschätzung gemessen (Zimmerman, 2000b, S. 83), wobei eine stärkere Überzeugung in die eigenen Fähigkeiten zu größerem Durchhaltevermögen bei Hindernissen führt und die Wahrscheinlichkeit für einen Erfolg steigert (Bandura, 1997, S. 43). Um diese drei Dimensionen der Selbstwirksamkeitserwartung zu messen, sollten die Instrumente aufgabenspezifisch mit variierendem Schwierigkeitsgrad sein und den Grad des Zutrauens erfassen (Zimmerman, 2000b, S. 83). Insbesondere unterschiedliche Anforderungsstufen, die auch ein anspruchsvolleres Niveau erreichen, sind wichtig, denn „If there are no obstacles to overcome, the activity is easily and everyone is highly efficacious" (Bandura, 2006, S. 311).

Es ist wichtig, dass der Fokus auf Leistungsfähigkeiten liegt performable und nicht auf persönlichen Qualitäten wie physische oder psychologische Eigenschaften (Zimmerman, 2000b, S. 83), weil sonst weniger das Konstrukt der Selbstwirksamkeitserwartung, sondern eher das des Selbstwertgefühls gemessen werden würde. Die Formulierung sollte „can do" verwenden, statt „will do", um Einschätzungen über Fähigkeiten und nicht über Intentionen zu erlangen (Bandura, 2006, S. 308). Des Weiteren beziehen sich Einschätzungen zur eigenen Selbstwirksamkeit auf zukünftige Aktivitäten und müssen entsprechend *vor* diesen erhoben werden (Zimmerman, 2000b, S. 84). Der zeitliche Abstand zwischen

---

[10]Mehrere Absätze aus Abschnitt 2.2 der unveröffentlichten Masterarbeit der Autorin (Laging, 2015) wurden für diesen Unterabschnitt übernommen und ergänzt.

Messung und Aktivität nimmt Einfluss auf die Stärke und Exaktheit des Zusammenhangs, wobei eine möglichst zeitnahe Erhebung dies fördert (Bandura, 1997, S. 67). Bei größeren Zeitspannen zwischen den Erhebungen erhöht sich die Möglichkeit, dass sich die Selbstwirksamkeitserwartung verändert und zum Zeitpunkt der Leistungserhebung ggf. deutlich abweicht und somit den Zusammenhang schwächen würde.

Zur Erfassung der Selbstwirksamkeitserwartung existiert eine große Bandbreite an Erhebungsinstrumenten und Verfahren, die von sehr allgemein bis sehr spezifisch reicht. Eine typische Vorgehensweise, die auch von Bandura selbst empfohlen wird (Bandura, 1997; 2006), besteht darin, den Probanden Aufgaben mit unterschiedlichem Schwierigkeitsgrad kurz zu zeigen und sie einschätzen zu lassen, wie stark sie sich zutrauen, diese Aktivitäten erfolgreich zu bewältigen. Als Antwortformat empfiehlt Bandura eine 100-Punkte-Skala mit 10er Schritten, es werden aber auch oft mehrstufige Likert-Skalen verwendet. Wichtig ist eine ausreichende Menge von Stufen, da zu wenige Ausprägungen die Empfindlichkeit und Reliabilität schwächen, insbesondere wenn berücksichtigt wird, dass viele Probanden die Pole der Antwortskalen eher meiden (Bandura, 2006, S. 312). Die Stärke der Selbstwirksamkeitsüberzeugung wird über den Mittelwert aller Items gemessen. Dieses aufgabenspezifische Verfahren wird von wichtigen Vertretern im Bereich der Selbstwirksamkeitsforschung (u. a. Schunk und Pajares) in ihren jeweiligen Studien und auch im Rahmen dieser Studie eingesetzt.

Alternativ können zur aufgabenspezifischen Erfassung der Selbstwirksamkeit auch Fragebögen eingesetzt werden, bei denen das Zutrauen in die eigenen Fähigkeiten bzgl. konkreter Aufgaben oder Aufgabentypen eingeschätzt werden soll. Beispiele dafür sind im Bereich Mathematik die beiden Subskalen *Math Problems* und *Math Tasks* der Mathematics Self-Efficacy Scale (MSES) von Hackett und Betz (1982) und die Skala zur Selbstwirksamkeit in Mathematik, die bei den PISA-Studien 2003 und 2012 (siehe Tabelle 2.1) eingesetzt wurde.

Weitere Möglichkeiten zur Erfassung der mathematischen Selbstwirksamkeitserwartung sind Einschätzungen dazu, wie sicher sich Probanden sind, bestimmte Anteile der Aufgaben richtig zu lösen (siehe z. B. *Problem Solving Self-Efficacy* von Bandura (2006, S. 324)) oder eine bestimmte Note in verschiedenen Mathematikkursen zu erreichen (siehe z. B. Subskala *College Courses* des MSES von Hackett und Betz (1982, S. 28)).

Es gibt daneben auch verbreitete bereichsspezifische Erhebungsinstrumente, bei denen die Probanden Aussagen zur Einschätzung ihrer Fähigkeiten bewerten sollen. Innerhalb des Motivated Strategies for Learning Questionnaires (MSLQ) von Pintrich und De Groot (1990) wird die Selbstwirksamkeit anhand von neun

Tabelle 2.1 Items der Skala Selbstwirksamkeit in Mathematik der PISA-Studien 2003 und 2012 (OECD, 2003b, S. 20; OECD, 2012, S. 22)

	Wie zuversichtlich fühlst du dich, die folgenden Aufgaben zu lösen?[a]
a)	Einen Zugfahrplan verwenden, um herauszufinden, wie lange man von einem Ort zu einem anderen brauchen würde.
b)	Ausrechnen, um wie viel günstiger ein Fernsehgerät nach einem Preisnachlass von 30 % wäre.
c)	Berechnen, wie viel Quadratmeter Fliesen man für einen Raum benötigt.
d)	Diagramme in Zeitungen verstehen.
e)	Eine Gleichung lösen, wie $3x + 5 = 17$.
f)	Die tatsächliche Distanz zwischen zwei Orten auf einer Landkarte mit einem Maßstab von 1:10 000 bestimmen.
g)	Eine Gleichung lösen, wie $2(x + 3) = (x + 3)(x - 3)$.
h)	Den Treibstoffverbrauch eines Autos berechnen.

[a]Antwortformat: sehr zuversichtlich (1), zuversichtlich (2), nicht sehr zuversichtlich (3), gar nicht zuversichtlich (4).

Items erhoben (siehe Tabelle 2.2). Einige der Aussagen stützen sich auf den sozialen Vergleich mit anderen, was weniger der Selbstwirksamkeit, sondern stärker dem Selbstkonzept entspricht (siehe Teilunterabschnitt 2.1.2.1).

Tabelle 2.2 Self-Efficacy Items aus dem MSLQ (Pintrich & De Groot, 1990, S. 40)

Compared with other students in this class I expect to do well.
I'm certain I can understand the ideas taught in this course.
I expect to do very well in this class.
Compared with others in this class, I think I'm a good student.
I am sure I can do an excellent job on the problems and tasks assigned for this class.
I think I will receive a good grade in this class.
My study skills are excellent compared with others in this class.
Compared with other students in this class I think I know a great deal about the subject.
I know that I will be able to learn the material for this class.

Bei der Erfassung nicht-fachspezifischer Selbstwirksamkeitserwartungen wie der akademischen Selbstwirksamkeit beziehen sich die Aussagen in der Regel nicht mehr auf ein spezifisches Fach oder einen Kurs, sondern werden allgemeiner formuliert. Beispielsweise wird die Selbstwirksamkeitserwartung in der PISA-Studie 2000 über Items wie „Ich bin überzeugt, dass ich in Hausaufgaben und Klassenarbeiten gute Leistungen erzielen kann" und „Ich bin überzeugt, dass ich die Fertigkeiten, die gelehrt werden, beherrschen kann" (OECD, 2003a, S. 93) erhoben. Auf welche Art von Fähigkeiten und Leistungen sich diese Aussagen beziehen, ist dabei unklar.

Eine globale Erfassung der Selbstwirksamkeitserwartung, bei der generelle Fähigkeiten eingeschätzt werden sollen, ist fragwürdig und führt zu einer Fehlvorstellung des Konstrukts als Charakteranlage (Bandura, 1997, S. 40). Bandura fordert spezifische Instrumente zur Erfassung der Selbstwirksamkeitserwartung, die auf den jeweiligen Bereich abgestimmt sind, da zu allgemeine Instrumente die Vorhersagekraft schwächen und nicht mehr klar ist, was überhaupt gemessen wird:

> There is no all-purpose measure of perceived self-efficacy. The *'one measure fits all'* approach usually has limited explanatory and predictive value because most of the items in an all-purpose test may have little or no relevance to the domain of functioning. Moreover, in an effort to serve all purposes, items in such a measure are usually cast in general terms divorced from the situational demands and circumstances. This leaves much ambiguity about exactly what is being measured or the level of task and situational demands that must be managed. Scales of perceived self-efficacy must be tailored to the particular domain of functioning that is the object of interest. (Bandura, 2006, S. 307 f.)

Eine globale Erfassung der Selbstwirksamkeitserwartung (sogenannte *Omnibus-Verfahren*) ist nicht nur aus theoretischer Sicht problematisch, da es nicht wirklich dieses Konstrukt erfasst, sondern auch "most likely be a weak predictor of attainments in a particular scholastic domain, such as mathematics" (Bandura, 1997, S. 40). Ein bereichsspezifisches Instrument sagt die Wahl von mathematischen Aktivitäten und erbrachten Leistungen besser vorher, aber ein detailliertes, aufgabenspezifisches Instrument bietet den besten Prädiktor für das Verhalten und die Leistung (Bandura, 1997, S. 40; Pajares, 1996, S. 547). Nicht nur die Art der Erfassung der Selbstwirksamkeit an sich spielt eine Rolle, sondern auch der Zusammenhang zur Art der Leistungserfassung, der eine gewisse Deckung haben sollte (Pajares, 1996, S. 557.). Werden bei der Selbstwirksamkeit andere Fähigkeiten gemessen als bei der Leistung, ist nicht von einem hohen Zusammenhang auszugehen (Bandura, 1997, S. 62).

2.1.5 Forschungsstand zur Selbstwirksamkeitserwartung[11]

Pajares (1996) identifiziert zwei Schwerpunkte in der Forschung zu Selbstwirksamkeitserwartungen: Zum einen den Einfluss auf Kurs- und Berufsentscheidungen, zum anderen den Zusammenhang zu anderen verwandten psychologischen Konstrukten, akademischer Motivation und Leistung. Im akademischen Bereich wurden bereits viele Domänen untersucht, jedoch hat die Mathematik besonders viel Aufmerksamkeit erhalten, was Pajares und Graham (1999, S. 124 f.) u. a. anhand des wichtigen Platzes im Curriculum und der Verwendung bei Einstufungs- und Aufnahmetests begründen. Da sich die vorliegende Arbeit der Höhe und Exaktheit der Selbstwirksamkeitserwartung bei Mathematikaufgaben widmet, wird der aktuelle Forschungsstand im Folgenden vorwiegend auf den Bereich Mathematik fokussiert.

2.1.5.1 Geschlechterunterschiede

Im Rahmen diverser Studien wurden potentielle Geschlechterunterschiede bzgl. der akademischen Selbstwirksamkeitserwartung untersucht, wobei die Ergebnisse sehr unterschiedlich ausfallen. Insbesondere zwischen den Domänen, aber auch innerhalb dieser variieren die Befunde sehr stark. Im Bereich Mathematik werden meist leichte bis mittlere Unterschiede zu Gunsten einer höheren Selbstwirksamkeitserwartung der männlichen Probanden gefunden, wobei zugleich viele Studien keine Geschlechterunterschiede aufweisen. Pajares (2005) fast die Ergebnisse der Studien zu Geschlechterunterschieden in mathematischer Selbstwirksamkeit folgendermaßen zusammen:

1. Most researchers found that male students report stronger mathematics self-efficacy beliefs than do female students, although it bears emphasizing that a number of researchers have failed to find differences. In most cases, results strongly depend on the variables included in regression models or path analyses.
2. When differences are detected, it seems that they start during middle school and accentuate as students grow older.
3. Gender differences in mathematics self-efficacy do not favor female students at any level of schooling.

---

[11]Einzelne Inhalte aus Abschnitt 2.4 der unveröffentlichten Masterarbeit der Autorin (Laging, 2015) wurden für diesen Unterabschnitt übernommen, überarbeitet und sehr umfangreich erweitert.

4. The differences favoring boys often are found when girls and boys have similar mathematics achievement indexes, or even when girls have higher achievement than do boys. (Pajares, 2005, S. 304)

Huang (2013) hat eine Meta-Analyse mit 187 Studien zu Geschlechterunterschieden bzgl. der Selbstwirksamkeitserwartung durchgeführt, die insgesamt 247 unabhängige Stichproben enthalten ($N = 68.429$). Der Gesamteffekt[12] von $g = 0,08$ zu Gunsten der männlichen Probanden basiert auf signifikant heterogenen Effektstärken, weshalb Moderatoranalysen durchgeführt wurden. Die Fachdomäne und das Alter konnten als Moderatorvariablen identifiziert werden, kulturelle Unterschiede erwiesen sich dagegen nicht als signifikanter Moderator. Die Ergebnisse der Geschlechterunterschiede getrennt nach Domäne spiegeln die typischen Geschlechterstereotype wider (Huang, 2013, S. 10): In Sprachen zeigen weibliche Probanden höhere Selbstwirksamkeitserwartungen als männliche, wohingegen männliche Probanden im Schnitt höhere Selbstwirksamkeitserwartungen in Mathematik und bei der Computernutzung haben (siehe Tabelle 2.3). Während die allgemeine Moderatoranalyse nicht besonders aussagekräftig ist, so stellt sich das für Studien im Bereich Mathematik anders dar. Hier zeigt sich, dass jüngere Schüler/innen (6–14 Jahre) überhaupt keine Geschlechterunterschiede aufweisen, jedoch ältere Schüler ab 15 Jahren eine höhere Selbstwirksamkeitserwartung in Mathematik aufweisen als die Schülerinnen.

Die PISA-Studien 2003 und 2012 bestätigen den Geschlechterunterschied. So weisen bei allen 35 Ländern, die 2003 an der PISA-Studie teilgenommen haben, Jungen höhere mathematische Selbstwirksamkeitserwartungen auf als Mädchen, wobei die Effektstärke im OECD-Durchschnitt bei $ES = 0,34$ liegt[13] (OECD, 2004, S. 382), was nach Cohen (1988) als kleiner Effekt interpretiert werden kann. Im Vergleich zu 2003 sind die Erwartungen in die mathematische Selbstwirksamkeit in 2012 im OECD-Durchschnitt leicht gestiegen, ohne große Änderungen am Geschlechterunterschied. In Deutschland hat sich der Abstand zugunsten der Jungen sogar noch erhöht (OECD, 2013a, S. 91 f.). Sogar nach Kontrolle der Leistungsunterschiede in Mathematik bestehen die Geschlechterunterschiede fort, mit Deutschland auf dem zweiten Platz (siehe Abbildung 2.4).

---

[12]Huang verwendet als Maß der Effektstärke Hedge's g, welches vergleichbar mit Cohen's d ist, aber vor allem für kleinere Stichproben empfohlen wird. Nach Cohen (1988) sind Effektstärken um $d = 0,2$ als klein, um $d = 0,5$ als mittel und um $d = 0,8$ als groß zu bewerten, d. h. hier zeichnet sich nur ein minimaler Effekt ab.
[13]Als Effektstärke wird Cohen's d verwendet.

Tabelle 2.3 Ergebnisse Moderatoranalysen Geschlechterunterschiede SWK bzgl. Domäne und Alter (Auswahl aus Huang, 2013, S. 10 f.), grau markiert sind „keine Geschlechterunterschiede" aufgrund der Null im Konfidenzintervall

Moderator	k	g	Lower 95% CI	Upper 95% CI	Q_B
Domain					43,35*
Language arts	34	-,16	-,27	-,05	
Mathematics	78	,18	,11	,25	
Science	25	,04	-,04	,13	
Social Sciences	5	,26	,11	,49	
Computer	53	,18	,06	,28	
General academics	55	-,03	-,12	,06	
Others	16	,14	-,00	0,29	
Age					9,22
6-10	25	-,00	-,16	,16	
11-14	70	,00	-,08	,08	
15-18	69	,08	,01	,16	
19-22	46	,12	-,01	,23	
More than 23	21	,23	,11	,34	
Age (Mathematics)					12,97*
6-10	7	,30	-,07	,59	
11-14	30	,06	-,05	,15	
15-18	24	,20	,09	,31	
19-22	9	,36	,21	,51	
More than 23	4	,33	,24	,41	

2.1.5.2 Wahlentscheidungen

Zur Untersuchung von Wahlentscheidungen im Fach Mathematik (Kurswahl, Hauptfachwahl) wird meist das Erwartungs-Wert-Modell herangezogen (u. a. Eccles, 1985; Eccles & Wigfield, 2002), das anhand von drei Variablenklassen das Wahlverhalten vorhersagt: Erwartungskomponente (Selbstwirksamkeitserwartungen, Ergebniserwartungen), Wertkomponente (Wichtigkeit, Interesse, Nützlichkeit) und affektive Komponente (Prüfungsangst, Mathematikangst)[14] (Hodapp & Mißler, 1996, S. 143 ff.). In den folgenden Studien, deren Ergebnisse exemplarisch vorgestellt werden, tragen neben der Selbstwirksamkeitserwartung noch weitere Variablen wie das Mathematikinteresse und die Mathematikangst zur Aufklärung mathematikbezogener Wahlentscheidungen bei.

Hackett und Betz (1982) haben in ihrer Studie an Studierenden in einem Einführungskurs Psychologie mit Hilfe einer schrittweisen Regression mathematische Selbstwirksamkeitsüberzeugungen, Geschlecht, Anzahl der Mathematik-Jahre in

---

[14]Die affektive Komponente wird nicht in allen Modellen explizit genannt. Der Fokus liegt oft auf der Erwartungs- und der Wertkomponente.

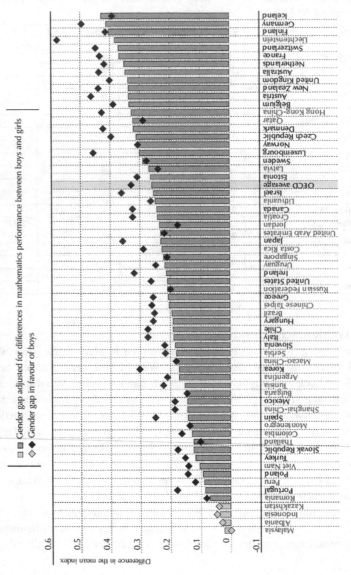

Abbildung 2.4 Geschlechterunterschiede SWK in Mathematik nach Kontrolle der Leistungsunterschiede (OECD, 2013, S. 174)

High-School und Mathe-Angst als signifikante Prädiktoren zur Wahl wissenschaftlicher Hauptfächer identifiziert.

In der Studie von Hackett (1985) mit 262 Studierenden, eingeschrieben in einen Einführungskurs Psychologie, weisen Selbstwirksamkeitserwartungen die höchste Korrelation ($r = 0,50$) der untersuchten Variablen zu einer mathematikbezogenen Hauptfachwahl auf (S. 51). In der zugehörigen multiplen Regressionsanalyse[15] klären Geschlecht, Anzahl an Jahren an Mathematik in der High-School, Mathe-Selbstwirksamkeit und Mathe-Angst 38 Prozent der Varianz an der Wahl mathematik-/wissenschaftsbezogener Hauptfächer auf, wobei die Effekte aller Prädiktoren ähnlich hoch sind. Somit entscheiden sich männliche Studierende mit mehr Jahren an Mathematikunterricht, höherer Selbstwirksamkeitserwartung und niedrigerer Mathe-Angst eher für ein mathematik- bzw. wissenschaftsbezogenes Hauptfach.[16]

In der Studie von Gainor und Lent (1998) wurden 164 Studienanfänger/innen u. a. zu den in Abbildung 2.5 aufgelisteten Variablen befragt. Das geschätzte Pfadmodell weist sowohl für die Intention, sich in mathematikhaltige Kurse einzuschreiben (MCEI), als auch für die Intention, ein mathematikhaltiges Hauptfach zu wählen (MAJ), gute Fit-Werte[17] auf. Die Effekte von mathematischer Selbstwirksamkeit (MSE), Erfolgserwartung (OE) und mathematikbezogenes Interesse (INTA) unterscheiden sich bei den beiden Modellen. So nehmen Selbstwirksamkeitserwartung und Erfolgserwartung direkt Einfluss auf die Kurswahlintention (MCEI), aber nur indirekt über das Mathematikinteresse auf die Hauptfachwahlintention (MAJ).

---

[15]Hackett bezeichnet seine Methode als Pfadmodell, das über multiple Regressionen berechnet wurde. Entsprechend fügt er die Ergebnisse der einzelnen multiplen Regressionen zu einem Pfadmodell zusammen. Da keine Angaben zur Güte des Modells vorliegen und bei einem der Pfade die Kausalität zweifelhaft ist (MSWK zu Mathe-Angst), werden hier nur die Ergebnisse der relevanten multiplen Regressionen berichtet.

[16]Kritisch anzumerken ist, dass die Hauptfachwahl zum Zeitpunkt der Befragung bereits erfolgt war und deshalb die kausalen Annahmen im Modell bzw. in den Regressionen problematisch sind.

[17]Nach Homburg und Baumgartner (1985, zitiert nach Backhaus, Erichson, Plinke, & Weiber, 2003, S. 376) sollten bei einem guten Modellfit $Chi^2/df \leq 2,5$, der Comparitive Fit Index $CFI \geq 0,9$, der Normed Fit Index $NFI \geq 0,9$, der Goodness-of-Fit-Index $GFI \geq 0,9$, der Adjusted-Goodness-of-Fit-Index $AGFI \geq 0,9$ und der Root Mean Square Error $RMSEA \leq 0,05$ sein. Die Modelle weisen folgende Fitwerte auf: MCEI: $CFI = ,99$; $NFI = ,97$; $Chi^2[10, N = 164] = 17,38$ mit $p = ,07$; MAJ: $CFI = ,99$; $NFI = ,98$; $Chi^2[10, N = 164] = 13,57$ mit $p = ,19$ (Gainer & Lent, 1998, S. 409).

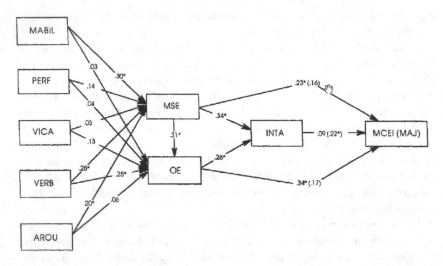

Abbildung 2.5 Pfadmodell zur Wahlintention von Mathematikkursen mit folgenden Abkürzungen: MABIL = math ability/achievement; PERF = personal performance accomplishments; VICA = vicarious learning; VERB = verbal persuasion; AROU = emotional/psychological arousal; MSE = math-related self-efficacy; OE = outcome expectations; INTA = math-related activities interests; MCEI = math-related course enrollment intentions; MAJ = math-related major choice intentions. *p ≤ ,05 (Gainor & Lent, 1998, S. 405)

Stevens, Wang, Olivárez und Hamman (2007) haben basierend auf früheren Arbeiten zwei theoretische Modelle zum Einfluss von mathematischer Selbstwirksamkeitserwartung und Mathematikinteresse auf die Intention, Mathematikkurse in der High-School zu wählen, entwickelt und innerhalb ihrer Studie mit den Daten von 438 befragten Acht- und Neuntklässlern geprüft. Das Strukturgleichungsmodell, bei dem sowohl mathematische Selbstwirksamkeitserwartung als auch Mathematikinteresse die Kursintentionen direkt vorhersagen und voneinander unabhängig sind, zeigt sowohl für Jungen als auch für Mädchen adäquate Fit-Werte (siehe Abbildung 2.6 für Jungen). Bei den Jungen klären mathematische Selbstwirksamkeitserwartung und Mathematikinteresse gemeinsam 42 Prozent der Varianz in der Wahlintention auf, bei den Mädchen sind es 52 Prozent.

Bei der Wahl von Mathematik als Leistungs- oder Grundkurs haben Hodapp und Mißler (1996) bei ihrer Untersuchung von 94 Schüler/innen der elften Klasse eines deutschen Gymnasiums signifikante Geschlechterunterschiede festgestellt, wonach sich Jungen häufiger für einen Mathematik-Leistungskurs entscheiden als Mädchen. Bei beiden Geschlechtern weisen Schüler, die sich für einen Grundkurs

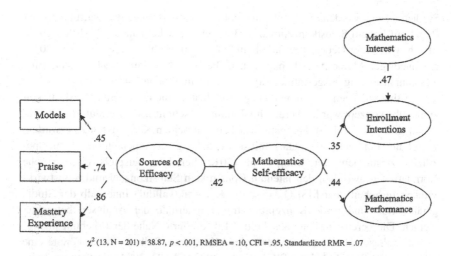

χ^2 (13, N = 201) = 38.87, p < .001, RMSEA = .10, CFI = .95, Standardized RMR = .07

Abbildung 2.6 Strukturgleichungsmodell zum Einfluss von Mathematik-SWK und Mathematik-Interesse auf Wahlentscheidungen bei Jungen (Stevens et al., 2007, S. 359)

entschieden haben, u. a. signifikant geringere Selbstwirksamkeitserwartungen und geringeres Interesse in Mathematik auf.

Einige Studien zur Untersuchung der Mathematikkurswahl in Deutschland analysieren den Einfluss des mathematischen Selbstkonzepts statt der mathematischen Selbstwirksamkeit auf das Wahlverhalten, was sich neben anderen Variablen auch als signifikanter Prädiktor erwiesen hat (u. a. Köller, Daniels, Schnabel, & Baumert, 2000; Köller, Trautwein, Lüdtke, & Baumert, 2006).

Die vorgestellten Studien zeigen, dass der mathematischen Selbstwirksamkeitserwartung, dem Mathematikinteresse und der Mathematikangst besondere Bedeutung bei der Wahl mathematikhaltiger Kurse und Hauptfächer zukommen. Diese drei Variablen repräsentieren jeweils eine der Komponenten der Erwartungs-Wert-Theorie, die oft als theoretische Grundlage zur Erklärung von Wahlverhalten herangezogen werden, wie zu Beginn dieses Teilunterabschnitts erläutert wurde.

2.1.5.3 Zusammenhang von Selbstwirksamkeitserwartung und anderen Konstrukten

Aus theoretischer Sicht hängt die Selbstwirksamkeitserwartung mit anderen psychologischen Konstrukten und Aspekten des selbstregulierten Lernens zusammen. Diese Zusammenhänge konnten bereits für zahlreiche Konstrukte in empirischen

Studien belegt werden. So geht eine hohe Selbstwirksamkeitserwartung in der Regel mit hohem Selbstkonzept (u. a. Bong et al., 2012; Pajares & Miller, 1994; Marsh, Walker, & Debus, 1991), hohem Selbstwertgefühl (u. a. Bong et al., 2012) und niedriger Mathe-Ängstlichkeit (u. a. Pajares & Miller, 1994) einher. Eine Zusammenstellung ausgewählter Ergebnisse ist in Tabelle 2.4 aufgeführt.

Die theoretischen Zusammenhänge und Unterschiede der Selbstwirksamkeit zum Selbstkonzept wurden bereits im Teilunterabschnitt 2.1.2.1 erläutert. Entsprechend sind positive Korrelationen zwischen den beiden Konstrukten zu erwarten, wobei die Höhe vermutlich stark mit den Erhebungsinstrumenten und deren Spezifizität zusammenhängt. Bong et al. (2012) berichten beispielsweise so hohe Korrelationen zwischen den latenten Konstrukten Selbstkonzept und Selbstwirksamkeit (erhoben über MSLQ), dass die Konstruktvalidität innerhalb der Studie gefährdet ist und beide Konzepte getrennt innerhalb der Analysen betrachtet werden. Die bereits im Unterabschnitt 2.1.4 referierte Nähe der Erhebungsinstrumente, insbesondere einzelner Items des MSLQ zum Selbstkonzept, könnte eine Ursache sein. Sowohl bei der PISA-Studie 2003 (OECD, 2004) als auch bei Pajares und Miller (1994) ergeben sich starke Zusammenhänge, jedoch nicht so hoch, dass die Eigenständigkeit der beiden Konstrukte bezweifelt werden müsste. Bei der Studie von Marsh et al. (1991) fällt die Korrelation deutlich geringer aus. Dies sind nur exemplarische Ergebnisse, die aufgrund diverser Faktoren (u. a. Erhebungsinstrumente, Probanden, Methode[18]) nicht direkt vergleichbar sind, aber den theoretisch postulierten Zusammenhang aufgrund der Nähe der beiden Konstrukte bestätigen. Die in Tabelle 2.4 exemplarisch aufgeführten Studien weisen in der Regel hohe negative Korrelationen zwischen Selbstwirksamkeitserwartung und Mathe-Ängstlichkeit auf[19], dessen Höhe je nach Studie etwas variiert. Zur Erklärung der unterschiedlich hohen Korrelationen in den genannten sowie weiteren Studien wären weitere Analysen z. B. in Form von Moderatoranalysen im Rahmen einer Meta-Analyse notwendig.

Rottinghaus, Larson und Borgen (2003) untersuchen in ihrer Meta-Analyse den Zusammenhang von Selbstwirksamkeitserwartung und Interesse bzgl. beruflich relevanter Domänen. Über die sieben Studien im Bereich Mathematik wurde eine durchschnittliche Korrelation von $r = ,73$ berechnet. In den Studien von Stevens et al. (2007) und Stevens et al. (2006) wurden deutlich geringere Korrelationen festgestellt (siehe Tabelle 2.4).

---

[18]Unterschiedliche Korrelationsberechnungen, da teilweise latente Variablen verwendet werden.

[19]Die Skalen zur Mathe-Ängstlichkeit sind in den Studien unterschiedlich gepolt, deshalb auch unterschiedliche Vorzeichen bei den Ergebnissen in Tabelle 2.4. Es geht aber immer eine höhere SWK mit einer niedrigeren Mathe-Ängstlichkeit einher.

Tabelle 2.4 Zusammenstellung ausgewählter Ergebnisse zum Zusammenhang SWK mit Selbstkonzept (SK), Selbstwertgefühl (SE), Mathe-Ängstlichkeit (MA) und Mathematikinteresse (MI)

Studie	Probanden	SWK	SK	SE	MA	MI	Korrelation
Bong et al. (2012)[a]	Elementary (Middle) School	MSLQ	ASDQ				,96 (,91)
		Bandura-type scale	ASDQ				,78 (,84)
		MSLQ		ASDQ			,56 (,44)
		Bandura-type scale		ASDQ			,43 (,36)
		MSLQ			MSLQ		−,63 (−,45)
		Bandura-type scale			MSLQ		−,59 (−,45)
Pajares & Miller (1994)	undergraduates	MSC nach Dowling (1978)	SDQ				,61
		MSC nach Dowling (1978)			MAS		,56
PISA 2003 (OECD, 2004)[a]	15-year-olds	Task-specific	Eigenentwicklung				,62
		Task-specific			Eigenentwicklung		−,52
Ayotola & Adedeji (2009)	Senior students	MSC nach Dowling (1978)			MAS		,14
Hoffman (2010)	Pre-service teachers	Task-specific			MAS		-,48
Hackett & Betz (1982)	College students	MSES			Fennema-Sherman scale		,56
Marsh et al. (1991)	Fifth grade students	Task-specific	SDQI				,25

(Fortsetzung)

Tabelle 2.4 (Fortsetzung)

Studie	Probanden	SWK	SK	SE	MA	MI	Korrelation
Stevens et al. (2007)	Eighth & ninth graders	Task-specific				MII	,30 (boys) ,20 (girls)
Stevens et al. (2006)	Students (8-18 years)	Task-specific				MII	,29

[a] Korrelationen der latenten Variablen

Bouffard-Bouchard, Parent und Larivee (1991) haben in ihrer Studie an 89 High-School Schüler/innen signifikante Einflüsse der Selbstwirksamkeitserwartung auf mehrere Aspekte des selbstregulierten Lernens festgestellt (S. 161). Anhand von Mittelwertvergleichen von Schüler/innen mit niedriger versus Schüler/innen mit hoher Selbstwirksamkeitserwartung, getrennt nach kognitiver Fähigkeit und Klassenstufe, haben die Autoren signifikante Unterschiede bezüglich der Zeitüberwachung (*monitoring of working time*) und der Persistenz festgestellt: "Students with high self-efficacy exerted a more active control of their working time and were more persistent on the task than those with low self-efficacy" (Bouffard-Bouchard et al., 1991, S. 160). Der Zusammenhang von akademischer Selbstwirksamkeitserwartung und Persistenz wird von der Meta-Analyse von Multon et al. (1991) bestätigt. Die Autoren haben über 18 Studien eine durchschnittliche Effektstärke von $r = ,34$ berechnet, wobei die Form, wie die Persistenz gemessen wird, als Moderatorvariable identifiziert wurde. Studien, bei denen Persistenz anhand der Anzahl bearbeiteter Aufgaben gemessen wurde, erreichen höhere Korrelationen zur Selbstwirksamkeitserwartung ($r = ,48$) als Studien, bei denen die investierte Zeit als Maß der Persistenz verwendet wurde ($r = ,17$).

Zimmerman und Martinez-Pons (1990) haben Zusammenhänge zwischen mathematischer und verbaler Selbstwirksamkeitserwartung und Strategienutzung bei Schüler/innen unterschiedlicher Klassenstufen (5./8./11.) festgestellt. Eine hohe mathematische Selbstwirksamkeitserwartung geht in ihren Analysen mit einer stärkeren Nutzung der Strategie des Notizen-Durchsehens und einer geringeren Suche nach Hilfe durch Erwachsene einher. Analysen der PISA-Studie aus dem Jahr 2000 zum selbstregulierten Lernen zeigen im OECD-Durchschnitt mittlere Korrelationen der akademischen Selbstwirksamkeit zur Nutzung von Memorierstrategien ($r = ,36$) und hohe Korrelationen zur Nutzung von Kontrollstrategien ($r = ,54$)[20] (OECD, 2003a, S. 29). Bei der Untersuchung von Pintrich und De Groot (1990) an 173 Siebtklässler/innen liegen die Korrelationen zwischen akademischer Selbstwirksamkeitserwartung und der Nutzung kognitiver Strategien ($r = ,33$) sowie der Selbstregulation ($r = ,44$) im mittleren Bereich. Schunk untersucht in zahlreichen Studien (meist Grundschüler als Probanden und Divisionsaufgaben zur Schätzung der Selbstwirksamkeitserwartung und Erfassung der Mathematikleistung) Zusammenhänge verschiedener Aspekte des selbstregulierten Lernens und der Selbstwirksamkeitserwartung in Form von Experimenten

---

[20]Bei den Korrelationskoeffizienten handelt es sich um die Mittelwerte der Koeffizienten für die einzelnen Länder.

mit Interventionen. In seiner Studie zum Einfluss von Zielsetzung und Belohnung auf Selbstwirksamkeitserwartung und Leistung (Schunk, 1984a) wurden die Grundschüler in drei Experimentalgruppen aufgeteilt (nur Zielsetzung, nur Belohnung, Zielsetzung + Belohnung) und anhand von Pre- und Posttests untersucht. Die Ergebnisse zeigen, dass die Kombination von Zielsetzung und Belohnung zu höherer Selbstwirksamkeitserwartung und besserer Leistung beim Dividieren führt als die Interventionen einzeln (Schunk, 1984a, S. 33). Eine Erklärung dafür könnte laut Schunk (1984a, S. 33) sein, dass die Kombination mit der Belohnung zu einer stärkeren Verpflichtung gegenüber den gesetzten Lernzielen geführt hat.

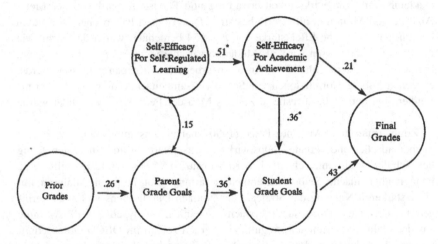

Abbildung 2.7 Pfadmodell students self-motivation und class grades (Zimmerman et al., 1992, S. 671)

In ihrer Studie an 116 High-School Schüler/innen haben Zimmerman, Bandura und Martinez-Pons (1992) u. a. den Einfluss der Selbstwirksamkeitserwartung für selbstreguliertes Lernen und der akademischen Selbstwirksamkeitserwartung auf die Zielsetzung bezüglich der Note und auf die Endnote mit Berücksichtigung früherer Noten untersucht. Das Pfadmodell weist anhand des nicht signifikanten Chi-Quadrat-Tests einen guten Fit-Wert auf und bestätigt den indirekten Einfluss der Selbstwirksamkeitserwartung für selbstreguliertes Lernen und den direkten Einfluss der akademischen Selbstwirksamkeitserwartung auf die Notenzielsetzung sowie die Endnote (siehe Abbildung 2.7). Die Ergebnisse der Studien von Schunk (1984a) und Zimmerman et al. (1992) zeigen, dass einerseits die Zielsetzung die

Selbstwirksamkeitserwartung und umgekehrt die Selbstwirksamkeitserwartung auch die Zielsetzung beeinflusst.

Insgesamt zeigen die hier aufgeführten Studien, dass die Selbstwirksamkeitserwartung verschiedene Bereiche des selbstregulierten Lernens beeinflusst. Eine höhere Selbstwirksamkeitserwartung hat positive Einflüsse auf die aktive Zeitüberwachung, die Persistenz, das Durchsehen von Notizen, die Selbstregulation, die Notenzielsetzung sowie die Nutzung von Memorierstrategien, Kontrollstrategien und kognitiven Strategien.

2.1.5.4 Zusammenhang von Selbstwirksamkeitserwartung und Leistung

Der Zusammenhang akademischer Selbstwirksamkeitserwartungen und akademischer Leistungen ist unumstritten und vielfach belegt, insbesondere für den Bereich Mathematik. Im Rahmen der PISA-Studie 2003 wird die mathematische Selbstwirksamkeit als bedeutender Prädiktor der Mathematikleistung identifiziert:

> In fact, self-efficacy is one of the strongest predictors of student performance, explaining, on average across OECD countries, 23 per cent of the variance in mathematics performance [...]. Even when accounting for other learner characteristics, such as anxiety in mathematics, interest in and enjoyment of mathematics or the use of control strategies, sizeable effect sizes remain for virtually all countries. (OECD, 2004, S. 136 ff.)

Zum korrelativen Zusammenhang von Selbstwirksamkeit und Leistung werden im Folgenden zwei Meta-Analysen vorgestellt.

Multon et al. (1991) haben in ihrer Meta-Analyse über 38 Studien (mit insgesamt 4.998 Probanden) einen mittleren Gesamteffekt[21] von $ES = ,38$ zum Zusammenhang von Selbstwirksamkeitserwartung und akademischer Leistung berechnet. Sie konnten vier potentielle Moderatorvariablen identifizieren, die Einfluss auf die Höhe der Effektstärke nehmen und insgesamt 25 Prozent der Effektstärke-Varianz aufklären: Zeitpunkt der ES-Berechnung, Leistungsniveau, Art der Leistungsmessung und Alter bzw. Klassenstufe. Die Ergebnisse der Moderatoranalysen sind in Tabelle 2.5 dargestellt. Sie sollten jedoch vorsichtig betrachtet werden, da die gebildeten Subgruppen in sich heterogen sind,

---

[21] Die beiden Meta-Analysen Multon et al. (1991) und Laging (2015) basieren auf Korrelationsstudien. Auch wenn typisch für Meta-Analysen von ES gesprochen wird, so darf keine Kausalität impliziert werden, da es sich empirisch um Korrelationen d. h. reine Zusammenhänge handelt. Zeitlich gesehen wurden jedoch die Leistungen immer nach der SWK erfasst, weshalb aus theoretischer Sicht von einem Einfluss ausgegangen wird, der streng genommen aus empirischer Sicht jedoch nicht geprüft wurde.

wie an den signifikanten Werten der Q-Statistiken[22] abgelesen werden kann. Des Weiteren sind einige Subgruppen zu klein für eine Interpretation und die Verteilungen der Merkmale könnten zu scheinbaren Effekten führen. So stammen z. B. 14 der 16 Studien mit leistungsschwachen Probanden aus Studien mit Posttreatment-Daten, die deutlich höhere Effektstärken (ES) aufweisen als Studien mir Pretest-Daten zur ES-Berechnung.

Tabelle 2.5 Ergebnisse der Meta-Analyse von Multon et al. (1991, S. 33) (*: p<,001))

Sample/class	k	n	r	95 % CI for r	Q_b	Q_{wi}
ES estimate					105,62*	
Post	19	1288	,58	,54–,64		49,05*
Pre/nonexp	19	3710	,32	,28 –,34		122,04*
Type of subject					62,25*	
Normal achieving	21	4006	,33	,31–,36		149,33*
Low achieving	16	964	,56	,52–,60		65,13*
Other	1	28	,47	,12–,72		0,00
Perf. meas.					103,46*	
Stand. Tests	4	804	,13	,06–,20		24,67*
Class perf.	9	2420	,36	,33–,40		50,54*
Basic skill	25	1774	,52	,48–,55		98,04*
Type of normal					28,59*	
Elementary	7	1006	,21	,15–,27		60,73*
High school	3	1076	,41	,36–,46		3,72
College	11	1924	,35	,31–,39		56,29*

Zur Interpretation der Ergebnisse bzgl. der Art der Leistungserfassung als Moderatorvariable ziehen die Autoren Banduras Empfehlungen zur Erhebung von Selbstwirksamkeitserwartungen heran. Sie schließen aus einem Test zu Grundwissen auf eine passende, spezifische Erfassung der Selbstwirksamkeit zur gleichen Zeit: „Not surprisingly, studies employing basic skills measures of performance used highly concordant self-efficacy indices that were administered at the same time point" (Multon et al., 1991, S. 35). Somit werden indirekt Rückschlüsse

---

[22]Die Q-Statistik ist ein Heterogenitätsmaß, das zur Untersuchung der Gruppen bei Moderatoranalysen bei Meta-Analysen verwendet wird. Für genauere Ausführungen siehe u. a. Borenstein, Hedges, Higgins, & Rothstein (2009).

über die Erhebung der Selbstwirksamkeit bzw. deren Ähnlichkeit zur Leistungserhebung als Moderatorvariablen geschlossen und diese zur Interpretation herangezogen, ohne die Erfassung der Selbstwirksamkeit selbst zu untersuchen. Im Gegensatz zu Multon et al. (1991) beschränkt sich die Meta-Analyse von Laging (2015) auf den Zusammenhang von Selbstwirksamkeitserwartung und Leistung im Bereich Mathematik. Anhand von 94 Studien wurde mit Hilfe des Random-Effects-Modells[23] eine durchschnittliche Korrelation von $r = ,43$ berechnet, die auf signifikant heterogenen Effektstärken zwischen $r = ,12$ und $r = ,84$ basiert. Es konnten vier Moderatorvariablen identifiziert werden (siehe Tabelle 2.6)[24], die sich bis auf eine (Zeitpunkt der ES-Berechnung) von den Ergebnissen der Meta-Analyse von Multon et al. (1991) unterscheiden.

Bei einer aufgabenspezifischen Erfassung der Selbstwirksamkeit werden höhere Korrelationen zur Leistung erreicht als bei einer bereichs- bzw. fachspezifischen Erfassung. Die Art der Leistungserhebung hat sich im Gegensatz zu den Ergebnissen von Multon et al. (1991) nicht als Moderatorvariable erwiesen. Die Interpretation der Autoren, dass die ES-Unterschiede der Art der Leistungserhebung auf die Erfassung der Selbstwirksamkeit zurückgehen, wird durch diese Ergebnisse bestätigt. Besonders hoch fällt die Korrelation außerdem aus, wenn es sich bei der Erhebung der Selbstwirksamkeit und der Leistung um identische Aufgaben handelt, d. h. wenn Probanden anhand der Aufgaben des Leistungstests ihre Selbstwirksamkeitserwartung einschätzen. Bei Erhebungen der Leistung direkt im Anschluss an die Erhebung der Selbstwirksamkeitserwartung werden höhere Korrelationen zur Leistung erzielt als bei einem größeren zeitlichen Abstand von mindestens einer Woche.

Die deskriptiven Analysen der Verteilungen zeigen, dass bei den identifizierten Moderatorvariablen in den Subgruppen mit der höheren Korrelation besonders häufig aufgabenspezifische Erhebungsinstrumente zur Erfassungen der Selbstwirksamkeit verwendet werden. Multiple Meta-Regressionen zeigen, dass die Spezifität der Selbstwirksamkeitserhebung der bedeutendste Prädiktor des Zusammenhangs von Selbstwirksamkeitserwartung und Leistung ist. Er klärt allein bereits 29,4 Prozent der ES-Varianz auf. Nur der Zeitpunkt der ES-Berechnung

---

[23]Beim Random-Effects-Modell wird davon ausgegangen, dass die Effektstärken der einzelnen Studien aufgrund diverser Faktoren variieren können und von einer zufälligen Auswahl wahrer Effektstärken ausgegangen wird, die sich um einen Mittelwert normalverteilen und somit nicht von einer wahren Effektstärke ausgegangen wird wie es beim Fixed-Effect-Modell der Fall ist.

[24]Folgende untersuchte Variablen haben keine zueinander heterogenen Subgruppen gebildet: Art der Leistungserhebung, Klassenstufe, Itemschwierigkeit, Geschlecht.

Tabelle 2.6 Ergebnisse der Meta-Analyse von Laging (2015) (Wenn nicht anders vermerkt, gilt immer *: p<,05; **: p<,01; ***: p<,001))

Moderatorvariable	k	r	95 % CI for r	Q_b	Q_{wi}
Spezifität SWK				12,93**	
Bereichsspezifisch	32	,38	,34–,43		430,91**
Aufgabenspezifisch	60	,47	,45–,48		481,38**
Bezug SWK auf Leistung				19,25**	
Identisch	12	,54	,44–,63		131,55**
Sehr ähnlich	26	,48	,43–,53		96,59**
Ähnlicher Themenbereich	14	,44	,42–,46		108,35**
Allgemeiner Zusammenhang	20	,44	,37–,50		242,91**
Kein Zusammenhang	20	,35	,31–,40		208,59**
Zeitpunkt ES-Berechnung				25,67**	
Pretest	82	,42	,40–,43		1288,58**
Posttest	11	,64	,56–,70		19,34*
Zeitlicher Abstand				4,52*	
Direkt danach	62	,45	,44–,47		736,02**
Mind. Eine Woche Abstand	20	,38	,32–,44		176,67**

erweist sich innerhalb der multiplen Meta-Regression als weiterer signifikanter Prädiktor und erhöht die Varianzaufklärung ein wenig. Die Ergebnisse der Meta-Analyse von Laging (2015) bestätigen die Bedeutung der Erhebung der Selbstwirksamkeit auf die Höhe der Korrelation zur Leistung, die bereits innerhalb einzelner Studien empirisch nachgewiesen wurde (u. a. Bong, 1999; Bong et al., 2012). Einzelne Studien haben weitere Einflussfaktoren auf die Höhe der Korrelation festgestellt, die innerhalb der Meta-Analyse von Laging (2015) untersucht wurden, aber nicht zu zueinander signifikant heterogenen Subgruppen geführt haben. So wurden die Art der Leistungserhebung (Bong, 1999; Bong et al., 2012; Finney & Schraw, 2003; Kenney-Benson, Pomerantz, Ryan & Patrick, 2006), der Schwierigkeitsgrad der Aufgaben (Hoffman, 2010; 2012; Hoffman & Schraw, 2009; Hoffman & Spatariu, 2008), das Alter bzw. die Klassenstufe (Anjum, 2006; Bong, 2009), das Geschlecht (Falco, 2008; Huang, 2013; Randhawa, Beamer, &

Lundberg, 1993; Vrugt, Oort, & Waardenburg, 2009; Wang, 2011) und die Nationalität[25] (Klassen, 2004; Nasser & Birenbaum, 2005; Lee, 2009) als potentielle Einflussfaktoren identifiziert.

Im Rahmen der vorgestellten Meta-Analysen und der einzelnen Studien zum Einfluss einzelner Aspekte auf die Höhe der Korrelation zwischen mathematischer Selbstwirksamkeitserwartung und Mathematikleistung handelt es sich überwiegend um korrelative Studien bzw. es wurden nur die Korrelationen zwischen den beiden Variablen berücksichtigt. Sowohl aus theoretischer Sicht als auch empirisch belegt existieren diverse Determinanten der Leistung. Das von Schrader und Helmke entwickelte Angebots-Nutzungs-Modell (Schrader & Helmke, 2008, S. 297) gibt einen guten Überblick zum Zusammenspiel der Determinanten, wobei individuell motivationale Variablen einen zentralen Faktor darstellen.

Eine Übersicht zu möglichen Determinanten der Leistung basierend auf empirischen Ergebnissen gibt u. a. die Meta-Meta-Analyse von Hattie (2008), die Faktoren verschiedener Ebenen (Lernende, Elternhaus, Schule, Lehrperson, Curricula, Unterricht) zu ihrem korrelativen Zusammenhang zur Leistung zusammenfasst. Der Fokus empirischer Studien zur Erklärung von Leistung liegt häufig auf einzelnen Aspekten und nur wenige Studien untersuchen eine Vielzahl an Variablen gleichzeitig (Schiefele, Streblow, Ermgassen, & Moschner, 2003, S. 186). Die Berücksichtigung weiterer Variablen kann einerseits zur Aufklärung von Leistungsvarianzen beitragen und andererseits die Effekte der Selbstwirksamkeitserwartung auf die Leistung mindern. Neben der Selbstwirksamkeitserwartung sind vor allem die Art des Schulabschlusses und die Abschlussnote entscheidend für die Mathematikleistung zu Beginn des Semesters, wie Regressionsanalysen im Rahmen des khdm-Projektes, an das auch die Dissertation angegliedert ist, gezeigt haben (Laging & Voßkamp, 2016). Diese Thematik ist sowohl auf theoretischer als auch methodischer Ebene sehr komplex und liegt nicht im Fokus dieser Dissertation[26].

Deshalb wird hier nur eine Beispielstudie (Pajares & Miller, 1994) angeführt, die neben der Selbstwirksamkeitserwartung zwar weitere Faktoren mit Bezug zur Mathematikleistung berücksichtigt, aber mögliche Determinanten wie den sozioökonomischen Hintergrund o.ä. nicht mit einbezieht. Insbesondere liegt der Fokus

---

[25]Die Nationalität wurde in der Meta-Analyse von Laging (2015) nicht untersucht, da es sich überwiegend um nordamerikanische Studien handelt und die Nationalitäten sehr ungleich verteilt sind.

[26]Die theoretische Einbettung dieser Thematik anhand des Rahmenmodells von Schrader und Helmke sowie empirische Auswertungen in Form von schrittweisen Regressionsanalysen können bei Laging und Voßkamp (2016) genauer nachgelesen werden.

der Studie im Vergleich des Einflusses von mathematischer Selbstwirksamkeitserwartung und dem Selbstkonzept Mathematik auf der Mathematikleistung.

Pajares und Miller (1994) haben in ihrer Studie mit 350 Studierenden der
Erziehungswissenschaften signifikante Korrelationen zwischen folgenden Variablen zur Mathematikleistung festgestellt: Geschlecht ($r = ,17$), High-School
Erfahrung ($r = ,44$), College-Erfahrung ($r = ,23$), wahrgenommener Nutzen
von Mathematik ($r = ,14$), Mathe-Angst ($r = ,51$), Selbstkonzept Mathematik
($r = ,54$) und Selbstwirksamkeitserwartungen in Mathematik ($r = ,70$) (Pajares
& Miller, 1994, S. 197).

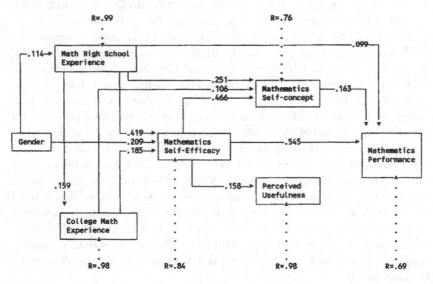

Abbildung 2.8 Pfadmodell zum Vergleich Einfluss SWK und SK auf Mathematikleistung
(Pajares & Miller, 1994, S. 199)

Innerhalb des Pfadmodells[27] mit geschätzten Pfadkoeffizienten, zu dem keine Fit-Werte berechnet bzw. angegeben wurden, haben nur noch High-School Erfahrungen, das Selbstkonzept und die Selbstwirksamkeit direkten Einfluss auf die Leistung (siehe Abbildung 2.8).

Die Selbstwirksamkeitserwartung wird als wichtigster Prädiktor der Leistung identifiziert. Außerdem vermittelt Selbstwirksamkeit die Effekte von Geschlecht und früheren Erfahrungen auf das Selbstkonzept, den wahrgenommenen Nutzen und die Leistung (Pajares & Miller, 1994, S. 200). Der Vergleich zum Selbstkonzept zeigt einen stärkeren Effekt der Selbstwirksamkeitserwartung zur Leistung als das Selbstkonzept zur Leistung.

2.1.5.5 Quellen der Selbstwirksamkeitserwartung

Usher und Pajares (2008) geben in ihrem Review einen Überblick zu den bereits vorliegenden Studien zu den Quellen der Selbstwirksamkeit. Dabei berücksichtigen sie sowohl qualitative als auch quantitative Studien und sie berichten nicht nur die Ergebnisse der Studien, sondern erläutern auch die eingesetzten Erhebungsinstrumente. Der Fokus liegt auf der Untersuchung der Quellen der Selbstwirksamkeit im schulischen Kontext, umfasst aber auch einige Studien mit Studierenden (*undergraduates*). Die untersuchten Studien weisen eine weite Bandbreite eingesetzter Analysetechniken auf, die von Korrelationen über schrittweise Regressionen bis hin zu umfangreichen Strukturgleichungsmodellen reichen. Aus theoretischer Sicht wird zwar von einem kausalen Einfluss der Quellen auf die Selbstwirksamkeitserwartung ausgegangen, in den meisten Studien wird jedoch ein rein korrelativer Zusammenhang mit Erhebungen zu einem Messzeitpunkt untersucht. Bei einigen Studien korrespondieren die Erhebungen der Quellen nicht mit der Erhebung der Selbstwirksamkeit, was nach Usher und Pajares (2008, S. 763) zu konfundierten Ergebnissen führt.

Basierend auf 21 Studien und je Quelle 33 berichteten Korrelationen[28] zur Selbstwirksamkeitserwartung berechnen Usher und Pajares (2008, S. 774) Median Korrelationen zur Selbstwirksamkeitserwartung (siehe Tabelle 2.7). In allen

---

[27] Kritisch anzumerken an dem Modell sind einige Pfade, die Kausalität implizieren, wo eigentlich keine vorhanden ist. So sind Effekte der SWK auf das SK und den wahrgenommenen Nutzen eher unüblich, da es sich bei dem SK um das globalere, stabilere Konzept handelt, das eher Einfluss auf die aufgabenspezifische SWK nimmt. Außerdem wird nichts zur Güte des Modells berichtet.

[28] Es wurden nur Studien analysiert, die zu allen Quellen Korrelationskoeffizienten aufweisen. Daher basieren die Berechnungen zu den Quellen jeweils auf der gleichen Anzahl an Korrelationen.

Studien werden signifikante positive Korrelationen zwischen Bewältigungserfahrungen (*Mastery Experiences*) und Selbstwirksamkeitserwartungen berichtet. Bei den anderen Quellen ist dies nicht der Fall, hier variieren die Korrelationen stark, so dass einige Korrelationen nicht signifikant sind. Innerhalb der multivariaten Regressionen mit den vier Quellen als Prädiktoren sagen Bewältigungserfahrungen fast immer die Selbstwirksamkeit voraus. Die Ergebnisse bestätigen die aus der Theorie bekannte Annahme, dass Bewältigungserfahrungen die stärkste Quelle der Selbstwirksamkeit darstellen.

Die vier Quellen korrelieren in der Regel untereinander, wobei die höchsten Korrelationen zwischen Bewältigungserfahrungen und Rückmeldung durch Dritte (*Social Persuasion*) sowie zwischen Bewältigungserfahrungen und physiologische und affektive Zustände (*Physiological Indexes*) besteht (siehe Tabelle 2.7). Diese Zusammenhänge sind nicht verwunderlich, wie bereits in Unterabschnitt 2.1.3 erläutert wurde.

Tabelle 2.7 Median Korrelationen zwischen Quellen der Selbstwirksamkeit und Selbstwirksamkeitserwartung (basierend auf den Daten aus Usher & Pajares, 2008)

	Stellvertretende Erfahrungen	Rückmeldung durch Dritte	Physiologische und affektive Zustände	Selbstwirksamkeitserwartung
Bewältigungserfahrungen	,42	,63	,59	,58
Stellvertretende Erfahrungen		,44	,28	,34
Rückmeldung durch Dritte			,26	,37
Physiologische und affektive Zustände				,33

Der Einfluss der Quellen der Selbstwirksamkeit auf die Höhe der Selbstwirksamkeitserwartungen wird außerdem innerhalb von Pfad- und Strukturgleichungsmodellen bestätigt.

In der Studie von Gainor und Lent (1998), die bereits im Teilunterabschnitt 2.1.5.2 kurz vorgestellt wurde, haben die Autoren die vier Quellen der Selbstwirksamkeit anhand des Erhebungsinstruments von Lent et al. (1991) erhoben. Die Quellen weisen jeweils signifikante Korrelationen zur mathematischen Selbstwirksamkeit auf: Bewältigungserfahrungen ($r = ,58$), Stellvertretende

Erfahrungen ($r = {,}28$), Rückmeldung durch Dritte ($r = {,}58$) und physiologische und affektive Zustände ($r = {,}57$). Die Gewichtungen der Korrelationen der einzelnen Quellen zur Selbstwirksamkeit entsprechen nicht ganz der Hypothese, wonach die eigenen Leistungserfahrungen die höchste Korrelation aufweisen müssten, so wie es in der Meta-Analyse von Usher und Pajares (2008) der Fall ist. Innerhalb des Pfadmodells (siehe Abbildung 2.5) klären die Quellen 50 Prozent der Varianz in der Selbstwirksamkeit auf, wobei nur Rückmeldung durch Dritte und physiologische und affektive Zustände signifikante Pfade zur Selbstwirksamkeit aufweisen. Der geringe Einfluss von Bewältigungserfahrungen innerhalb des Modells könnte u. a. auf den hohen Korrelationen zu Rückmeldung durch Dritte ($r = {,}70$) und physiologische und affektive Zustände ($r = {,}72$) sowie der zusätzlichen Berücksichtigung früherer Mathematikleistungen ($r = {,}39$) beruhen.

Bei den Strukturgleichungsmodellen in der Studie von Stevens et al. (2007) wird sowohl bei dem Modell der Jungen (siehe Abbildung 2.6) als auch der Mädchen die latente Variable Quellen der Selbstwirksamkeit am stärksten durch Bewältigungserfahrungen geprägt. In beiden Modellen ist der Pfad von den Quellen der Selbstwirksamkeit zur Selbstwirksamkeit signifikant und die Quellen klären 18 Prozent (15 Prozent bei den Mädchen) der Selbstwirksamkeitsvarianz auf.

2.1.5.6 Einfluss Aufgabenmerkmale

Der Einfluss von Aufgabenmerkmalen auf die Einschätzung der eigenen Selbstwirksamkeit ist bisher wenig untersucht. Boekaerts und Rozendaal (2010) stellten in ihrer Studie an 389 Fünftklässler/innen in Mathematik fest, dass die Schüler/innen höheres Zutrauen hatten, Berechnungsprobleme zu lösen, als Anwendungsprobleme. Der Interaktionseffekt mit dem Geschlecht zeigte, dass dies jedoch nur die Mädchen betraf und bei den Jungen dieser Unterschied nicht festgestellt wurde. Da die Schüler/innen bei den Anwendungsproblemen schlechtere Leistungen erbracht haben als bei den Berechnungsproblemen ist unklar, ob die festgestellten Unterschiede im Zutrauen der eigenen Fähigkeiten am Aufgabentyp oder am erkannten Schwierigkeitsgrad lagen.

Eine ähnliche Problematik tritt bei den Berichten vieler Lehrkräfte aus dem Unterrichtsalltag auf, die bei Schüler/innen häufig eine Abneigung gegenüber Anwendungsaufgaben in Form von Textaufgaben beobachten, diese in der Regel aber auch eine höhere Aufgabenschwierigkeit aufweisen (Pekrun et al., 2006, S. 38). Innerhalb des Projektes PALMA[29] konnten Pekrun et al. (2006) zeigen,

---

[29]Projekt zur Analyse der Leistungsentwicklung in Mathematik. Entwicklungsverläufe, Schülervoraussetzungen und Kontextbedingungen von Mathematikleistungen bei Schülern der

dass Schüler mehr Angst und weniger Freude für Kalkülaufgaben als für Modellierungsaufgaben empfinden, wenn die Aufgabenschwierigkeit kontrolliert wird. Bei leistungsschwächeren Schülern treten diese Zusammenhänge noch deutlicher hervor (Pekrun et al., 2006, S. 38).

2.1.6 Zusammenfassung zur Selbstwirksamkeitserwartung

Die theoretischen Darlegungen und empirischen Ergebnisse zeigen, dass die Selbstwirksamkeitserwartung, insbesondere die mathematische Selbstwirksamkeitserwartung, ein wichtiges Element in Lern- und Leistungssituationen ist. Personen mit einer hohen Selbstwirksamkeitserwartung setzen sich höhere Ziele, halten länger bei Schwierigkeiten durch, lassen sich nicht so schnell entmutigen und erreichen bessere Leistungen. Der Einfluss auf die Leistung ist unumstritten und wurde empirisch bereits zur Genüge belegt, wie z. B. die Meta-Analysen von Multon et al. (1991) und Laging (2015) zeigen. Die Stärke des nachgewiesenen Einflusses hängt jedoch auch von anderen Faktoren ab, wobei vor allem die Art der Erhebung der Selbstwirksamkeitserwartung einen entscheidenden Faktor darstellt. Eine spezifischere Erfassung, die auf das erhobene Leistungsformat abgestimmt ist, weist in der Regel stärkere Zusammenhänge zur Leistung auf. Eine hohe Selbstwirksamkeitserwartung geht mit einer besseren Selbstregulation einher, z. B. über eine aktivere Kontrolle der Arbeitszeit und eine effizientere Strategienutzung. Der positive Einfluss auf die Persistenz ist besonders bei der Bearbeitung schwieriger und neuer Aufgaben wichtig. Der theoretische Zusammenhang der Selbstwirksamkeit zum Selbstkonzept, der Mathe-Ängstlichkeit und dem Mathe-Interesse wird durch diverse empirische Studien bestätigt, bei denen meist mittlere bis hohe Korrelationen vorliegen, wobei auch hier die Höhe von der Art der Erhebung beeinflusst wird. Die Meta-Analyse von Huang (2013) und die PISA-Studien 2003 und 2012 weisen einen Geschlechterunterschied bzgl. der mathematischen Selbstwirksamkeitserwartung zu Gunsten männlicher Probanden auf, d. h. männliche Probanden haben eine höhere Selbstwirksamkeitserwartung in Mathematik als weibliche Probanden, sogar bei Kontrolle der Leistung. Die Selbstwirksamkeit wird durch vier Quellen beeinflusst: Bewältigungserfahrungen, stellvertretende Erfahrungen, Rückmeldung durch Dritte und physiologischer Zustand. Eigene direkte Erfahrungen (Bewältigungserfahrungen)

Sekundarstufe I. Teilprojekt im Rahmen des DFG-Schwerpunktprogramms BIQUA. Beteiligte Institutionen: Universität München (R. Pekrun), Universität Regensburg (R. vom Hofe), Universität Kassel (W. Blum).

sind die wichtigste Quelle der Selbstwirksamkeitserwartung. Diese theoretische Annahme wurde u. a. innerhalb des Reviews von Usher und Pajares (2008) bestätigt. Die Quellen sind aber nicht unabhängig voneinander und weisen häufig mittlere bis hohe Korrelationen untereinander auf (siehe z. B. Gainor & Lent, 1998; Usher & Pajares, 2008). Der mögliche Einfluss der anderen Quellen sollte jedoch nicht unterschätzt werden, wie z. B. Gainor und Lent (1998) festgestellt haben.

2.2   Calibration

Für die Übereinstimmung eingeschätzter und erbrachter Leistung werden verschiedene Begriffe verwendet, die teilweise übereinstimmen, aber nicht immer die gleiche Definition und Berechnungsmethode zugrunde legen, z. B. Calibration Accuracy, Judgment Bias, Illusion of Knowing, Monitoring Accuracy. Als Oberbegriff ist der Ausdruck *Calibration* weit verbreitet, den Nietfeld et al. (2005) folgendermaßen definieren: „Confidence judgments are compared to actual performance to arrive at a measure of absolute accuracy termed *calibration*. In a general sense, calibration is the process of matching *perception* of performance with *actual* level of performance" (S. 10). Innerhalb dieser Studie werden die Begriffe *Calibration Accuracy* (CA) und *Calibration Bias* verwendet, deren Berechnungen in Unterabschnitt 2.2.3 erläutert werden. Im weiteren Verlauf wird Calibration nicht nur als Prozess, sondern zugleich auch als Fähigkeit angesehen, deren Grad u. a. anhand der Calibration Accuracy und des Calibration Bias gemessen werden.

Neben den unterschiedlichen Begriffen und Abgrenzungen der Calibration, die in Unterabschnitt 2.2.1 erläutert werden, unterscheiden sich auch die Berechnungsmöglichkeiten. Diese werden in Abschnitt 2.2.3 vorgestellt. Innerhalb des Lernprozesses spielt die Calibration eine wichtige Rolle. Um diese Bedeutung zu veranschaulichen, wird die Calibration als Komponente des selbstregulierten Lernens in Unterabschnitt 2.2.2 erläutert. Dazu werden grundlegende Modelle des selbstregulierten Lernens vorgestellt. Der aktuelle Forschungsstand zur Calibration ergänzt den theoretischen Hintergrund zu diesem Konstrukt.

2.2.1   Begriffsbildung zu Calibration

Je nach Zeitpunkt und Art der Erhebung werden unterschiedliche Dimensionen von Calibration erfasst. Einige grundlegende Unterscheidungen werden u. a. von

Nietfeld et al. (2005) und Pieschl (2009) erläutert: *Relative Accuracy* vs. *Absolute Accuracy*, *Calibration of Comprehension* vs. *Calibration of Performance* bzw. *Prediction* vs. *Postdiction* und *Local* vs. *Global*.

Relative Accuracy beschreibt die Exaktheit der Selbsteinschätzung der Leistung einzelner Items zueinander, wohingegen *Absolute Accuracy* das Ausmaß der Kalibrierung einer Person angibt (Nietfeld et al., 2005, S. 8). In der Regel werden vor allem Methoden verwendet, die eine Form der absoluten Accuracy wiedergeben, was insbesondere bei der Untersuchung von Veränderungen der Calibration und des Einflusses von Feedbackmaßnahmen sinnvoll ist (Nietfeld et al., 2005, S. 8).

Eine Unterscheidung, die vor allem bei der Untersuchung von Textverständnis von Bedeutung ist und u. a. bereits bei Glenberg und Epstein (1987) verwendet wurde, ist die Trennung von *Calibration of Comprehension* und *Calibration of Performance*: „*Calibration of Comprehension* typically involves an individual providing a confidence estimate of his or her ability to answer a forthcoming question about a passage of text or a learning activity that the individual has just encountered. *Calibration of Performance* is the act of providing a confidence judgment for an answer the individual has already produced" (Nietfeld et al., 2005, S. 10). Der Unterschied liegt vor allem im Zeitpunkt der Einschätzung, weshalb auch die Begriffe *Accuracy of Predictions* (Einschätzung vor der Bearbeitung) versus *Accuracy of Postdictions* (Einschätzung nach der Bearbeitung) verwendet werden, die allgemeiner sind und sich nicht nur auf die Einschätzung von Verständnisaufgaben beziehen.

Die Einschätzungen können sowohl lokal als auch global erfolgen. Lokale Einschätzungen werden anhand einzelner Items vorgenommen und globale Einschätzungen anhand einer Aussage zum gesamten Test (Nietfeld et al., 2005, S. 10).

Calibration wurde bereits in verschiedenen Bereichen untersucht, die sich u. a. anhand der erhobenen Testleistung bzw. deren Einschätzung unterscheiden. Viele Studien beschäftigen sich mit Textverständnis (siehe Review von Lin & Zabrucky, 1998), aber auch Erinnerungsaufgaben, Allgemeinwissen und spezielles Fachwissen einzelner Fächer werden erhoben. Die verwendeten Aufgaben/Tests reichen von simplen Wiedergabeaufgaben bis hin zu tiefen Verständnisfragen und der Anwendung von Wissen (Pieschl, 2009, S. 6).

2.2.2   Calibration als Komponente des selbstregulierten Lernens

Das Modell des reziproken Determinismus nach Bandura (1986) (siehe Unterabschnitt 2.1.1) eignet sich sehr gut zur theoretischen Einbettung der Calibration, da die Einschätzungen sowohl von kognitiven personenbezogenen Faktoren als auch von der Aufgabe selbst beeinflusst werden können (Dinsmore & Parkinson, 2013, S. 5). Zimmerman (2000a) orientiert sich bei der Entwicklung seines Modells zum selbstregulierten Lernen (SRL) an den triadischen Prozessen zwischen Person, Verhalten und Umwelt. Verfälschte Selbstbeobachtung („bias self-monitoring") stellt dabei eine verbreitete Dysfunktion des selbstregulierten Lernens dar (Zimmerman, 2000a, S. 13).

Das Konzept der Calibration ist eine metakognitive Fähigkeit des Monitoring und ist somit ein Aspekt des selbstregulierten Lernens.

> Students who are better 'calibrated' simply have more accurate information about how to monitor their performance and how to (re)direct their own learning, which may result in better achievement. Lack of confidence (underconfidence) as well as high feelings of confidence that are not justified by one's performance (overconfidence), threaten self-regulation. (Boekaerts & Rozendaal, 2010, S. 374)

Neben dem selbstregulierten Lernen sind weitere Begriffe verbreitet, die oftmals synonym verwendet werden, z. B. selbstgesteuertes Lernen, selbstbestimmtes Lernen, selbstorganisiertes Lernen, selbstkontrolliertes Lernen, selbsttätiges Lernen und autonomes Lernen (Landmann, Perels, Otto, & Schmitz, 2009, S. 50; Otto, Perels, & Schmitz, 2011, S. 33). Es existieren zahlreiche Definitionen und Modelle für das selbstregulierte Lernen; hier sei als Beispiel die Definition nach Butler und Winne (1995) genannt:

> In academic contexts, self-regulation is a style of engaging with tasks in which students exercise a suite of powerful skills: setting goals for upgrading knowledge; deliberating about strategies to select those that balance progress toward goals against unwanted costs; and, as steps are taken and the task evolves, monitoring the accumulating effects of their engagement. (S. 245)

Die verschiedenen Definitionen haben die Nennung von drei Komponenten gemeinsam: die kognitive, die motivationale und die metakognitive Komponente (Landmann et al., 2009, S. 50; Otto et al., 2011, S. 34). Selbstwirksamkeitsüberzeugungen sind der motivationalen und Calibration der metakognitiven Komponente zuzuordnen.

Grundsätzlich werden zwei Typen von Modellen unterschieden, Komponenten-
und Prozessmodelle. Im Gegensatz zu den Komponentenmodellen gehen Prozessmodelle von aufeinanderfolgenden Phasen aus, die in der Regel zyklisch
aufgebaut sind. Unter den Komponentenmodellen ist das Drei-Schichten-Modell
nach Boekaerts (1999) (siehe Abbildung 2.9) weit verbreitet und unter den
Prozessmodellen das zyklische Modell nach Zimmerman (2000a).

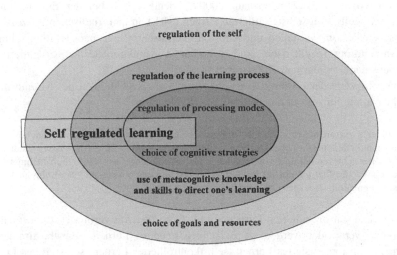

Abbildung 2.9 Drei-Schichten-Modell nach Boekaerts (1999, S. 449)

Das Drei-Schichten-Modell nach Boekaerts (1999) ist in die drei bereits
genannten Komponenten gegliedert: kognitive (innere Schicht), metakognitive
(mittlere Schicht) und motivationale (äußere Schicht). Die Art, wie Personen typi-
scherweise lernen, gehört zur inneren Schicht. In der mittleren Schicht werden
Prozesse beschrieben, die das eigene Lernen steuern, wozu metakognitive Fähigkeiten wie u. a. Monitoring und Evaluating gehören. Die äußere Schicht orientiert
sich am Bereich der Motivation und widmet sich dem Selbst. Sie liefert Indikatoren, warum Personen etwas machen oder nicht machen. Denn auch wenn Personen
die benötigten kognitiven und metakognitiven Fähigkeiten besitzen, heißt das
noch nicht, dass sie auch gewillt sind, sie einzusetzen.

Das zyklische Modell der Selbstregulation nach Zimmerman (2000a) gliedert sich in drei Phasen: Handlungsplanung (*Forethought*), Handlungsausführung
und volitionale Kontrolle (*Performance or Volitional Control*) und Selbstreflexion

(*Self-Reflection*)[30]. Diese drei Phasen, die auch den drei Komponenten (motivational, kognitiv, metakognitiv) zugeordnet werden können, umfassen jeweils unterschiedliche Subprozesse, die in Tabelle 2.8 aufgelistet sind. Die Selbstwirksamkeitserwartung wird der Phase der Handlungsplanung zugeordnet. Sie ist wichtig für das Setzen der Lernziele und das Aufbringen der Motivation in Form von Anstrengung und Persistenz für die nächsten Phasen. In der Phase der Selbstreflexion wird der eigene Lernprozess evaluiert und es werden Selbstbeurteilungen (*self-judgments*) gemacht. Die eigenen Beobachtungen werden mit Standards oder Zielen verglichen, wodurch Selbstbeurteilungen generiert werden, die wiederum mit Attributionen verknüpft werden, d. h. mit Gründen für den Erfolg oder Misserfolg. Diese metakognitiven Erfahrungen prägen die Fähigkeit der Calibration.

Tabelle 2.8 Prozesse der drei zyklischen Phasen der Selbstregulation (Zimmerman, 2000a, S. 16)

Forethought	Performance/ volitional control	Self-reflection
Task analysis	Self-control	Self-judgment
Goal setting	Self-instruction	Self-evaluation
Strategic planning	Imagery	Causal attribution
	Attention focusing	
Self-motivation beliefs	Task strategies	Self-reaction
Self-efficacy		Self-satisfaction/affect
Outcome expectations	Self-observation	Adaptive –defensive
Intrinsic interest/value	Self-recording	
Goal orientation	Self-experimentation	

Efklides (2006) unterscheidet in metakognitives Wissen, metakognitive Fähigkeiten und metakognitive Erfahrungen. Metakognitives Wissen ist deklaratives Wissen über Kognition, metakognitive Fähigkeiten sind prozedurales Wissen, um die Kognition zu kontrollieren, und anhand von metakognitiven Erfahrungen entscheidet eine Person über den Einsatz von metakognitiven Fähigkeiten (Efklides, 2006, S. 4 f.). „Metacognitive experiences (ME) comprise metacognitive feelings and metacognitive judgments/estimates that are based on the monitoring of task-processing features and/or of its outcome" (Efklides, 2006, S. 5). Zu den

---

[30]Übersetzungen übernommen von Landmann et al. (2009, S. 52).

metakognitiven Erfahrungen gehören metakognitive Gefühle wie u. a. feeling of familiarity, feeling of difficulty, feeling of knowing, feeling of confidence und metakognitive Beurteilungen wie u. a. judgment of learning (Efklides, 2006, S. 5). Die Fähigkeit zur Calibration wird entsprechend vor allem durch metakognitive Erfahrungen geprägt.

Das metakognitive Monitoring ist zentral für die Entwicklung von selbstregu-liertem Lernen, da es internes Feedback generiert (Butler & Winne, 1995, S. 246), wie es z. B. im triadischen Modell nach Zimmermann (2000a) dargestellt ist.

Aussagen über Metakognition bzw. des Wissens über das eigene Wissen und Nichtwissen anhand des gemessenen Grads der Calibration einer Person zu tref-fen, wird von einzelnen Forschern (u. a. Stankov, Lee, Luo, & Hogan, 2012) kritisch gesehen. Eine Begründung liegt darin, dass die Werte keine wirklichen Indikatoren dafür seien, ob Personen wissen, inwiefern sie die Aufgaben richtig oder falsch beantwortet haben, sondern sie zeigen an „whether, on the average over all items in the test, the person was able to detect those items that are easier or more difficult for him/her and produce ratings that are reflective of his/her level of performance on these items" (Stankov et al., 2012, S. 748).

2.2.3 Berechnungen zu Calibration

Zur Erfassung der Calibration wird die Diskrepanz zwischen der selbst einge-schätzten und der erbrachten Leistung verwendet. Diese sogenannten *discrepancy scores* (*change/gain scores*), bei denen die Differenz zweier Scores verwendet wird, weisen deutlich geringere Reliabilitäten auf als die ursprünglichen Scores (Lord, 1956, S. 429). Cronbach und Furby (1970) empfehlen sogar, solche Ska-len zu vermeiden: „It appears that investigators who ask questions regarding gain scores would ordinarily be better advised to frame their questions in other ways" (S. 80).

Zur Berechnung der Calibration stehen viele verschiedene Methoden zur Ver-fügung, die wiederum vom Erhebungsformat der Selbsteinschätzung abhängen.

Sehr verbreitet in der allgemeinen Calibration-Forschung ist die dichotome Erfassung (richtig vs. falsch) sowohl der Leistung als auch der Selbsteinschät-zung bzw. die Dichotomisierung bei Erhebungen mit mehr Antwortkategorien. Einige Forscher raten allerdings von dem Vorgehen der Dichotomisierung ab und empfehlen genauere Erfassungen mit mindestens fünf (Hattie, 2013) bzw. sieben (Dinsmore & Parkinson, 2013) Antwortkategorien. In der vorliegenden Arbeit wird eine achtstufige Antwortkategorie verwendet, weshalb von einer genaueren Erläuterung der dichotomen Erfassung abgesehen wird.

Statt einer dichotomen Erfassung der Einschätzung werden oftmals mehrstufige Likert-Skalen oder kontinuierliche Skalen (mit 100 Punkten) eingesetzt. Diese eröffnen weitere Berechnungsmöglichkeiten, die insbesondere bei den Studien zur Calibration bei Mathematikaufgaben verwendet werden. Tabelle A3 in Anhang A gibt einen Überblick zu Studien, die Calibration in Mathematik untersucht haben. Bei lokalen (meist vorherigen) Einschätzungen werden vor allem *Calibration Bias* und *Calibration Accuracy*, die auf Pajares & Graham (1999), Pajares & Miller (1997), Schraw, Potenza, & Nebelsick-Gullet (1993) und Yates (1990) zurückgehen, verwendet. Dieses Vorgehen wird auch im Rahmen der hier vorliegenden Dissertation eingesetzt.

Calibration Bias gibt die Richtung und die Stärke der Verschätzung an, indem für jedes Item die tatsächlich erreichte Leistung von der zuvor eingeschätzten Leistung abgezogen wird. Negative Werte entsprechen einer Unterschätzung, positive einer Überschätzung und bei Null wurde ein Item exakt eingeschätzt. Dafür wird in der Regel die Leistung so kodiert, dass eine falsche Lösung den niedrigsten Wert der Antwortskala bei der Einschätzung erhält und eine richtige Lösung den höchsten Wert. Wenn zum Beispiel die Einschätzung anhand einer achtstufigen Skala mit Werten von 1 bis 8 erfolgt, wird die Leistung für jedes Item auf 1 (falsch) und 8 (richtig) kodiert. Eine Person, die sich die Lösung einer Aufgabe absolut zutraut (8) und diese auch richtig bearbeitet, erhält für das Item einen Bias von 0, der für absolute Exaktheit steht. Bei einer falschen Bearbeitung würde der zugehörige Bias von 7 eine deutliche Überschätzung anzeigen. Über die einzelnen Items wird für jede Person der Mittelwert als Maß des individuellen Bias berechnet.

Für die Berechnung der *Calibration Accuracy* wird für jedes Item der Betrag des Bias vom Höchstwert der Einschätzungsskala (beim Beispiel war es 8) subtrahiert und über alle Items der Mittelwert gebildet. Der Wert Null entspricht einer absoluten Verschätzung und höhere Werte einer exakteren Einschätzung.

Nicht immer wird der Betrag des Bias vom Höchstwert der Einschätzung abgezogen, manchmal wird auch nur der Mittelwert über den Betrag des Bias über alle Items gebildet. In solchen Studien gilt die Richtung der Accuracy-Skala entsprechend anders herum, d. h. bei Null ist absolute Exaktheit und höhere Werte zeigen schlechtere Exaktheit an.

Über- und Unterschätzung können anhand von sogenannten *Calibration-Kurven* (siehe Abbildung 2.10) dargestellt werden, die die Höhe des Zutrauens auf der x-Achse und den Anteil richtiger Aufgaben auf der y-Achse abtragen. Die Unity-Line stellt dabei eine perfekte Calibration dar.

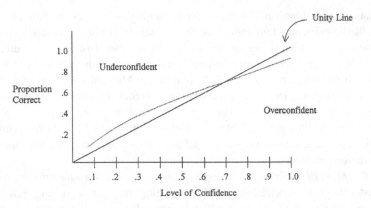

Abbildung 2.10   Calibration Curve (Stone, 2000, S. 441)

2.2.4   Forschungsstand zu Calibration

Zwar existieren einige Studien, die sich mit der Exaktheit der eigenen Einschätzung befassen, jedoch unterscheiden sich diese in vielerlei Hinsicht (u. a. Design, Art der Erfassung, Zeitpunkt, Domäne, Berechnungsmethode), sodass ein Vergleich der Ergebnisse oft nicht möglich ist. Die begrenzte Verallgemeinerbarkeit der Ergebnisse einzelner Studien begründen Nietfeld et al. (2005) folgendermaßen:

> „First, many studies of metacognitive monitoring lack ecological validity in that often the outcome measures are created for the study and lack consideration of personal investment on the part of the participants (Lundeberg & Fox, 1991). In addition, the length of time over which monitoring judgments are gathered is typically limited, which does not reflect the reality we seek to generalize to […]. Second, studies employ a number of different methods to operationalize monitoring accuracy that include confidence judgments, ease of learning judgments, judgments of learning, and feeling of knowing judgments (Schraw, Wise & Roos, 2000)." (Nietfeld et al., 2005, S. 8)

Aufgrund der vielen Unterschiede werden zur Darstellung des aktuellen Forschungsstandes vor allem Studien aus dem Bereich Mathematik herangezogen, die für die Thematik der Dissertation besondere Relevanz haben. Diese Studien verwenden teilweise identische oder ähnliche Methoden, wodurch eine bessere Vergleichbarkeit gewährleistet ist. Ein Überblick zu den Studien[31], den darin verwendeten Methoden und gefundenen Ergebnissen wird in Tabelle A3 in Anhang A gegeben. Ausgewählte Studien und deren Ergebnisse werden im Folgenden sortiert nach einzelnen Forschungsaspekten zur Calibration genauer erläutert: Über-/Unterschätzung, Geschlechterunterschiede, Zusammenhänge zu anderen Konstrukten (insbesondere zur Leistung) und Einflussfaktoren. Studien zum Einfluss von Feedbackmaßnahmen auf Calibration werden in Teilunterabschnitt 2.3.3.3 vorgestellt.

2.2.4.1 Über- und Unterschätzung

In der Regel berichten alle Studien (domänenübergreifend) von einer stärkeren Überschätzung als Unterschätzung und die Ergebnisse zeigen, dass sowohl Schüler/innen als auch Studierende ihre eigenen Fähigkeiten nicht besonders exakt einschätzen können.

U. a. berichten Hackett und Betz (1989), Pajares und Kranzler (1995) sowie Pajares und Miller (1994) von deutlich mehr Probanden, die sich überschätzt haben, als von Probanden, die sich unterschätzt haben. Eine absolut exakte Einschätzung erfolgte nur bei sehr wenigen Personen. Das Ausmaß der Überschätzung variiert zwischen den Studien. So haben sich bei Pajares und Miller (1994) 57 Prozent der befragten College-Studierenden überschätzt, bei Pajares und Kranzler (1995) waren es sogar 86 Prozent der befragten High School Schüler/innen. Auch die Anzahl der durchschnittlich überschätzten Aufgaben liegt bei den High-School Schüler/innen mit 5,5 deutlich über den 1,9 Aufgaben (jeweils von 18 Aufgaben) bei den College-Studierenden. Pajares und Kranzler geben als mögliche Erklärung an, dass es sich bei College-Studierenden um eine positive Selektion leistungsstärkerer Schüler/innen handelt und in der Regel leistungsstärkere Personen auch besser kalibriert sind.

Eine Überschätzung geht meist mit geringerem Leistungsniveau einher (Labuhn et al., 2010, S. 175). Entsprechend können Unterschiede bei der Calibration oftmals durch schwächere Leistungen erklärt werden. Z. B. begründen Chen und Zimmerman (2007) die exaktere Selbsteinschätzung taiwanesischer Schüler/innen gegenüber US-amerikanischer Schüler/innen anhand der besseren Leistungen der taiwanesischen Schüler/innen. Empirische Studien zum Zusammenhang zwischen Calibration und Leistung werden in Teilunterabschnitt 2.2.4.3 genauer erläutert.

---

[31]Es werden nur Studien vorgestellt, die sich mit Calibration in Mathematik beschäftigen und entsprechende Ergebnisse einzeln berichten. Studien, die Leistungstests verwenden, in denen zwar u. a. Mathematikaufgaben enthalten sind, aber nicht getrennt berichtet werden (u. a. Schraw et al., 1993) werden hier nicht berücksichtigt.

2.2.4.2 Geschlechterunterschiede

Ähnlich wie bei den Untersuchungen zu Geschlechterunterschieden im Bereich der Selbstwirksamkeitserwartung gibt es unterschiedliche Ergebnisse zu Geschlechterunterschieden bzgl. der Calibration in Mathematik (Chen, 2003, S. 81). Es werden entweder keine Unterschiede festgestellt (u. a. Chen, 2003; Hackett & Betz, 1989; Pajares & Kranzler, 1995; Pajares & Miller, 1994; Pajares & Graham, 1999) oder eine stärkere Überschätzung der Jungen (u. a. Boekaerts & Rozendaal, 2010; Ewers & Wood, 1993; Morony, Kleitman, Lee, & Stankov, 2013; Stankov et al., 2012). Bei Studien ohne Geschlechterunterschiede wurden vor allem Schüler/innen der Mittel- und Oberstufe sowie Studierende befragt. Studien, die Geschlechterunterschiede festgestellt haben, haben vor allem Unter- und Mittelstufenschüler/innen befragt.

Bei fast allen genannten Studien, die Geschlechterunterschiede feststellen, weisen Jungen ein höheres Zutrauen auf, die Aufgaben richtig zu lösen bzw. gelöst zu haben (Ausnahme: Stankov et al., 2012). Sowohl in der Studie von Ewers und Wood (1993) erreichen Mädchen und Jungen in der fünften Klasse ähnliche Leistungen als auch die Mittelstufenschüler/innen in der Studie von Morony et al. (2013). In diesen Fällen entsteht die Überschätzung der Jungen aufgrund des höheren Zutrauens bei gleicher Leistung. Die untersuchten Fünftklässler/innen bei Boekaerts und Rozendaal (2010) weisen trotz besserer Leistungen der Jungen im Vergleich zu den Mädchen auch eine höhere Überschätzung auf. Bei Stankov et al. (2012) haben Mädchen und Jungen ähnlich hohes Zutrauen, die Aufgaben richtig beantwortet zu haben, jedoch erreichen die Jungen eine geringere Leistung, wodurch die Mädchen eine niedrigere Überschätzung aufweisen.

2.2.4.3 Zusammenhänge zu anderen Konstrukten

Aus theoretischer Sicht wird davon ausgegangen, dass es Zusammenhänge zwischen Calibration und Leistung gibt. Auf der einen Seite können leistungsstärkere Personen sich vermutlich exakter einschätzen und auf der anderen Seite sollte die Fähigkeit zur exakten Selbsteinschätzung die Leistung positiv beeinflussen. Bei der empirischen Messung von Zusammenhängen zur Leistung sollte bedacht werden, dass in der Regel Calibration anhand der eingeschätzten und der erbrachten Leistung berechnet wird und Zusammenhänge deshalb methodisch bedingt sein können.

Sowohl Champion (2010) als auch Chen (2003) sowie Chen und Zimmerman (2007) haben jeweils zwei Paralleltests mit gleichen Aufgaben (15 Aufgaben aus TIMSS), aber unterschiedlichen Zahlen entwickelt, die zusammen mit der aufgabenspezifischen Selbstwirksamkeitserwartung zu zwei Zeitpunkten eingesetzt wurden. Anhand der Selbstwirksamkeitserwartung und der Leistung zum ersten Messzeitpunkt wurden Bias und Calibration Accuracy berechnet. Für die Selbstwirksamkeitserwartung und die Leistung wurde der zweite Messzeitpunkt verwendet.

In der Studie von Chen (2003) wurden 107 Siebtklässler in den USA u. a. bezüglich ihrer mathematischen Selbstwirksamkeitserwartung und Mathematikleistung zu zwei Zeitpunkten mit einem Abstand von einer Woche befragt. In Anlehnung an die Berechnung des Bias und der Calibration Accuracy nach Schraw et al. (1993) und Yates (1990) wurde das gleiche Vorgehen wie bei Pajares und Graham (1999) und Pajares und Miller (1997) verwendet. Entsprechend reicht die Skala zur Selbstwirksamkeitserwartung von 1 bis 8, die des Bias von -7 bis 7 (positive Zahlen deuten auf eine Über- und negative Zahlen auf eine Unterschätzung hin) und die Skala der Calibration Accuracy von 0 bis 7 (von absoluter Nicht-Exaktheit bis zu totaler Exaktheit). Die Skala Bias und Calibration Accuracy korrelieren sehr hoch miteinander ($r = ,87$) und jeweils ähnlich hoch zur Leistung (Bias: $r = ,63$; CA: $r = ,62$), weshalb (aufgrund der Kollinearität) nur die Calibration Accuracy in die Regression und das Pfadmodell aufgenommen wurde. Überraschenderweise korrelieren Bias und Calibration Accuracy nicht mit der Selbstwirksamkeitserwartung. Innerhalb der Regressionsanalyse mit der Mathematikleistung (2. MZ) als abhängige Variable erweisen sich sowohl Selbstwirksamkeitserwartung als auch Calibration Accuracy als signifikante Prädiktoren. Die Selbstwirksamkeitserwartung klärt 25,4 Prozent der Varianz auf und die Calibration Accuracy zusätzliche 40 Prozent[32]. Diese Ergebnisse werden vom Pfadmodell[33] unterstützt (Abbildung 2.11).

Aus dem Pfadmodell kann abgeleitet werden, dass frühere Mathematikleistungen die Selbstwirksamkeitserwartung, die Calibration Accuracy und die aktuelle Mathematikleistung jeweils direkt positiv beeinflussen, wobei die aktuelle Mathematikleistung zusätzlich indirekt über die Selbstwirksamkeitserwartung und die Calibration Accuracy beeinflusst wird ($\beta = ,40$*(Chen, 2003, S. 88)). Die Calibration Accuracy wirkt sich zwar positiv auf die aktuelle Mathematikleistung aus, aber negativ auf die Selbstwirksamkeitserwartung, d. h. gut kalibrierte Schüler zeigen eine geringere Selbstwirksamkeitserwartung, erbringen aber bessere Leistungen. Die Selbstwirksamkeitserwartung wirkt sich wie erwartet und bereits in anderen Studien bestätigt (siehe Teilunterabschnitt 2.1.5.4) positiv auf die Mathematikleistung aus.

---

[32]Skala CA enthält Infos zu SWK und Leistung eines fast identischen Tests.

[33]Das abgebildete Pfadmodell zeigt nur die signifikanten Pfade, weshalb das Geschlecht nicht mehr im Modell enthalten ist. Die Fitwerte (nonsignificant Chi^2 value, Chi^2 (1, N = 107) = 2.59, P = ,11; AGFI = ,81; CFI = ,99) sind gut, wurden aber (scheinbar) für das ursprüngliche Modell, das alle Pfade enthalten hat, berechnet.

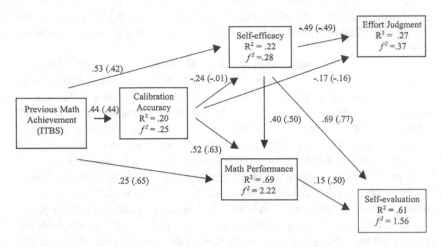

Abbildung 2.11 Pfadmodell zum Zusammenhang CA, SWK und Leistung; alle Pfadkoeffizienten sind signifikant mit p < ,05 (Chen, 2003, S. 87)

Kritisch anzumerken ist, dass zwar zwei unterschiedliche Instrumente zur Erfassung der Calibration Accuracy und der Selbstwirksamkeitserwartung bzw. Leistung zum zweiten Messzeitpunkt verwendet wurden, diese aber unter Verwendung anderer Zahlen fast identisch waren. Entsprechend enthält die Calibration Accuracy sowohl Informationen zur Selbstwirksamkeitserwartung als auch zur Leistung beim ersten Messzeitpunkt. Außerdem hat die Durchführung des Tests selbst evtl. Einfluss auf die Einschätzungen genommen und dadurch z. B. die Selbstwirksamkeitserwartung niedriger ausfallen lassen. Vergleiche der Selbstwirksamkeitserwartung vom ersten zum zweiten Messzeitpunkt als auch von der Leistung vom ersten zum zweiten Messzeitpunkt wären wünschenswert.

Der Einfluss des Vorwissens auf die Calibration wird auch von Nietfeld und Schraw (2002) bestätigt. Die 93 Studierenden wurden anhand ihrer bisherigen Noten in Mathematik und Statistik in low-, mid- und high-knowledge Gruppen aufgeteilt. Personen in der high-knowledge-Gruppe erreichen höhere Testleistungen und eine exaktere Einschätzung, wobei keine signifikanten Unterschiede bzgl. Zutrauen und Bias festgestellt werden konnten.

Weitere Bestätigung des Zusammenhangs des Leistungslevels zur Calibration liefert die Studie von Ewers und Wood (1993), die bei begabten Fünftklässlern höhere Selbstwirksamkeitserwartungen, weniger Überschätzung und exaktere

Einschätzung im Gegensatz zu durchschnittlich leistungsstarken Fünftklässlern feststellten.

Die exaktere Einschätzung von leistungsstarken Schüler/innen und Studierenden gegenüber leistungsschwächeren Schüler/innen und Studierenden, die sich in der Regel stärker überschätzen, wird auch von Studien zur Calibration in anderen Domänen bestätigt (u. a. Bol, Hacker, O'Shea, & Allen, 2005; Hacker et al., 2000; Nietfeld et al., 2005).

2.2.4.4 Einflussfaktoren auf Calibration

Die Exaktheit der eigenen Einschätzung wird von diversen Faktoren beeinflusst, die Nietfeld und Schraw (2002, S. 131 f.) in drei Kategorien teilen: die Testsituation (u. a. Schwierigkeit, Zeitpunkt, Testformat), externe Bedingungen (u. a. Feedback, Instruktion) und personenbezogene Attribute (u. a. Fähigkeit). Die persönlichen Einflüsse können nach Dinsmore und Parkinson (2013, S. 5) metakognitiv (Vorwissen und Erfahrung) oder motivational (Ziele, Interesse, SWK) sein. Sie beeinflussen die externen Bedingungen und die Testsituation und werden gleichzeitig davon beeinflusst, indem z. B. die Aufgabe selbst das Vertrauen sie zu lösen beeinflusst und die Exaktheit der eigenen Einschätzung wiederum die Wahrnehmung der Aufgabenschwierigkeit beeinflusst (Dinsmore & Parkinson, 2013, S. 5).

Die Analysemethoden bilden eine weitere Kategorie (siehe Stone, 2000), die ggf. Einfluss auf die Höhe der Calibration nimmt. Nietfeld et al. (2005, S. 7 f.) zählen folgende mögliche Einflussfaktoren inklusive zugehöriger Studien[34] auf:

> For instance, monitoring accuracy and judgment bias may be affected by test difficulty (Pressley & Ghatala, 1988; Schraw & Roedel, 1994), age (Oli & Zelinski, 1997), comprehension instruction (Magliano, Little, & Graesser, 1993), background knowledge (Nietfeld & Schraw, 2002), and performance level (Maki & Berry, 1984). Increases in monitoring accuracy have been shown by extending the length of a test (Weaver, 1990), increasing the information to be learned (Commander & Stanwyck, 1997), introducing strategy instruction prior to testing (Nietfeld & Schraw), and increasing processing demands while learning information (Maki, Foley, Kajer, Thompson, & Willert, 1990).

Des Weiteren sind Postdictions präziser als Predictions, wie Pieschl (2009, S. 6) in ihrem Review zu Calibration zusammenfasst.

Dinsmore und Parkinson (2013) haben 72 Studierende Fragen zu zwei Sachtextpassagen beantworten lassen und jeweils anschließend ihr Zutrauen erhoben,

---

[34]Die hier genannten Studien beziehen sich nicht nur auf den Bereich Mathematik.

die Frage richtig beantwortet zu haben. Im Anschluss sollten die Studierenden im Rahmen einer offenen Frage angeben, woran sie ihr Zutrauen festgemacht haben. Die Ergebnisse (siehe Tabelle 2.9) zeigen, dass vor allem Merkmale des Textes und der Fragen die eigene Einschätzung beeinflussen. Neben dem Vorwissen spielen aber auch weitere Gründe eine Rolle, die bei der Kodierung nicht weiter ausdifferenziert wurden.

Tabelle 2.9 Kategorien, an denen das Zutrauen orientiert waren (Dinsmore & Parkinson, 2013, S. 11)

Kategorie	Textpassage 1		Textpassage 2	
	Häufigkeit	**Prozent**	**Häufigkeit**	**Prozent**
Vorwissen	30	17	35	19
Textcharakteristik	65	37	55	30
Itemcharakteristik	48	27	45	25
Vermuten/Raten	7	4	15	8
Sonstiges	26	15	32	18

Entsprechend ist bei einer Übertragung der Ergebnisse auf den Bereich Mathematik zu vermuten, dass Aufgabenmerkmale bei der Einschätzung der zu erbringenden oder bereits erbrachten Leistung von besonderer Bedeutung sind.

Van Loon et al. (2013, S. 22) identifizieren ungenaues Vorwissen als einen möglichen Faktor, der Fehleinschätzungen, insbesondere Überschätzungen der eigenen Fähigkeiten hervorrufen kann. So kann die Vertrautheit einer Aufgabe Personen eine falsche Sicherheit geben, die sich stärker auf die Menge der ihnen verfügbaren Informationen als auf die Qualität der Informationen bezüglich der Aufgabe bezieht.

In der Regel werden schwierigere Items (empirische Schwierigkeit) auch mit einer geringeren Selbstwirksamkeitserwartung bzw. einem geringeren Zutrauen, die Aufgabe richtig zu lösen oder gelöst zu haben, bewertet. Die Diskrepanz zwischen der eingeschätzten und der erbrachten Leistung steigt jedoch bei schwierigeren Items, wodurch eine höhere Überschätzung und weniger exakte Einschätzung erfolgt. Chen (2003) interpretiert aus seinen Daten einen linearen Zusammenhang zwischen der Itemschwierigkeit und Selbstwirksamkeitserwartung, Bias, Calibration Accuracy sowie Self-Evaluation bei Mädchen und Jungen, wobei die Interpretation als linearer Zusammenhang bei den wenigen Werten eher kritisch gesehen werden sollte (siehe Abbildung 2.12 und 2.13). Je schwerer die

Items sind, desto stärker überschätzen sich die Schüler und erreichen eine weniger exakte Selbsteinschätzung.

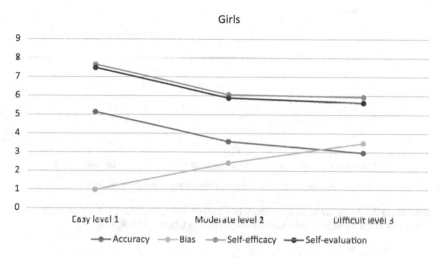

Abbildung 2.12 Zusammenhang Itemschwierigkeit und SWK, Bias, CA sowie Selbstevaluation der Mädchen (Abb. erstellt anhand der Werte aus Chen, 2003, S. 85)

Die Ergebnisse werden von Chen und Zimmerman (2007) anhand ähnlicher Analysen bestätigt: „As items became more difficult, students lowered their self-efficacy beliefs and postperformance self-evaluations, but increased their effort judgments. Regarding calibration measures, the students showed less accuracy and increased bias as items became more difficult" (S. 230).

Stankov et al. (2012) analysieren den Zusammenhang von Itemschwierigkeit und Calibration unter Berücksichtigung der Fähigkeit anhand von Raschmodellen. Bei leichten Items unterschätzen sich die untersuchten Neuntklässler/innen und bei schweren Items überschätzen sie sich. Items mit moderater Schwierigkeit differenzieren hingegen nach Fähigkeit, so dass sich Schüler/innen mit geringeren Fähigkeiten überschätzen und Schüler/innen mit höheren Fähigkeiten eher leicht unterschätzen.

Bei der Interpretation der Ergebnisse sollte berücksichtigt werden, dass Leistungsevaluationen systematische Beurteilungsfehler enthalten (Baron, 1988, zitiert nach Lin & Zabrucky, 1998, S. 368). So kommt es bei leichten Items eher zu einer Unterschätzung und bei schweren Items eher zu einer Überschätzung. Als Beispiel seien die beiden Extremfälle angeführt, wenn die Aufgabe von allen (sehr

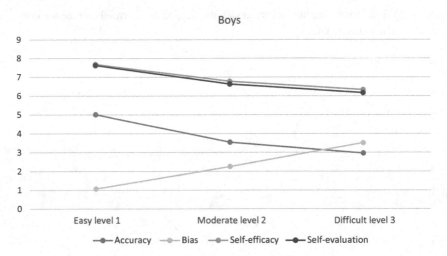

Abbildung 2.13 Zusammenhang Itemschwierigkeit und SWK, Bias, CA sowie Selbsteva-luation der Jungen (Abb. erstellt anhand der Werte aus Chen, 2003, S. 85)

leicht) oder von keinem (sehr schwer) richtig gelöst werden konnte. In diesem Fall sind eine Überschätzung der leichten und eine Unterschätzung der schweren Aufgabe überhaupt nicht möglich. Entsprechend empfehlen Lin und Zabrucky (1998, S. 368) den Einsatz eines Tests bzw. Aufgaben mittlerer Schwierigkeit.

Der Einfluss von Merkmalen mathematischer Aufgaben auf die Exaktheit der Selbsteinschätzung wird kaum in Studien behandelt. Zur Unterscheidung von Berechnungs- und Anwendungsaufgaben (Boekaerts & Rozendaal, 2010) sowie dem Antwortformat (offen vs. MC) (Pajares & Miller, 1997) liegen einzelne Studien vor.

Boekaerts und Rozendaal (2010) haben 389 Fünftklässler/innen sowohl einen Test mit Anwendungsaufgaben inklusive vorheriger und nachträglicher Einschät-zung der Items als auch einen Test mit Berechnungsaufgaben inklusive vorheriger und nachträglicher Einschätzung der Items bearbeiten lassen. Es zeigte sich, dass bei Anwendungsaufgaben die Leistungen schlechter, das Zutrauen geringer, die Überschätzung höher und vorherige Einschätzungen weniger exakt waren als bei den Berechnungsaufgaben. Bei den Berechnungsaufgaben haben sich die Schü-ler/innen danach weniger überschätzt als davor, bei den Anwendungsaufgaben war es genau umgekehrt. Die Autoren begründen die Ergebnisse damit, dass Anwendungsaufgaben komplexer sind und die Einschätzung der eigenen Leistung entsprechend schwieriger ist. Sie halten es für möglich, dass bei der Einschätzung von Berechnungsaufgaben andere Prozesse ablaufen als bei Anwendungsaufgaben: „It is possible that the processes underlying feeling of confidence that informed fifth graders about their ability to arrive at a correct solution before they start a computation problem are fundamentally different from the ones that inform before they start an application problem" (Boekaerts & Rozendaal, 2010, S. 379).

Zu den Ergebnissen ist kritisch anzumerken, dass die Anwendungsaufgaben insgesamt einen höheren Schwierigkeitsgrad aufweisen und die Unterschiede ggf. allein aufgrund der unterschiedlichen Itemschwierigkeit und eben nicht der Art der Aufgabe erklärt werden kann. Außerdem wurde zuerst der Test mit den Anwendungsaufgaben und zwei Wochen später der Test mit den Berechnungsproblemen durchgeführt. Der erste Test mit zugehörigen Einschätzungen kann entsprechend Einfluss auf die Einschätzungen beim zweiten Test genommen haben.

In der Studie von Pajares und Miller (1997) wurden 327 Achtklässler/innen zufällig in vier Gruppen aufgeteilt, die inhaltlich die gleichen Aufgaben einschätzen und bearbeiten sollten, aber im Antwortformat (offen vs. Multiple Choice (MC)) bei der Selbstwirksamkeitserwartung und dem Leistungstest variierten. Bzgl. der Selbstwirksamkeitserwartung wurde kein Unterschied zwischen den Aufgaben mit offener Angabe und MC festgestellt, jedoch bzgl. der Leistung. Beide Gruppen mit MC-Aufgaben erzielten signifikant bessere Leistungen und damit auch eine geringere Überschätzung und exaktere Einschätzung als die beiden Gruppen mit offenen Aufgaben. Die Autoren vermuten, dass die Probanden bei der Selbstwirksamkeitseinschätzung die Antwortkategorien nicht berücksichtigt haben und deshalb keine Unterschiede aufgetreten sind. Die besseren Leistungen bei den MC-Aufgaben erklären sie sich anhand einiger richtig vermuteter/geratener Aufgaben. Entsprechend nimmt das Antwortformat nicht direkt Einfluss auf die Exaktheit der eigenen Einschätzung, sondern ermöglicht vermutlich, durch Raten einzelne Aufgaben richtig zu beantworten, die aufgrund der eigenen Fähigkeiten eher als nicht richtig zu lösen bzw. gelöst eingeschätzt wurden. Die exaktere Einschätzung bei MC-Aufgaben beruht somit auf der besseren Leistung, die die generelle Überschätzung verringert.

2.2.5 Zusammenfassung zu Calibration

Calibration ist ein Aspekt der metakognitiven Komponente des selbstregulierten Lernens und wird vor allem durch metakognitive Erfahrungen geprägt. Die

Berechnung der *Calibration* erfolgt in der Regel über die Diskrepanz zwischen eingeschätzter und erbrachter Leistung, wobei u. a. unterschieden wird, ob die Einschätzung vor (*Prediction*) oder nach (*Postdiction*) der Leistung erfasst wurde oder ob die Einschätzungen bzgl. der Items einzeln (*lokal*) oder einer gesamten Testleistung (*global*) vorgenommen wurden. Nachträgliche Einschätzungen sind in der Regel exakter als vorherige (Pieschl, 2009). Schüler/innen und Studierende überschätzen sich in der Regel deutlich häufiger und stärker als dass sie sich unterschätzen (z. B. Pajares & Kranzler, 1995). Männliche Personen neigen in Mathematik häufiger zu einer stärkeren Selbstwirksamkeitserwartung und stärkeren Überschätzung als weibliche Probanden, auch wenn ähnliche Leistungen erbracht werden (u. a. Ewers & Wood, 1993; Morony et al., 2013). Jedoch weisen nicht alle Studien Geschlechterunterschiede auf. In der Studie von Chen (2003) trägt die Calibration Accuracy zusätzlich zur Selbstwirksamkeitserwartung erheblich zur Aufklärung der Leistungsvarianz bei. Die Calibration Accuracy beeinflusst innerhalb des Pfadmodells die Selbstwirksamkeitserwartung negativ und die Leistung positiv. Besonders interessant ist auch der negative Einfluss der Selbstwirksamkeitserwartung und der Calibration Accuracy auf die Anstrengungsbereitschaft. Andersherum beeinflusst auch die vorherige Leistung die Exaktheit der eigenen Einschätzungen. So weisen Personen mit höherem mathematischen Vorwissen (Nietfeld & Schraw, 2002) bzw. begabte Personen (Ewers & Wood, 1993; Pajares & Graham, 1999) exaktere Selbsteinschätzungen auf. Die Calibration Accuracy wird neben den personenbezogenen Faktoren noch von diversen weiteren Faktoren beeinflusst (Dinsmore & Parkinson, 2013), u. a. von der Art des Tests bzw. den Aufgabenmerkmalen. Die Aufgabenschwierigkeit hat dabei eine besondere Bedeutung, da u. a. Chen (2003) lineare Zusammenhänge zwischen der Calibration Accuracy, dem Bias und der Selbstwirksamkeitserwartung zur Itemschwierigkeit festgestellt haben. Bei schwierigeren Aufgaben liegen in der Regel geringere Selbstwirksamkeitserwartungen, höhere Überschätzungen und niedrigere Calibration Accuracy vor. Bei diesen Zusammenhängen ist vor allem die Abhängigkeit der Calibration von der Aufgabenschwierigkeit aufgrund der Berechnung zu berücksichtigen, die Baron (1988, zitiert nach Lin & Zabrucky, 1998) als systematischen Beurteilungsfehler beschreibt. Boekaerts und Rozendaal (2010) haben in ihrer Studie festgestellt, dass Schüler/innen bei Anwendungsaufgaben schlechtere Leistungen, geringeres Zutrauen, höhere Überschätzung und eine weniger exakte Prediction aufweisen als bei Berechnungsaufgaben. Es ist jedoch unklar, ob die berichteten Ergebnisse wirklich Rückschlüsse auf den Einfluss dieses Aufgabenmerkmals zulassen, oder ob diese auf die erhöhte Schwierigkeit der Anwendungsaufgaben rekurriert.

2.3 Feedback

Hattie und Timperley (2007) definieren Feedback als „information provided by an agent (e. g., teacher, peer, book, parent, self, experience) regarding aspects of one's performance or understanding" (S. 81). Es gibt verschiedene Formen, Funktionen und weitere Aspekte, anhand derer sich Feedback unterscheiden lässt. Nach Müller und Ditton (2014, S. 13 ff.) ist der Begriff des Feedbacks von dem der Rückmeldung abzugrenzen, wonach Feedback im Gegensatz zur Rückmeldung eher verhaltens- und zeitnah gegeben wird, mit direktem Bezug auf das Individuum. Innerhalb der Studie dieser Dissertation wird diese scharfe Trennung nicht vollzogen und die Begriffe werden synonym verwendet, wie dies auch in anderen Studien der Fall ist (z. B. Harks et al., 2013), so dass Rückmeldungen auch individuell ausgerichtet sein können.

2.3.1 Formen des Feedbacks

Butler und Winne (1995) unterscheiden in ihrem Modell zum selbstregulierten Lernen *internes* und *externes Feedback*. Das *interne Feedback* wird über Monitoring-Prozesse generiert, die zentral für das selbstregulierte Lernen und die Entwicklung von Calibration Accuracy sind (siehe Unterabschnitt 2.2.2). Das *externe Feedback* umfasst Rückmeldungen, die durch die Lernumgebung bereitgestellt bzw. gegeben werden, was Huth (2004) als klassisches Feedbackverständnis bezeichnet. Bei beiden Formen werden Informationen zum Vergleich des Ist-Zustandes mit dem Soll-Zustand gegeben, wobei die Quellen unterschiedlich sind (Monitoring-Prozesse vs. Lernumgebung) (Huth, 2004, S. 5).

Neben dem *expliziten Feedback*, das hier im Vordergrund steht, kann Feedback auch *implizit bzw. indirekt* über unbewusste bzw. nicht beabsichtigte verbale und nonverbale Signale erfolgen (Müller & Ditton, 2014, S. 16).

Narciss (2006) hat eine Klassifikation unterschiedlicher inhaltsorientierter Feedback-Komponenten erstellt (siehe Tabelle 2.10), die einen Überblick zu den Feedbackformen gibt und von anderen Autoren übernommen wird (u. a. Müller & Ditton, 2014, S. 17).

Einfache Feedbackformen wie KP, KR und KCR informieren lediglich über die Richtigkeit von gelösten Aufgaben. Elaborierte Formen hingegen geben zusätzliche Informationen, die in Tabelle 2.10 aufgelistet sind. In der Regel enthält elaboriertes Feedback mehrere der genannten Feedback-Komponenten (Narciss, 2006, S. 22), z. B. wird zur Richtigkeit der Antwort (KR) der Ort oder die Art des Fehlers spezifiziert (KM) und es werden Hinweise für Lösungsstrategien gegeben

Tabelle 2.10 Klassifikation unterschiedlicher Feedback-Komponenten nach inhaltlichen Gesichtspunkten (Narciss, 2006, S. 23)

	Bezeichnung	**Beispiele für Feedback-Inhalte**
Einfache Formen	Knowledge of performance (KP)	• 15 von 20 Aufgaben richtig • 85 % der Aufgaben korrekt gelöst
	Knowledge of result/response (KR)	• Falsch/richtig
	Knowledge of correct result (KCR)	• Angabe der korrekten Lösung • Markierung der korrekten Antwort
Elaborierte Formen	Knowledge on task constraints (KTC)	• Hinweise auf Art der Aufgabe • Hinweise auf Bearbeitungsregeln • Hinweise auf Teilaufgaben • Hinweise auf Aufgabenanforderungen
	Knowledge about concepts (KC)	• Hinweise auf Fachbegriffe • Beispiele für Begriffe • Hinweise auf Begriffskontext • Erklärungen zu Begriffen
	Knowledge about mistakes (KM)	• Anzahl der Fehler • Ort der Fehler/des Fehlers • Art der Fehler/des Fehlers • Ursache/n des/r Fehler(s)
	Knowledge on how to proceed (KH) („know how")	• Fehlerspezifische Korrekturhinweise • Aufgabenspezifische Lösungshinweise • Hinweise auf Lösungsstrategien • Leitfragen • Lösungsbeispiele
	Knowledge on meta-cognition (KMC)	• Hinweise auf meta-kognitive Strategien • Meta-kognitive Leitfragen

(KH). Narciss (2006) fasst Feedbackarten, die neben KR auch KH anbieten, ohne KCR zu präsentieren, unter den Oberbegriff *informatives tutorielles Feedback (ITF)* zusammen.

Der Fokus des ITFs liegt neben der Bereitstellung korrekturrelevanter Informationen (informative Komponente) vor allem auf der tutoriellen Komponente, welche beinhaltet, dass die korrekturrelevanten Informationen dargeboten werden, ohne dem Lernenden die korrekte Lösung gleichzeitig zu präsentieren. Der Lernende sieht sich vielmehr dazu aufgefordert, die bereitgestellten strategischen Informationen in einem erneuten Lösungsversuch unmittelbar anzuwenden. Im Sinne klassischer Lerner-Tutor-Szenarien wird der Lerner darin unterstützt, die korrekte Lösung *selbständig* unter Nutzung der bereitgestellten Informationen zu finden. (Huth, 2004, S. 6).

Das im Rahmen der Studie dieser Dissertation eingesetzte Feedback innerhalb der wöchentlichen Kurztests ist eine Form des informativen tutoriellen Feedbacks.

2.3.2 Funktion und Wirkungsweise von Feedback

Die Hauptfunktion von Feedback ist „to reduce discrepancies between current understandings and performance and a goal" (Hattie & Timperley, 2007, S. 86). Zur Wirkungsweise von Feedback in Lehr-Lernsituationen existieren zahlreiche Modelle. Narciss (2006; 2008; 2014) hat die theoretischen und empirischen Erkenntnisse aus mehreren Forschungsansätzen zu einem multidimensionalen interaktiven Feedbackmodell (IFTL-Modell[35]) integriert. Zur genaueren Erläuterung dieses sehr umfassenden Modells sei auf Narciss (2006; 2014) verwiesen.

Ein alternatives Modell zur Wirkungsweise von Feedback liefern Hattie und Timperley (2007), bei dem der Fokus auf drei Fragen, die effektives Feedback beantworten soll, und den vier angesprochenen Ebenen von Feedback liegt (siehe Abbildung 2.14). Nach Hattie und Timperley (2007, S. 86) sollte effektives Feedback die folgenden drei Fragen beantworten:

- Where am I going? (What are the goals?)
- How am I going? (What progress is being made towards the goal?)
- Where to next? (What activities need to be undertaken to make better progress?)

Die erste Frage richtet sich an das intendierte Lernziel, das erreicht werden soll. Zur Beantwortung der zweiten Frage werden Informationen zum Prozess des Erreichens des Lernziels gegeben und zur Beantwortung der dritten Frage erhalten Lernende Informationen, wie es weiter gehen soll, um das Lernziel zu erreichen.

Hattie und Timperley (2007) unterscheiden Feedback in vier Ebenen, die angesprochen werden können und entscheidend für die Effektivität des Feedbacks sind:

---

[35]„Interactive Two Feedback Loops Model".

- The task (FT)
- The process (FP)
- The self-regulation (FR)
- The self (FS)

Feedback kann die Aufgabe ansprechen, den Prozess zur Bearbeitung/Lösung der Aufgabe, die dahinter liegenden Strategien zur Selbstregulation oder die Person selbst. Die Selbstwirksamkeit kann vor allem durch Feedback, das die Ebene der Selbstregulation anspricht, beeinflusst werden (Hattie & Timperley, 2007, S. 90), so auch die Calibration. Die Effektivität des Feedbacks bewerten Hattie und Timperley (2007) unterschiedlich, je nachdem welche Ebene angesprochen wird: „We argue that FS is the least effective, FR and FP are powerful in terms of deep processing and mastery of tasks, and FT is powerful when the task information subsequently is useful for improving strategy processing or enhancing self-regulation (which it too rarely does)" (S. 90 f.).

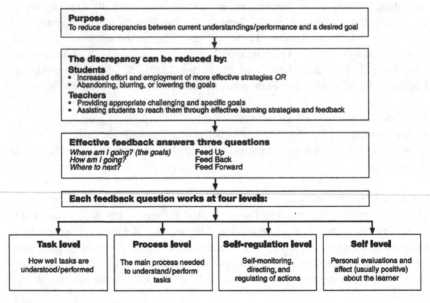

Abbildung 2.14   Feedbackmodell nach Hattie und Timperley (2007, S. 87)

Die Feedback-Komponenten in der Klassifizierung von Narciss (siehe Tabelle 2.10) wirken auf verschiedenen Ebenen, wobei die einfachen Formen des Feedbacks (KP, KR, KCP) nur die Aufgabenebene ansprechen. Elaboriertes Feedback wirkt vor allem auf der Prozess- und der Selbstregulations-Ebene, kann aber auch auf Aufgabenebene wirken. Die Ebene des Selbst wird in der Klassifikation nach Narciss nicht thematisiert. Die drei Fragen, die effektives Feedback beantworten soll, finden sich in den elaborierten Feedback-Komponenten wieder.

Feedback soll/muss Informationen geben, um vom Ist-Wert zum Soll-Wert zu gelangen. Dies kann durch verschiedene Prozesse erfolgen, die sowohl motivational (u. a. erhöhte Anstrengung) als auch kognitiv (u. a. alternative Strategien) angesiedelt sein können (Hattie & Timperley, 2007, S. 82). Entsprechend werden dem Feedback unterschiedliche Funktionen zugesprochen, die folgenden drei Bereichen zugeordnet werden können (u. a. Narciss, 2008, S. 132 ff.):

• Kognitive Funktionen
• Metakognitive Funktionen
• Motivationale Funktionen

Zu den kognitiven Funktionen zählt das Informieren über Anzahl, Ort und Art des Fehlers, das Vervollständigen bei unzureichendem Wissen, das Korrigieren bzw. Informationen-Geben zum selbständigen Korrigieren, das Differenzieren zur Klärung unpräziser Wissenselemente und das Restrukturieren bei fehlerhaften Verbindungen (Narciss, 2008, S. 133). Hier liegt der Fokus vor allem auf der Leistung, die direkt beeinflusst werden soll. Metakognitive Funktionen adressieren die metakognitiven Strategien. Sie können über fehlende Strategien informieren, eingesetzte Strategien spezifizieren, fehlerhafte Strategien korrigieren oder zum Entwickeln eigener Kriterien anleiten (Narciss, 2008, S. 134). Der Prozess der Calibration ist dieser Funktion zuzuordnen, da es sich um metakognitive Strategien handelt. Die motivationalen Funktionen von Feedback liegen vor allem darin Anreize zu geben, indem die Ergebnisse des bisherigen Lernprozesses offengelegt werden, die Selbstwirksamkeitserwartung zu stärken und günstige Attributionen zu lenken. Ausgehend von ihrem ITFL-Modell beschreibt Narciss (2008, S. 130 ff.) Faktoren, die die Effektivität von externem Feedback beeinflussen:

• Anforderungen an die Lernaufgaben und Instruktionen:
  • Komplexität der Aufgabe
• Interne Regelkreisfaktoren:
  • Vorwissen
  • Kognitive Fähigkeiten

- Metakognitive Fähigkeiten
- Motivationale Fähigkeiten
- Externe Regelkreisfaktoren:
- Formulierte Lernziele
- Exaktheit der diagnostische Prozeduren
- Qualität des Feedbacks

Die Anforderungen der Lernaufgaben und Instruktionen bestimmen die Komplexität des Modells. Die Komplexität der Lernaufgabe selbst kann ein Faktor sein, der sowohl internes als auch externes Feedback beeinflusst, da bei komplexen Aufgaben die Bestimmung inhaltlicher, kognitiver, meta-kognitiver und motivationaler Anforderungen schwerer ist als bei simplen Aufgaben (Narciss, 2008, S. 130). Innerhalb des internen Regelkreises beeinflussen das Vorwissen, kognitive, meta-kognitive und motivationale Fähigkeiten die Effektivität externen Feedbacks. Von besonderer Bedeutung sind dabei Fähigkeiten zur Selbstbewertung bzw. des Monitoring, entsprechend auch der Calibration Accuracy. Um externes Feedback nutzen zu können, müssen motivationale und volitionale Fähigkeiten vorliegen, damit der Lernende Zeit und Anstrengung investiert. Das externe Feedback wird innerhalb des externen Regelkreises durch die Repräsentation der Aufgabenanforderungen bzw. die formulierten Lernziele, die Exaktheit der diagnostischen Prozeduren und die Qualität des Feedbacks beeinflusst.

2.3.3 Forschungsstand zum Feedback

Insgesamt existieren sehr viele Studien zu Feedback, wobei hier eine Reduzierung auf Forschungsergebnisse zum Einfluss von Feedback auf die Leistung, die Selbstwirksamkeitserwartung und die Calibration vorgenommen wird. Diese entsprechen den drei Funktionen von Feedback, der kognitiven, der motivationalen und der metakognitiven Funktion, wie im vorherigen Unterabschnitt 2.3.2 erläutert wurde. Ausgehend von allgemeinen Forschungsergebnissen zu Feedback liegt der primäre Fokus auf Studien im Bereich Mathematik.

2.3.3.1 Einfluss Feedback auf die Leistung

In der Meta-Meta-Analyse *Visible Learning* von Hattie (2014) werden 23 Meta-Analysen zum Zusammenhang von Feedback und Leistung zu einer durchschnittlichen Effektstärke[36] von $d = ,73$ zusammengefasst. Damit erreicht Feedback

---

[36]Cohen's d.

Rang 10 von über 100 untersuchten Variablen und Hattie beurteilt Feedback somit als einen der stärksten Einflüsse auf die Leistung (Hattie, 2014, S. 206). Bei genauerer Betrachtung fällt allerdings auf, dass die durchschnittlichen ES der einzelnen Meta-Analysen stark variieren (zwischen $d = ,12$ bis $d = 2,87$) und auch die ES der Studien, die in die Meta-Analysen eingegangen sind. Es gibt sogar Studien mit negativen Effekten (siehe z. B. bei Kluger & DeNisi, 1996). Viele Forscher haben die inkonsistenten Resultate ihrer Studien jedoch ignoriert und prinzipiellen positiven Einfluss von Feedback auf die Leistung postuliert (Kluger & DeNisi, 1996, S. 255 f.). Die Studien und Meta-Analysen zu Feedback unterscheiden sich bezüglich sehr vieler Aspekte, wodurch die Vergleichbarkeit und auch die Synthese der Meta-Analysen zu einer einzigen ES problematisch ist. Differenzierte Gruppierungen und Betrachtungen der Studien, wie sie Kluger und DeNisi (1996) und auch Hattie und Timperley (2007) durchgeführt haben, geben hilfreichere Einblicke in die Funktionsweise von Feedback und Einflussfaktoren auf die Effektivität.

Ausgehend von 12 Meta-Analysen zum Effekt von Feedback, die in einer früheren Version der Synthese von Meta-Analysen (Hattie, 1999) untersucht wurden, schließen Hattie und Timperley (2007), dass einige Formen von Feedback effektiver sind als andere: „Those studies showing the highest effect sizes involved students receiving information feedback about a task and how to do it more effectively. Lower effect sizes were related to praise, rewards, and punishment" (Hattie & Timperley, 2007, S. 84).

Für ihre Meta-Analyse haben Kluger und DeNisi (1996) etwa 3000 potentielle Studien identifiziert, die sowohl *Feedback* als auch *Performance* behandeln. Davon haben 131 Artikel die Kriterien (u. a. keine Konfundierung mit anderen Manipulationen, mindestens eine Experimental- und eine Kontrollgruppe, Leistungsmessung) erfüllt, aus denen 607 Effektstärken extrahiert werden konnten. Diese basieren auf insgesamt 12.652 Probanden und 23.663 Beobachtungen. Die durchschnittliche ES liegt bei $d = ,41$, wobei über ein Drittel der ES negativ waren. Innerhalb der Meta-Analyse wurden 36 Variablen als potentielle Moderatoren untersucht, die in vier Gruppen klassifiziert werden können: Feedback Hinweise (*FI cues*), Aufgabenmerkmale (*task characteristics*), situative (*situational*) und methodische (*methodological*) Variablen (Kluger & DeNisi, 1996, S. 270). Ausgewählte Ergebnisse der Moderatoranalysen anhand der 470 (nach methodisch begründeten Ausschlüssen) übrig gebliebenen ES sind in Tabelle 2.11 aufgeführt.

Feedback auf richtige Lösungen sowie aufgabenbezogenes Feedback zu Veränderungen bisheriger Lösungsversuche beeinflussen die Leistung besonders stark positiv. Hingegen zeigen Lob und Feedback, welches das Selbstwertgefühl stark bedroht, kaum Effekte und entmutigendes Feedback sogar negative Effekte auf die Leistung. Die Häufigkeit des Feedbacks scheint eher keine Rolle zu spielen, dafür aber die Lernziele. Bei komplizierteren Lernzielen wird ein stärkerer Effekt erzielt, jedoch sollten die Aufgaben eher weniger komplex sein, denn bei komplexen Aufgaben zeigt sich kein Effekt des Feedbacks auf die Leistung.

Tabelle 2.11 Ausgewählte Ergebnisse der Moderatoranalysen zu Effekten von Feedback Interventionen von Kluger und DeNisi (1996, S. 273)

Moderator	Anzahl ES	Durchschnittliche ES
Aufgabenlösung		
Richtige Lösung	114	,43
Falsche Lösung	197	,25
Aufgabenbezogenes FB zu Veränderungen bisheriger Lösungsversuche		
Ja	50	,55
Nein	380	,28
Entmutigendes FB		
Ja	49	−,14
Nein	388	,33
Lob		
Ja	80	,09
Nein	358	,34
Häufigkeit FB		
Oft	97	,32
Selten	171	,39
Komplexität Aufgabe		
Sehr komplex	107	,03
Nicht komplex	114	,55
Ziele setzen		
Komplizierte Ziele	37	,51
Einfache Ziele	373	,30
Bedrohung des Selbstwerts		
Starke Bedrohung	102	,08
Wenig/keine Bedrohung	170	,47

Im Rahmen der Studie Co^2CA[37] (Conditions and Consequences of Classroom Assessment) wurde u. a. ein prozessbezogenes und aufgabenbasiertes Feedback (PA-Feedback) entwickelt, „welches sowohl differenzierte und individuelle Diagnostik von Schülerleistungen ermöglichen als auch einen positiven Effekt auf die Bearbeitung kompetenzorientierter Mathematikaufgaben durch Schüler erreichen soll" (Besser et al., 2010, S. 405). Innerhalb der Laborstudie wurden 329 Schüler/innen aus 55 neunten hessischen Realschulklassen in 12 Gruppen aufgeteilt, die sich anhand des inhaltlichen Leistungstests und der Feedbackform unterschieden (siehe Tabelle 2.12). Der Ablauf war für alle Probanden in etwa gleich: Einführung, Fragebogen 1, Pretest, Fragebogen 2, Pause, Feedback, Fragebogen 3, Posttest, Fragebogen 4.

Tabelle 2.12 Aufteilung der Probanden in Gruppen (nach Besser et al., 2010, S. 409)

	Bildungsstandards	Lineare Gleichungssysteme	Satzgruppe des Pythagoras
Kontrollgruppe (KG)	N = 23	N = 24	N = 24
Sozial-vergleichende Rückmeldung über Noten (SV)	N = 25	N = 24	N = 24
Kriterial-bezogene Rückmeldung anhand von Kompetenzstufen (KRIT)	N = 22	N = 65	N = 25
Prozessbezogene aufgabenbasierte Rückmeldung (PA)	N = 23	N = 25	N = 25

Besser et al. (2010) berichten vom Vergleich der PA-Feedback-Gruppe mit der Kontrollgruppe bei dem thematisch breit gestreuten Leistungstest zu den deutschen Bildungsstandards. Sowohl bei Aufgaben, die eher technische Kompetenzen, als auch bei Aufgaben, die eher Modellierungskompetenzen erfordern, zeigen sich positive Leistungsentwicklungen vom Pretest zum Posttest bei der PA-Feedback-Gruppe, wie t-Tests für abhängige Stichproben zeigen (siehe Tabelle 2.13).

---

[37] Im Rahmen des Schwerpunktprogramms „Kompetenzmodelle zur Erfassung individueller Lernergebnisse und zur Bilanzierung von Bildungsprozessen" gefördert. Projektleitung: E. Klieme, K. Rakoczy, W. Blum, D. Leiss.

Tabelle 2.13 Ergebnisse t-Tests für abhängige Stichproben (Besser et al., 2010, S. 420)

	Bedingung	N	M	SD	Differenz	N	df	p
TK Pretest	PA	25	1,80	1,50	,56	24	2,419	,024
TK Posttest	PA	25	2,36	1,22				
TK Pretest	KG	24	1,79	1,44	,09	23	,526	,604
TK Posttest	KG	24	1,88	1,48				
MK Pretest	PA	25	2,40	2,48	1,80	24	3,382	,002
MK Posttest	PA	25	4,20	1,87				
MK Pretest	KG	24	3,29	2,65	,25	23	,575	,571
MK Posttest	KG	24	3,54	2,28				

Varianzanalysen mit Messwiederholung bestätigen bei den Modellierungsaufgaben eine signifikant bessere Leistungsentwicklung der PA-Feedback-Gruppe gegenüber der Kontrollgruppe. Bei den technischen Aufgaben ist dieser Effekt nicht signifikant.

Harks et al. (2013) haben in ihren Analysen innerhalb derselben Laborstudie zwei andere Gruppen miteinander verglichen: Noten-orientiertes Feedback (SV) versus Prozessbezogenes Feedback (PA) über alle drei Inhaltsbereiche[38]. Mit Hilfe eines Pfadmodells haben sie den Einfluss der Feedbackform auf Veränderungen bezüglich der Leistung, des Interesses und der Calibration untersucht (siehe Abbildung 2.15). Das Modell zeigt sehr gute Fit-Werte[39].

Das prozessbezogene Feedback beeinflusst vor allem den wahrgenommenen Nutzen des Feedbacks positiv gegenüber dem Noten-orientierten Feedback. Darüber werden auch Veränderungen in der Leistung indirekt signifikant positiv beeinflusst, jedoch zeigt sich kein direkter signifikanter positiver Effekt auf die Leistungsveränderungen und auch der totale Effekt ($\beta = ,24$) ist nicht signifikant. Mögliche Erklärungen der Resultate sehen die Autoren darin, dass es ein einmaliges Feedback war, das Feedback und auch die Aufgaben anspruchsvoll bzw. komplex waren und zwei unterschiedliche Feedbackformen verglichen wurden statt das Feedback mit einer Kontrollgruppe ohne Feedback zu vergleichen (Harks et al., 2013, S. 283). Insbesondere die Komplexität der Aufgaben als mögliche Erklärung des nicht-signifikanten Feedback-Effekts passt zu den bisherigen empirischen Ergebnissen, wie Kluger und DeNisi (1996) gezeigt haben.

---

[38]Da sich zwischen den Inhaltsbereichen keine Unterschiede gezeigt haben, wurden diese innerhalb der Analysen nicht getrennt betrachtet.

[39]$\frac{Chi^2}{df} = 0,62; RMSEA < 0,01; CFI = 1; SRMR = 0,02$

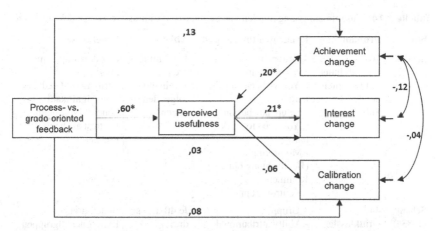

Abbildung 2.15 Pfadmodell zur Analyse des Einflusses von PA-Feedback auf Veränderungen in Leistung, Interesse und Calibration; Werte wurden entsprechend der Angaben im Text selbst ergänzt (Harks et al., 2013, S. 279)

2.3.3.2 Einfluss Feedback auf die Selbstwirksamkeitserwartung

Der theoretisch erwartete Einfluss von Feedback auf die Selbstwirksamkeitserwartung wird in einigen Studien im Bereich Mathematik bestätigt. Dass dieser nicht immer nachgewiesen werden kann, kann, wie schon beim Einfluss auf die Leistung festgestellt, an vielen Faktoren liegen. Ein Großteil der Studien untersucht Schüler/innen, vor allem Grundschüler/innen, innerhalb von Laborstudien. Untersuchungen zum Einfluss von Feedback auf die Selbstwirksamkeitserwartung in realen Settings bei älteren Probanden wie Studierenden sind eher selten.

Schunk hat in seinen Studien verschiedene Arten von Feedback auf ihren Einfluss auf die Selbstwirksamkeit untersucht. In der Regel wurden Grundschüler/innen mit Problemen beim Subtrahieren oder Dividieren zufällig in Experimentalgruppen aufgeteilt und mit Pre- und Posttest untersucht. Die Selbstwirksamkeitserwartung wurde aufgabenspeifisch über die Einschätzung identischer oder vergleichbarer Aufgaben aus den Leistungstests erhoben. Die verschiedenen Formen von Feedback, die Schunk untersucht hat, geben keinen Rückschluss auf die Leistung selbst, sondern sprechen die Ebene der Selbst-Regulation bzw. des Selbst an, indem vor allem die Attribution über Aussagen zu Fähigkeit und Anstrengung beeinflusst wird. Ausgewählte Studien von Schunk sind in Tabelle 2.14 zusammengefasst.

Obwohl die Feedbackformen in den Experimenten von Schunk keinerlei Informationen zur Aufgabenbearbeitung und der Richtigkeit der Lösung selbst geben,

Tabelle 2.14 Zusammenfassung Studien von Schunk zum Einfluss von Feedback auf SWK

Studie	Probanden	Experimentalgruppen	Ablauf	Ergebnisse
Schunk (1982)	40 Grundschüler mit Defiziten bei der Subtraktion	4 Gruppen: - Past attribution („You've been working hard.") - Future attribution („You need to work hard") - Monitoring (Beobachtung ohne Kommentar) - Kontrollgruppe	Je 40 min an drei aufeinander folgenden Tagen	Nur die Gruppe mit „Past attribution"-Feedback zeigt signifikant höhere SWK beim Posttest als beim Pretest.
Schunk (1983a)	44 Drittklässler mit Defiziten bei der Subtraktion	4 Gruppen: - Abilty attributional feedback („You're good at this") - Effort attributional feedback („You've been working hard") - Ability + effort attributional feedback - no feedback	Je 40 min an drei aufeinander folgenden Tagen	In den drei Experimentalgruppen ist SWK im Posttest signifikant höher als bei Kontrollgruppe. Gruppe mit Ability Feedback signifikant höhere SWK als die drei anderen Gruppen
Schunk (1983b)	36 Grundschüler mit Defiziten bei der Subtraktion	3 Gruppen: - Performance-contingent reward (Belohnung für jede richtige Aufgabe) - Task-contingent reward (Belohnung unabhängig von Leistung) - Unexpected reward (Probanden wussten nichts von der Belohnung am Ende)	Je 40 min an zwei aufeinander folgenden Tagen	Gruppe mit leistungsbezogener Belohnung zeigen signifikant höhere SWK zum Posttest als die anderen beiden Gruppen.
Schunk (1984a)	33 Grundschüler mit Defiziten bei der Division	3 Gruppen: - Rewards only (Belohnung für jede richtige Aufgabe) - Goals only (Mindestanzahl zu bearbeitender Aufgaben als Ziel angesetzt) - Rewards + goals	Je 45 min an zwei aufeinander folgenden Tagen	Gruppe mit Belohnung und Zielen zeigt signifikant höhere SWK im Posttest als die beiden anderen Gruppen.

(Fortsetzung)

Tabelle 2.14 (Fortsetzung)

Studie	Probanden	Experimentalgruppen	Ablauf	Ergebnisse
Schunk (1984b)	40 Drittklässler mit Defiziten bei der Subtraktion	4 Gruppen: - ability-ability („You're good at this" an 4 Tagen) - effort-effort („You've been working hard" an vier Tagen) - ability-effort (2 Tage ability, 2 Tage effort) - effort-ability (2 Tage effort, 2 Tage ability)	Je 40 min an vier aufeinander folgenden Tagen	In allen Gruppen signifikant höhere SWK zu Posttest als zu Pretest. Gruppen mit Ability-Feedback zu Beginn zeigen signifikant höhere SWK im Posttest als Gruppen mit Effort-Feedback zu Beginn.

zeigen sich in allen Studien Treatment-Effekte. Vor allem Rückmeldungen zur Fähigkeit („You're good at this") beeinflussen die Selbstwirksamkeitserwartung positiv, aber auch Rückmeldungen zur Anstrengung („You've been working hard"). Leistungsbezogene Belohnung und die Kombination von Lernzielen mit Belohnung zeigen auch positive Einflüsse auf die Selbstwirksamkeitserwartung bei Grundschüler/innen. Da es sich um Studien bei Grundschüler/innen mit kognitiv eher simplen Aufgaben handelt, ist eine Verallgemeinerung der Ergebnisse auf ältere Probanden und komplexere Inhalte eher problematisch.

In der Studie von Shih und Alexander (2000) wurden 84 Viertklässler/innen in Taiwan auf vier Experimentalgruppen aufgeteilt: (goal setting vs. nongoal setting) x (self- vs. social-referenced feedback). Im Pre- und Posttest wurden Aufgaben zur Bruchrechnung abgefragt und die Selbstwirksamkeitserwartung wurde aufgabenspezifisch direkt vor den Tests erhoben. Varianzanalysen zeigen, dass die Schüler/innen mit dem selbst-orientierten Feedback höhere Selbstwirksamkeitserwartung beim Posttest aufweisen als die Schüler/innen mit dem sozial-vergleichenden Feedback ($q(2, 160) = 2,69; p <, 05$). Für den Einfluss von Lernzielen auf die Selbstwirksamkeitserwartung konnte keine Bestätigung gefunden werden.

2.3.3.3 Einfluss Feedback auf die Calibration

Im Bereich der Mathematik existieren relativ wenige Studien zum Einfluss von Feedback auf Calibration, insbesondere bzgl. elaboriertem Feedback. Harks et al. (2013) konnten neben ihrer eigenen Studie nur die Studie von Labuhn et al. (2010) zu dieser Thematik ausmachen. Bei beiden Studien handelt es sich um Laborstudien mit Schüler/innen (fünfte und neunte Klasse).

In der Studie von Labuhn et al. (2010) wurden 90 Fünftklässler/innen deutscher Gymnasien auf neun Gruppen mit unterschiedlichen Bedingungen zufällig aufgeteilt. Drei unterschiedliche selbstevaluierende Standards (mastery learning, social comparison, without any standard) wurden mit drei Arten von Feedback (individual, social comparative, without any feedback) kombiniert (Erläuterungen siehe Tabelle 2.15). Die Sitzungen bestanden aus vier Phasen: Einführung, Pretest, praktische Phase mit Feedback und Posttest.

Tabelle 2.15   Unabhängige Variablen (Labuhn et al., 2010, S. 181)

Independent variable	Levels	Operationalization
Standards	Mastery	'Everyone can succeed. One can learn to perform well at this task. It is great if you do the best you can and try to improve your own skills step by step.'
	Social-comparison	'Students perform differently at this task. Some do very well at it, others don't do so well. We will see how well you can do it.'
	Control	No externally set standards
Feedback	Individual	Feedback on each sheet completed during practice phase; score for each trial is filled on a graph
	Social-comparison	Feedback on each sheet completed during practice phase; score for each trial is filled on a graph; additional information on 'how many points most of the other students have scored', their score is also filled on the graph using another color.
	Control	No feedback

Vor der Bearbeitung der Aufgaben in den Tests haben die Probanden ihr Zutrauen, die jeweilige Aufgabe richtig lösen zu können, auf einer neun-stufigen Skala eingeschätzt (Predictions). Nach der Bearbeitung haben die Probanden zu jeder Aufgabe eingeschätzt, wie sicher sie sich sind, diese richtig gelöst zu haben (self-evaluation). Anhand dieser Einschätzungen und der erbrachten Leistung wurden Bias und Calibration Accuracy (u. a. nach Pajares & Graham, 1999; Pajares & Miller, 1997) für Prediction und Self-Evaluation auf lokaler Ebene berechnet. Die untersuchten Gruppen unterscheiden sich bezüglich Leistung und Calibration im Pretest nicht signifikant. Anhand des Self-evaluative bias wurde eine Risikogruppe identifiziert, die sich stark überschätzt ($n = 66$), für die der Einfluss der

Feedbackformen nochmals einzeln untersucht wurde. Für die Standards wurden keine Effekte festgestellt, deshalb werden nur die Ergebnisse bezüglich der drei Feedbackbedingungen in Tabelle 2.16 dargestellt.

Tabelle 2.16 Vergleiche der Effekte der Feedbackbedingungen, nur signifikante Effekte der ANOVA sind aufgeführt; n. s. = nicht signifikant (Daten aus Labuhn et al., 2010)

	Complete sample (n = 90)			At-risk group (n = 66)		
	individual	social	control	individual	social	control
Prediction accuracy	n. s.	n. s.	n. s.	n. s.	M = 5,60 SD = 1,32	M = 4,00 SD = 1,20
Prediction bias	n. s.	n. s.	n. s.	n. s.	M = 2,24 SD = 1,59	M = 4,00 SD = 1,20
Self-evaluative accuracy	M = 6,37 SD = 1,67	M = 6,67 SD = 1,30	M = 5,33 SD = 2,02	M = 6,27 SD = 1,88	M = 6,60 SD = 1,29	M = 4,37 SD = 1,92
Self-evaluation bias	M = 0,83 SD = 2,20	M = 0,87 SD = 1,66	M − 2,33 SD = 2,41	M = 1,18 SD = 2,28	M = 1,24 SD = 1,45	M − 3,63 SD = 1,92

Die Varianzanalysen zeigen, dass beide Feedbackvarianten bei der Gesamt-stichprobe signifikanten Einfluss auf Accuracy und Bias der Self-evaluation im Posttest haben, jedoch nicht bei der Prediction im Posttest. Die Probanden mit Feedback weisen eine exaktere Selbstevaluation und niedrigere Überschätzung auf als die Kontrollgruppe, wobei das soziale Feedback zur höchsten Exaktheit führt. Noch deutlicher fällt dieser Effekt bei der Risikogruppe aus. Da zeigt sich außerdem ein Effekt des sozial-vergleichenden Feedbacks auf Accuracy und Bias der Prediction. Insgesamt kann festgestellt werden, dass beide Feedbackvarianten die Exaktheit der Selbstevaluation positiv beeinflussen und zu einer geringeren Überschätzung führen, wobei das sozial-vergleichende Feedback einen stärkeren Einfluss aufweist als das individuelle Feedback. Die Risikogruppe der sich über-schätzenden Schüler/innen profitiert besonders stark von den Feedbackvarianten. Insgesamt konnten jedoch keine positiven Effekte auf die Leistungsentwicklung festgestellt werden.

Die Informationen über die Leistung der anderen Schüler/innen im sozial-vergleichenden Feedback haben den Probanden geholfen „to develop a more realistic concept of their accomplishement on the task, possibly associated with reflecting its requirements" (Labuhn et al., 2010, S. 188). Die stärkeren Effekte bei der Risikogruppe führen die Autoren darauf zurück, dass sie vermutlich ein geringeres Niveau der Selbstregulation aufweisen und deshalb besonders stark vom Feedback profitieren.

Innerhalb der Laborstudie zum Projekt Co^2CA, die bereits in Teilunterabschnitt 2.3.3.1 erläutert wurde, haben Harks et al. (2013) u. a. den Einfluss von Feedback auf die Veränderung der Calibration Accuracy (lokale Postdictions) untersucht. Die Ergebnisse des Pfadmodells (siehe Abbildung 2.15) zeigen jedoch keinen Effekt des prozessorientierten Feedbacks (weder direkt noch indirekt über wahrgenommene Nützlichkeit) gegenüber dem notenbasierten Feedback. Basierend auf Butler und Winne (1995) sind die Autoren davon ausgegangen, dass „elaborated feedback providing performance criteria and relating task conditions to performance (as it was done in process-oriented feedback) enriches students' monitoring criteria and, therefore, enhances self-evaluation accuracy and, thus, *calibration*" (Harks et al., 2013, S. 283). Diese Hypothese hat sich jedoch nicht bestätigt. Einmaliges Feedback ist vermutlich, insbesondere bei so komplexen Aufgaben, nicht ausreichend, um Veränderungen an der Calibration Accuracy herbeizuführen (Harks et al., 2013, S. 283).

Wie bereits bei den Untersuchungen zum Einfluss von Feedback auf die Leistung stellt der Einfluss von Feedback auf die Calibration auch ein komplexes Gefüge dar, das von vielen Faktoren abhängt. Da bisher relativ wenige Studien diesen Zusammenhang untersucht haben, insbesondere im Bereich Mathematik, können aus empirischer Sicht keine belastbaren Schlussfolgerungen gezogen werden, sondern nur Tendenzen aufgezeigt werden. Die uneinheitlichen Ergebnisse zum Einfluss von Feedback auf Calibration sind auch in anderen Domänen zu finden, werden hier aber nicht weiter aufgeführt, da der Fokus auf Calibration in Mathematik liegt.

2.3.4 Zusammenfassung zum Feedback

Obwohl die wichtige Bedeutung von Feedback für Lernprozesse weitestgehend anerkannt ist, zeigen die empirischen Studien sehr unterschiedliche Ergebnisse, die deutlich machen, dass es sehr unterschiedliche Feedbackformen gibt, die nicht alle als gleich effektiv einzustufen sind. Es handelt sich um ein komplexes Gefüge, bei dem viele Faktoren den Einfluss von Feedback bedingen. Außerdem ist davon auszugehen, dass sich die Wirkungsweisen der kognitiven, meta-kognitiven und motivationalen Funktion jeweils unterscheiden. Somit kann eine Feedbackform z. B. auf kognitiver Ebene die Leistung beeinflussen, aber muss nicht unbedingt damit auch die Calibration auf der meta-kognitiven Ebene oder die Selbstwirksamkeitserwartung auf der motivationalen Ebene beeinflussen. Zugleich sind diese

Konstrukte auch nicht völlig unabhängig voneinander zu betrachten, so dass die Zusammenhänge zur Wirkungsweise des Feedbacks noch komplexer werden. Der Einfluss von Feedback auf die Leistung wurde in sehr vielen Studien untersucht, zum Einfluss auf die Selbstwirksamkeitserwartung und die Calibration existieren jedoch kaum Studien. Der Meta-Analyse von Kluger und DeNisi (1996) ist zu folgen, dass Feedback besonders effektiv ist, wenn es auf richtige Lösungen gegeben wird, aufgabenbezogen ist, nicht entmutigt, kein Lob enthält, bezüglich weniger komplexen Aufgaben gegeben wird, und keine Bedrohung des Selbstwerts dadurch erfolgt. Hattie und Timperley (2007) unterstützen die Wichtigkeit des aufgabenbasierten Feedbacks mit Hilfen zu effektiveren Vorgehensweisen.

Um die motivationale Funktion des Feedbacks anzusprechen, sollte das Feedback motivieren, indem bisherige Lernprozesse offengelegt werden und die Attributionen gelenkt werden (Hattie & Timperley, 2007). Mehrere Studien von Schunk bei Grundschüler/innen bestätigen positive Einflüsse auf die Selbstwirksamkeitserwartung durch positive Rückmeldungen bezogen auf die Fähigkeit und die Anstrengung.

Die Calibration kann über die meta-kognitive Funktion des Feedbacks beeinflusst werden, wobei es hierfür nur einzelne Hinweise gibt. Labuhn et al. (2010) berichten einen positiven Einfluss von individuellem und sozialem Feedback auf die Calibration der Postdiction, aber zugleich keinen Einfluss auf die Leistung. Sogenannte Risikogruppen, d. h. Personen mit besonders hoher Überschätzung, scheinen besonders stark von den Feedbackformen zu profitieren. Harks et al. (2013) konnten in ihrer Studie mit eher komplexen Aufgaben keinen Einfluss des prozessorientierten Feedbacks nachweisen.

Ausgehend von diesen Ergebnissen ist anzunehmen, dass bei Feedback, das alle drei Funktionen zugleich ansprechen soll, um sowohl die Leistung als auch die Selbstwirksamkeitserwartung und die Calibration zu beeinflussen, mehrere Aspekte zu berücksichtigen sind. Für eine Leistungssteigerung ist besonders die aufgabenbezogene Rückmeldung mit Hilfen und ggf. Hinweisen zur Weiterentwicklung der Lösungsstrategie sowie zur Aufdeckung fehlerhafter Strategien wichtig. Bei der Formulierung sollte darauf geachtet werden, dass sie nicht entmutigt und das Selbstwertgefühl nicht bedroht. Diese Aspekte passen zur Stärkung der Selbstwirksamkeit, bei der vor allem auf die Attribution geachtet werden muss. Bei Erfolgen können sowohl die Fähigkeit als auch die Anstrengung positiv angesprochen werden, bei Misserfolgen hingegen sollte unbedingt darauf geachtet werden, dass die Rückmeldung nicht auf die eigene Person und mangelnde Fähigkeiten bezogen wird, da dies eine sehr ungünstige Attribution fördern würde. Es ist wichtig, dass die Personen das Gefühl haben, durch Anstrengung Erfolge erzielen zu können. Das Feedback muss dabei authentisch sein, um als Quelle der Selbstwirksamkeit zu fungieren. So sollte ein simples Lob, das nicht an die Aufgabe bzw. damit verbundene Prozesse verknüpft ist, vermieden werden. Ein Faktor erscheint bei der Wirkung von Feedback allerdings von besonderer Bedeutung: die Komplexität der Aufgaben. Bei komplexen Aufgaben sind Effekte des Feedbacks sowohl bezüglich der Leistung, aber auch zur Calibration kaum nachweisbar, wie besonders an der Studie von Labuhn et al. (2010) deutlich wird, bei der das Feedback die geforderten Anforderungen erfüllt und trotzdem keine Effekte nachgewiesen werden können.

2.4 Aufgabenklassifikation

Aufgaben spielen im Mathematikunterricht eine zentrale Rolle (u. a. Büchter & Leuders, 2007, S. 9; Risse & Blömeke, 2008, S. 33), sie „sind für das Lernen von Mathematik, für den Unterricht, für die Unterrichtsvorbereitung und für die Evaluation des Wissensstandes der Schüler von zentraler Bedeutung" (Bromme, Seeger, & Steinbring, 1990, S. 1). Bezogen auf den Unterricht wird nach Stein, Grover und Henningsen (1996) eine Mathematikaufgabe als „classroom activity, the purpose of which is to focus on a particular mathematical idea" (S. 460) definiert. Bei Neubrand (2002) sind Aufgaben „eine Aufforderung zur gezielten Bearbeitung eines eingegrenzten mathematischen Themas" (S. 16), wobei sie eine Aufgabe innerhalb des Unterrichts nicht als große Einheit wie bei Stein et al. (1996), sondern eher wie bei einem Leistungstest als „a single mathematical problem" versteht (Neubrand, 2002, S. 18).

2.4.1 Aufgabenanalyse

Für eine präzise Identifizierung von Aufgaben werden hier in Anlehnung an Maier, Bohl, Kleinknecht und Metz (2013, S. 14 f.) Handlungsaufforderungen mit eigenständigem Operator als Aufgabe definiert[40]. Potenzielle Lerngelegenheiten werden anhand von Aufgaben strukturiert (Jordan et al., 2006, S. 11), wobei sie sowohl in inhaltlicher als auch formaler Hinsicht die Richtung aufweisen (Thonhauser, 2008, S. 15). Sie „sind somit flexible, breit einsetzbare und aktiv steuerbare inhaltliche und didaktische Strukturierungselemente des Mathematikunterrichts" (Jordan et al., 2008, S. 86) und bilden die Schnittstelle zwischen

---

[40]Da die zu untersuchenden Aufgaben aus einem Leistungstest ohne Teilaufgaben stammen, ist die Einteilung der jeweiligen Aufgabe als Analyseeinheit klar.

den Tätigkeiten der Lehrenden und Lernenden (Bromme et al., 1990, S. 3). Die verwendeten Aufgaben beeinflussen nicht nur, was gelernt wird, sondern auch die Denkprozesse, den Umgang und das Verständnis von Mathematik sowie das Lernergebnis (Stein et al., 1996, S. 459 ff.). Neben weiteren Elementen der Unterrichtsgestaltung sind sie zentral für die kognitive Aktivierung (Jordan et al., 2008, S. 84 ff.; Neubrand, Jordan, Krauss, Blum, & Löwen, 2011, S. 116) und gelten als „aussagekräftiger Indikator bei der Untersuchung kognitiv anregender Lernumgebungen" (Kleinknecht, Maier, Metz, & Bohl, 2011, S. 329). Im theoretischen Rahmenmodell des COACTIV-Projektes[41] stehen die Aufgaben im Zentrum, indem sie Gelegenheitsstrukturen für verständnisvolle Lernprozesse darstellen. Entsprechend werden in einer Reihe von Studien die Aufgaben, die im Unterricht bzw. zur Erfassung von Schülerleistungen eingesetzt werden, analysiert, um Rückschlüsse auf die Qualität des Unterrichts, insbesondere der kognitiven Aktivierung, zu ziehen. Von besonderer Bedeutung sind die Analysen der TIMS-Videostudien (Neubrand, 2002; Stigler, Gonzales, Kawanaka, Knoll, & Serrano, 1999) und des COACTIV-Projekts (Drüke-Noe, 2014; Jordan et al., 2008; Neubrand et al., 2011), das die in den deutschen PISA-Klassen (2003/2004) eingesetzten Aufgaben (im Unterricht, Klassenarbeiten, Hausaufgaben) analysiert. Die Studie von Drüke-Noe stützt sich im Kern auf eine Konvenienz-Stichprobe aus Hessen.

Die genannten Studien zeigen, dass der „übliche" deutsche Mathematikunterricht stark verfahrens- und kalkülorientiert, wenig vorstellungs- und sinnorientiert, wenig vernetzend und methodisch variationsarm mit weiten Phasen passiver Schüleraktivität ist (Blum, 2001, S. 75). Insbesondere die TIMS-Videostudien zeigen, dass sogenannte Seatwork-Aufgaben[42] kaum bzgl. Wissensart, Aufgabentypen und Aufgabenart variieren und die Entwicklung von Fertigkeiten, nicht von mathematischen Fähigkeiten, das primäre Unterrichtsziel darstellt (Neubrand, 2002, S. 352). Die empirische Untersuchung von Klassenarbeitsaufgaben neunter und zehnter Klassen in Deutschland bestätigt die Kalkülorientierung (Drüke-Noe, 2014, S. 243). Im deutschen Mathematikunterricht werden vor allem Aufgaben mit einem sehr niedrigen kognitiven Aktivierungspotential eingesetzt, wie die

---

[41]COAKTIV (Professionswissen von Lehrkräften, kognitiv aktivierender Mathematikunterricht und die Entwicklung mathematischer Kompetenz) ist ein Kooperationsprojekt zwischen dem Max-Planck-Institut für Bildungsforschung in Berlin (J. Baumert) sowie den Universitäten Kassel (W. Blum) und Oldenburg (M. Neubrand), das im Rahmen des Schwerpunktprogramms „Bildungsqualität von Schulen" von der DFG gefördert wurde.
[42]Neubrand (2002) verwendet den Begriff Seatwork für Schülerarbeitsphasen wie Individualarbeit, Partnerarbeit oder Kleingruppenarbeit.

Analyse von über 47.000 Aufgaben im Rahmen des COACTIV-Projekts belegt (Jordan et al., 2008, S. 102; Neubrand et al., 2011, S. 126).

Die Ergebnisse von TIMSS und PISA haben eine Wende in der Bildungspolitik und der Bildungsverwaltung eingeleitet, wodurch eine stärkere Orientierung am *Output* statt wie bisher am *Input* erfolgte (Klieme et al., 2007, S. 11). Die Einführung von Bildungsstandards[43] für zentrale Fächer durch die deutsche Kultusministerkonferenz war die Folge (Blum, 2007, S. 14). Insgesamt entwickelte sich die Forderung nach einer neuen Aufgabenkultur (Blum, 2001, S. 77), die als *problemorientiert* oder *offen* charakterisiert werden kann und sich an Lernkonzepten orientiert, die „das Denken der Schülerinnen und Schüler herausfordern und sie nicht einseitig im Bereich der Reproduktion und Anwendung von vorgegebenem Wissen zu prüfen" (Keller & Bender, 2012, S. 14). So werden Aufgaben in den Bildungsstandards eine zentrale Rolle zugewiesen (Blum, 2007, S. 18) und es hat „eine breite Bewegung der Unterrichtsentwicklung durch ‚gute Aufgaben' eingesetzt"[44] (Büchter & Leuders, 2007, S. 13).

Aufgaben werden im Hinblick auf ihre Funktion u. a. nach *Lernaufgaben* und *Leistungsaufgaben* getrennt (Büchter & Leuders, 2007, S. 12). Aufgaben zum Lernen sollen Wissen und Kompetenzen aufbauen und vertiefen, Aufgaben zum Leisten hingegen sollen diese überprüfen und diagnostizieren (Bohl, Kleinknecht, Batzel, & Richey, 2012, S. 7). Entsprechend ihrer Funktion müssen Testaufgaben gewissen Bedingungen genügen (Verstehbarkeit ohne externe Unterstützung, individuelle Bearbeitbarkeit in überschaubarer Zeit, verlässliche Korrigierbarkeit), die Lernaufgaben nicht erfüllen müssen und den Fokus auf Anregungsgehalt und Lernpotenzial legen können (Blum, 2007, S. 18). Maier et al. (2013, S. 14) unterscheiden ausgehend von diversen Aufgabendifferenzierungen vier Aufgabentypen anhand ihrer Funktionen, wobei bereits zusätzliche Aufgabenaspekte berücksichtigt werden (z. B. geforderte kognitive Prozesse):

- *Lernaufgaben* zum Wissensaufbau,
- *Übungsaufgaben* zur Wissensvertiefung/-festigung,
- *Anwendungsaufgaben* zur Wissensvertiefung/-vernetzung mit Transfer auf eine neue Situation und
- *Testaufgaben/diagnostische Aufgaben* zur Wissensüberprüfung.

---

[43]Die Bildungsstandards werden im Rahmen der Kategorien zur Aufgabenklassifikation genauer erläutert.

[44]Nach Büchter und Leuders (2007, S. 73) sind die drei wichtigsten Merkmale von Aufgabenqualität die Authentizität, die Offenheit und das Differenzierungsvermögen.

Zu einer anderen Einteilung von Aufgaben anhand ihrer Funktionen kommen
Terhart, Baumgart, Meder und von Sychowski (2009, S. 24). Sie unterscheiden
Lernaufgaben, Selbsttestaufgaben und *Testaufgaben.* Eine weitere Unterteilung
der Aufgaben durch die Autoren erfolgt anhand der kognitiven Operationen, die
Lernende vollziehen müssen: *entdeckende Aufgaben, Ordnungsaufgaben, Antwort-*
aufgaben, Ankreuzaufgaben und *Unterscheidungsaufgaben* (Terhart et al., 2009,
S. 25).
Im Bereich der Leistungsaufgaben können diese anhand ihrer Unterfunktion
weiter differenziert werden. So unterscheiden Büchter und Leuders (2007) drei
wesentliche Typen von Aufgaben zum Leisten:

- Aufgaben zur **Diagnose**, mit denen Lehrerinnen und Lehrer etwas über die
  Kompetenzen der Schülerinnen und Schüler erfahren können.
- Aufgaben zur **Leistungsbewertung**, an die besondere Ansprüche bezüglich
  der Angemessenheit und Objektivität gestellt werden.
- Aufgaben, bei deren Bearbeitung Schülerinnen und Schüler ihre eigenen
  Kompetenzen und vor allem ihren **Kompetenzzuwachs** bewusst erleben und
  einschätzen können. (Büchter & Leuders, 2007, S. 166)

Die Unterscheidung von Lern- und Leistungsaufgaben bezieht sich vor allem
auf ihre Funktion und den Umgang mit den Ergebnissen und deren Bewertung,
jedoch nicht auf grundsätzliche Unterschiede der kognitiven Aufgabenmerkmale
(Drüke-Noe, 2014, S. 8 f.). Entsprechend können zur Entwicklung eines Kategorienschemas zur Aufgabenklassifikation von Leistungsaufgaben, wie es hier der
Fall ist, auch typische Aspekte von Lernaufgaben und zugehörige Klassifikationssysteme herangezogen werden. Einige der bereits erläuterten Aufgabentypologien
beziehen sich nicht nur auf die Funktion der Aufgaben, sondern beziehen bereits
weitere Aufgabenmerkmale mit ein. Die verschiedenen Aufgabenmerkmale und
ihre Relevanz für die Untersuchungen innerhalb dieser Arbeit werden im nächsten
Unterabschnitt erläutert.

2.4.2 Kategorien zur Aufgabenklassifikation

Wie bereits erläutert und wie Blum, Krauss und Neubrand (2011) feststellen, stehen in jüngerer Zeit „Mathematikaufgaben verstärkt im Fokus wissenschaftlicher
Aktivitäten" (S. 334). Dabei widmen sich mehrere Wissenschaftsdisziplinen (Pädagogische Psychologie, Lehr-Lernforschung, Fachdidaktik, allgemeine Didaktik)
dem Thema der Aufgaben und Aufgabenkulturen (Reusser, 2009, zitiert nach

Kleinknecht et al., 2011, S. 330), wobei sich insbesondere die fachdidaktisch-psychologische Forschung mit der Analyse und Weiterentwicklung von Aufgaben beschäftigt (Kleinknecht et al., 2011, S. 330). Vor allem in den Fachdidaktiken wurden differenzierte Analysekriterien entwickelt (Kleinknecht et al., 2011, S. 328), insbesondere in den mathematisch-naturwissenschaftlichen Fächern (Bohl et al., 2012, S. 17).

Im Rahmen der Aufgabenanalyse unterscheidet Resnick zwischen rationaler und empirischer Aufgabenanalyse (Bromme et al., 1990, S. 5 f.). In der rationalen Aufgabenanalyse dienen mathematisch inhaltliche Kriterien und in der empirischen Aufgabenanalyse tatsächlich empirisch bei Schüler/innen auftretende Kriterien zur Orientierung (Resnick, 1976, zitiert nach Bromme et al., 1990, S. 4 f.). Die objektiven Anforderungen einer Aufgabe müssen nicht unbedingt entscheidend für die Aufgabe sein, sondern deren Wahrnehmung durch die Schüler (Bromme et al., 1990, S. 5). So werden beispielsweise im Unterricht eingesetzte Aufgaben sowohl durch die Lehrperson als auch durch die Schüler/innen selbst beeinflusst, was wiederum das Lernen beeinflusst (Stein et al., 1996, S. 459). Der kognitive Anspruch einer Aufgabe kann z. B. durch Vorstrukturierung durch die Lehrperson reduziert werden.

Entsprechend gliedern Blömeke, Risse, Müller, Eichler und Schulz (2006) bei der Erfassung von Aufgabenqualität anhand ausgewählter Merkmale in ein dreistufiges Analyseverfahren, „das zwischen dem objektiven Potenzial einer Aufgabe, den intendierten Anforderungen seitens der Lehrperson und ihrer Realisierung im Lehr-Lern-Prozess unterscheidet" (Blömeke et al., 2006, S. 338).

Im Rahmen dieser Arbeit werden Aufgaben von zwei Leistungstests in Mathematik untersucht, die von Studienanfänger/innen wirtschaftswissenschaftlicher Studiengänge bearbeitet wurden. Der Fokus liegt auf der Bestimmung objektiver Aufgabenmerkmale zur Untersuchung ihres Zusammenhangs zur Stärke und Exaktheit der Selbstwirksamkeitserwartung der Befragten. Entsprechend wird weder eine Bewertung der Aufgabenqualität intendiert, noch werden Rückschlüsse auf die Lehrveranstaltung gezogen, in deren Rahmen die Leistungstests eingesetzt wurden.

Als Vorlage für das eigene Kategoriensystem zur Klassifikation der Aufgaben dienen vor allem die Klassifikationssysteme für die COACTIV-Aufgaben (Jordan et al., 2006) und für die Aufgaben innerhalb der TIMS-Videostudie (Neubrand, 2002). Statt der Kategorien zu *Mathematischen Tätigkeiten* (Außermathematisches Modellieren, Innermathematisches Modellieren, Mathematisches Argumentieren, Gebrauch mathematischer Darstellungen), wie sie im COACTIV-Projekt verwendet wurden, werden die Bildungsstandards in Mathematik zu entsprechenden

Kategorien ergänzt. Diese sind sehr eng miteinander verwandt, aber umfassen zusätzlich die Kompetenz zum symbolischen und formalen Umgang mit Mathematik (K5).

Neubrand (2002) hat zur Untersuchung des Zusammenhangs von Selbsttätigkeit, Aufgaben und Seatwork im Unterrichtsprozess ein umfangreiches Klassifikationssystem entwickelt, das einerseits die objektiven Kennzeichen von Aufgaben erfasst und andererseits auch die Vernetzung, Bearbeitung und Funktion von Aufgaben im Unterricht. Angewendet wurde das Kodierschema zur Analyse der TIMS-Videostudien in Deutschland, den USA und Japan. Die Kategorien zu den objektiven Aufgabenmerkmalen können zur allgemeinen Charakterisierung von Mathematikaufgaben, so auch innerhalb von Leistungstests, verwendet werden (Neubrand, 2002, S. 138; S. 337). Die objektiven Anforderungen beschreiben das Potential einer Aufgabe und gliedern sich bei Neubrand (2002, S. 93) in drei Hauptbereiche: den Aufgabenkern, die Aufgabenperipherie und strukturbildende Aspekte. Im Aufgabenkern werden Kennzeichen einer Aufgabe zusammengefasst, die als Indikatoren für die Orientierung des Mathematikunterrichts angesehen werden, wie z. B. die Art des erforderlichen Wissens, die Notwendigkeit von Modellierungen und Vernetzungen sowie der Kontext. Aspekte der Aufgabenanweisung und Präsentation werden in der Aufgabenperipherie zusammengefasst und Merkmale, die Auskunft über den mathematischen und mathematikdidaktischen Gehalt der Aufgabe geben, gruppieren sich zu den strukturbildenden Aspekten.

Einige der von Neubrand entwickelten Kategorien der objektiven Aufgabenklassifikation wurden für das Kategoriensystem zur Klassifizierung der COACTIV-Aufgaben (Jordan et al., 2006) übernommen oder in Anlehnung daran weiterentwickelt. Es wurde jedoch durch zusätzliche Kategorien ergänzt, die u. a. im Rahmen der nationalen PISA-Konzeption entwickelt und angewendet wurden. Dies gilt z. B. für die Kategorie der Aufgabenklassen bzw. Typen mathematischen Arbeitens (siehe Neubrand, 2004) und die Kategorie Grundvorstellungsintensität (siehe Blum et al., 2004). Das Ziel des Kategorienschemas liegt primär in der Erfassung des Potenzials der Aufgaben zur kognitiven Aktivierung von Schüler/innen (Jordan et al., 2008, S. 87; Jordan et al., 2006, S. 11). Im Rahmen einer erweiterten Untersuchung innerhalb des COACTIV-Projekts hat Drüke-Noe (2014) das Klassifikationsschema „um die Tätigkeit Technisches Arbeiten erweitert, die nur jene kognitiven Anforderungen an das Umgehen mit Kalkülen erfasst, die nach der Wahl eines Lösungsansatzes erforderlich sind, um diesen zu verarbeiten und im Sinne der Aufgabenstellung in ein Resultat zu überführen" (Drüke-Noe, 2014, S. 66). Diese Kategorie entspricht der Kompetenz K5 „Mit Mathematik symbolisch/technisch/formal umgehen", die bereits innerhalb der Übertragung der Bildungsstandards in das Kategorienschema hier ergänzt wurde.

In den bisher beschriebenen Klassifikationssystemen, die aus mathematikdidaktischer Sicht entwickelt wurden, werden allgemeindidaktische Ansprüche an Aufgaben nicht berücksichtigt. Blömeke (2009, S. 18 f.) empfiehlt eine Ergänzung bildungstheoretischer und lehrbezogener Qualitätskriterien, um nicht nur das objektive Potenzial von Aufgaben, sondern auch die intendierten Anforderungen der Lehrperson zu erfassen. Blömeke et al. (2006, S. 337) unterscheiden in neun didaktische und fachliche Merkmale hoher Aufgabenqualität, die anhand von Analysekriterien spezifiziert werden. Bei der praktischen Umsetzung werden die Aufgaben bei allen Kategorien bezüglich drei Stufen analysiert: Potenzialanalyse, intendierte Anforderungen und realisierte Aufgabenqualität. Eine derartige dreistufige Analyse ist auf die hier verwendeten Testaufgaben nicht anwendbar und auch die Kategorien der Potenzialanalyse werden nicht übernommen, da sie für die zu untersuchende Fragestellung nicht relevant sind.

Das von Maier et al. (2013) entwickelte allgemeindidaktische Kategoriensystem zur Aufgabenanalyse übernimmt die Kategorien von Blömeke et al. (2006) auch nicht, sondern orientiert sich stark an den Aufgabenkategoriensystemen, die aus fachdidaktischer, insbesondere mathematikdidaktischer Richtung entwickelt wurden. Es soll laut Autoren eher als Ergänzung und nicht als Alternative zu fachdidaktischen Aufgabenanalysen dienen (Maier et al., 2013, S. 10), wobei es ein kompaktes Kategoriensystem mit sieben Kategorien ist, das wesentliche Kategorien der fachdidaktischen Klassifikationssysteme übernommen und verallgemeinert hat. Die Nutzung wurde für verschiedene Fächer geprüft, so auch für Mathematik. Drüke-Noe und Merk (2013) haben fünf Mathematikaufgaben anhand dieses Kategoriensystems klassifiziert, um die Anwendbarkeit der Kategorien zu prüfen. Darauf aufbauend haben sie notwendige Präzisierungen und Ergänzungen diskutiert, wobei sie deutlich machen, dass der Verwendungszweck des Kategoriensystems zu berücksichtigen ist, der einerseits wissenschaftlich und andererseits schulpraktisch orientiert sein kann (Drüke-Noe & Merk, 2013, S. 88 f.). Für die Lehrerbildung sehen die Autoren besonderes Potenzial, weil mehrfach die Verzahnung von allgemeiner Didaktik und Lehr-Lernforschung betont wird und die Analyse von Aufgaben eine integrative Rolle zwischen Fachdidaktik und Fachwissenschaft spielen kann (Drüke-Noe & Merk, 2013, S. 89). Aufgrund von Vorwissensabhängigkeit und Unklarheiten bei der Beurteilung sehen sie jedoch Präzisierungsbedarf bei einzelnen Kategorien. Außerdem plädieren sie für die Ergänzung einer Kategorie zur Erfassung von Argumentationen, was eine wesentliche mathematische Tätigkeit darstellt, die zur Identifizierung von Aufgaben mit hohem kognitiven Potenzial besonders hilfreich ist.

In den folgenden Unterabschnitten werden wichtige Kategorien, ihre
Ursprünge und Bedeutung für das Klassifikationsschemas erläutert. Eine vollständige Aufstellung der kodierten Aufgabenmerkmale sowie der zugehörigen
Ausprägungen mit Kodieranweisungen, Kurzerläuterungen und Aufgabenbeispie-
len ist dem Anhang D zu entnehmen. Einige Aufgabenmerkmale, die zwar aus
theoretischer Sicht von Bedeutung sein könnten, aber für die hier verwendeten
Aufgaben ungeeignet sind, werden im Rahmen dieser Analysen nicht erfasst. Auf
einer Erläuterung dieser Aufgabenmerkmale wird hier verzichtet.

2.4.2.1 Curriculare Wissensstufe

Mit dem Merkmal der Curricularen Wissensstufe wird der Anspruch des mathematischen Wissens beschrieben, das zur Lösung einer Aufgabe benötigt wird
(Neubrand et al., 2002, S. 106). „Es kommt also darauf an, in welchen curricularen Zusammenhang der in der Aufgabe explizit angesprochene Stoff gehört, d. h.
auf welcher Stufe des Curriculums man diese Anforderungen gewöhnlich gelernt
hat" (Neubrand et al., 2002, S. 106). Diese Kategorie wurde von Neubrand et al.
(2002) verwendet, um die nationalen und internationalen PISA-2000-Aufgaben
einzuordnen und von Jordan et al. (2006) zur Klassifizierung der COACTIV-
Aufgaben übernommen. Sie bezieht sich auf Kenntnisse der Sekundarstufe I. Die
ursprüngliche Einteilung in die drei Stufen *Grundkenntnisse, Einfaches Wissen der
Sekundarstufe I* und *Anspruchsvolles Wissen der Sekundarstufe I* wird um zwei
weitere, mit Bezug auf das Wissen aus der Sekundarstufe II, ergänzt: „Einfaches
Wissen der Sekundarstufe II" und „Anspruchsvolles Wissen der Sekundarstufe
II". Jedem Teilbereich der Stoffgebiete wird eine Curriculare Wissensstufe zugeordnet (siehe Kategoriensystem in Anhang D), wodurch die Aufgaben anhand der
ihnen zugewiesenen Stoffgebiete kodiert werden können.

2.4.2.2 Bildungsstandards

Als Reaktion auf die Ergebnisse der deutschen Schüler/innen bei TIMSS und
PISA, hat die deutsche Kultusministerkonferenz 2003 Bildungsstandards für den
Mittleren Abschluss und den Hauptschulabschluss für die Fächer Mathematik,
Deutsch und erste Fremdsprache (Englisch/Französisch) eingeführt (Blum, Drüke-
Noe, Hartung, & Köller, 2010). Die Festlegung von Standards in Mathematik
wurde von der Deutschen Mathematiker Vereinigung (DMV) und der Gesell-
schaft für Didaktik der Mathematik (GDM) grundsätzlich begrüßt, auch wenn
zugleich innerhalb der Stellungnahme deutliche Kritik geäußert wurde (GDM &
DMV, 2003). Im Jahr 2012 wurden die Bildungsstandards für die Allgemeine
Hochschulreife beschlossen (KMK, 2012). In der Expertise „Zur Entwicklung

nationaler Bildungsstandards" werden Bildungsstandards wie folgt beschrieben
(Klieme et al., 2007, S. 19):

> Bildungsstandards formulieren Anforderungen an das Lehren und Lernen in der
> Schule. Sie benennen Ziele für die pädagogische Arbeit, ausgedrückt als erwünschte
> Lernergebnisse der Schülerinnen und Schüler. Damit konkretisieren Standards den
> Bildungsauftrag, den allgemein bildende Schulen zu erfüllen haben.

Die Bildungsstandards orientieren sich am Konzept der mathematischen Bildung
in der ganzen Breite und umfassen damit auch das Konzept von mathematischer Grundbildung (*Mathematical Literacy*) wie es bei PISA verwendet wird.
„Es zeigte sich, dass das Grundbildungskonzept von PISA im Kern auf Ideen
der europäischen Bildungstradition beruht und Leitlinien widerspiegelt, die auch
und insbesondere in der deutschen Didaktik und Pädagogik seit langem erhoben,
jedoch zu wenig umgesetzt wurden" (vom Hofe, Kleine, Blum, & Pekrun, 2005,
S. 265). So liegt der Fokus bei Mathematical Literacy „on the capacity to pose
and solve mathematical problems rather than to perform specified mathematical operations" (OECD, 1999, S. 13). Wissenselemente und Fertigkeiten, die in
den traditionellen Curricula definiert sind, spielen dabei eine untergeordnete Rolle
(Neubrand, 2004, S. 15 f.; Neubrand et al., 2004, S. 230; OECD, 1999, S. 41).
Die Bildungsstandards spiegeln die Grunderfahrungen nach Winter (1995) wieder,
die den anwendungs-, struktur- und problemorientierten Aspekt der Mathematik
beschreiben (Blum, 2007, S. 21). Winter formuliert drei Grunderfahrungen, die
im Mathematikunterricht ermöglicht werden sollten:

(1) Erscheinungen der Welt um uns, die uns alle angehen oder angehen sollten,
    aus Natur, Gesellschaft und Kultur, in einer spezifischen Art wahrzunehmen
    und zu verstehen,
(2) mathematische Gegenstände und Sachverhalte, repräsentiert in Sprache, Sym-
    bolen, Bildern und Formeln, als geistige Schöpfungen, als eine deduktiv
    geordnete Welt eigener Art kennen zu lernen und zu begreifen,
(3) in der Auseinandersetzung mit Aufgaben Problemlösefähigkeiten, die über
    die Mathematik hinaus gehen, (heuristische Fähigkeiten) zu erwerben. (Win-
    ter, 1995, S. 1)

Somit bilden der Allgemeinbildungsauftrag und die Anwendungsorientierung die
bildungstheoretischen Grundlagen für den Mathematikunterricht (KMK, 2012,
S. 9).

In den Bildungsstandards werden Kompetenzanforderungen konkretisiert, die festlegen, „über welche Kompetenzen ein Schüler, eine Schülerin verfügen muss, wenn wichtige Ziele der Schule als erreicht gelten sollen" (Klieme et al., 2007, S. 21). Der bei den Bildungsstandards verwendete Begriff der Kompetenzen nimmt die Definition nach Weinert (2001) als Grundlage. Dieser beschreibt Kompetenzen als

> die beim Individuum verfügbaren oder durch sie erlernbaren kognitiven Fähigkeiten und Fertigkeiten, um bestimmte Probleme zu lösen, sowie die damit verbundenen motivationalen, volitionalen und sozialen Bereitschaften und Fähigkeiten um die Problemlösungen in variablen Situationen erfolgreich und verantwortungsvoll nutzen zu können. (Weinert, 2001, S. 27 f.)

In den sechs Kompetenzbereichen sollen sich grundlegende Handlungsanforderungen, die einem Schüler in Mathematik begegnen, widerspiegeln (Klieme et al., 2007, S. 21 f.). Auch wenn die Bildungsstandards selbst eher pragmatisch formuliert sind, mit Kompetenzbeschreibungen, die nah am mathematischen Arbeiten im Unterricht sind, so bilden übergreifende Aspekte wie benötigte elementare Fertigkeiten, adäquate Grundvorstellungen[45] und mathematisches Denken, eine grundlegende Basis für die Kompetenzen (genauer siehe Leiß & Blum, 2007, S. 33 ff.). Die allgemeinen Anforderungsbereiche „sollen den kognitiven Anspruch, den solche kompetenzbezogenen Tätigkeiten erfordern auf theoretischer Ebene erfassen" (Blum et al., 2010, S. 20 f.). Die drei Bereiche sind vergleichbar mit den internationalen Kompetenzklassen (Competency Classes), die bei PISA formuliert wurden: „reproduction, definitions, and computations" (class 1), „connections and integration for problem solving" (class 2) und „mathematical thinking, generalisation and insight" (class 3) (OECD, 1999, S. 43 ff.).

Basierend auf den Bildungsstandards im Fach Mathematik für die Allgemeine Hochschulreife (KMK, 2012), ergänzt durch die Bildungsstandards für den Mittleren Schulabschluss (KMK, 2004), werden die drei Dimensionen allgemeine mathematische Kompetenzen, inhaltsbezogene mathematische Kompetenzen (übergreifenden Leitideen zugeordnet) und Anforderungsbereiche des Kompetenzmodells (siehe Abbildung 2.16) als Kategorien übernommen und jeweils genauer erläutert. Diese drei Dimensionen können auch als Prozess-, Inhalts- und Anspruchs-Dimensionen bezeichnet werden (Blum, 2007, S. 19), wobei die „Bewältigung mathematischer Problemsituationen [...] das permanente Zusammenspiel von prozess- und inhaltsbezogenen Kompetenzen" (KMK,

---

[45]Der Begriff der Grundvorstellungen wird im Rahmen der Kategorien zur Aufgabenklassifikation genauer erläutert.

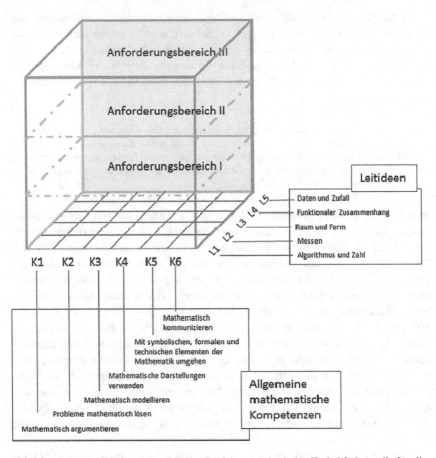

Abbildung 2.16 Kompetenzmodell der Bildungsstandards im Fach Mathematik für die Allgemeine Hochschulreife (KMK, 2012, S. 11)

2012, S. 21) erfordert. Die einzelnen Kompetenzen sowie die zur Kodierung verwendeten Ausprägungen sind im Kategorienschema im Anhang anhand der Formulierungen der Bildungsstandards (KMK, 2004; KMK, 2012) erläutert. Dabei bildet jede Kompetenz eine eigenständige Kategorie mit vier Ausprägungen anhand des jeweils geforderten Anforderungsbereichs (AB I, AB II, AB III, Kompetenz nicht gefordert).

2.4.2.3 Wissensart

Die Art des geforderten Wissens innerhalb einer Aufgabe wird hier in Anlehnung an Anderson und Krathwohl (2001) in vier Arten unterschieden: Faktenwissen, prozedurales Wissen, konzeptuelles Wissen und metakognitives Wissen. Von diesen werden die ersten drei zur Klassifikation aufgenommen. Diese Einteilung entstand im Zuge der Revision der bloomschen Taxonomie kognitiver Prozesse, die ursprünglich auf sechs Stufen basiert (genauere Erläuterung siehe Bloom, Engelhart, Furst, Hill, & Krathwohl, 1956):

1. Knowledge
2. Comprehension
3. Application
4. Analysis
5. Synthesis
6. Evaluation

Anderson und Krathwohl haben aus der sechsstufigen Taxonomie ein zweidimensionales Konstrukt mit der Trennung von Wissen und kognitiven Prozessen als jeweilige Dimensionen entwickelt. Damit wurde der „berechtigte Vorwurf von Fachdidaktikern, dass man Lernziele bzw. Aufgaben nicht inhaltsunspezifisch, d. h. unabhängig von der Art des Wissens, analysieren kann, [...] aufgegriffen und zumindest ansatzweise gelöst" (Maier et al., 2013, S. 18). Die niedrigste Stufe der Bloomschen Taxonomie „Wissen" wurde zu einer eigenständigen Dimension mit der Unterteilung in Faktenwissen, prozedurales Wissen, konzeptuelles Wissen und metakognitives Wissen. Diese Einteilung wurde von Meier et al. (2013) bei der Entwicklung eines Kategoriensystems zur allgemeindidaktischen Aufgabenanalyse übernommen. Für die hier vorliegenden Aufgaben ist die Unterkategorie des metakognitiven Wissens überflüssig, da die hier analysierten Aufgaben kein metakognitives Wissen erfordern. Die Teilung in drei Wissensarten und eine zusätzliche Unterkategorie für Aufgaben mit gemischten Wissensformen entspricht der Kategorie „Art des Wissens" bei Neubrand (2002, S. 110 f.). Sie beruft sich bei ihrer Einteilung vor allem auf die Unterscheidung von „conceptual knowledge" und „procedural knowledge" nach Hiebert und Lefevre (1986). Demnach ist *konzeptuelles Wissen*

characterized most clearly as knowledge that is rich in relationships. It can be thought of as a connected web of knowledge, a network in which the linking relationship are as prominent as the discrete pieces of information. Relationships pervade the individual facts and propositions so that all pieces of information are linked to some network. (Hiebert & Lefevre, 1986, S. 3 f.)

Prozedurales Wissen hingegen umfasst in der Mathematik zwei Komponenten:

> One kind of procedural knowledge is a familiarity with the individual symbols of the system and with the syntactic conventions for acceptable configurations of symbols. The second kind of procedural knowledge consists of rules or procedures for solving mathematical problems. (Hiebert & Lefevre, 1986, S. 7)

Eine ähnliche, aber inhaltlich nicht ganz identische Einteilung nimmt Renkl (1991) vor. Er nimmt die weit verbreitete Trennung von deklarativen und prozeduralen Wissen auf, die auch als Trennung von Faktenwissen und Fertigkeiten bekannt ist, und ordnet das konzeptuelle Wissen als dritte Wissensart dazwischen ein (siehe Abbildung 2.17), da es Aspekte beider Wissensarten enthält (Renkl, 1991, S. 31). Deklaratives Wissen wird als *Wissen, daß* und prozedurales Wissen als *Wissen wie* definiert (u. a. Renkl, 1991, S. 31). Die Einteilung von performanz- versus strukturorientierte Aufgaben nach Renkl (1991), die keine Trennung der Wissensarten darstellt, wird hier nicht übernommen und deshalb auch nicht weiter erläutert.

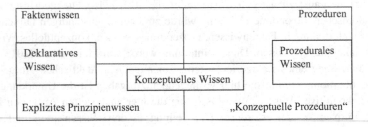

Abbildung 2.17 Wissensarten nach Renkl (1991, S. 31)

Das begriffliche Wissen ist dem konzeptuellen Wissen zuzuordnen. „Begriffe sind Teile von *umfassenderen Wissenssystemen*, mit anderen Worten, Teile von *semantischen Netzen*, d. h. von *Bedeutungsnetzen*" (Steiner, 2007, S. 279).

2.4.2.4 Typen mathematischen Arbeitens

Basierend auf den drei internationalen Kompetenzklassen (reproduction/connection/reflection) hat das nationale PISA-Framework diese anhand des vorwiegend zu aktivierenden Wissens in fünf Kompetenzklassen geteilt (Neubrand, 2004). Die Differenzierung soll Leistungen und Defizite, die vom deutschen, stark kalkülorientierten Mathematikunterricht geprägt sind, besser erfassen, indem u. a. technische Fertigkeiten extra zugeordnet werden (Neubrand et al., 2004). Folgende fünf Klassen wurden gebildet (Erläuterungen siehe Neubrand et al., 2004, S. 242 ff.):

• Klasse 1A: Technische Fertigkeiten
• Klasse 1B: Einschrittige Standardmodellierungen
• Klasse 2A: Begriffliche Modellierung
• Klasse 2B: Mehrschrittige Modellierung
• Klasse 3: Strukturelle Verallgemeinerung

Diese fünf Kompetenzklassen wurden wiederum so zusammengefasst, dass sie eine neue Kategorie bilden und nicht mehr die drei internationalen Kompetenzklassen abbilden. Sie werden als die *drei Typen mathematischen Arbeitens* bezeichnet (Neubrand, 2004, S. 24):

• Technische Aufgaben
• Rechnerische Modellierungs- und Problemlöseaufgaben
• Begriffliche Modellierungs- und Problemlöseaufgaben

Neubrand (2004), so auch fast identisch Wynands und Neubrand (2003), erläutert die Aufgabentypen wie folgt:

,Technische' Aufgaben [...] sind diejenigen Aufgaben, bei denen ein vorgegebener Ansatz mittels bekannter mathematischer Prozeduren [...] *kalkülhaft* durchzuführen ist. Die ,rechnerischen Modellierungs- und Problemlöseaufgaben' stellen die Anwendungsaufgaben oder die innermathematisch problemhaltigen Aufgaben dar, bei denen die Mathematisierung bzw. das Erstellen eines Lösungsschemas auf einen Ansatz führt, der rechnerisch, oder allgemeiner: prozedural, zu bearbeiten ist. [...] Mit dem Ausdruck ,begrifflich' sind Aufgaben bezeichnet, bei denen die Modellierung oder die Problemlösung mittels des Einsatzes begrifflichen Wissens [...] zu Ende gebracht werden kann. [...] Essenziell für ,begriffliches mathematisches Arbeiten' in diesem Sinne ist, dass ein *Zusammenhang* zwischen Wissenselementen hergestellt werden muss und dass dieser Zusammenhang sich aufgrund einer erkannten oder erst konstruierten *Beziehung* zwischen den Gegenständen erschließt. (Neubrand, 2004, S. 24)

Die klassischen Textaufgaben zählen entsprechend zu den rechnerischen Modellierungs- und Problemlöseaufgaben (Wynands & Neubrand, 2003, S. 300).

Für diese Aufgaben wird prozedurales Wissen erfordert, für die begrifflichen Modellierungs- und Problemlöseaufgaben hingegen konzeptuelles Wissen. Es handelt sich um eine Unterscheidung in drei Aufgabentypen, die nicht als Schwierigkeitsstufen interpretiert werden sollen, so wie bereits die Kompetenzklassen eine Charakterisierung von Aufgaben und keine Hierarchie nach Schwierigkeit darstellen (Knoche et al., 2002, S. 161). Neubrand und Neubrand (2004, S. 88) bezeichnen die drei Typen mathematischen Arbeitens als Komponenten des Fachwissens. Die Einordnung von Beispielitems aus PISA 2000 nach Kompetenzstufen und Typen mathematischen Arbeitens verdeutlicht, dass bei jeder Aufgabenklasse zu fast jeder Kompetenzstufe Aufgaben enthalten sind, auch wenn bei den begrifflichen Aufgaben vermehrt Aufgaben in den höheren Kompetenzstufen vorkommen[46]. Die Teilung der Aufgaben ist hilfreich für die Beschreibung der Aufgaben in den einzelnen Kompetenzstufen, da somit das zu verwendende mathematische Wissen der Aufgaben zwischen den Stufen vergleichbar ist (Neubrand & Neubrand, 2004, S. 88). Die entsprechenden Beschreibungen können bei Knoche et al. (2002, S. 182 f.) nachgelesen werden.

Diese Einteilung hat sich aus empirischer Sicht als besonders sinnvoll erwiesen. So konnte u. a. im Rahmen der Untersuchung der PISA-Items gezeigt werden, dass bei diesen Typen jeweils unterschiedliche Aufgabenmerkmale die Schwierigkeit bestimmen (Neubrand et al., 2002), was in Unterabschnitt 2.4.3 genauer erläutert wird. Diese Einteilung wurde für die Kategorie *Aufgabenklassen* des Klassifikationsschemas zur Kategorisierung der COACVTIV-Aufgaben (Jordan et al., 2006, S. 45 f.) und für die hier verwendeten Aufgaben (siehe Kategoriensystem in Anhang D) übernommen.

Eine alternative Einteilung in drei Aufgabentypen hat Neubrand (2002) auf empirischer Basis anhand der Kombinationen von Wissensart, Wissensauswahl und Kontext vorgenommen. Sie unterscheidet *technische Aufgaben, einfache Modellierungsaufgaben* und *komplexere Modellierungsaufgaben*, was stärker der Einteilung der Kompetenzklassen entspricht und hier nicht übernommen wird.

2.4.2.5 Grundvorstellungsintensität

Der hier verwendete Begriff der Grundvorstellungen geht in dieser Form auf Rudolf vom Hofe (1995) zurück, der die Ursprünge des Grundvorstellungskonzepts in der deutschen Mathematikdidaktik beschreibt und Grundvorstellungen als didaktisches Modell herleitet. Nach vom Hofe (1995) charakterisiert der Begriff Grundvorstellung „fundamentale mathematische Begriffe oder Verfahren und deren Deutungsmöglichkeiten in realen Situationen. Er beschreibt damit

---

[46]Genaueres siehe Tabelle in Neubrand & Neubrand (2004, S. 89).

Beziehungen zwischen mathematischen Strukturen, individuell-psychologischen Prozessen und realen Sachzusammenhängen oder kurz: *Beziehungen zwischen Mathematik, Individuum und Realität*" (S. 98). Die Ausbildung von Grundvorstellungen stellt ein Kernthema des Mathematiklernens dar (Blum & vom Hofe, 2003, S. 18). „Grundvorstellungen sind *unverzichtbar*, wenn zwischen Realität und Mathematik *übersetzt* werden soll, das heißt, wenn Realsituationen mathematisiert bzw. wenn mathematische Ergebnisse real interpretiert werden sollen, kurz: wenn *modelliert* werden soll" (Blum et al., 2004, S. 146; siehe auch vom Hofe et al., 2005, S. 274). Aber auch für innermathematische Übersetzungen, die mitunter auch als „innermathematisches Modellieren" bezeichnet werden, sind Grundvorstellungen nötig (Blum et al., 2004, S. 147).

Es wird zwischen normativ geprägten Grundvorstellungen und deskriptiv feststellbaren, individuellen Vorstellungen unterschieden (Blum et al., 2004, S. 146; Blum & vom Hofe, 2003, S. 14; vom Hofe, 1995, S. 1995). „Mit ihrem *normativen* Aspekt beschreiben Grundvorstellungen, was sich Menschen unter mathematischen Inhalten vorstellen *sollen*. Mit ihrem *deskriptiven* Aspekt soll erfasst werden, was Individuen sich *tatsächlich* vorstellen" (Blum et al., 2004, S. 146). Für die Kategorie der *Grundvorstellungsintensität*, die zur Klassifikation der PISA- und COACTIV-Aufgaben entwickelt und verwendet wurde und zur Kodierung der hier verwendeten Aufgaben übernommen wird, ist der normative Aspekt von Bedeutung. Dabei wird von idealtypischen Bearbeitungsprozessen ausgegangen (Blum et al., 2004, S. 148), nicht von den individuellen Schülervorstellungen, die eher im Rahmen qualitativer Analysen untersucht werden müssten.

Die Kategorie der Grundvorstellungsintensität basiert auf einer Einteilung in *elementare, erweiterte* und *komplexe Grundvorstellungen*, die bei Blum et al. (2004, S. 152 f.) genauer ausgeführt werden:

(1) *Elementare Grundvorstellungen* [...] sind nahe bei den zugehörigen realen [...] *Handlungen*, [...] wobei einzelne Objekte im Blick sind. Prototypische Beispiele sind die arithmetischen Grundoperationen, weshalb man viele Grundvorstellungen dieses Typs als ‚arithmetisch geprägt' ansehen kann. Hierzu gehören unter anderem die Operationsvorstellungen beim Rechnen mit Zahlen und Größen [...], die Gegenstands-Vorstellung vom Funktionsbegriff (vgl. Vollrath, 1994) [...].

(2) *Erweiterte Grundvorstellungen*. Es gibt idealtypisch zwei Gattungen solcher Grundvorstellungen:

(a) Bei der ersten Gattung sind die Vorstellungen bereits abgelöst von realen Handlungen und beziehen sich nicht nur auf einzelne Objekte, sondern

auf ganze *Bereiche*; prototypische Beispiele sind bei Variablen oder Funktionen zu finden, weshalb man viele Grundvorstellungen dieses Typs auch als ‚funktional geprägt' ansehen kann.
Hierzu gehören beispielsweise [...] die Einsetzungs-Vorstellung vom Variablenbegriff, die Kovariations-Vorstellung beim Funktionsbegriff [...].
(b) Bei der zweiten Gattung werden (handlungsnahe) elementare Vorstellungen in nichttrivialer Weise kombiniert, wodurch eine neue Begrifflichkeit entsteht. [...]
(3) *Komplexe Grundvorstellungen.* Wenn erweiterte Grundvorstellungen in nichttrivialer Weise mit anderen Vorstellungen kombiniert werden, entstehen Begrifflichkeiten höherer Stufe. Ein Musterbeispiel ist der Ableitungsbegriff, der aus Änderungsraten- und Grenzwertbegriff gebildet wird.

Empirische Analysen der Aufgabenschwierigkeit der PISA-Items bestätigen die Bedeutung, Relevanz und Eignung der Grundvorstellungsintensität zur Aufgabenklassifikation (siehe Blum et al., 2004, S. 156).

2.4.2.6 Sprachlogische Komplexität

In der kognitionstheoretisch orientierten Mathematikdidaktik werden *sprachlogische* und *kognitive Komplexität* unterschieden (Sjuts, 2003, S. 73). Im Gegensatz zur *kognitiven Komplexität*, die anhand der Anzahl der Denkvorgänge und der damit verbundenen Verarbeitung von Informationen bestimmt wird (Sjuts, 2003, S. 74), liegt „*Sprachlogische Komplexität* [...] vor, wenn die Reihenfolge der Informationen im Text anders ist als die der Lösungsschritte, wenn die sprachlichen und sprachlogischen Verklausulierungen nicht auf Anhieb erkennen lassen, was zu tun ist" (Sjuts, 2003, S. 74). Mit diesem Merkmal werden die „Anforderungen beim Identifizieren und Verstehen von relevanten Informationen eines (durch logische Struktur und sprachliche Verflechtung geprägten) Aufgabentextes" (Cohors-Fresenborg et al., 2004, S. 114) erfasst.

Die Kategorie „Sprachlogische Komplexität" enthält drei Stufen, die in Anlehnung an Cohors-Fresenborg et al. (2004) und dem COACTIV-Klassifikationsschema (Jordan et al., 2006) im Kategoriensystem in Anhang D erläutert werden.

2.4.2.7 Kontext

Der Bezug zu Kontexten innerhalb einer Aufgabe ist aus lernpsychologischer Sicht eine wichtige Bedingung für erfolgreiche Motivation, verhindert träges Wissen und ermöglicht Transfer (Neubrand, 2002, S. 114 f.). In Anlehnung an die Definition von Kontext, wie sie u. a. bei PISA und von Neubrand (2002) verwendet wird, wird zwischen außer- und innermathematischen Kontexten unterschieden. Diese Unterscheidung tritt bereits bei der Erweiterung des Begriffs des Modellierungsprozesses auf, der bei der deutschen Ergänzung zu PISA 2000/2003 von der zwingenden Bindung an Anwendungskontexte gelöst wird und den Fokus auf die kognitiven Prozesse lenkt (Neubrand et al., 2002, S. 102). Diese sind bei inner- und außermathematischen Aufgaben im Kern gleich, da bei beiden eine Übersetzungsleistung erbracht werden muss (Neubrand et al., 2004, S. 240; Neubrand et al., 2002, S. 102). „Allerdings bestimmt nicht das Vorhandensein eines Kontextes an sich die kognitiven Anforderungen, sondern die damit verbundenen Modellierungen" (Neubrand, 2002, S. 112).

Aufgaben mit einem außermathematischen Kontext umfassen ein breites Spektrum von authentischen Kontexten, bei denen die verwendeten Daten einer realen Situation entnommen wurden, über realitätsbezogene Aufgaben, die auch so genannte „eingekleidete Aufgaben" enthalten, bis hin zu „measurement"-Aufgaben, die lediglich mit Größen aus außermathematischen Kontexten arbeiten (Neubrand, 2002, S. 113; Neubrand et al., 2004, S. 251).

Bei Aufgaben mit innermathematischen Kontexten finden Vernetzungen innerhalb der Mathematik statt, die sich global über verschiedene Teilgebiete oder lokal über verschiedene Stoffe innerhalb eines Gebiets erstrecken können (Neubrand, 2002, S. 113; Neubrand et al., 2004, S. 251).

Neubrand (2002) unterscheidet den allgemeinen Kontext (außermathematisch, innermathematisch, ohne erweiterten mathematischen Kontext) und den situativen Kontext (außermathematisch: real world, scheinbar real world, measurement; innermathematisch: global, lokal). Die Unterscheidung der außermathematischen Kontexte wurde bereits in ähnlicher Form bei der Konzeption der deutschen PISA-Zusatzerhebung verwendet (Neubrand et al., 2004, S. 251). Maier et al. (2013, S. 36 f.) differenzieren in ihrer Kategorie *Lebensweltbezug* in Anlehnung an Neubrand (2002) vier Ausprägungen, die von *ohne Lebensweltbezug* bis *mit realem Lebensweltbezug* reichen.

Ausgehend von den hier zu kodierenden Aufgaben ist nur der allgemeine Kontext, wie er bei Neubrand (2002) beschrieben wird, von Bedeutung. Das Spektrum der außer- und innermathematischen Kontexte ist in den hier untersuchten Items zu gering für eine weitere Differenzierung. So handelt es sich bei den außermathematischen Kontexten überwiegend um eher typische eingekleidete Aufgaben, die einen konstruierten Zusammenhang aufweisen, und bei den innermathematischen um lokale Kontexte.

2.4.2.8 Wissenseinheit – Umfang der Bearbeitung

Die kognitive Komplexität einer Aufgabe wird nach Sjuts (2003, S. 74) anhand der Anzahl nacheinander abzuarbeitender Denkvorgänge bzw. der innerhalb eines Denkschritts zu verarbeitenden Informationen bestimmt. Wie jedoch genau ein Denkschritt operationalisiert wird, um Anzahlen von solchen erheben zu können, ist etwas unklar. Entsprechend werden verschiedene Begriffe mit ähnlicher Bedeutung, aber unterschiedlicher Anwendung bei der Kodierung von Aufgaben verwendet.

Neubrand (2002) bezeichnet die „von einem Experten in Hinblick auf die Anforderung der jeweiligen Aufgabe aktivierten Wissensbestandteile [...] als (die zur Lösung der Aufgabe notwendigen) *Wissenseinheiten* [...]. Sie bezeichnen das zur Lösung der Aufgabe notwendige strukturierte Wissen, indem sie die jeweils ‚hierarchisch oberste Ebene' benennen" (S. 95). Das Wissen gruppiert sich also zu Wissenseinheiten, die ein dynamisches Netzwerk bilden (Neubrand, 2002, S. 96 ff.). In Anlehnung an Steiners (2007, S. 278 ff.) Erläuterungen zum begrifflichen Lernen definiert Neubrand (2002, S. 99) *eine* Wissenseinheit als strukturierten, verknüpften und verdichteten Inhalt. Maier et al. (2013) übernehmen für ihr allgemeindidaktisches Kategoriensystem das Merkmal *Anzahl der Wissenseinheiten* nach Neubrand (2002) und erfassen damit einen Teilaspekt der Aufgabenkomplexität.

Bei der Kodierung der COACTIV-Aufgaben wird die Anzahl der benötigten Zwischenresultate/Lösungsschritte bei einem möglichst sparsamen Lösungsweg zur Bestimmung des Umfangs der Bearbeitung verwendet (Jordan et al., 2006, S. 61 f.). Dabei wird der Begriff der *Entscheidung* für einen kleinen Lösungsschritt verwendet und der Begriff der *impliziten Größen* als große Zwischenschritte mit Teillösungen.

Unter Umständen können Wissenseinheiten zwar Lösungsschritten gleichgesetzt werden (Maier et al., 2013, S. 33), jedoch sind die benötigten Lösungsschritte in der Regel deutlich kleinschrittiger als Wissenseinheiten. So handelt es sich bei einer *Termumformung* um eine einzige Wissenseinheit (Neubrand, 2002, S. 101), diese erfordert oftmals aber mehrere Lösungsschritte bzw. Entscheidungen bei der Lösung der Aufgabe.

Unabhängig von der Bezeichnung und der hierarchischen Ebene haben diese *Einheiten* jedoch gemeinsam, dass sie keine individuellen Lösungswege nachzeichnen, sondern die Aufgabenanforderung anhand einer Ideallösung aus Expertensicht beurteilen.

Es wird davon ausgegangen, wie jemand an die Aufgabe herangehen würde, der den ihr zugrundeliegenden Stoff voll beherrscht, der die notwendigen Verfahren automatisiert zur Verfügung hat und dem somit die in der Aufgabe angesprochenen Anforderungen als verdichtet vorliegendes Wissen [...] vollständig präsent sind. (Neubrand, 2002, S. 95)

Im Rahmen der hier angestrebten Analysen liegt der Fokus auf der Unterscheidung der Aufgaben anhand der benötigten Lösungsschritte, die wie bei Jordan et al. (2006) als Entscheidungen, die bei der Lösung der Aufgabe getroffen werden müssen, interpretiert werden und somit den Umfang der Bearbeitung sehr kleinschrittig erfassen.

2.4.3 Schwierigkeitsgenerierende Aufgabenmerkmale

Einige der vorgestellten Kategorien werden auch als schwierigkeitsgenerierende Aufgabenmerkmale bezeichnet und zur Analyse der empirischen Schwierigkeit von Aufgaben eingesetzt. Die Aufgabenschwierigkeit ist „das Ergebnis eines komplexen Interaktionsprozesses [...], bei dem Aufgabenmerkmale, Kontextmerkmale und Merkmale des Lernenden in einem zeitlichen Ablauf zusammenwirken" (Astleitner, 2008, S. 68). Linneweber-Lammerskitten und Wälti (2006, S. 201 ff.) unterscheiden in Anlehnung an Fisher-Hoch (u. a. Fisher-Hoch, Hughes, & Bramley, 1997) in valide und nicht-valide Schwierigkeit, wodurch Faktoren, die ungewollt die Schwierigkeit einer Aufgabe beeinflussen (nicht-valide), z. B. durch ungeschickte Formulierung oder Lösung der Aufgabe durch Erraten, getrennt betrachtet werden. Bei der Analyse schwierigkeitsgenerierender Aufgabenmerkmale liegt der Fokus auf den validen Faktoren. Aus theoretischer Sicht beeinflusst eine Reihe von Faktoren die Aufgabenschwierigkeit. Der Aufgabentyp, der Formalisierungsgrad, der Komplexitätsgrad, der Bekanntheitsgrad und der Ausführungsaufwand werden von Maier et al. (2013, S. 22) als schwierigkeitsgenerierende Aufgabenmerkmale identifiziert, über die das Anforderungspotenzial einer Mathematikaufgabe variiert werden kann. Neubrand (2002, S. 121) führt aus, dass neben der Komplexität, der Art des geforderten Wissens, der Art der Vernetzung und der Stufe des benötigten mathematischen Fachwissens weitere Facetten die Schwierigkeit einer Aufgabe bestimmen. So beeinflussen die in einer Aufgabe enthaltenen oder benötigten Informationen das Finden eines geeigneten Lösungsansatzes (Neubrand, 2002, S. 122). Bei Textaufgaben handelt es sich nach Reusser (1997, S. 142, zitiert nach Neubrand, 2002, S. 122) dabei um die Aufgabenlänge, die lexikalisch-syntaktische Komplexität des Textes, die Art und Anzahl der erforderlichen mathematischen Operationen, die Repräsentationsreihenfolge von Zahleninformationen, die im Text enthaltenen Schlüsselwörter, das

Vorhandensein irrelevanter Informationen sowie die semantische Einkleidung und die kontextuelle Einbettung von Aufgaben. Knoche et al. (2002, S. 190) beurteilen Schwierigkeitsanalysen als diffizil, wobei erste Indikatoren identifiziert werden können, wenn sich unterschiedliches Lösungsverhalten bei Aufgabengruppen anhand gestufter Anforderungsmerkmale ergibt. Anhand von Untersuchungen der PISA-Mathematikaufgaben (Blum et al., 2004; Cohors-Fresenborg et al., 2004; Neubrand et al., 2002; Turner et al., 2013) konnten entsprechend einige Aufgabenmerkmale bestimmt werden, die zur Aufklärung der Itemschwierigkeit, die über das Rasch-Modell geschätzt wird, beitragen. Die Berechnungen erfolgen in der Regel anhand von multiplen Regressionsanalysen, bei denen die anhand des Rasch-Modells geschätzten Aufgabenschwierigkeiten die abhängige Variable darstellen und die Aufgabenmerkmale als Prädiktoren eingehen.

Neubrand et al. (2002) untersuchen die Schwierigkeit von 117 PISA-2000-Aufgaben anhand folgender Aufgabenmerkmale, die sie alle (neben weiteren) als schwierigkeitsrelevant einstufen: Komplexität der Modellierung (Internaionale Competency Classes), Curriculare Wissensstufe, Kontexte, Offenheit (Multiple Lösbarkeit), Umfang der Verarbeitung und Argumentation. Die Komplexität des Modellierungsprozesses und die curriculare Wissensstufe zeigen den größten Einfluss mit je 16 bzw. 22 Prozent und gemeinsam 34 Prozent Varianzaufklärung (Neubrand et al., 2002, S. 110). Bei Berücksichtigung der zuvor genannten sechs Aufgabenmerkmale wird eine Varianzaufklärung der Schwierigkeit zwischen den Aufgaben von etwa 45 Prozent erreicht. Weitere Analysen bestätigen die Annahme, dass der Einfluss einzelner Aufgabenmerkmale auf die Schwierigkeit von den der Aufgabe zugrunde liegenden kognitiven Aktivitäten abhängt, die hier in Form der drei Typen mathematischen Arbeitens unterschieden werden. Schrittweise Regressionen, getrennt nach den Typen mathematischen Arbeitens, ergeben unterschiedliche Erklärungsmodelle (siehe Tabelle 2.17).

Bei technischen Aufgaben führt die schrittweise Regression zu einem Modell mit der curricularen Wissensstufe als einzigem Prädiktor, der knapp über 30 Prozent der Schwierigkeitsvarianz aufklärt. Auch bei rechnerischen Aufgaben ist die curriculare Wissensstufe der bedeutendste Prädiktor, jedoch treten weitere hinzu wie u. a. die Komplexität der Modellierung und der Umfang der Verarbeitung. Mit den vier Prädiktoren können fast 50 Prozent der Varianz aufgeklärt werden. Vergleichbar zur Varianzaufklärung bei den technischen Aufgaben können etwa 30 Prozent der Schwierigkeitsvarianz bei den begrifflichen Aufgaben aufgeklärt werden, jedoch statt mit einem, mit drei Prädiktoren, von denen die Komplexität der Modellierung und der Kontext gleichermaßen stark gewichtet sind. Der curricularen Wissensstufe wird in diesem Modell keine Bedeutung beigemessen.

Tabelle 2.17 Ergebnisse der schrittweisen Regressionsanalysen mit Aufgabenschwierigkeit als abhängige Variable und den Aufgabenmerkmalen als Prädiktoren, standardisierte beta-Koeffizienten (Daten übernommen aus Neubrand et al., 2002)

Merkmal	technische Aufgaben	rechnerische Aufgaben	begriffliche Aufgaben
Curriculare Wissensstufe	,591**	,455**	
Komplexität der Modellierung		,248*	,451**
Außermathematischer Kontext vorhanden		– ,208	
Rein innermathematische Deduktion			,434**
Umfang der Verarbeitung		,283*	
Offenheit/Multiple Lösbarkeit			,281*
Erklärte Varianz der Aufgabenschwierigkeit (R^2)	31,9 %	48,9 %	30,6 %

Die Trennung der Aufgaben in die drei Typen mathematischen Arbeitens haben Blum et al. (2004) bei der Analyse der Grundvorstellungsintensität als Schwierigkeitsindikator bei den PISA-2000-Aufgaben übernommen und des Weiteren zwischen inner- und außermathematischem Kontext unterschieden. Da bei technischen Aufgaben keine Grundvorstellungen benötigt werden bzw. allen die niedrigste Ausprägung (0) zugeordnet wurde, werden diese in den Analysen nicht betrachtet, wodurch sich die Anzahl der Aufgaben von 117 auf 95 reduziert. Davon sind 40 rechnerische Aufgaben mit außermathematischem Kontext, 26 begriffliche Aufgaben mit außermathematischem Kontext, 9 rechnerische Aufgaben mit innermathematischem Kontext[47] und 20 begriffliche Aufgaben mit innermathematischem Kontext (Blum et al. 2004, S. 155). Regressionsanalysen zum jeweiligen Aufgabenblock mit der aus dem Raschmodell geschätzten Aufgabenschwierigkeit als abhängige Variable und der Grundvorstellungsintensität als Prädiktor zeigen, dass ein beträchtlicher Teil der Schwierigkeitsvarianz anhand dieses einzelnen Aufgabenmerkmals aufgeklärt werden kann, die bei rechnerischen Aufgaben bei über 45 Prozent liegt (siehe Tabelle 2.18).

---

[47] Aufgrund der geringen Anzahl an Aufgaben, die bis auf eine Aufgabe auch die gleiche Ausprägung (Niveau 1) haben, wurde damit keine Regressionsanalyse durchgeführt.

Tabelle 2.18 Schwierigkeitserklärung durch Grundvorstellungsintensität, Ergebnisse Regressionsanalysen (Blum et al., 2004, S. 155)

	außermathematisch		innermathematisch	
	beta	R²	beta	R²
Rechnerische Items	,686**	,457	–	–
Begriffliche Items	,616**	,353	,543*	,255

Durch den Einbezug eines weiteren Prädiktors in den Regressionsanalysen, der curricularen Wissensstufe, hat sich die Varianzaufklärung bei Aufgaben mit außermathematischem Kontext auf über 50 Prozent erhöht, sowohl bei rechnerischen als auch bei begrifflichen Items (Blum et al., 2004, S. 155).

Cohors-Fresenborg et al. (2004, S. 111) gehen bei ihren Analysen zur Aufgabenschwierigkeit der PISA-2000-Items von stoff- und aufgabenübergreifenden Denkprozessen aus, die einer kognitionstheoretisch akzentuierten Mathematikdidaktik zugeordnet werden. Sie untersuchen den Zusammenhang von der Aufgabenschwierigkeit und vier Aufgabenmerkmalen, die kognitive Prozesse beschreiben, die bei der Lösung der Aufgaben zum Einsatz kommen: Sprachlogische Komplexität, Kognitive Komplexität, Formalisierung von Wissen und Formelhandhabung. Die ersten beiden Merkmale wurden bereits in Teilunterabschnitt 2.4.2.6 erläutert. „Das Merkmal ‚Formalisierung von Wissen' erfasst Fähigkeiten des Abstrahierens und Formalisierens einerseits sowie des Erfassens und abstrakten Vorstellens formaler Ausdrücke (Terme, Gleichungen, Funktionen) andererseits" (Cohors-Fresenborg et al., 2004, S. 118). Davon abzugrenzen ist die Fähigkeit, mit formalen mathematischen Ausdrücken umzugehen, was mit dem Merkmal der Formelhandhabung erfasst wird (Cohors-Fresenborg et al., 2004, S. 118 f.). Deskriptive Analysen zur Verteilung der Aufgabenmerkmale auf die Kompetenzstufen zeigen, dass diese bei den PISA-2000-Items in einem engen Zusammenhang stehen:

> Je höher der kognitive Anspruch, desto seltener befinden sich die Aufgaben auf den unteren Kompetenzstufen und desto häufiger auf den höheren Kompetenzstufen. Sprachlogisch als hoch eingeschätzte Aufgaben treten nur auf den höheren Kompetenzstufen auf. Aufgaben mit hoher Bewertung an Fähigkeiten zur Formalisierung und Formelhandhabung liegen nur im Bereich höherer Kompetenzstufen. (Cohors-Fresenborg et al., 2004, S. 127)

Die Rangkorrelationen bestätigen die Ergebnisse, wonach die kognitive Komplexität die höchste Korrelation zur Aufgabenschwierigkeit aufweist ($r = ,674**$), gefolgt von Formalisierung von Wissen ($r = ,624**$), Curriculare Wissensstufe[48] ($r = ,486**$), Formelhandhabung ($r = ,42**$), Sprachlogische Komplexität ($r = ,367**$) und Mittlerer Behandlungszeitpunkt ($r = ,366**$). Untereinander korrelieren einige der Merkmale mittel bis hoch, am höchsten korrelieren die kognitive Komplexität mit der Formalisierung des Wissens ($r = ,574*$) und die curriculare Wissensstufe mit der Formelhandhabung ($r = ,509**$). Aus den Rangkorrelationen schließen die Autoren, dass „Stoffdidaktische Variablen, die die Verortung eines Schulstoffs im Curriculum beschreiben, [...] bei der PISA-Analyse didaktisch weniger bedeutsam [sind] als kognitionstheoretisch begründete Merkmale" (Cohors-Fresenborg et al., 2004, S. 129). Diese Schlussfolgerung wird durch die Ergebnisse der schrittweisen Regressionsanalyse bestätigt, bei der die genannten sechs Merkmale als Prädiktoren eingegangen sind, aber die beiden Variablen zur Verortung eines Schulstoffs im Curriculum nicht signifikant zur Erklärung der Aufgabenschwierigkeit beigetragen haben. Die anderen vier Merkmale erklären zusammen über 65 Prozent der Varianz der Aufgabenschwierigkeit, wobei insbesondere die kognitive Komplexität und die Formelhandhabung bedeutende Prädiktoren darstellen (siehe Tabelle 2.19). Eine weitere Regressionsanalyse ohne das Merkmal Kognitive Komplexität hat gezeigt, dass die Bedeutung von Formalisierung von Wissen durch das Merkmal der kognitiven Komplexität überdeckt wird (Cohors-Fresenborg et al., 2004, S. 131).

Tabelle 2.19 Regressionsmodell der PISA-2000-Aufgaben mit den sechs diskutierten Merkmalen (Cohors-Fresenborg et al., 2004, S. 130)

Merkmal	Standardisiertes Beta
Kognitive Komplexität	,512**
Formelhandhabung	,410**
Sprachlogische Komplexität	,151*
Formalisierung von Wissen	,148*
Erklärte Varianz der Aufgabenschwierigkeit (R^2 korrigiert)	65,4 %

Turner et al. (2013) untersuchen den Zusammenhang der empirischen Itemschwierigkeit der Mathematikaufgaben bei PISA 2003 und PISA 2006 mit den zugrundeliegenden mathematischen Kompetenzen. Die sechs Kompetenzen

---

[48]Zur Verortung des Schulstoffs im Curriculum werden hier zwei Merkmale von Neubrand et al. (2002) übernommen, die Curriculare Wissensstufe und eine Variable zur Beurteilung des Behandlungszeitpunkts.

Begründen und Argumentieren, Kommunizieren, Modellieren, Repräsentationen, Probleme lösen und symbolisch/formal mit Mathematik umgehen basieren auf den Arbeiten von Niss und Kollegen (u. a. Niss, 2003; Niss & Hoejgaard, 2011) und entsprechen den bereits zuvor beschriebenen mathematischen Kompetenzen bei den Bildungsstandards. Schrittweise Regressionsanalysen mit der Itemschwierigkeit der 48 Aufgaben als abhängige Variable und den sechs Kompetenzen als Prädiktoren zeigen eine hohe Varianzaufklärung von über 70 Prozent, sowohl bei den Aufgaben von PISA 2003 als auch von PISA 2006. Die Modelle enthalten jeweils die gleichen drei Kompetenzen als Prädiktoren: Begründen & Argumentieren, Symbole & Formalismen und Problemlösen. Einzeln betrachtet ist Argumentieren der bedeutendste Prädiktor. Innerhalb des drei-Variablen-Modells erreicht symbolisch/formales Umgehen mit Mathematik jedoch das höchste Regressionsgewicht. Die Korrelationen der Variablen (siehe Tabelle 2.20) zeigen untereinander, dass die Kompetenz Argumentieren am höchsten mit den anderen Kompetenzen korreliert. Im Rahmen der Regressionsanalysen hat die Kompetenz Modellieren zu keiner signifikanten Erhöhung der Varianzaufklärung beigetragen. Die Korrelationen zeigen, dass Modellieren zu den drei Variablen, die zur Erklärung der Schwierigkeitsvarianz verwendet wurden, mittel bis hoch korreliert. Bei Aufgaben, die ein höheres Maß an Modellierungsfähigkeiten fordern, wird oftmals auch ein höheres Niveau an symbolisch/formalen Umgang, Argumentieren und Problemlösen zur Lösung der Aufgaben benötigt.

Erneute ähnliche Analysen von Turner und Adams (2012) mit 196 Aufgaben, die für PISA 2012 entwickelt und deren Schwierigkeit anhand der Voruntersuchungen in Australien geschätzt wurden, bestätigen die hohe Abhängigkeit zwischen den drei Kompetenzen. Anhand eines sieben-dimensionalen Item-Response-Modells wurden u. a. die Korrelationen zwischen den Kompetenzen untereinander und zur Itemschwierigkeit geschätzt (Ergebnisse siehe Tabelle 2.21).

Die Korrelationen zwischen *Devising Strategies*, *Mathematising* und *Reasoning & Argumentation* sind so hoch, dass innerhalb der Regressionsanalysen zwei der Kompetenzen als Prädiktoren aufgrund von Kollinearität ausgeschlossen wurden.

Beginnend mit einem Regressionsmodell, das alle sechs Kompetenzen als Prädiktoren der geschätzten Itemschwierigkeit enthält, wurden nacheinander Prädiktoren aufgrund zu hoher Kollinearität oder geringer Aufklärung entfernt. Das finale Modell klärt 74 Prozent der Schwierigkeitsvarianz auf und enthält die

Tabelle 2.20 Korrelationen der sechs mathematischen Kompetenzen der 48 PISA Items zugeordnet (Turner et al., 2013, S. 28)

	Symbolisch/formal	Argumentieren	Problemlösen	Modellieren	Kommunizieren
Argumentieren	,283				
Problemlösen	,301*	,721**			
Modellieren	,606**	,455**	,401**		
Kommunizieren	,405**	,471**	,100	,267	
Darstellungen	,062	,314*	,302*	,261	,082

Tabelle 2.21 Korrelationen zwischen den Kompetenzen und der Itemschwierigkeit (Turner & Adams, 2012, S. 11)

	Devising Strategies	Mathematising	Representation	Symbols & Formalism	Reasoning & Argument	Difficulty
Communication	,444	,533	,115	,409	,566	,331
Devising Strategies		,828	,190	,667	,811	,777
Mathematising			−,051	,619	,916	,631
Representation				,038	,306	,095
Symbols & Formalism					,547	,788
Reasoning & Argument						,669

drei Kompetenzen *Communication, Devising Strategies* und *Symbols & Formalism*,[49] wobei *Devising Strategies* und *Symbols & Formalism* aufgrund der deutlich höheren Regressionskoeffizienten maßgeblich die Itemschwierigkeit beeinflussen. Die Analysen zur Erklärung der Aufgabenschwierigkeit der PISA-Aufgaben dienen vor allem der Untersuchung und Bestätigung der zugrundeliegenden Schwierigkeitsmodelle und der Charakterisierung der Kompetenzstufen aus didaktischer und psychologischer Sicht. Die gewonnen Erkenntnisse sollen u. a. als Stütze für die weitere Konstruktion von Aufgaben dienen. Entsprechend beziehen sich die Ergebnisse der Analyse direkt auf die PISA-Aufgaben. Um allgemeine Schlussfolgerungen zur Schwierigkeitsaufklärung bei Mathematikaufgaben anhand von Aufgabenmerkmalen ziehen zu können, sollten die Analysen an weiteren Aufgaben (nicht aus PISA stammend) geprüft werden. Diese Erweiterung wird auch von Turner und Adams (2012, S. 14) vorgeschlagen. Je nach Zusammensetzung der Tests und Verteilung der Aufgabenmerkmale können Unterschiede auftreten; insbesondere die Ergebnisse von Neubrand et al. (2002) zeigen, dass unterschiedliche Merkmale bei den drei Typen mathematischen Arbeitens zur Schwierigkeitsaufklärung beitragen.

Die vorgestellten Untersuchungen berücksichtigen jeweils unterschiedliche Aufgabenmerkmale zur Schwierigkeitsanalyse der PISA-Aufgaben und sind deshalb nur bedingt vergleichbar. Einzeln betrachtet identifizieren alle Untersuchungen schwierigkeitsrelevante Aufgabenmerkmale, die jedoch nur bei gleichzeitiger Betrachtung bzw. Berücksichtigung z. B. innerhalb von Regressionsanalysen verglichen werden können. Ausgehend von der aufgeklärten Schwierigkeitsvarianz erscheinen die drei mathematischen Kompetenzen Argumentieren, symbolisch/formal mit Mathematik umgehen und Problemlösen mit über 70 Prozent Varianzaufklärung als besonders aussagekräftige Prädiktoren.[50] Aber auch die Grundvorstellungsintensität, die kognitive Komplexität und die Formelhandhabung[51] erweisen sich als bedeutsame Prädiktoren. Bei den Analysen von Cohors-Fresenborg et al. (2004) tragen stofforientierte Merkmale wie die curriculare Wissensstufe nicht zu einer erhöhten Varianzerklärung bei: „Eine Hierarchie des

---

[49]Das Modell mit Devising Strategies, Symbols & Formalism und Reasoning & Argument erreicht auch eine Varianzaufklärung von 74 %. Die Kompetenz Reasoning & Argument wurde gegen Communication für das finale Modell ersetzt, weil sie so hoch mit Symbols & Formalism korreliert.

[50]Bei dieser Untersuchung wurden andere PISA-Aufgaben verwendet als bei den drei anderen Untersuchungen, deshalb sind sie ggf. nicht direkt vergleichbar.

[51]Formelhandhabung weist große Ähnlichkeiten zur Kompetenz symbolisch/formal mit Mathematik umgehen auf.

Denkens übertrifft in der Analyse der PISA-2000-Items eine Hierarchie des Wissens" (Cohors-Fresenborg et al., 2004, S. 138). Die Autoren haben bei ihren Analysen nicht zwischen den Typen mathematischen Arbeitens getrennt, wie dies Neubrand et al. (2002) vorgenommen haben. Bei der Schwierigkeitsanalyse rein technischer Aufgaben wird der curricularen Wissensstufe als einzigem Prädiktor eine besondere Bedeutung zugesprochen. Die Problematik der Vergleichbarkeit der Ergebnisse, die Abhängigkeit der Schwierigkeitsvarianzaufklärung von den Aufgabenklassen sowie die Verteilungen der Aufgabenmerkmale und damit die Abhängigkeit zueinander erschweren klare Aussagen dazu, welche Aufgabenmerkmale aus empirischer Sicht am besten zur Schwierigkeitsaufklärung geeignet sind.

Das Anliegen der vorgestellten Studien liegt in der Erklärung der empirischen Aufgabenschwierigkeit anhand von Aufgabenmerkmalen, die von Experten zugeordnet wurden. Die Wahrnehmung von Schwierigkeit aus Sicht der Schüler/innen bzw. Studierenden und deren Abhängigkeit von Aufgabenmerkmalen wird dabei nicht untersucht. Es ist vorstellbar, dass die Einschätzung der Schwierigkeit bzw. die Selbsteinschätzung, bestimmte Aufgaben erfolgreich lösen zu können, von anderen Aufgabenmerkmalen beeinflusst wird als die empirische Schwierigkeit bzw. die tatsächlich erbrachte Leistung.

2.5   Forschungsfragen

Ausgehend vom aktuellen Forschungsstand zu Selbstwirksamkeitserwartung, Calibration, Feedback und Aufgabenanalysen ergeben sich drei Forschungsfragen, die im Rahmen der hier vorliegenden Dissertation untersucht werden.

Der Bereich der Selbstwirksamkeitserwartung ist bereits sehr gut erforscht, jedoch gibt es kaum Studien, die sich mit der Abhängigkeit der Selbstwirksamkeitserwartung von Aufgabenmerkmalen beschäftigen und fragen, inwiefern diese die Stärke und die Exaktheit der Selbstwirksamkeitserwartung beeinflussen. Analysen zur empirischen Schwierigkeit von Aufgaben haben gezeigt, dass diese teilweise durch einzelne Aufgabenmerkmale erklärt werden kann. Allerdings existieren in diesem Bereich nur wenige Studien, zudem verwenden diese durchgehend die PISA-Mathematikaufgaben als Datengrundlage. Es ist davon auszugehen, dass die Einschätzung der eigenen Selbstwirksamkeit nicht unbedingt anhand der gleichen Aufgabenmerkmale erfolgt wie die Feststellung der empirischen Schwierigkeit der Aufgaben. Aufgrund der hohen Selbstüberschätzung der untersuchten Studienanfängerinnen und Studienanfänger, die im Rahmen des khdm-Projektes „Heterogenität der mathematischen Vorkenntnisse

und Selbstwirksamkeitserwartungen von Studienanfänger/innen in wirtschaftswissenschaftlichen Studiengängen" festgestellt wurde, interessiert insbesondere auch
die Abhängigkeit der Exaktheit der eigenen Einschätzung von Aufgabenmerkmalen. Daraus ergibt sich als erster Forschungsschwerpunkt, der Einfluss von
Aufgabenmerkmalen auf die Mathematikleistung sowie auf die Stärke und Exaktheit der Selbstwirksamkeitserwartung. Eine vollständige und allgemeingültige
Klärung ist in dieser Breite nicht möglich. Im Rahmen der vorliegenden Dissertation können diese Zusammenhänge jedoch für die untersuchte Stichprobe der
Studienanfängerinnen und Studienanfänger wirtschaftswissenschaftlicher Studiengänge analysiert werden. Basierend auf den Daten des Eingangstests[52] aus dem
khdm-Projekt und den zuvor erläuterten Konstrukten zur Erfassung der Stärke und
Exaktheit der Selbstwirksamkeitserwartung erfolgt folgende Konkretisierung zur
ersten Forschungsfrage:

F1. Welche Aufgabenmerkmale beeinflussen die Aufgabenschwierigkeit, die
    Stärke der Selbstwirksamkeitserwartung, den Calibration Bias und die
    Calibration Accuracy bei Studienanfängerinnen und Studienanfängern wirt-
    schaftswissenschaftlicher Studiengänge?
    a. Bei welchen Aufgabentypen überschätzen sich Studierende besonders
       stark?
    b. Bei welchen Aufgabentypen erreichen Studierende eine verhältnismäßig
       hohe Calibration Accuracy?

Zur Calibration besteht insgesamt noch ein großer Forschungsbedarf. Dies gilt
insbesondere, weil es innerhalb der unterschiedlichen Studien unterschiedliche
Vorgehensweisen und Berechnungsmöglichkeiten gibt, so dass Verallgemeinerungen und Übertragungen auf andere Bereiche erschwert werden.
    Im Rahmen der vorliegenden Dissertation sind die Entwicklungen innerhalb
des ersten Semesters von besonderem Interesse. Der zweite Forschungsschwerpunkt liegt somit auf der Entwicklung der Mathematikleistung sowie der Stärke
und Exaktheit der Selbstwirksamkeitserwartung innerhalb des ersten Semesters.
Erfahrungen mit den Studierenden der Wirtschaftswissenschaften und bisherige
Untersuchungen innerhalb des khdm-Projektes haben gezeigt, dass sich bestimmte
Gruppen von Studierenden u. a. bezüglich ihrer Voraussetzungen, ihres Lernver-
haltens und ihrer Leistung in Mathematik deutlich unterscheiden. Besonders auf-
fallend waren Unterschiede zwischen Studierenden mit Abitur und Studierenden

---

[52]Die Aufgabenanalyse wird nur für den Eingangstest durchgeführt, da hier noch kein Einfluss
durch die verschiedenen Veranstaltungselemente besteht.

mit Fachoberschulabschluss (FOS) sowie Unterschiede zwischen Studierenden aus dem ersten Semester und Studierenden höherer Semester, die bereits erfolglos die Klausur in der Mathematikveranstaltung mitgeschrieben haben. Entsprechend ergibt sich folgende Konkretisierung der zweiten Forschungsfrage:

F2.   Wie entwickeln sich die Mathematikleistung, die Stärke der Selbstwirksamkeitserwartung, der Calibration Bias und die Calibration Accuracy bei Studierenden wirtschaftswissenschaftlicher Studiengänge innerhalb des ersten Studiensemesters?

     a. Unterscheiden sich die Entwicklungsverläufe einzelner Gruppen (z. B. Abiturienten vs. FOSler/innen)?

     b. Unterscheiden sich die Entwicklungen hinsichtlich der einzelnen Aufgaben bzw. Aufgabentypen?

Es ist anzunehmen, dass die Entwicklungen der Mathematikleistung sowie der Stärke und der Exaktheit der Selbstwirksamkeitserwartung durch Feedback beeinflusst werden können. Der Einfluss von Feedback auf die Leistung ist bereits ausgiebig erforscht. Jedoch existieren wenige Studien zum Einfluss von Feedback auf die Stärke und Exaktheit der Selbstwirksamkeitserwartung. Entsprechend widmet sich der dritte Forschungsschwerpunkt dem Einfluss von Feedback auf die Stärke und Exaktheit der Selbstwirksamkeitserwartung sowie auf die Mathematikleistung. Der aktuelle Forschungsstand zum Einfluss von Feedback auf die Leistung zeigt, dass Feedback sehr vielfältig und die Art des Feedbacks ausschlaggebend für dessen Einfluss ist. Somit ist eine Klärung dieses Forschungsschwerpunktes in dieser Breite nicht möglich, so dass eine Eingrenzung auf die untersuchte Feedbackform nötig ist. Im Rahmen des khdm-Projektes wurden mehrere Lehr-Lern-Innovationen zur Veranstaltung eingeführt, u. a. wöchentliche fakultative Kurztests, die den Studierenden Feedback gegeben haben. Dieses Feedback ist vergleichbar mit dem informativen tutoriellen Feedback (ITF) nach Narciss (2006). Es wurde außerdem darauf geachtet, dass das Feedback ermutigend ist und auch positive Rückmeldung gibt. Neben dem möglichen Einfluss auf die Leistungsentwicklung ist der mögliche Einfluss auf die Selbstwirksamkeitserwartung und die Calibration von besonderem Interesse. Dazu existieren bisher zu wenige Studien im Bereich Mathematik, um verlässliche Aussagen dazu treffen zu können. Es ergibt sich folgende Konkretisierung als dritte Forschungsfrage:

F3. Welchen Einfluss üben regelmäßige fakultative Kurztests mit informativem tutoriellem Feedback auf die Mathematikleistung, die Stärke der Selbstwirksamkeitserwartung, den Calibration Bias und die Calibration Accuracy innerhalb des ersten Semesters bei Studienanfängerinnen und Studienanfängern wirtschaftswissenschaftlicher Studiengänge aus?

Der weitere Verlauf der Dissertation gliedert sich gemäß der drei Forschungsfragen, sodass die Kapitel zu den empirischen Ergebnissen und deren Interpretation jeweils in drei Unterabschnitte gegliedert sind.

Methode 3

Innerhalb dieses Kapitels werden die Rahmenbedingungen der Studie, das Studiendesign, die Datengrundlage und die eingesetzten statistischen Auswertungsmethoden erläutert. Zu den Rahmenbedingungen gehören die Verknüpfung der Studie zur Veranstaltung „Mathematik für Wirtschaftswissenschaften I" und die Einbettung innerhalb des Kompetenzzentrums Hochschuldidaktik Mathematik. Neben der Skalenentwicklung werden auch die statistischen Auswertungsmethoden der Clusteranalyse, der Varianz- und Kovarianzanalyse und der Regressionsanalyse vorgestellt.

3.1 Rahmenbedingungen

Innerhalb des khdm-Projekts „Heterogenität der mathematischen Vorkenntnisse und Selbstwirksamkeitserwartungen von Studienanfänger/innen in wirtschaftswissenschaftlichen Studiengängen" und der angegliederten Dissertation werden, wie schon einleitend gesagt, Studierende der Veranstaltung „Mathematik für Wirtschaftswissenschaften I" untersucht. Die Veranstaltung umfasst neben höherer Mathematik und ökonomischen Anwendungen auch Lehrinhalte aus der Sekundarstufe I und II, die bis auf wenige Ausnahmen (z. B. Logarithmen) in der Schulpraxis in den Curricula verankert sind. Die schulmathematischen Anteile werden an der Universität im Prinzip vorausgesetzt, sie werden allerdings zum Teil innerhalb der Veranstaltung wiederholt und vertieft. Weil die ökonomischen

Elektronisches Zusatzmaterial Die elektronische Version dieses Kapitels enthält Zusatzmaterial, das berechtigten Benutzern zur Verfügung steht.
https://doi.org/10.1007/978-3-658-32480-3_3

Anwendungen auf diesen Grundlagen aufbauen, wird den Grundlagen in der Veranstaltung ein hoher Stellenwert beigemessen. Zugleich zeigen die langjährigen Erfahrungen, dass die Studierenden gerade in diesem Bereich große Defizite aufweisen.

3.1.1 Inhalte der Veranstaltung „Mathematik für Wirtschaftswissenschaften I"

Die Inhalte der Vorlesung mit zugehörigen Materialien sind unter Angabe der Kalenderwoche, in der sie behandelt wurden, in Tabelle 3.1 aufgeführt. Für genauere Informationen zu den Inhalten sei auf die detaillierte Gliederung der Veranstaltung in Anhang E und auf die Veranstaltungsmaterialien[1] verwiesen.

Die Folien zur Vorlesung wurden den Studierenden vorab auf der Lernplattform moodle bereitgestellt (siehe Voßkamp, 2013a).

3.1.2 Aufbau und Veranstaltungselemente

Die Veranstaltung „Mathematik für Wirtschaftswissenschaften I" richtet sich in erster Linie an Studierende der Wirtschaftswissenschaften und der Wirtschaftspädagogik, wobei für Studierende der Wirtschaftswissenschaften diese Veranstaltung verpflichtend ist und Studierende der Wirtschaftspädagogik zwischen dieser Veranstaltung und der Veranstaltung „Informatik I" wählen können[2]. In der Regel besuchen die Studierenden die Veranstaltung wie empfohlen im ersten Semester. Studierende anderer wirtschaftswissenschaftlicher Studiengänge, z. B. der Wirtschaftsromanistik, können die Veranstaltung auch besuchen, was jedoch, wie die deskriptiven Ergebnisse in Unterabschnitt 3.1.2 zeigen, nur vereinzelt vorkommt.

Das Hauptelement der Veranstaltung bildet die Vorlesung, die einmal in der Woche vierstündig gehalten wird. Traditionell wird diese mit wöchentlichen Übungsblättern und Tutorien begleitet. Jede Woche wird ein Übungsblatt mit Aufgaben zum in der Vorlesung behandelten Lehrstoff ausgegeben, das von den Studierenden im Selbststudium bearbeitet werden soll und in den Tutorien besprochen wird. Die Bearbeitung der Aufgaben und der Besuch der Tutorien sind

---

[1]Die relevanten Materialien (UB 1, UB 2, PU 1, PU 2, ZA 1, ZA 2, Test 1 bis 7) sind in Anhang F aufgeführt. Alle weiteren Materialien siehe Voßkamp (2013b).
[2]Stand: Wintersemester 2012/13

Tabelle 3.1 Inhalte der Veranstaltung (UB = Übungsaufgaben, PU = Praktische Übungen, ZA = Zusatzaufgaben)

Woche	Inhalt Vorlesung	Materialien[a] (UB, PU, ZA)	Kurztests
43	Organisatorisches, Eingangstest	UB 1, PU 1, ZA 1	Ausgabe Test 1
44	Mathematik und Wirtschaftswissenschaften	UB 2, PU 2, ZA 2	Ausgabe Test 2 Abgabe Test 1
45	Aussagenlogik	UB 3, PU 3, ZA 3	Ausgabe Test 3 Abgabe Test 2 Rückgabe Test 1
46	Mengen, Relationen, Funktionen	UB 4, PU 4, ZA 4	Ausgabe Test 4 Abgabe Test 3 Rückgabe Test 2
47	Folgen und Reihen	UB 5, PU 5, ZA 5	Ausgabe Test 5 Abgabe Test 4 Rückgabe Test 3
48	Grenzwerte von Folgen und Reihen, Finanzmathematische Anwendungen	UB 6, PU 6, ZA 6	Ausgabe Test 6 Abgabe Test 5 Rückgabe Test 4
49	Funktionen einer Veränderlichen	UB 7, PU 7, ZA 7	Ausgabe Test 7 Abgabe Test 6 Rückgabe Test 5
50	Grenzwerte, Stetigkeit, Differenzierbarkeit, Differentiationsregeln	UB 8, PU 8, ZA 8	Ausgabe Test 8 Abgabe Test 7 Rückgabe Test 6
51	**Zwischentest, Allgemeine Anwendungen, Eigenschaften von Funktionen, Ökonomische Anwendungen**	UB 9, PU 9, ZA 9	Ausgabe Test 9 Abgabe Test 8 Rückgabe Test 7
3	Funktionen mehrerer Veränderlicher	UB 10, PU 10, ZA 10	Ausgabe Test 10 Abgabe Test 9 Rückgabe Test 8
4	Folgen, Grenzwerte, Stetigkeit im $\mathbb{R}^n$, Differenzierbarkeit im $\mathbb{R}^n$, Allgemeine Anwendungen	UB 11, PU 11, ZA 11	Ausgabe Test 11 Abgabe Test 10 Rückgabe Test 9
5	Eigenschaften von Funktionen	UB 12, PU 12, ZA 12	Ausgabe Test 12 Abgabe Test 11 Rückgabe Test 10
6	Lagrange-Ansatz	UB 13, PU 13, ZA 13	Ausgabe Test 13 Abgabe Test 12 & 13 Rückgabe Test 11
7			Rückgabe Test 12 & 13

[a]Die Materialien sind den ergänzenden Veranstaltungselementen zugeordnet, die in Teilabschnitt 3.1.2 genauer erläutert werden.

nicht verpflichtend, d. h. es werden keine Übungsblätter zur Korrektur abgegeben. Erfahrungen aus den Tutorien zeigen, dass ein Großteil der Studierenden die
Übungsblätter nicht oder nur unvollständig bearbeitet, was eine gezielte Besprechung von Problemen erschwert. Häufig werden die Aufgaben in den Tutorien
von den Tutoren vorgerechnet und die Studierenden notieren die Lösungswege,
ohne sie selbständig zu rechnen.

Seit dem Wintersemester 2008/09 werden zusätzlich Intensivtutorien angeboten, die doppelt so viel Zeit wie gewöhnliche Tutorien vorsehen. Diese Tutorien
richten sich an Studierende mit besonders großen Problemen oder Nachholbe-
darf in Mathematik. Die Zielgruppe und mögliche Gruppenkonstellationen der
Intensivtutorien wurden im Rahmen des Projekts „Zielgruppenspezifische Tutorien"[3] erprobt und untersucht. Die Erfahrungen haben gezeigt, dass vor allem
Studierende, die die Klausur bereits mehrfach erfolglos mitgeschrieben haben,
von dieser Form der Tutorien besonders profitieren.

Im Rahmen des oben angesprochenen khdm-Projekts wurden Lehr-Lern-
Innovationen entwickelt[4], die erstmals im Wintersemester 2011/12 eingesetzt
wurden. Seither werden diese auch im Rahmen anderer Projekte, vor allem
dem QPL-Projekt[5], kontinuierlich weiterentwickelt und evaluiert. Neben neu-
entwickelten Elementen wurde auch die Struktur der Übungsblätter verändert,
indem nunmehr Übungsaufgaben (UB), Praktische Übungen (PU) und Zusatzaufgaben (ZA) unterschieden werden. Zu allen bereitgestellten Aufgaben wurden
Kurzlösungen für die Studierenden und ausführlichere Musterlösungen für die
Tutor/innen entwickelt. Die Bereitstellung der Kurzlösungen sollte die selbständige Kontrolle eigener Rechnungen fördern und den Fokus innerhalb der
Tutorien auf eine gezielte Besprechung von Problemen lenken. Die zusätzlichen
Veranstaltungselemente werden im Folgenden kurz erläutert:

Die **Praktischen Übungen** umfassen wöchentlich ein bis zwei Aufgaben.
Diese werden von den Studierenden innerhalb der Tutorien gerechnet und bilden
eine gemeinsame praktische Übungsphase.

---

[3]Das Projekt zur Konzeption zielgruppenspezifischer Tutorien wurde über QSL-Mittel (Projekt Heterogenität) und QSL-Mittel der Institute BWL und VWL finanziert. QSL-Mittel sind
Landesmittel zur Verbesserung der Qualität der Studienbedingungen und der Lehre.

[4]Das Projekt LIMA ("LehrInnovation in der Studieneingangsphase 'Mathematik im Lehr-
amtsstudium'") diente hier als Orientierung. Das Gemeinschaftsprojekt der Universitäten
Kassel und Paderborn wurde im Rahmen der Zukunftswerkstatt Hochschullehre vom BMBF
gefördert. Weitere Informationen unter https://www.lima-pb-ks.de/

[5]Im Rahmen des Qualitätspakts Lehre (QPL) werden an der Universität Kassel Maßnahmen
zur „Mathematik-Propädeutik für Technik- und Wirtschaftswissenschaften" gefördert.

Die **Zusatzaufgaben** sind weitere Aufgaben, die den Studierenden mit Lösungen, aber ohne Lösungswege, für das Selbststudium bereitgestellt werden. Der **Mathetreff**[6] ist eine offene Lernumgebung, in der sich Studierende treffen können, um Lerngruppen zu bilden, Inhalte zu besprechen, Aufgaben zu rechnen und Fragen zu klären. Ein bis zwei Tutoren stehen für Fragen und Anregungen zur Verfügung, wobei das Prinzip der minimalen Hilfe gilt, d. h. die Studierenden sollen möglichst selbständig bzw. im Gespräch untereinander zur Lösung ihres Problems kommen. In den ersten Semestern wurde der Mathetreff von der Autorin betreut und durch Tutor/innen, die Studierende der Wirtschaftspädagogik waren, ergänzt. Nach einer gemeinsamen Vorbesprechung zur Konzeption und Umsetzung des Mathetreffs, wurden zunächst mehrere Termine gemeinsam mit der Autorin betreut, bevor die Tutor/innen einzeln eingesetzt wurden.

Der **Brückenkurs**[7] wurde im Wintersemester 2012/13 erstmals durchgeführt. Er richtet sich an Studierende mit besonders ungünstigen Voraussetzungen in Mathematik und findet einmal wöchentlich vierstündig statt. Ziel des Brückenkurses ist die Aufarbeitung mathematischer Grundlagen. Inhaltlich werden ähnliche Themen wie im Vorkurs behandelt (siehe Tabelle 3.2). Methodisch, konzeptionell und personell unterscheiden sich die Angebote jedoch. Im Gegensatz zum Vorkurs erfolgt nicht nur eine kurze Wiederholung der mathematischen Grundlagen, sondern eine etwas ausführlichere Behandlung. Dabei wechseln sich lehrer- und studierendenzentrierte Phasen ab, so dass viele Übungsphasen eingebaut sind, die eine direkte Anwendung der wiederholten Inhalte und die Besprechung von Problemen ermöglicht. Methodisch wechseln sich Einzel-, Partner- und Gruppenarbeiten ab, die durch Präsentationen ergänzt werden. Der Brückenkurs wurde im WS 2012/13 von der Autorin durchgeführt. Sie war weder an der Konzeption noch an der Durchführung des Vorkurses beteiligt.

Die **Kurztests**[8] sind wöchentliche fakultative Tests mit ein bis drei Aufgaben, die zur Korrektur abgegeben werden können (siehe Anhang F). Es handelt sich dabei um eine Form des informativen tutoriellen Feedbacks, wie Narciss (2006) es beschreibt. Das Feedback enthält Angaben zur Richtigkeit der Lösung und gibt Hinweise für mögliche Lösungsstrategien, ohne die richtige Lösung vorzugeben. Wenn möglich werden der Ort und die Art des Fehlers spezifiziert. In Anlehnung an das Feedback im Rahmen des Forschungsprojekts Co^2CA (siehe

---

[6]Der Mathetreff wurde neben dem khdm-Projekt zusätzlich durch QSL-Mittel (Projekt Lehrinnovation) und QSL-Mittel der Institute für BWL und VWL finanziert.

[7]Der Brückenkurs wurde im Rahmen des QPL-Projekts entwickelt und durchgeführt.

[8]Die Korrektur der Kurztests wurde zusätzlich durch QSL-Mittel des Fachbereichs Wirtschaftswissenschaften finanziert.

Tabelle 3.2 Inhalte Brückenkurs WS 2012/13

Woche	Inhalt Brückenkurs
43	Zahlen, Rechnen, Bruchrechnung, Binomische Formeln
44	Potenzen, Wurzeln
45	Dreisatz, Prozentrechnung
46	Logarithmus, Betrag, Summen- und Produktzeichen
47	Gleichungen I
48	Gleichungen II
49	Funktionen
50	Wiederholung I
51	Differentialrechnung
3	Kurvendiskussion
4	Wiederholung II
5	Wiederholung III

Besser et al., 2010) enthält die Rückmeldung möglichst immer auch konkrete positive Aspekte und Verweise auf Aufgaben oder Lehrinhalte, die für das weitere Selbststudium hilfreich sein könnten. Ein Beispiel eines korrigierten Tests mit Feedback ist Anhang F zu entnehmen. Im ersten Semester der Einführung wurden die Tests von der Autorin korrigiert. Die in den folgenden Semestern beteiligten Tutor/innen wurden vorab von ihr bezüglich der Art des Feedbacks und anhand konkreter Beispieltests und -korrekturen geschult. Regelmäßige Besprechungen und eine stichprobenartige Durchsicht der korrigierten Tests sollten die Qualität des Feedbacks sichern. Die Aufgaben der Tests sind an die Inhalte der Veranstaltung angelehnt. Viele der Studierenden haben die Tests als Klausurvorbereitung angesehen und zur Einschätzung des Schwierigkeitsgrads genutzt, obwohl dies bei der ursprünglichen Konzeption nicht so vorgesehen war. Um keine Erwartungen an eine deutlich leichtere Klausur hervorzurufen, wurde ein eher hoher Schwierigkeitsgrad für die Aufgaben gewählt.

Der **Vorkurs** findet bereits seit einigen Semestern in den Wochen vor Beginn des Wintersemesters statt[9] und ist unabhängig vom khdm-Projekt. Neben einer inhaltlichen Wiederholung ausgewählter mathematischer Inhalte aus der

---

[9]Im Wintersemester 2012/13 fand der Vorkurs vom 24.09. bis 5.10.2012 statt.

Sekundarstufe I und II[10], lernen die Studierenden das Veranstaltungsformat mit Vorlesung, Übungsaufgaben und Tutorien kennen. Zu allen Aufgaben und Tests werden die zugehörigen Lösungen bereitgestellt, um das selbständige Lernen zu unterstützen und den Schwerpunkt der Tutorien vom Vorrechnen auf gezielte Klärung von Fragen zu verlagern.

3.1.3 Das khdm-Projekt

Das Projekt „Heterogenität der mathematischen Vorkenntnisse und Selbstwirksamkeitserwartungen von Studienanfänger/innen in wirtschaftswissenschaftlichen Studiengängen" ist das Teilprojekt II der Arbeitsgruppe Wiwi-Math des khdm. Das khdm ist eine Einrichtung der Universitäten Kassel, Paderborn und Hannover. Es wurde 2010 gegründet und widmet sich der Forschung und Vernetzung im Bereich der Hochschuldidaktik Mathematik. In den Jahren 2010 bis 2015 wurde das khdm im Rahmen der Initiative „Bologna – Zukunft der Lehre" von der Stiftung Mercator und der Volkswagen Stiftung gefördert. Neben der Arbeit in den studiengangsbezogenen Arbeitsgruppen werden übergreifende Themen in Querschnittsarbeitsgruppen behandelt (siehe Abbildung 3.1)[11].

Das Teilprojekt II ist an der Universität Kassel angesiedelt, wird durch Apl. Prof. Dr. Rainer Voßkamp geleitet und wurde durch die Mitarbeit der Autorin ergänzt. Folgende Aufgaben lagen im Tätigkeitsbereich der Autorin: Recherchen zur theoretischen Einbettung in Lehr-Lern-Theorien, zu ähnlichen Projekten, bereits entwickelten Erhebungsinstrumenten und Auswertungsmethoden; Entwicklung und Überarbeitung der Erhebungsinstrumente zur Messung der Leistung und weiterer forschungsrelevanter Variablen; Konzeption, Einführung und Betreuung der neu eingeführten Angebote (Aufgabenblätter, Musterlösungen, Kurztests, Mathetreff, Brückenkurs); Schulung der Tutor/innen; Auswertung der Daten; Mitwirkung bei Projektberichten und Projektanträgen.

Neben der Analyse der Ausgangslage stellt die Entwicklung, Implementierung und Evaluation von Lehr-Lern-Innovationen einen wichtigen Bestandteil des Forschungsvorhabens dar. Dafür wurden Leistungstests und Fragebögen entwickelt, die seither im Winter- und teilweise auch im Sommersemester eingesetzt werden. Die im Rahmen des Projekts erhobenen Daten aus dem Wintersemester 2012/13

---

[10]1. Grundlagen, 2. Rechnen mit reellen Zahlen und Termen, 3. Potenzen, Wurzeln und Logarithmen, 4. Geometrie, 5. Funktionen I, 6. Funktionen II, 7. Gleichungen und Ungleichungen, 8. Differentialrechnung I: Ableitungen, 9. Differentialrechnung II: Eigenschaften von Funktionen.

[11]Für genauere Ausführungen sei auf die Internetseite www.khdm.de verwiesen.

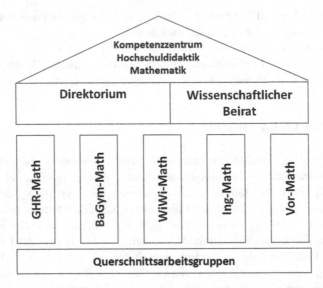

Abbildung 3.1 Aufbau und Struktur des khdm (https://www.khdm.de/struktur/ am 19.07.2017)

bilden die Datengrundlage der vorliegenden Dissertation. Schwerpunkt ist hier, wie anhand der Forschungsfragen in Abschnitt 2.5 deutlich wird, die Untersuchung der Exaktheit der mathematischen Selbstwirksamkeitserwartung in Form des Calibration Bias und der Calibration Accuracy, die die Untersuchungen des khdm-Projekts ergänzt.

Die entwickelten Lehr-Lern-Innovationen haben das Ziel, den Studierenden frühzeitig Rückmeldung zu ihren Leistungen zu geben und zugleich Hilfsangebote zu schaffen, die das Selbststudium fördern und unterschiedliche Zielgruppen ansprechen.

3.2   Studiendesign und Datengrundlage

Das Studiendesign wird vor allem durch die zuvor erläuterten Rahmenbedingungen beeinflusst. Durch die Anbindung an die Veranstaltung „Mathematik für Wirtschaftswissenschaften I" handelt es sich überwiegend um Studierende der Wirtschaftswissenschaften und Wirtschaftspädagogik. Die Zusammensetzung der Stichprobe wird in Unterabschnitt 3.2.2 vorgestellt.

3.2.1 Studiendesign

Bei der vorliegenden Studie handelt es sich um eine quasi-experimentelle Untersuchung mit einem Vortest und einem Nachtest. Die erhobenen Daten aus Vor- und Nachtest können mit Hilfe eines individuellen anonymen achtstelligen Codes[12] zusammengeführt. Die Vergleiche von Gruppen von Studierenden erfolgen anhand nicht äquivalenter Stichproben. Ein Teil der Analysen nimmt Vergleiche zwischen natürlich gewachsenen Gruppen (z. B. getrennt nach Schulabschluss) vor. Die untersuchten Veränderungen, insbesondere der Einfluss des Feedbacks auf die Leistung, auf die mathematische Selbstwirksamkeitserwartung und auf die Calibration basieren auf dem Vergleich zwischen Experimental- und Kontrollgruppe, wobei die Gruppen nicht randomisiert sind und somit keine Äquivalenz vorliegt. Von einer Einteilung in randomisierte Gruppen wurde abgesehen, da die Veranstaltungsangebote für alle Studierenden zur Verfügung stehen sollten bzw. müssen. Eine Einteilung wurde aus ethischen, aber auch aus organisatorischen und rechtlichen Gründen, weder als sinnvoll noch als machbar bewertet. Der Verzicht auf eine experimentelle Untersuchung mit randomisierten Gruppen schränkt jedoch die methodischen Untersuchungen und vor allem die Interpretation der Ergebnisse stark ein.

Die erste Erhebung erfolgte zu Beginn des Wintersemesters 2012/13 und die zweite Erhebung acht Wochen später. Beide fanden im Hörsaal statt und die Studierenden hatten 75 Minuten Zeit für die Bearbeitung der Aufgaben und des zugehörigen Fragebogens. Die Veranstaltung wurde regulär mit Vorlesung und den zugehörigen Veranstaltungselementen durchgeführt. Die beiden Leistungstests umfassen Grundlagenwissen aus der Sekundarstufe I und II, das für die Veranstaltung vorausgesetzt wird bzw. von dem erwartet wird, dass die Studierenden es, wenn nötig, im Selbststudium nachholen. Ein Teil der Inhalte wird innerhalb der Vorlesung und auf den ersten beiden Übungsblättern wiederholt, wobei in der Einführungsphase von Vorlesung und Übung ein breites Feld an Aufgaben und Inhalten behandelt wird und so eine gezielte Vorbereitung auf die Leistungstests nicht stattfindet. Im Rahmen der Lehr-Lern-Innovationen liegt der Fokus auf der kontinuierlichen Unterstützung des gesamten Vorlesungsinhaltes und nicht nur auf den Grundlagen. Entsprechend sind die Leistungstests nicht

---

[12]Genauer: Die ersten beiden Buchstaben des Vornamens der Mutter + die ersten beiden Buchstaben des Vornamens des Vaters + Tag und Monat des Geburtstages der Mutter bilden den achtstelligen Code.

auf den gesamten behandelten Inhalt und auch nicht auf die zusätzlichen Angebote, insbesondere die Kurztests mit Feedback, abgestimmt. Dies muss bei den Auswertungen und der Interpretation der Ergebnisse berücksichtigt werden.

3.2.2 Stichprobe

Die Stichprobe besteht aus Studierenden, die die Veranstaltung „Mathematik für Wirtschaftswissenschaften I" im Wintersemester 2012/13 an der Universität Kassel besucht haben. Am Eingangstest zu Beginn des Semesters haben 418 Studierende und am Zwischentest zur Mitte des Semesters haben 227 Studierende teilgenommen[13]. Von 172 Studierenden liegen die Daten zu beiden Messzeitpunkten vor. Für die durchgeführten Analysen werden die Stichprobe des Eingangstests und die Stichprobe mit beiden Messzeitpunkten verwendet, deren Zusammensetzung in Tabelle 3.3 dargestellt wird.

Tabelle 3.3 Stichprobenzusammensetzung

	Eingangstest		Beide Zeitpunkte	
Geschlecht				
weiblich	214	51,4 %	99	57,6 %
männlich	202	48,6 %	73	42,4 %
Fachsemester				
1./2.	352	84,4 %	153	88,9 %
3./4.	50	12 %	12	7 %
5. oder höher	15	3,6 %	7	4,1 %
Vorkurs besucht				
ja	199	47,8 %	109	63,4 %
nein	217	52,2 %	63	36,6 %
Vorlesung bereits besucht				
ja	50	12,3 %	14	8,4 %
nein	356	87,7 %	152	91,6 %
Klausur bereits mitgeschrieben				

(Fortsetzung)

---

[13]Studierende, die den Fragebogen oder den Test nicht bearbeitet haben, wurden aus der Stichprobe entfernt.

Tabelle 3.3   (Fortsetzung)

	Eingangstest		Beide Zeitpunkte	
ja	24	5,9 %	8	4,8 %
nein	382	94,1 %	158	95,2 %
Studiengang				
Wirtschaftswissenschaften	289	69,6 %	124	72,5 %
Wirtschaftspädagogik	100	24,1 %	40	23,4 %
Andere Studiengänge	26	6,3 %	7	4,1 %
Schulabschluss				
Abitur	209	50 %	100	58,1 %
FOS	209	50 %	72	41,9 %
Hochschulabschluss Eltern				
Mutter & Vater	43	10,3 %	12	7 %
Nur Mutter	42	10,1 %	15	8,8 %
Nur Vater	64	15,4 %	26	15,2 %
keiner	267	64,2 %	118	69 %
Bundesland höchster Schulabschluss				
Nicht in D	19	4,6 %	3	1,8 %
Hessen	304	73,4 %	124	72,9 %
Anderes Bundesland	91	22 %	43	25,3 %
Berufliche Ausbildung				
ja	190	45,7 %	82	48,2 %
nein	226	54,3 %	88	51,8 %
Migrationshintergrund				
ja	92	22,1 %	22	12,9 %
nein	324	77,9 %	149	87,1 %
Sprachprobleme				
ja	5	1,2 %	0	0 %
ein wenig	14	3,4 %	4	2,3 %
nein	398	95,4 %	167	97,7 %

Zu Beginn des Semesters besteht die Gruppe der Studierenden überwiegend aus Studienanfängerinnen und Studienanfängern. 12 % haben die Veranstaltung bereits in einem vergangenen Semester besucht, wobei 6 % die Klausur bereits erfolglos mitgeschrieben haben. Den größten Anteil machen mit etwa 70 % Studierende der Wirtschaftswissenschaften aus, für die die Veranstaltung verpflichtend ist. Für die etwa 25 % Studierenden der Wirtschaftspädagogik ist die Veranstaltung – wie bereits erwähnt – ein Wahlpflichtmodul. Die Geschlechter sind etwa gleich verteilt. Die Hälfte der Studierenden hat die allgemeine Hochschulreife oder einen vergleichbaren Abschluss und die andere Hälfte die Fachoberschulreife oder einen vergleichbaren Abschluss. Dieser hohe Anteil an Studierenden ohne allgemeine Hochschulreife ist kennzeichnend für die Stichprobe. Der Vorkurs wurde von fast 50 % der Studierenden besucht.

Wie Tabelle 3.3 zeigt, unterscheidet sich die Stichprobe von Studierenden, die zu beiden Messzeitpunkten teilgenommen haben, etwas von der Stichprobe von Studierenden mit Teilnahme am Eingangstest. Der Anteil an Studentinnen, Studienanfänger/innen, Studierenden mit Abitur, Studierenden ohne Migrationshintergrund und Studierenden, die den Vorkurs besucht haben, hat sich etwas erhöht. Vergleiche der Studierenden, die zu beiden Messzeitpunkten anwesend waren, mit den Studierenden, die nur den Eingangstest besucht haben, haben bereits in den vergangenen Semestern gezeigt, dass vor allem Studierende mit ungünstigen Voraussetzungen (u. a. geringe Mathematikkenntnisse, geringe mathematische Selbstwirksamkeitserwartung) die Veranstaltung vorzeitig abbrechen (siehe Laging & Voßkamp, 2016, S. 598). Ein kurzer Vergleich für das Wintersemester 2012/13 erfolgt in Unterabschnitt 4.3.6, wobei die starke Reduzierung der Stichprobe vom ersten zum zweiten Messzeitpunkt eine Problematik darstellt, deren genauere Untersuchung und Diskussion den Rahmen dieser Dissertation sprengen würde. Bei der Interpretation der Ergebnisse muss dieser Aspekt jedoch berücksichtigt werden. Die Untersuchung zur Aufgabenanalyse umfasst alle Studierenden, also auch die mit ungünstigen Voraussetzungen, die im Laufe des Semesters die Veranstaltung nicht mehr besuchen. Somit können Aussagen zur gesamten Kohorte getroffen werden. Die Analysen zu den Entwicklungen innerhalb des Semesters und dem Einfluss des Feedbacks umfassen nicht mehr alle Studierenden. Hier muss bei der Interpretation berücksichtigt werden, dass ausgerechnet ein Großteil der Studierenden mit geringen Mathematikvorkenntnissen und geringer Selbstwirksamkeitserwartung nicht mituntersucht werden konnte. Entsprechend können die Ergebnisse nicht auf diese Studierenden bezogen werden und es ist anzunehmen, dass sie sich auch unterscheiden könnten.

3.2.3   Kodierung der Aufgabenmerkmale

Die Aufgabenmerkmale wurden anhand des in Anhang D befindlichen Kategoriensystems jeweils von zwei Personen kodiert. Zur Berechnung der Interraterreliabilität wird für nominalskalierte Daten das von Cohen (1960) entwickelte Kappa und für rangskalierte Daten das gewichtete Kappa (Cohen, 1968) verwendet, wie es von Bortz und Döring (2006, S. 276 f.) vorgeschlagen wird.

> Kappa is the proportion of agreement corrected for chance, and scaled to vary from −1 to 1 so that a negative value indicates poorer than chance agreement, zero indicates exactly chance agreement, and a positive value indicates better than chance agreement. A value of unity indicates perfect agreement. (Fleiss und Cohen, 1973, S. 613)

Kappa ist analog zu Reliabilitätskoeffizienten für nominalskalierte Daten zu sehen (Cohen, 1968, S. 213). Bortz und Döring (2006, S. 277) beurteilen k-Werte zwischen 0,6 und 0,75 als gute Übereinstimmung.

3.3   Statistische Auswertungsmethoden

Zur Beantwortung der Forschungsfragen werden unterschiedliche statistische Auswertungsmethoden herangezogen. Die eingesetzten Instrumente werden in Abschnitt 4.1 vorgestellt. Die Leistungsskalen und die Skalen zur mathematischen Selbstwirksamkeitserwartung, zum Calibration Bias und zur Calibration Accuracy werden ausführlicher erläutert. Diese Skalen hängen von den eingesetzten Aufgaben ab und wurden innerhalb des Projektes neu entwickelt. Die Leistungsskalen werden mit Hilfe der probabilistischen Testtheorie anhand des Rasch- und des Birnbaum-Modells analysiert, die übrigen Skalen anhand der klassischen Testtheorie. Bei der ausführlichen Skalenanalyse werden Itemschwierigkeiten, Homogenitäten und die Dimensionalität mit Hilfe einer exploratorischen Faktorenanalyse und Reliabilitätsanalysen einbezogen, die in Unterabschnitt 3.3.2 eingeführt werden.

3.3.1   Methodisches Vorgehen

Die Aufgabenanalyse zur Beantwortung der ersten Forschungsfrage nach dem Einfluss der Aufgabenmerkmale auf die Aufgabenschwierigkeit, die mathematische Selbstwirksamkeitserwartung, den Calibration Bias und die Calibration

Accuracy basiert auf kodierten Aufgabenmerkmalen und empirischen Daten der Probanden bezüglich ihrer Selbstwirksamkeitseinschätzung und ihrer erbrachten Leistung der einzelnen Aufgaben. Die Kodierung der Aufgabenmerkmale erfolgte pro Merkmal durch jeweils zwei Personen. Auf diese Weise können deren Ergebnisse anhand der Interraterreliabilität analysiert werden, die in Unterabschnitt 3.2.3 erläutert wird.

Basierend auf dem Aufgabendatensatz wird eine explorative Clusteranalyse durchgeführt, deren Cluster anhand von Chi^2-Tests (bei Nominaldaten), Kruskal-Wallis-Tests (bei Ordinaldaten) und Varianzanalysen (bei metrischen Daten) verglichen werden.

Zur Ergänzung der Aufgabenanalyse werden die Spearman-Korrelationen der Aufgabenmerkmale mit der Leistung, der mathematischen Selbstwirksamkeitserwartung, dem Calibration Bias und der Calibration Accuracy betrachtet. Zudem werden schrittweise rückwärtsgerichtete lineare multivariate Regressionsanalysen mit den genannten Variablen als abhängige Variablen und den Aufgabenmerkmalen als Prädiktoren durchgeführt.

Zur Beantwortung der zweiten Forschungsfrage zu den Entwicklungen innerhalb des Semesters werden Gruppenunterschiede zu den einzelnen Messzeitpunkten anhand von t-Tests bzw. Welch-Tests (bei Varianzheterogenität) eingesetzt. Um mögliche Interaktionseffekte der Gruppen (z. B. Art des Schulabschlusses) auf die Entwicklung der Leistung, der mathematischen Selbstwirksamkeitserwartung, dem Calibration Bias und der Calibration Accuracy zu untersuchen, werden zweifaktorielle Varianzanalysen mit Messwiederholung eingesetzt. Veränderungen der Einzelaufgaben werden mit Hilfe von t-Tests für Stichproben mit gepaarten Werten analysiert.

Um die dritte Forschungsfrage zu beantworten, die sich dem Einfluss der Kurztests mit Feedback widmet, werden sowohl varianzanalytische als auch regressionsanalytische Verfahren eingesetzt. Zunächst werden die Studierenden anhand der Häufigkeit der Testnutzung in drei Nutzergruppen aufgeteilt, die anhand von Chi^2-Tests und Varianzanalysen verglichen werden. Der Zusammenhang der Testnutzung zur Nutzung weiterer Veranstaltungsangebote wird über Korrelationen betrachtet. Die Nutzergruppen werden bezüglich Veränderungen der Leistung, der mathematischen Selbstwirksamkeitserwartung, dem Calibration Bias und der Calibration Accuracy mit Hilfe zweifaktorieller Varianzanalysen mit Messwiederholung und zweifaktorieller Kovarianzanalysen mit Messwiederholung untersucht. Zusätzlich wird der Einfluss des Feedbacks anhand von linearen Regressionsanalysen untersucht, wobei die genannten Variablen als abhängige Variablen und die Testnutzung sowie weitere ausgewählte Variablen als Prädiktoren eingehen.

Im Folgenden wird das Vorgehen zur Skalenentwicklung, zur Aufgabenkodierung, zur Clusteranalyse, zur Varianz- bzw. Kovarianzanalyse und zur Regressionsanalyse erläutert, wobei für ausführliche Erläuterungen auf weiterführende Literatur verwiesen wird.

3.3.2   Skalenentwicklung

Grundsätzlich wird in der Testtheorie zwischen der klassischen und der probabilistischen Testtheorie unterschieden[14]. In der klassischen Testtheorie wird in der Regel ein Summenscore oder Mittelwert über die Items gebildet, der die Ausprägung der latenten Variablen repräsentiert. Bei der probabilistischen Testtheorie werden Antwortmuster betrachtet und Verhaltensvorhersagen zur Lösungswahrscheinlichkeit eines Items bezüglich einer Person getroffen (Bühner, 2011, S. 494).

Zur Beurteilung von Tests bzw. Fragebögen werden in der Regel die Hauptgütekriterien Objektivität, Reliabilität, Validität und Skalierbarkeit und die Nebengütekriterien Normierung, Vergleichbarkeit, Ökonomie, Nützlichkeit, Zumutbarkeit, Fairness und Nicht-Verfälschbarkeit herangezogen (u. a. Bühner, 2011)[15].

Für die vorliegenden Daten wird davon ausgegangen, dass die Messung unabhängig von Testleiter, Testauswerter und Ergebnisinterpretation ist und somit Objektivität gewährleistet ist. Aufgrund des Testdesigns und der weiten Verbreitung in der Forschung wird innerhalb der Dissertation die Reliabilität der Skalen über die innere Konsistenz mit Hilfe des Cronbach-Alpha-Koeffizienten bzw. für dichotome Skalen mit dem Kruder-Richardson-Koeffizienten 20 (KR 20) bestimmt. Die Validität der Skalen wird anhand von Korrelationen zu anderen Konstrukten überprüft, die den Zusammenhängen aus der Theorie entsprechen sollten.

Die Leistungsskalen sowie die Skalen zur Selbstwirksamkeitserwartung, zum Calibration Bias und zur Calibration Accuracy werden ausführlicher untersucht, da sie von den verwendeten Testaufgaben abhängen und es sich um einen selbst entwickelten Leistungstest handelt. Für die weiteren erhobenen Konstrukte wurde auf verbreitete Itemformulierungen zurückgegriffen, so dass eine Reduzierung der Analyse auf die Reliabilität bei diesen Skalen ausreicht.

---

[14]Für eine ausführlichere Erläuterung siehe z. B. Bühner (2011, S. 29 ff.).

[15]Für eine ausführlichere Beschreibung der Gütekriterien sei auf Bühner (2011) und Moosbrugger & Kelava (2008) verwiesen.

Die statistischen Auswertungen wurden mit Hilfe der Statistik-Programme
SPSS, R und ConQuest durchgeführt. Die Clusteranalyse, Teile der exploratorischen Faktorenanalyse und die probabilistischen Auswertungen wurden mit R
vorgenommen. Deskriptive Auswertungen, Teile der exploratorischen Faktorenanalyse, Varianzanalysen und Regressionsanalysen wurden aufgrund der besseren
Handbarkeit der Ausgabetabellen mit SPSS durchgeführt. Ergänzende Auswertungen zu den probabilistischen Analysen wurden mit ConQuest vorgenommen.

3.3.2.1 Skalenentwicklung nach klassischer Testtheorie

Bei der Testkonstruktion nach der klassischen Testtheorie werden die Items einer
Skala der sogenannten Itemanalyse unterzogen (siehe Bortz & Döring, 2006,
S. 217 ff.). Dazu gehört die Betrachtung der Rohwertverteilungen, der Item-
schwierigkeit, der Trennschärfe, der Homogenität und der Dimensionalität (Bortz
& Döring, 2006, S. 217 ff.). Auf die Betrachtung der Rohwertverteilungen und
die Prüfung der Normalverteilung der einzelnen Items kann aufgrund der großen
Stichprobe (mehr als 30 Probanden) verzichtet werden (Bortz & Döring, 2006,
S. 218).

Die Itemschwierigkeit gibt den Anteil der Personen an, die das Item bzw. die
Aufgabe richtig gelöst haben (Bortz & Döring, 2006, S. 218)[16]. Bortz und Döring
(2006, S. 219) empfehlen Itemschwierigkeiten im mittleren Bereich zwischen
0,2 und 0,8, wobei eine möglichst breite Schwierigkeitsstreuung angestrebt werden sollte. Leichtere und schwierigere Items können innerhalb eines Tests auch
erwünscht sein um innerhalb der Grenzbereiche weiter differenzieren zu können.

Die Trennschärfe eines Items basiert auf der Korrelation der Beantwortung des
einzelnen Items mit dem Gesamttestwert und gibt an, „wie gut ein einzelnes Item
das Gesamtergebnis eines Tests repräsentiert" (Bortz & Döring, 2006, S. 219). Die
Trennschärfekoeffizienten sollten möglichst hoch sein, wobei Bortz und Döring
(2006, S. 220) und auch Bühner (2011, S. 81) positive Werte zwischen 0,3 und
0,5 als mittelmäßig und Werte größer als 0,5 als hoch bewerten. Der übliche
Cut-off-Wert von 0,25 wird auch hier als unterste Grenze angesetzt.

Die Homogenität wird anhand der wechselseitigen Korrelationen der Items
berechnet und gibt an, „wie hoch die einzelnen Items eines Tests im Durchschnitt
miteinander korrelieren" (Bortz & Döring, 2006, S. 220). Da bei den Skalen
von eindimensionalen Konstrukten ausgegangen wird, sollten die Items hoch miteinander korrelieren. Die Gesamthomogenitäten sollten nach Briggs und Cheek

---

[16]Für die Berechnung der Itemschwierigkeit bei mehrstufigen Items sei auf Bortz und Döring
(2006, S. 219 f.) verwiesen.

(1986, S. 115, zitiert nach Bortz & Döring, 2006, S. 220) im Akzeptanzbereich von 0,2 bis 0,4 liegen, um hinreichend Homogenität zu gewährleisten. Zur Überprüfung der Dimensionalität werden üblicherweise Faktorenanalysen verwendet (u. a. Bortz & Döring, 2006, S. 221), hier exploratorische Faktorenanalysen (EFA)[17]. Die Eignung der Daten wird über den Kaiser-Meyer-Olkin-Koeffizienten (KMO-Koeffizient), die MSA-Koeffizienten (Measure of Sample Adequacy) und den Bartlett-Test auf Sphärizität geprüft.

Der Bartlett-Test prüft, ob die Korrelationen in der Korrelationsmatrix von null verschieden sind und überhaupt Faktoren in der Matrix ,stecken'. Der KMO-Koeffizient liefert Anhaltspunkte darüber, ob die Höhe der Korrelationen in der Korrelationsmatrix für die Durchführung einer Faktorenanalyse ausreicht. Der MSA-Koeffizient gibt an, ob ein Item eine hohe Einzigartigkeit besitzt. Das bedeutet, es korreliert mit den anderen Items relativ gering. (Bühner, 2011, S. 348)

Zur Bewertung der KMO- und MSA-Werte wird die Einteilung von Bühner (2011, S. 347) herangezogen (siehe Tabelle 3.4).

Tabelle 3.4 Bewertung KMO- und MSA-Werte nach Bühner (2011, S. 347)

Wert	Bewertung
<0,50	Inkompatibel mit der Durchführung
0,50–0,59	Schlecht
0,60–0,69	Mäßig
0,70–0,79	Mittel
0,80–0,89	Gut
≥0,90	Sehr gut

Bei der exploratorischen Faktorenanalyse wird zwischen drei Methoden unterschieden: Hauptkomponentenanalyse, Hauptachsenanalyse und Maximum-Likelihood-Analyse. Hier wird als Methode die Hauptachsenanalyse eingesetzt, deren Ziel nicht primär wie bei der Hauptkomponentenanalyse die Datenreduktion ist, auf der jedoch das Verfahren der Hauptachsenanalyse aufbaut (Eid, Gollwitzer, & Schmitt, 2010). Bühner (2011) empfiehlt die Hauptachsenanalyse, „wenn die Korrelationen der Items durch weniger Faktoren erklärt werden sollen" (S. 349), was hier der Fall ist.

---

[17]Für eine ausführlichere Erläuterung sei auf Bühner (2011) verwiesen.

Zur Bestimmung bzw. Überprüfung der Anzahl zu extrahierender Faktoren werden mehrere Kriterien herangezogen: Das Eigenwertkriterium größer eins, der Scree-Test nach Cattell, die Parallelanalyse und der MAP-Test. Beim Eigenwertkriterium werden die Eigenwerte, die der Summe der quadrierten Ladungen über allen Items auf einem Faktor entsprechen, betrachtet und es wird davon ausgegangen, dass ein Faktor mit einem Eigenwert größer als eins mehr Varianz aufklärt, als ein standardisiertes Item besitzt (Bühner, 2011, S. 321). Beim Scree-Test nach Cattell werden die Eigenwerte grafisch in einem Scree-Plot dargestellt und bezüglich eines bedeutsamen Eigenwertabfalls in Form eines Knicks hin untersucht, wobei nur die Werte vor dem Knick gezählt werden (Bühner, 2011, S. 322). Das Kriterium der Parallelanalyse nach Horn basiert auf dem Erzeugen zufälliger Werte (Horn, 1965, S. 179) und dem Vergleich der Eigenwerte dieser Zufallskorrelationsmatrix mit den empirisch beobachteten Eigenwerten, wobei nur Faktoren, die über den Zufallswerten liegen, extrahiert werden (Bühner, 2011, S. 323). Das MAP-Kriterium ist eine alternative Methode, die auf der Matrix der Partialkorrelationen basiert, aus der nach und nach die Komponenten ausgespart werden „bis sich die mittlere quadrierte Partialkorrelation der Residualmatrix nicht mehr weiter reduzieren lässt" (Bühner, 2011, S. 325).

Bühner (2011, S. 349) empfiehlt, vor allem den MAP-Test und die Parallelanalyse zur Entscheidung heranzuziehen, da beim Eigenwertkriterium größer eins in der Regel die Faktorenanzahl überschätzt wird (Bühner, 2011, S. 321) und der Scree-Test nach Cattell aufgrund seiner Subjektivität häufig kritisiert wird (u. a. von Fabrigar, Wegener, MacCallum, & Strahan, 1999).

Die EFA wird innerhalb dieser Untersuchung eingesetzt, um die Dimensionalität der Skalen zu überprüfen, d. h. es wird in der Regel davon ausgegangen, dass die Items eine gemeinsame Skala bilden. Mögliche Teilungen in Faktoren entsprechen damit eher Teilfacetten einer Skala, die miteinander korrelieren. Deshalb wird keine orthogonale Rotation verwendet, die von unkorrelierten Faktoren ausgeht, sondern eine oblique Rotation, die korrelierte Faktoren zulässt. Es wird die Promax-Rotation verwendet, die u. a. von Bühner (2011, S. 338) bei obliquer Rotation empfohlen wird.

Zur Schätzung der Reliabilität wird Cronbachs Alpha als Koeffizient der inneren Konsistenz verwendet. Osburn (2000) bewertet die Messung der Reliabilität über die innere Konsistenz als „very flexible and appropriate for a wide variety of circumstances in which an estimate of reliability is needed" (S. 343). Cronbachs Alpha ist zur Bestimmung der inneren Konsistenz weit verbreitet (Peter, 1979) und wird u. a. von Churchill (1979) empfohlen: „Coefficient alpha absolutely should be the first measure one calculates to assess the quality of the instrument" (S. 68). Koeffizienten der inneren Konsistenz liefern eine genaue Schätzung der

Reliabilität, wenn mindestens das Modell essenziell Tau-äquivalenter Messungen vorliegt (Bühner, 2011, S. 158). Auf die Prüfung des Modells mit Hilfe einer konfirmatorischen Faktorenanalyse wird hier wie bei den meisten Studien verzichtet, da bei einer Verletzung der Modellannahme Cronbachs Alpha eine Mindestschätzung der Reliabilität darstellt und somit trotzdem noch zur Beurteilung der Skalen verwendet werden kann (Bühner, 2011, S. 158; S. 166). Es werden möglichst hohe Reliabilitäten angestrebt, wobei u. a. Ruekert und Churchill (1984) einen Cut-Off-Wert von 0,7 empfehlen. Es sollte berücksichtigt werden, dass Cronbachs Alpha mit zunehmender Itemanzahl ansteigt, auch wenn Items mit geringer Korrelation der Skala zugefügt werden (Bühner, 2011, S. 167). Deshalb sollte immer auch die Trennschärfe der Items mitberücksichtigt werden. Zudem wird die Eindimensionalität vorausgesetzt, da diese nicht über Cronbachs Alpha geprüft wird und somit auch hohe Werte bei mehrdimensionalen Skalen auftauchen können.

3.3.2.2 Skalenentwicklung nach probabilistischer Testtheorie

Die Leistungstests werden mit Hilfe der probabilistischen Testtheorie untersucht. Im Gegensatz zur klassischen Testtheorie werden bei der probabilistischen Testtheorie konkrete Verhaltensvorhersagen getroffen, nämlich mit welcher Wahrscheinlichkeit eine Person ein Item richtig löst (Bühner, 2011, S. 494 f.)[18]. Die eingesetzten Leistungstests beinhalten überwiegend Aufgaben mit dichotomen Itemantworten, d. h. eine Aufgabe ist richtig oder falsch gelöst. Einzelne Aufgaben, bei denen ursprünglich Teilpunkte möglich waren bzw. vergeben wurden, wurden in dichotome Items umkodiert. Da dies nur wenige Aufgaben betrifft, wurde auf ein Modell mit Partial Credits verzichtet. Entsprechend werden für die Analysen probabilistische Testmodelle für dichotome Itemantworten verwendet. Die Leistungstests werden sowohl anhand des Rasch-Modells (1PL-Modell) als auch anhand des Birnbaum-Modells (2PL-Modell) untersucht.

Beim Rasch-Modell wird neben dem Personenparameter, der die Fähigkeits- oder Eigenschaftsausprägung einer Person darstellt, auch die Itemschwierigkeit als weiterer Parameter zur Bestimmung der Lösungswahrscheinlichkeit für ein bestimmtes Item herangezogen (Bühner, 2011, S. 495). Der Personenparameter entspricht der gemessenen latenten Variablen. Beide Parameter werden so transformiert, dass eine gemeinsame eindimensionale Skala für Personen- und Itemparameter resultiert. Die Werte der Parameter können zwischen plus und minus unendlich liegen, wobei häufig Werte zwischen plus drei und minus drei auftreten (Bühner, 2011, S. 496). Negative Itemparameter kennzeichnen leichte

---

[18]Für eine ausführliche Erläuterung der probabilistischen Testmodelle sei auf Bühner (2011) und Strobl (2012) verwiesen.

Items und positive schwere Items. Bei den Personenparametern erhalten Personen mit geringeren Fähigkeiten negative Werte und Personen mit höheren Fähigkeiten entsprechend positive Werte. Mit Hilfe des Personen- und Itemparameters kann die Lösungswahrscheinlichkeit für ein Item berechnet werden, wobei größere Differenzen zwischen Personen- und Itemparameter zu einer höheren Lösungswahrscheinlichkeit führen[19]. Beim Rasch-Modell wird theoretisch angenommen, dass alle Items die gleiche Trennschärfe besitzen. Diese wird in der Regel vorab auf 1 festgesetzt. Trotzdem können empirische Trennschärfen berechnet werden. Beim Birnbaum-Modell wird neben dem Personen- und Itemparameter die Trennschärfe von vorne herein als zusätzlicher Parameter bereits in den theoretischen Annahmen herangezogen.

Der theoretische Verlauf der Lösungswahrscheinlichkeit für ein Item in Abhängigkeit vom Personenparameter kann mithilfe der logistischen Funktion in Form einer sogenannten Item Characteristic Curve (ICC) dargestellt werden. Auf der x-Achse wird der Personenparameter und auf der y-Achse die Lösungswahrscheinlichkeit aufgetragen. Entsprechend kann anhand der Kurve abgelesen werden, wie hoch die theoretische Wahrscheinlichkeit ist, das dargestellte Item zu lösen, je nachdem welche Fähigkeit in Form des Personenparameters eine Person hat. Die Schwierigkeit des Items entspricht dem auf der x-Achse abgetragenen Personenparameter bei einer festgelegten Lösungswahrscheinlichkeit z. B. von 0,5. Neben den theoretischen Kurven können die empirischen Kurven herangezogen werden. Ein Vergleich der theoretischen und empirischen Verläufe ermöglicht die Beurteilung der einzelnen Aufgaben. Dieser Vergleich ist die Grundlage für die Bewertung der Items anhand der MNSQ-Werte.

Im Rasch-Modell verlaufen die theoretischen Kurven parallel zueinander, da sie theoretisch gleiche Trennschärfen besitzen. Beim Birnbaum-Modell beeinflusst die Trennschärfe die Steigung, wobei die Steigung an der steilsten Stelle der Trennschärfe entspricht (Bühner, 2011, S. 504). Zur Untersuchung der eingesetzten Leistungstests werden die theoretischen und empirischen ICCs ausgewählter Aufgaben in Unterabschnitt 4.1.1 erläutert und verglichen.

Das Rasch-Modell basiert auf zentralen Annahmen[20], die zur Bewertung des geschätzten Rasch-Modells anhand unterschiedlicher Tests geprüft werden können. Die Tests basieren überwiegend auf der Annahme, dass sich die geschätzten Parameter nicht zwischen verschiedenen Gruppen unterscheiden sollten, d. h.

---

[19]Die zugehörigen Formeln sowie eine ausführliche Erläuterung sind bei Bühner (2011, S. 496 ff.) nachzulesen.

[20]Suffiziente Statistiken, lokale stochastische Unabhängigkeit, spezifische Objektivität, Eindimensionalität, Messniveau. Für ausführliche Erläuterungen zu diesen Annahmen und Eigenschaften sei auf Strobl (2012, S. 14 ff.) verwiesen.

beispielsweise, dass eine Aufgabe für eine Personengruppe nicht schwerer sein darf als für eine andere. Es können unterschiedliche Merkmale als Splitkriterien verwendet werden, z. B. das Geschlecht oder der Median bzw. Mittelwert der Rohwerte. Die eingesetzten Leistungstests werden anhand des graphischen Modelltests, dem Andersen Likelihood-Quotienten-Tests und dem Wald-Test mit dem Mittelwert als Splitkriterium überprüft. Erweist sich die Schätzung der Itemparameter als gruppenabhängig, spricht man von *Differential Item Functioning* (u. a. Strobl, 2012, S. 42). Die einzelnen Items werden zusätzlich anhand der MNSQ (Mean Squared Fit Statistic) mit zugehörigen Konfidenzintervallen und t-Werten bewertet. Liegt der MNSQ-Wert außerhalb des Konfidenzintervalls, dann liegt der t-Wert über zwei und die Nullhypothese, dass der MNSQ-Wert bei eins liegt[21] und die Daten das Modell bestätigen, wird abgelehnt (Wu, Adams, Wilson, & Haldane, 2007, S. 25).

Im Gegensatz zu den genannten Modelltests werden beim Martin-Löf-Test nicht die Probanden, sondern die Items eines Tests in zwei Gruppen geteilt und die geschätzten Personenparameter verglichen. Auch hier ist der Median bzw. Mittelwert als Splitkriterium verbreitet. Als weiteres Verfahren wird das Bootstrap-Verfahren herangezogen, das auf dem Chi^2-Test basiert und Unterschiede zwischen den vom Rasch-Modell zu erwartenden und den beobachteten Antwortmustern untersucht (siehe Strobl, 2012, S. 46 f.). Bei dichotomen Items liefert das Bootstrap-Verfahren jedoch keine zuverlässigen Aussagen und sollte vorsichtig interpretiert werden (Bühner, 2011, S. 537).

Neben den genannten Tests wird außerdem die Reliabilität der Leistungsskala überprüft, wobei der von ConQuest berechnete Koeffizient Cronbachs Alpha bzw. KR-20 bei dichotomen Items entspricht.

Zur Entscheidung, ob das Rasch- oder das Birnbaum-Modell besser für die Daten geeignet ist, werden die Untersuchungen der einzelnen Modelle herangezogen, aber auch ein Modellvergleich vorgenommen. Mit Hilfe eines Likelihood-Quotienten-Tests wird geprüft, ob das Birnbaum-Modell eine signifikant bessere Anpassung an die Daten liefert als das Rasch-Modell. Die zwei gängigen Informationskriterien Akaike Information Criterion (AIC) und Bayes Information Criterion (BIC) werden zur Bewertung der Modelle herangezogen. Modelle mit niedrigeren Werten sind dabei zu bevorzugen (Bühner, 2011, S. 542).

---

[21]Dies entspricht der Annahme des Rasch-Modells der gleichen Trennschärfen von eins.

3.3.3 Clusteranalyse

Um herauszufinden, welche Aufgabenmerkmale die Höhe und Exaktheit der Selbstwirksamkeitserwartung beeinflussen, werden die eingesetzten Aufgaben mit Hilfe clusteranalytischer Verfahren in Gruppen aufgeteilt, die anschließend weiter untersucht werden. Mithilfe der Clusteranalyse können Aufgaben, bei denen die Studierenden ähnliche Einschätzungen und Leistungen aufweisen, zu Gruppen zusammengefasst werden. Diese Gruppen können wiederum bezüglich der Aufgabenmerkmale untersucht werden. So kann der Blick von den einzelnen Aufgaben auf eine Gruppe von Aufgaben gelenkt werden. Da eine Vielzahl von Aufgabenmerkmalen betrachtet wird, können so einfacher Strukturen erkannt werden, die die Bedeutung der Aufgabenmerkmale zeigen. Es handelt sich um eine explorative Clusteranalyse. Das primäre Ziel der Clusteranalyse ist die Zusammenfassung von Klassifikationsobjekten zu homogenen Gruppen bzw. die empirische Klassifikation (Bacher, Pöge, & Wenzig, 2010, S. 15). Innerhalb der gebildeten Cluster sollte daher möglichst große Homogenität herrschen und zwischen den Clustern möglichst große Heterogenität. Es existieren viele verschiedene clusteranalytische Verfahren, für die in der Literatur unterschiedliche Einteilungsmöglichkeiten verwendet werden. Eine verbreitete Einteilung, die hier als Orientierung verwendet wird, stellen u. a. Bacher et al. (2010) vor. Sie unterscheiden in unvollständige, deterministische und probabilistische Verfahren. Bei den unvollständigen Verfahren werden nur räumliche Zuordnungen der Objekte vorgenommen und bei den probabilistischen Verfahren wird von Wahrscheinlichkeiten der Clusterzugehörigkeit ausgegangen (Bacher et al., 2010, S. 21). Im Rahmen der vorliegenden Dissertation werden überlappungsfreie deterministische Verfahren verwendet, um alle eingesetzten Aufgaben genau einem Cluster zuzuordnen, was wiederum den anschließenden Vergleich der Cluster mit Hilfe varianzanalytischer Verfahren ermöglicht.

Die deterministischen Verfahren[22] lassen sich in hierarchische und partitionierende Verfahren aufteilen. Bei hierarchischen Verfahren erfolgt die Clusterbildung schrittweise, indem entweder die Objekte sukzessiv zu immer umfangreicheren Clustern zusammengefasst werden, d. h. aus vielen kleinen Clustern werden immer weniger größere Cluster (hierarchisch-agglomerative Verfahren) oder umgekehrt das Cluster der Objekte wird sukzessiv zu mehreren Clustern aufgeteilt (hierarchisch-divisive Verfahren). Bei den partitionierenden Verfahren wird für jedes Cluster ein typisches Objekt als Repräsentant ausgewählt und die

---

[22]Für eine ausführliche Erläuterung der deterministischen Verfahren sei auf Bacher et al. (2010, S. 145 ff.) verwiesen.

anderen Objekte anhand ihrer Ähnlichkeit zugeordnet. Das Vorgehen der partitionierenden Verfahren erscheint für die vorliegende Studie nicht passend, da davon ausgegangen wird, dass es keine typischen Aufgaben gibt, die als Repräsentanten sinnvoll sind. Die hierarchisch-agglomerativen Verfahren sind weit verbreitet und die gängigen Verfahren zur Bestimmung der Clusteranzahl, z. B. Dendrogramme, basieren darauf. Entsprechend wird in dieser Arbeit ein hierarchisch-agglomeratives Verfahren angewendet.

Die Clusterbildung kann u. a. über ein Nächste-Nachbarn-Verfahren (z. B. Single- oder Complete-Linkage), Mittelwertmodelle (z. B. Average- und Weighted-Average-Linkage), Klassifikationsobjekte als Repräsentanten (Repräsentanten-Verfahren) oder Clusterzentren als Repräsentanten (z. B. Ward- und K-Means-Verfahren) erfolgen (Bacher et al., 2010, S. 148). Das Single- und Complete-Linkage-Verfahren können als Basismodelle betrachtet werden, d. h. alle anderen Verfahren sind Modifikationen, die versuchen, die Nachteile zu verbessern (Bacher et al., 2010, S. 151 f.). Beim Single-Linkage-Verfahren werden häufig Cluster verschmolzen, die voneinander verschieden sind, da von einer zu schwachen Vorstellung von Homogenität ausgegangen wird (Bacher et al., 2010, S. 152). Dieses Verfahren ist deshalb für die Bildung von Clustern ungeeignet, kann aber für die Identifizierung von Ausreißern hilfreich sein. Das Complete-Linkage-Verfahren hingegen geht von einer sehr strengen Vorstellung der Homogenität aus, so dass es häufig zu vielen Clustern führt (Bacher et al., 2010, S. 152). Das Ward-Verfahren versucht diese Nachteile zu kompensieren, indem Clusterzentren konstruiert werden, wofür strengere Anforderungen an die Datenmatrix gelten, d. h. quantitative Daten sind erforderlich (Bacher et al., 2010, S. 152). Da der vorliegende Datensatz diese Anforderungen erfüllt und sich das Ward-Verfahren auch für kleinere Stichproben eignet (Bacher et al, 2010, S. 157), wird es zur Clusterbildung der eingesetzten Aufgaben verwendet. Um die Stabilität der Clusterlösung zu überprüfen, werden die Ergebnisse zusätzlich mit den Ergebnissen der Complete-Linkage-, Average-Linkage und Weighted-Average-Linkage-Verfahren verglichen.

Als Distanzmaße für metrische Variablen können die euklidische Distanz oder die Manhattan-Distanz verwendet werden. Die euklidische Distanz entspricht der direkten Verbindung und die Manhattan-Distanz dem Weg „über die Ecke". Die Analysen werden mit beiden Distanzmaßen durchgeführt und verglichen. Bei Unterschieden wird anhand der inhaltlichen Plausibilität der gefundenen Cluster entschieden.

Der Agglomerative Koeffizient (AC) gibt bei agglomerativ-hierarchischen Verfahren an, wie gut sich die Daten in Cluster einteilen lassen, wobei der AC

zwischen 0 und 1 liegt und hohe Werte für eine gute Trennbarkeit stehen (Hatzinger et al., 2011, S. 425). Werte ab 0,5 werden nach Hatzinger et al. (2010, S. 425) als gut eingestuft.
Zur Bestimmung der Clusteranzahl werden das Dendrogramm und die Jump-Differenzierung herangezogen. Dendrogramme sind zwar subjektiv für die Einschätzung der Clusteranzahl, aber sie geben einen guten Überblick zur möglichen Clusterbildung. Aldenderfer und Blashfield (1985) stellen die Jump-Differenzierung als weitere Methode zur Bestimmung der Clusteranzahl vor. Dabei werden die Abstände zwischen den Fusionierten Koeffizienten (FK) untersucht, wobei ein großer Sprung („Jump") bedeutet, dass die Heterogenität innerhalb der Cluster durch die Verschmelzung deutlich gestiegen ist und somit die Clusteranzahl vor der Verschmelzung zu empfehlen ist.

3.3.4 Varianz- und Kovarianzanalysen

Zur Untersuchung von Unterschieden zwischen Gruppen von Studierenden und zur Untersuchung von Veränderungen werden Varianz- und Kovarianzanalysen herangezogen. Varianzanalysen werden für Mittelwertvergleiche zwischen mehr als zwei Gruppen herangezogen[23]. Die abhängige Variable muss mindestens intervallskaliert sein und die unabhängige kategoriale Variable wird zur Gruppeneinteilung verwendet. Im Rahmen der Aufgabenanalyse werden die Cluster mit Hilfe univariater Varianzanalysen untersucht. Entwicklungen innerhalb des Semesters werden anhand zweifaktorieller Varianzanalysen mit Messwiederholung untersucht, um die Veränderungen vom ersten zum zweiten Messzeitpunkt von Teilstichproben zu vergleichen. Über dieses Verfahren können Interaktionseffekte nachgewiesen werden, d. h. die Veränderungen bezüglich einer Variablen unterscheiden sich zwischen den untersuchten Teilstichproben. Das gleiche Verfahren wird zunächst auch zur Untersuchung des Einflusses von Feedback auf die Entwicklung von Leistung, Selbstwirksamkeitserwartung und Calibration angewendet, indem die Veränderungen der Nutzergruppen der Tests mit Feedback (wenig/mittel/viel) verglichen werden. Da es sich um ein quasi-experimentelles Studiendesign ohne randomisierte Experimental- und Kontrollgruppen handelt, ist davon auszugehen, dass sich die Nutzergruppen bezüglich einzelner Variable unterscheiden können, die ggf. die untersuchten Veränderungen beeinflussen.

---

[23]Für Mittelwertvergleiche zwischen zwei Gruppen werden t-Tests verwendet.

Diese sogenannten Störvariablen, die zuvor anhand von Varianzanalysen der Nutzergruppen identifiziert werden, werden bei der zweifaktoriellen Kovarianzanalyse mit Messwiederholung berücksichtigt bzw. neutralisiert.

Voraussetzungen der Varianzanalyse (ohne Messwiederholung) sind, dass die abhängige Variable intervallskaliert ist, das untersuchte Merkmal in der Population normalverteilt ist, die Varianzen der Gruppen gleich (Varianzhomogenität) und die Messwerte voneinander unabhängig sind (Rasch, Friese, Hofmann, & Naumann, 2014, S. 48 ff.). Die Voraussetzungen der Varianzhomogenität werden mit Hilfe des Levene-Tests überprüft. Da bei der Varianzanalyse mit Messwiederholung die Unabhängigkeit der Messwerte grundsätzlich verletzt ist, gilt hier die Homogenität der Korrelationen zwischen den Stufen des messwiederholten Faktors als Voraussetzung, was bei nur zwei Ausprägungen, wie es hier der Fall ist, immer erfüllt ist (Rasch et al., 2014, S. 107 ff.).

3.3.5 Regressionsanalysen

Im Rahmen der vorliegenden Dissertation werden lineare Regressionsanalysen als ergänzende Analysemethode herangezogen, u. a. um den Einfluss von Aufgabenmerkmalen auf die Aufgabenschwierigkeit, die Selbstwirksamkeitserwartung, den Calibration Bias und die Calibration Accuracy zu analysieren. Eine grundlegende Voraussetzung sind intervallskalierte Daten der untersuchten Variablen, wobei auch dichotome Ausprägungen der Prädiktoren möglich sind. Streng genommen sind die Aufgabenmerkmale ordinalskaliert. Da die Studien von Blum et al. (2004), Cohors-Fresenborg et al. (2004), Neubrand et al. (2002) und Turner et al. (2013) zur Untersuchung des Einflusses von Aufgabenmerkmalen auf die Aufgabenschwierigkeit als Orientierung dienen und diese auch mit Hilfe von linearen Regressionsanalysen durchgeführt wurden, werden auch hier lineare Regressionsanalysen durchführt. Die Ergebnisse sollten aufgrund des Skalenniveaus und der geringen Stichproben mit nur 30 Aufgaben sehr vorsichtig betrachtet werden und dienen hier deshalb nur als ergänzende Analysen.

Die Unabhängigkeit der Prädiktoren wird anhand der Korrelationen, Varianzinflationsfaktoren (VIF), Konditionszahlen und Eigenwerte untersucht[24]. Nach Schendera (2008, S. 105 ff.) gilt:

---

[24]Für ausführliche Erläuterungen zu linearen Regressionsanalysen, insbesondere zu den Voraussetzungen, siehe Schendera (2008).

- Hohe Korrelationen ((> ,7)) sind problematisch,
- VIF-Werte kleiner 10 sind unproblematisch,
- Konditionszahlen kleiner 15 sind unproblematisch und größer 30 sehr problematisch,
- große Eigenwerte, die über 0,01 liegen, sind unproblematisch.

Bei Verletzungen muss ggf. ein Prädiktor aus dem Modell entfernt werden um Multikollinearität zu vermeiden. Es werden schrittweise rückwärtsgerichtete multivariate Regressionen durchgeführt, wobei aufgrund der geringen Stichprobe mit 30 Aufgaben nur die inhaltlich wichtigsten Aufgabenmerkmale als Prädiktoren einbezogen werden. Zur Beurteilung und Interpretation werden die Regressionskoeffizienten, die F-Statistik und der Determinationskoeffizient (adjusted R^2) herangezogen. In den Analysen werden immer die standardisierten Regressionskoeffizienten berichtet.

Ergebnisse

4

Innerhalb dieses Kapitels werden die Ergebnisse der Studie vorgestellt, die für die vorliegende Dissertation relevant sind. Die Ergebnisse werden in vier Abschnitte gegliedert. In Abschnitt 4.1 werden die eingesetzten Instrumente vorgestellt, insbesondere die neu entwickelten Skalen. Die anderen drei Abschnitte sind den drei Forschungsfragen zugeordnet. So werden in Abschnitt 4.2 die Ergebnisse zur Beantwortung der ersten Forschungsfrage nach dem Einfluss von Aufgabenmerkmalen auf die mathematische Leistung, Selbstwirksamkeitserwartung und Calibration dargelegt. Abschnitt 4.3 widmet sich den Ergebnissen zur Beantwortung der zweiten Forschungsfrage, der Entwicklung der mathematischen Leistung, Selbstwirksamkeitserwartung und Calibration innerhalb des ersten Studiensemesters. Die Ergebnisse zur Beantwortung der dritten Forschungsfrage, dem Einfluss von Feedback auf die Entwicklung der mathematischen Leistung, Selbstwirksamkeitserwartung und Calibration, werden in Abschnitt 4.4 erläutert.

4.1 Instrumente

Die Instrumente, die innerhalb dieser Studie eingesetzt werden, sind größtenteils aus anderen Studien übernommen bzw. an verbreitete Verfahren angelehnt (z. B. Erhebung der Selbstwirksamkeitserwartung). Die Leistungstests mit jeweils 30 Aufgaben wurden innerhalb des Teilprojektes des khdm entwickelt, wobei einzelne Aufgaben auf andere Studien zurückgehen. Im Rahmen der Dissertation

Elektronisches Zusatzmaterial Die elektronische Version dieses Kapitels enthält Zusatzmaterial, das berechtigten Benutzern zur Verfügung steht.
https://doi.org/10.1007/978-3-658-32480-3_4

sind die Skalen zu den Variablen Leistung, Selbstwirksamkeitserwartung, Calibration Bias und Calibration Accuracy von besonderer Bedeutung. Diese Skalen sind stark von den eingesetzten Aufgaben abhängig. Sie sind daher als neu entwickelte Skalen zu bewerten, die entsprechend genauer untersucht und vorgestellt werden.

4.1.1   Leistung

Innerhalb dieser Studie wird die Leistung anhand des Eingangs- und des Zwischentests gemessen. In den folgenden Teilunterabschnitten werden die Entstehung, die Aufgabenmerkmale und die statistischen Merkmale der Leistungstests vorgestellt.

4.1.1.1 Entstehung der Leistungstests

Im Wintersemester 2008/09 wurde in der Veranstaltung „Mathematik für Wirtschaftswissenschaften I" erstmals ein Eingangstest (siehe Voßkamp, 2008) eingesetzt, um einen Überblick zu den Eingangsvoraussetzungen der Studierenden zu erhalten. Der Eingangstest sollte erfassen, in welchem Umfang mathematische Grundlagen vorhanden sind, die in Hinblick auf ein wirtschaftswissenschaftliches Studium wichtig sind. Spezielle Aufgabentypen oder prozessbezogene Kompetenzen wurden dabei nicht berücksichtigt. Die Aufgaben sind überwiegend als kalkülorientiert mit einer relativ geringen Bandbreite an prozessbezogenen Kompetenzen zu bewerten. Diese erste Version enthielt 24 Aufgaben mit 79 Teilaufgaben zu den Themen Rechnen, Termumformungen, Polynome, Funktionen, Mengenlehre, Folgen und Reihen, Grenzwerte, Differentialrechnung, Integralrechnung und Lineare Algebra (siehe Voßkamp, 2008). Diese erste Testversion wurde im Wintersemester 2009/10 erneut eingesetzt. Im Rahmen des khdm-Teilprojektes wurde der Eingangstest zum Wintersemester 2010/11 überarbeitet und um einen umfangreichen Fragekatalog insbesondere bezüglich motivationaler Variablen ergänzt. Zudem wurde ein Zwischentest als zweite Leistungserhebung in der Mitte des Semesters eingeführt. In den folgenden Semestern wurden die Leistungstests mit dem Ziel weiterentwickelt, ein breiteres Spektrum prozessbezogener Kompetenzen zu erfassen, den Umfang zu reduzieren und zugleich genug Aufgaben beizubehalten, die einen Vergleich über die Semester hinweg ermöglichen und korrekturfreundlich gestaltet sind. Dabei sollte der Schwierigkeitsgrad eher reduziert werden, da die Erfahrungen aus den vergangenen Semestern gezeigt hatten, dass die Leistungen sehr schlecht ausfallen. Zudem wurde noch stärker darauf geachtet, dass Grundlagen erfasst werden, auf die die Inhalte der Veranstaltung aufbauen. Der Großteil der Aufgaben wurde selbst entwickelt. Der Eingangstest enthält drei Aufgaben (a6, a24, a25), die aus TIMSS/III stammen (Baumert et al., 1999) und eine Aufgabe (a19) aus dem Forschungsprojekt MathBridge[1]. Der Zwischentest enthält zwei Aufgaben (a16, a25) aus TIMSS/III (Baumert et al., 1999) und vier Aufgaben (a12, a15, a23, a26) aus dem Projekt MathBridge. Trotz der Veränderung einiger Aufgaben besteht weiterhin eine Dominanz von eher kalkülorientierten Aufgaben. Ungefähr die Hälfte der Aufgaben benötigt rein technisches Arbeiten, das eine Reproduktion prozeduralen Wissens voraussetzt. Fast alle Aufgaben erfordern symbolisch/formal/technisches Umgehen mit Mathematik. Die im Folgenden vorgestellten Leistungstests aus dem Wintersemester 2012/13 werden seither in dieser Form jedes Wintersemester in der Veranstaltung eingesetzt (siehe Eingangs- und Zwischentest in Anhang B).

Die Aufgaben innerhalb der Tests sind thematisch sortiert und nicht zufällig verteilt, weil die Tests den Studierenden einen Überblick zu den von ihnen erwarteten Grundlagen geben sollen.

4.1.1.2 Aufgabenmerkmale der Leistungstests

Der Eingangstest aus dem WS 2012/13 (siehe Anhang B) umfasst 30 Aufgaben, die bezüglich ihrer Aufgabenmerkmale, die in Unterabschnitt 2.4.2 erläutert wurden, variieren. Wegen der geringen Anzahl an Aufgaben kann allerding nur ein kleiner Ausschnitt an möglichen Ausprägungen berücksichtigt werden. Die Analysen zu den Aufgaben und die Untersuchung zum Einfluss der Aufgabenmerkmale auf die Stärke und Exaktheit der Selbstwirksamkeitserwartung sind entsprechend auf diejenigen Merkmale und Ausprägungen eingegrenzt, die der Leistungstest vorgibt. Die Aufgaben thematisieren Stoffgebiete der Sekundarstufe I und II aus den Bereichen Arithmetik, Algebra und Analysis. Genauere Angaben zu den Aufgabenmerkmalen erfolgen im Rahmen der Aufgabenanalyse in Abschnitt 4.2.

Die Aufgabenmerkmale wurden anhand des Kategoriensystems (siehe Anhang D) jeweils von zwei Personen[2] kodiert. Die Interraterreliabilität liegt weitestgehend im guten Bereich mit Werten größer 0,6 (siehe Tabelle 4.1). Die Kompetenzen K2 und K5 und die sprachlogische Komplexität liegen etwas darunter.

---

[1] Informationen zum Projekt siehe https://www.math-bridge.org/

[2] Die Zweitkodierungen wurden von drei Mitarbeiter/innen der Arbeitsgruppe Didaktik der Mathematik der Universität Kassel durchgeführt. Die Aufgabenmerkmale wurden auf die Mitarbeiter/innen aufgeteilt, um den jeweiligen Zeitaufwand zu reduzieren.

Tabelle 4.1 Interraterreliabilitäten der Aufgabenmerkmale

Aufgabenmerkmal	Prozentuale Übereinstimmung	Kappa	Weighted Kappa („squared")
Stoffgebiet	100 %	1***	
Curriculare Wissensstufe	90 %		0,947***
Leitidee	90 %	0,812***	
Anforderungsbereich	86,7 %		0,862***
K1 (Argumentieren)	83,3 %		0,56***
K2 (Probleme lösen)	73,3 %		0,494**
K3 (Modellieren)	96,7 %		0,918***
K4 (Darstellungen)	83,3 %		0,692***
K5 (formal/technischer Umgang)	63,3 %		0,438**
K6 (Kommunizieren)	70 %		0,728***
Summe an Kompetenzen	46,7 %		0,688***
Typ mathematischen Arbeitens	80 %	0,679***	
Sprachlogische Komplexität	66,7 %		0,401**
Grundvorstellungsintensität	88,3 %		0,885***
Kontext	76,7 %	0,648***	
Umfang der Bearbeitung – Anzahl der Rechenschritte	26,7 %		0,343*
Umfang der Bearbeitung – Kodierte Stufen	86,7 %		0,752***

Beim Umfang der Bearbeitung wird deutlich, dass die Anzahl der Bearbeitungsschritte keine gute Übereinstimmung zwischen den Ratern zeigt, aber die kodierte Kategorie mit einer Reduzierung auf drei Ausprägungen wiederum gut übereinstimmt.

4.1.1.3 Untersuchung Eingangstest

Die 30 Aufgaben des Eingangstests wurden von 418 Personen bearbeitet. Bei dreizehn Aufgaben konnten Teilpunkte erreicht werden. Für die Analysen mit Hilfe des Rasch- und des Birnbaum-Modells wurden die Aufgaben dichotom in richtig (0 Punkte) und falsch (1 Punkt) kodiert. Die Verteilung der Gesamtpunkte zeigt eine linkssteile bzw. rechtsschiefe Verteilung (siehe Abbildung 4.1). Es wird deutlich, dass die Studierenden überwiegend geringe Punktzahlen erreicht haben und der Leistungstest für sie somit als eher schwer zu bewerten ist.

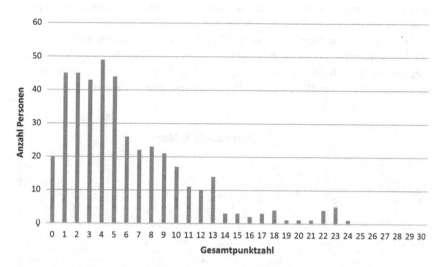

Abbildung 4.1 Verteilung Gesamtpunktzahl Eingangstest

Die Randsummen, die angeben wie viele Personen eine Aufgabe richtig gelöst haben, bestätigen die Schwierigkeit des Eingangstests (siehe Tabelle A4 in Anhang A). Mit Hilfe des Rasch-Models wurden die Itemschwierigkeiten geschätzt, die in Tabelle A4 in Anhang A aufgelistet sind. Die Werte liegen zwischen −2,797 und 2,310 und sind somit im üblichen Bereich zwischen minus drei und plus drei (siehe Bühner, 2011, S. 496).

Die geschätzten Parameter für die Schwierigkeit der einzelnen Items und die Lösungswahrscheinlichkeit in Abhängigkeit vom Personenparameter werden anhand der theoretischen ICCs (siehe Abbildung A1 in Anhang A) nochmals verdeutlicht und geben einen grafischen Überblick über die Itemschwierigkeiten. Da beim Rasch-Modell von gleichen Trennschärfen der Aufgaben ausgegangen wird, verlaufen die theoretischen Kurven parallel zueinander. Je geringer die Schwierigkeit eines Items ist, desto weiter nach links wird die Kurve verschoben. Demnach ist Aufgabe 6 aus dem Eingangstest die leichteste und Aufgabe 23 die schwierigste Aufgabe, wie es auch aus den Itemschwierigkeiten abgelesen werden kann.

Aufgrund der Annahme, dass es im Rasch-Modell für jeden unbekannten Parameter eine suffiziente Statistik gibt, reicht zur Schätzung der Personenfähigkeit die Anzahl der richtig gelösten Aufgaben aus – unabhängig davon, um welche Aufgaben es sich handelt. Für den Eingangstest ergeben sich Personenparameter zwischen −5,03 und 1,78 (siehe Tabelle A5 in Anhang A).

Die Person-Item Map gibt einen Überblick zur Verteilung der Personen- und Itemparameter (siehe Abbildung 4.2). Die Aufgaben befinden sich überwiegend im Bereich der schweren Aufgaben. Die Personen-Parameter-Verteilung verdeutlicht, dass vor allem niedrige Personenparameter vorliegen.

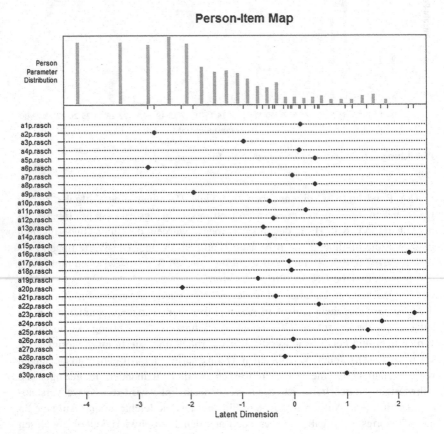

Abbildung 4.2   Person-Item Map Rasch-Modell mit allen Aufgaben im Eingangstest

Die von ConQuest ausgegebenen Trennschärfen der einzelnen Items liegen zwischen 0,3 und 0,6 (siehe Tabelle A7 in Anhang A), was über dem empfohlenen Mindestwert von 0,2 liegt. Die Werte des gewichteten MNSQ liegen zwischen 0,87 und 1,15 (siehe Tabelle A7 in Anhang A), was im akzeptablen Bereich ist. Nur bei Item 3 liegt der MNSQ-Wert von 1,15 außerhalb des zugehörigen Konfidenzintervalls und hat damit einen absoluten Wert von t größer 2, was als eher schlecht zu bewerten ist, da es auf eine zu geringe empirische Trennschärfe hinweist (Wu et al., 2007, S. 25). Da die Trennschärfe jedoch bei 0,39 liegt, ist diese trotzdem hoch genug.

Zusätzlich zu den MNSQ-Werten können die Vergleiche der theoretischen und empirischen ICCs der einzelnen Items herangezogen werden (siehe Abbildung A3 bis Abbildung A30 zu allen weiteren Items in Anhang A). Zu Item 3 sind die Abweichungen in Abbildung 4.3 zu sehen. Zum Vergleich sind in Abbildung 4.4 die theoretische und die empirische ICC zu Item 2 abgebildet, die eine deutlich bessere Passung zeigen.

Der Andersen-Likelihood-Quotienten-Test ergibt mit dem Mittelwert als Splitkriterium eine signifikante Modellverletzung ($LR - value = 66,94$; $Chi^2 df = 28$; $p < 0,05$). Außerdem musste Item 23 aus der Analyse ausgeschlossen werden, weil diese Aufgabe von zu wenigen Personen richtig beantwortet wurde. Der zugehörige graphische Modelltest mit 95 %-Konfidenz-Regionen zeigt, dass fast alle Aufgaben auf der Diagonalen liegen, d. h. die Parameterschätzungen dieser Aufgaben sich bei den beiden Gruppen nicht unterscheiden (siehe Abbildung A2 in Anhang A). Vier Aufgaben liegen jedoch leicht abseits der Diagonalen. Am deutlichsten ist dies bei Aufgabe 3 zu sehen. Die signifikanten Abweichungen werden vom Waldtest (siehe Tabelle A6 in Anhang A) bestätigt. Demnach weisen die Aufgaben 3, 7, 13 und 21 Differential Item Functioning auf, d. h. ihre Itemschwierigkeit ist gruppenabhängig. Die Aufgaben 3, 7 und 13 sind für leistungsschwächere Studierende leichter zu lösen als für leistungsstärkere, bei Aufgabe 21 ist es genau umgekehrt.

Der Martin-Löf-Test weist mit dem Median als Splitkriterium keine signifikanten Unterschiede auf ($LR - value = 105,167$; $Chi^2 df = 223$; $p = 1$), d. h. die Schätzungen der Personenparameter unterscheiden sich nicht bei leichten und schweren Aufgaben.

Auch das Bootstrap-Verfahren zeigt keine signifikanten Unterschiede zwischen den vom Rasch-Modell zu erwartenden und den beobachteten Antwortmustern.

Die Reliabilität der Leistungsskala liegt sowohl mit allen Items als auch ohne das Item 3 bei 0,86.

Die Ergebnisse der Modelltests zusammenfassend erweist sich das Rasch-Modell weitestgehend als passend. Die MNSQ-Werte (bis auf Item 3), der

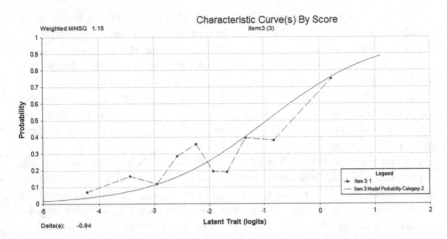

Abbildung 4.3   Vergleich theoretische und empirische ICC für Item 3 im ET

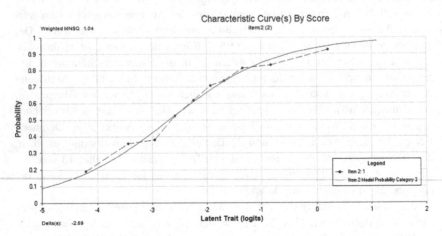

Abbildung 4.4   Vergleich theoretische und empirische ICC für Item 2 im ET

Martin-Löf-Test, das Bootstrap-Verfahren und der Reliabilitätskoeffizient befürworten das Modell. Einschränkend muss jedoch festgestellt werden, dass einige Aufgaben gruppenabhängig sind, d. h. die Itemschwierigkeit sich bei Teilgruppen unterscheidet. Da es sich nur um geringe Abweichungen handelt, wird dies jedoch nicht als problematisch angesehen.

Alternativ zum Rasch-Modell (ein Parameter) wird das Birnbaum-Modell mit zwei Parametern geschätzt. Die Itemschwierigkeiten liegen zwischen $-0,65$ und $3,11$, die Trennschärfen zwischen $0,95$ und $2,29$ (siehe Tabelle A8 in Anhang A). Der Vergleich der Itemparameter des Rasch-Modells mit denen des Birnbaum-Modells zeigt große Ähnlichkeiten, aber auch leichte Unterschiede, so dass die Aufgaben nicht direkt auf einer Geraden liegen und auch die Rangfolge der Aufgaben unterschiedlich ist (siehe Abbildung A31 in Anhang A).

Die zugehörigen theoretischen ICCs weisen nun aufgrund der unterschiedlichen Trennschärfe der Items auch unterschiedliche Steigungen auf, wobei eine steilere Kurve eine höhere Trennschärfe anzeigt (siehe Abbildung A32 in Anhang A). Die theoretischen Item Information Curves (siehe Abbildung A33 in Anhang A) verdeutlichen, dass die Aufgaben eher unterschiedliche Informationsgehalte haben und der Großteil der Aufgaben zur Leistungsmessung bei Personen mit Fähigkeitsparametern zwischen eins und drei geeignet ist.

Beim Birnbaum-Modell wird für jede Aufgabenkombination ein anderer Personenparameter berechnet. Die Werte liegen zwischen $-1,40$ und $2,35$ (siehe Tabelle A9 in Anhang A).

Die Modellvergleiche zeigen, dass das Birnbaum-Modell signifikant besser zu den Daten passt als das Rasch-Modell (siehe Tabelle 4.2) Dies wird auch vom AIC, jedoch nicht vom BIC unterstützt.

Tabelle 4.2 Modellvergleich Rasch-Modell und Birnbaum-Modell

	AIC	BIC	log.Lik	LRT	df	p.value
Rasch 1P	9470,9	9592	$-4705,5$			
Birnbaum 2P	9419,9	9662	$-4649,9$	11,04	30	<0,001

Ausgehend von den Auswertungen wird das Birnbaum-Modell als passender für die Daten eingeschätzt. Es zeigt sich, dass die Forderung des Rasch-Modells, dass alle Aufgaben die gleiche Trennschärfe haben, nicht erfüllt ist. Strobl (2012, S. 51) bewertet das Birnbaum-Modell als realistischer. Es sei oft besser geeignet als das Rasch-Modell, wenn das Ziel nicht in der Neuentwicklung eines Tests, sondern in der Beschreibung eines bestehenden Tests liege. Entsprechend werden die Schätzungen nach dem Birnbaum-Modell für die weiteren Analysen verwendet.

4.1.1.4 Untersuchung Zwischentest

Der Zwischentest (siehe Anhang B) besteht aus 30 Aufgaben, die von 227 Personen bearbeitet wurden. Bei neunzehn Aufgaben konnten Teilpunkte erreicht werden. Für die Analysen mit Hilfe des Rasch- und des Birnbaum-Modells wurden die Aufgaben dichotom in richtig (0 Punkte) und falsch (1 Punkt) kodiert. Die Verteilung der Gesamtpunkte zeigt eine nach links verschobene, aber nicht mehr so rechtsschiefe Verteilung wie beim Eingangstest (siehe Abbildung 4.5).

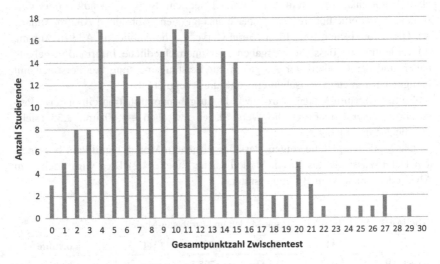

Abbildung 4.5 Verteilung Gesamtpunktzahl Zwischentest

Die Randsummen sowie die mit Hilfe des Rasch-Models geschätzten Itemschwierigkeiten sind in Tabelle A10 in Anhang A aufgelistet. Die Itemschwierigkeiten liegen zwischen −2,454 und 1,536. Die Rangfolge der Aufgaben nach Schwierigkeit können in Abbildung A34 in Anhang A anhand der theoretischen ICCs abgelesen werden, bei denen die Aufgaben anhand der geschätzten Itemschwierigkeiten sortiert sind. Aufgabe 2 weist die geringste Itemschwierigkeit und Aufgabe 25 die höchste Itemschwierigkeit auf.

Die nach dem Rasch-Modell geschätzten Personenparameter sind Tabelle A11 in Anhang A zu entnehmen. Die Person-Item-Map gibt einen Überblick zur Verteilung der Personen- und Aufgabenparameter (siehe Abbildung 4.6). Im Vergleich zum Eingangstest weisen die Aufgaben niedrigere Aufgabenschwierigkeiten auf und streuen eher um den Aufgabenparameter null herum. Auch

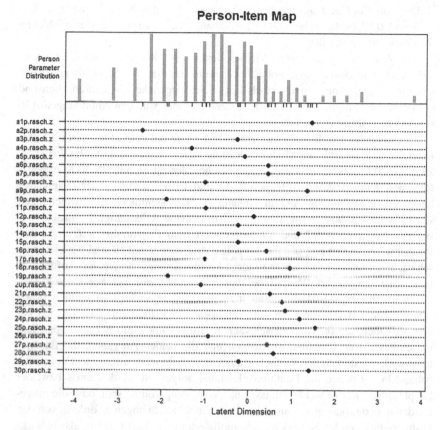

Abbildung 4.6 Person-Item Map Rasch-Modell mit allen Aufgaben Zwischentest

die Personenparameter haben sich deutlich nach rechts verschoben, was höhere Fähigkeiten anzeigt.

Die beiden Tests können jedoch so nicht einfach verglichen werden, da für vergleichbare Schätzungen Ankeritems integriert werden müssten. Außerdem handelt es sich beim Zwischentest um eine deutlich reduzierte Stichprobe, die zu einem späteren Zeitpunkt untersucht wurde. Der Vergleich der beiden Tests bezüglich ihrer Schwierigkeit erfolgt in Teilunterabschnitt 4.1.1.5.

Die von ConQuest ausgegebenen Trennschärfen der Items liegen zwischen
0,23 und 0,57 (siehe Tabelle A13 in Anhang A), was über dem empfohlenen
Mindestwert von 0,2 liegt.

Die Werte des gewichteten MNSQ liegen zwischen 0,87 und 1,12 (siehe
Tabelle A13 in Anhang A), wobei bei keinem Item der MNSQ-Wert außerhalb
des zugehörigen Konfidenzintervalls liegt. Die Vergleiche der theoretischen und
der tatsächlich empirischen ICCs der einzelnen Items sind den Abbildungen A36
bis A65 in Anhang A zu entnehmen.

Der Andersen Likelihood-Quotienten-Test ergibt mit dem Mittelwert als Split-
kriterium eine signifikante Modellverletzung ($LR - value = 45,959; Chi^2 df = 29; p < 0,05$). Der zugehörige graphische Modelltest mit 95 %-Konfidenz-
Regionen zeigt, dass die Aufgaben 9, 17 und 19 leicht abseits der Diagonalen
liegen (siehe Abbildung A35 in Anhang A). Die signifikanten Abweichungen
werden vom Waldtest (siehe Tabelle A12 in Anhang A) bestätigt. Demnach weisen die Aufgaben 9, 17 und 19 Differential Item Functioning auf, d. h. ihre
Itemschwierigkeit ist gruppenabhängig. Die Aufgaben 9 und 19 sind für leistungsschwächere Studierende leichter zu lösen als für leistungsstärkere, bei Aufgabe 17
ist es genau umgekehrt. Weshalb bei diesen Aufgaben und auch bei den vier Aufgaben im Eingangstest Differential Item Functioning vorliegt ist nicht wirklich
offensichtlich. Beim Vergleich der Aufgaben fällt jedoch auf, dass es sich bei
den Aufgaben, die für leistungsschwächere Studierende einfacher sind vor allem
um eingekleidete Textaufgaben handelt und die beiden Aufgaben, die für leistungsstärkere Studierende einfacher sind, lineare bzw. quadratische Funktionen
behandeln, zu denen die Funktionsgleichung aufgestellt werden muss bzw. der
Graph eingezeichnet werden muss. Eine Vermutung könnte sein, dass die einge-
kleideten Textaufgaben, die an sich relativ simple Rechnungen erfordern, von den
leistungsstärkeren Studierenden als komplizierter eingestuft wurden, als sie wirklich sind und sie deshalb zu keiner oder einer falschen Lösung gekommen sind.
Um genaueres dazu zu sagen, müssten jedoch die Lösungswege zu den Aufgaben
qualitativ ausgewertet werden.

Der Martin-Löf-Test weist mit dem Median als Splitkriterium für die Items
keine signifikanten Unterschiede auf ($LR - value = 121,095; Chi^2 df = 224; p = 1$). Das Bootstrap-Verfahren zeigt keine signifikanten Unterschiede
zwischen den vom Rasch-Modell zu erwartenden und den beobachteten Antwort-
mustern.

Der von ConQuest nach dem Rasch-Modell geschätzte Koeffizient für die
Reliabilität liegt bei 0,85.

Die Ergebnisse der Modelltests zusammenfassend erweist sich das Rasch-
Modell für den Zwischentest als passend. Dies wird von den MNSQ-Werten,

dem Martin-Löf-Test, dem Bootstrap-Verfahren und dem Reliabilitätskoeffizienten bestätigt. Einschränkend muss jedoch festgestellt werden, dass drei Aufgaben gruppenabhängig sind, die Itemschwierigkeit sich also bei Teilgruppen unterscheidet. Diese Einschränkung erscheint jedoch nicht problematisch.

Alternativ zum Rasch-Modell wird erneut das Birnbaum-Modell mit zwei Parametern geschätzt. Daraus ergeben sich Itemschwierigkeiten zwischen $-1,896$ und 3,752 und Trennschärfen zwischen 0,523 und 1,975 (siehe Tabelle A14 in Anhang A). Beide Schätzungen ergeben ähnliche Rangfolgen der Aufgaben, wobei Aufgabe 9 beim Birnbaum-Modell deutlich schwieriger eingeschätzt wird (siehe Abbildung A66 in Anhang A).

Die theoretischen ICCs in Abbildung A67 in Anhang A lassen unterschiedliche Itemschwierigkeiten und Trennschärfen erkennen, die auch anhand der theoretischen Item Information Curves deutlich werden (siehe Abbildung A68 in Anhang A).

Die Personenparameter nach dem Birnbaum-Modell liegen zwischen $-2,029$ und 2,89 (siehe Tabelle A15 in Anhang A), wobei für jede Aufgabenkombination ein anderer Personenparameter berechnet wird.

Die Modellvergleiche zeigen, dass auch hier das Birnbaum-Modell signifikant besser zu den Daten passt als das Rasch-Modell (siehe Tabelle 4.3). Dies wird erneut vom AIC, aber nicht vom BIC unterstützt.

Tabelle 4.3 Modellvergleich Rasch-Modell und Birnbaum-Modell

	AIC	BIC	log.Lik	LRT	df	p.value
Rasch 1P	7013,0	7115,8	$-3476,5$			
Birnbaum 2P	7010	7215,5	$-3445,0$	63,05	30	$< 0,001$

Auch für den Zwischentest ist demnach das Birnbaum-Modell passender, wie der Modellvergleich und die unterschiedlichen Trennschärfen der Aufgaben zeigen. Entsprechend werden für die weiteren Analysen die Schätzungen nach dem Birnbaum-Modell verwendet.

4.1.1.5 Vergleich Schwierigkeit Eingangstest und Zwischentest

Zum Vergleich der Schwierigkeit des Eingangstests und des Zwischentests wurde eine nachträgliche Erhebung im Sommersemester 2014 durchgeführt. Dazu wurden der Eingangs- und der Zwischentest um Aufgaben des jeweils anderen Tests ergänzt, wodurch 12 Items Bestandteil in beiden Tests waren und somit Ankeritems darstellen. Der Eingangstest wurde zu Test A und der Zwischentest zu Test

B. Zu Beginn des Sommersemesters 2014 wurden den Studierenden in der Veranstaltung „Mathematik für Wirtschaftswissenschaften I" an der Universität Kassel zufällig die A-B-Tests verteilt. Von den genau 100 Studierenden haben nach dem Zufallsprinzip 50 die Testversion A und 50 die Testversion B bearbeitet.

Die Zusammensetzung der beiden Gruppen von Studierenden unterscheidet sich nicht signifikant bezüglich der Variablen Geschlecht, Fachsemester, Vorkursteilnahme, Vorlesung bereits besucht, Klausur bereits mitgeschrieben, Schulabschluss, Jahr des Schulabschlusses, Abschlussnote, Mathematiknote in der Oberstufe und Einschätzung Mathematikkenntnisse. Lediglich bezüglich des Studiengangs weist der Chi^2-Test signifikante Abweichungen auf (Chi^2 = 14,113; df = 4; p = 0,007), wobei der Anteil an Studierenden der Wirtschaftswissenschaften bei Testversion B höher ist als bei Testversion A und entsprechend mehr Studierende der Wirtschaftspädagogik und anderer Studiengänge die Testversion A bearbeitet haben. Da ansonsten keine Unterschiede bezüglich der Verteilung festgestellt wurden, werden diese als unproblematisch angesehen. Es muss jedoch kritisch angemerkt werden, dass sich die Zusammensetzung der Studierenden im Sommersemester in der Regel von der Zusammensetzung der Studierenden im Wintersemester unterscheidet. Entsprechend hat die Hälfte der befragten Studierenden aus dem Sommersemester die Vorlesung bereits besucht und ein Viertel die Klausur in einem vergangenen Semester erfolglos mitgeschrieben. Diese Studierenden haben vermutlich den Eingangs- und ggf. auch den Zwischentest bereits im vorherigen Semester bearbeitet. Ein Vergleich der durchschnittlichen Punkte mit den Ergebnissen aus dem Wintersemester ist somit nicht möglich und auch eine direkte Übertragung der Itemschwierigkeiten wird deshalb nicht vorgenommen. Ein Vergleich der beiden Tests bzw. deren Schwierigkeit sollte jedoch unproblematisch sein. Mögliche Vorteile durch den erneuten Besuch der Veranstaltung können beide Tests gleichermaßen beeinflussen.

Das Rasch-Modell und das Birnbaum-Modell werden anhand des Komplettdatensatzes mit den Ergebnissen der 100 Studierenden geschätzt[3]. Der Vergleich der Itemschwierigkeiten nach dem Rasch-Modell ist in Abbildung 4.7 dargestellt und der Vergleich nach dem Birnbaum-Modell in Abbildung 4.8. Der Eingangstest weist ein paar Aufgaben auf, die schwerer sind als beim Zwischentest, was besonders beim Birnbaum-Modell deutlich wird. Der Großteil der Aufgaben ist nach dem Rasch-Modell beim Zwischentest schwerer als beim Eingangstest. Beim Birnbaum-Modell liegen die Itemschwierigkeiten etwas näher zusammen.

---

[3]Jede Aufgabe erhält eine Spalte und jede Person eine Zeile. Die Ankeritems enthalten entsprechend Daten zu allen Probanden und die anderen Aufgaben jeweils von 50 Personen.

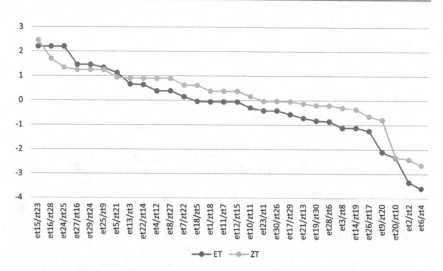

Abbildung 4.7 Vergleich Itemschwierigkeiten ET und ZT nach Raschmodel, Aufgaben geordnet nach Schwierigkeit

Bei beiden Aufgaben mit der höchsten Schwierigkeit im Birnbaum-Modell handelt es sich um den gleichen Aufgabentyp, bei dem die erste Ableitung einer Funktion mithilfe der Kettenregel gebildet werden muss. Dazu passt, dass diese Aufgabe bei beiden Tests die höchste Schwierigkeit erreicht. Allerdings weisen diese Aufgaben zugleich eine sehr große Differenz in der Itemschwierigkeit auf. Die Bestimmung der ersten Ableitung von $f(x) = 2(x^2 + 2)^3$ scheint für die Studierenden somit deutlich schwieriger als die Bestimmung der ersten Ableitung von $f(x) = 0{,}5(x^3 - 4)^4$, was doch überraschend ist. Betrachtet man die Lösungshäufigkeiten, fällt jedoch auf, dass beide Aufgaben jeweils von 2 Personen richtig gelöst wurden. Die hohe Differenz in der Itemschwierigkeit beim Birnbaum-Modell erscheint somit nicht angemessen und wird vom Rasch-Modell auch nicht bestätigt.

Bezüglich der erreichten Punktzahl weisen t-Tests weder signifikante Unterschiede zwischen den beiden Testversionen A und B (mit Ankeritems) ($t = 1{,}37; df = 49; p = 0{,}177$) noch zwischen dem Eingangstest und dem Zwischentest (ohne zusätzliche Ankeritems) ($t = 1{,}407; df = 49; p = 0{,}166$) auf.

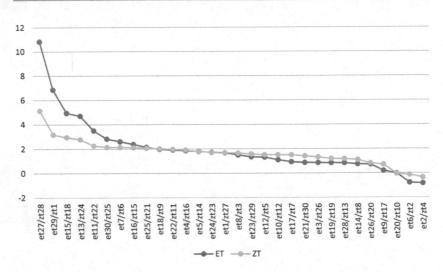

Abbildung 4.8 Vergleich Itemschwierigkeiten ET und ZT nach Birnbaummodell, Aufgaben geordnet nach Schwierigkeit

Da sich die Zusammensetzung der Probanden des Sommersemesters in der Regel von der des Wintersemesters unterscheidet, werden die über die Ankeritems vergleichbaren Itemschwierigkeiten nicht für die Daten des Wintersemesters 2012/13 verwendet. Entsprechend lassen sich die mit Hilfe des Birnbaum-Modells geschätzten Aufgaben- und Personenparameter nicht über die beiden Messzeitpunkte vergleichen. Deshalb wird für den Vergleich auf einen Summenscore zurückgegriffen, der der üblichen Skalenbildung nach der klassischen Testtheorie entspricht. Die zugehörigen Daten sind dem Skalenhandbuch in Anhang C zu entnehmen, wobei die Leistungsskalen zu beiden Messzeitpunkten gute, zum Teil sogar sehr gute, Werte aufweisen.

4.1.2 Mathematische Selbstwirksamkeitserwartung

Die mathematische Selbstwirksamkeitserwartung wurde aufgabenspezifisch erfasst, indem den Studierenden die 30 Aufgaben des Eingangstests direkt vor der Bearbeitung jeweils für wenige Sekunden über eine Power-Point-Präsentation gezeigt wurden. Auf dem zugehörigen Fragebogen (siehe Anhang B) haben die Studierenden für jede Aufgabe ein Kreuz auf der achtstufigen Likert-Skala gesetzt, wodurch angegeben wird, wie sehr sie sich zutrauen, die jeweilige Aufgabe erfolgreich zu lösen. Die Skala wurde von eins („traue ich mir gar nicht zu") bis acht („traue ich mir völlig zu") kodiert. Dieses Verfahren der aufgabenspezifischen Erfassung ist in der Erhebung der Selbstwirksamkeitserwartung weit verbreitet[4] und erfüllt die Anforderungen, die Bandura (1997; 2006) an die Erhebung stellt. Die Nutzung identischer Aufgaben für die Messung der Leistung und der Selbstwirksamkeitserwartung ermöglicht zugleich die Erfassung des Calibration Bias und der Calibration Accuracy.

Die Itemschwierigkeiten[5] der mathematischen Selbstwirksamkeitserwartung liegen beim Eingangstest im mittleren Bereich zwischen 0,2 und 0,8 (siehe Abbildung 4.9), wie es von Bortz und Döring (2006, S. 219) empfohlen wird.

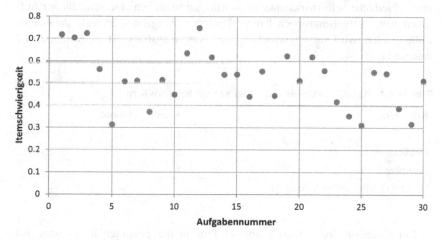

Abbildung 4.9 Itemschwierigkeiten der Items zur SWK zu T1

Die Items weisen Homogenitäten zwischen 0,28 und 0,5 auf, mit einer Gesamthomogenität von 0,417 (siehe Tabelle A16 in Anhang A). Bei eindimensionalen Instrumenten werden hohe Homogenitäten angestrebt, die hier auch erreicht werden. Sie liegen knapp über dem von Briggs und Cheek (1986, S. 115, zitiert nach

---

[4]U. a. bei den Studien von Pajares und Schunk (siehe u. a. Pajares, 2005; Pajares & Graham, 1999; Pajares & Kranzler, 1995; Pajares & Miller, 1994; 1997; Schunk, 1982; 1983a; 1983b; 1984a; 1984b).

[5]Da die Antwortskala von 1 bis 8 kodiert wurde, wurde jeweils der Mittelwert um eins subtrahiert und anschließend durch sieben geteilt, um die Itemschwierigkeit zu erhalten.

Bortz & Döring, 2006, S. 220) vorgeschlagenen Akzeptanzbereich von 0,2 bis 0,4.

Zur Untersuchung der Dimensionalität der Skala wird eine EFA durchgeführt. Die Daten eignen sich dafür sehr gut, wie der KMO-Koeffizient von 0,947 zeigt. Auch die MSA-Werte liegen bei allen Items bei mindestens 0,897 (siehe Tabelle A17 in Anhang A), was somit auch als sehr gut bewertet werden kann. Der signifikante Bartlett-Test bestätigt, dass alle Korrelationen der Korrelationsmatrix größer null sind und sich somit gut für eine EFA eignen.

Die Kriterien zur Bestimmung der Anzahl zu extrahierender Faktoren legen unterschiedliche Faktorenzahlen nahe (siehe Tabelle 4.4), wobei keines die Eindimensionalität bestätigt. Die Skala zur Selbstwirksamkeitserwartung enthält somit mehrere Facetten. Dieses Ergebnis deutet darauf hin, dass die Probanden unterschiedliche Selbstwirksamkeitserwartungen bezüglich unterschiedlicher Aufgaben bzw. Aufgabengruppen haben. Inwiefern Aufgabenmerkmale dabei eine Rolle spielen, wird zur Untersuchung der Forschungsfrage F1 in Abschnitt 4.2 untersucht.

Tabelle 4.4 Anzahl zu extrahierender Faktoren mit Items SWK zu T1

Kriterium	Anzahl Faktoren
MAP	4
Parallelanalyse	5
Eigenwerte > 1	5
Screeplot (Abb. A69 in Anhang A)	2

Ein einzelner Faktor klärt knapp 44 Prozent der gesamten Itemvarianz auf (siehe Tabelle A18 in Anhang A). Bei fünf Faktoren, wie es vom MAP-Kriterium und der Parallelanalyse empfohlen wird (siehe Tabelle 4.4), steigt die aufgeklärte Itemvarianz bei nicht-rotierten Ladungen auf insgesamt 64,3 Prozent, wobei die Faktoren zwei bis fünf deutlich geringer zu Varianzaufklärung beitragen (7,6 %; 4,9 %; 4,2 %; 3,5 %).

Die unrotierte Lösung der Hauptachsenanalyse mit fünf Faktoren (siehe Tabelle A19 in Anhang A) zeigt eine starke erste Hauptkomponente mit Ladungen zwischen 0,427 und 0,779. Das zeigt, dass alle Items etwas sehr Ähnliches erfassen (Bühner, 2011, S. 368), und bestätigt, dass es sich bei den Faktoren um Teilfacetten und nicht um unabhängige Faktoren handelt. Die Faktoren, die über die Hauptachsenanalyse mit Promax-Rotation gebildet wurden, korrelieren mittel bis stark miteinander (siehe Tabelle A20 in Anhang A). Bei der Durchführung der

Hauptachsenanalyse mit einem Faktor weisen allen Items bedeutsame Ladungen auf, die zwischen $\lambda = 0,429$ und $\lambda = 0,779$ liegen (siehe Tabelle A21 in Anhang A).

Obwohl die Items zur Selbstwirksamkeitserwartung mehrere Teilfacetten abbilden, zeigt sich ein starker Hauptfaktor, der das Konstrukt der mathematischen Selbstwirksamkeitserwartung wiederspiegelt. Da diese Ergebnisse zum theoretischen Hintergrund und der Erfassungsempfehlungen passen, wird weiterhin die Bildung einer Skala zur mathematischen Selbstwirksamkeitserwartung angestrebt.

Zur Reliabilitätsanalyse wird Cronbachs Alpha als Koeffizient der inneren Konsistenz verwendet. Dieser ist mit $\alpha = ,955$ als hoch zu bewerten, wobei berücksichtigt werden sollte, dass die Skala 30 Items enthält und sich die Itemanzahl positiv auf die Höhe von Cronbachs Alpha auswirkt. Keines der Items weist eine geringe Trennschärfe auf, d. h. alle Trennschärfen liegen über 0,3 (siehe Skalenhandbuch in Anhang C).

Insgesamt betrachtet zeigt keines der Items auffällige Werte und die Skala der mathematischen Selbstwirksamkeitserwartung zum Eingangstest weist hohe Reliabilität auf.

Diese Ergebnisse werden bei der Untersuchung der mathematischen Selbstwirksamkeitserwartung zum Zwischentest bestätigt. Auch hier weisen Itemschwierigkeiten (siehe Tabelle A22 in Anhang A) und Homogenitäten (siehe Tabelle A23 in Anhang A) passende Größenordnungen auf. Die Daten sind sehr gut für eine EFA geeignet, wie der KMO-Koeffizient von 0,942, die MSA-Werte mit mindestens 0,886 (siehe Tabelle A24 in Anhang A) und der signifikante Bartlett-Test zeigen. Die Eindimensionalität der Skala wird durch den Screeplot[6] (Abbildung A70 in Anhang A) und die unrotierte Lösung der Hauptachsenanalyse mit fünf Faktoren (siehe Tabelle A26 in Anhang A) bestätigt, wobei auch hier Tendenzen auf fünf Teilfacetten vorliegen. Ein Faktor klärt 45 % der Varianz auf (siehe Tabelle A25 in Anhang A) und die fünf Faktoren korrelieren überwiegend mittel bis hoch miteinander (siehe Tabelle A27 in Anhang A). Die bedeutsamen Ladungen aller Items bei der Hauptachsenanalyse mit einem Faktor (zwischen $\lambda = 0,468$ und $\lambda = 0,754$; siehe Tabelle A28 in Anhang A), der hohe Cronbachs Alpha Wert von 0,957 und die geringen Trennschärfen ($r < 0,3$; siehe Skalenhandbuch in Anhang C) zeigen die sehr gute Eignung der Skala auch für T2.

---

[6]Der Screeplot zeigt keinen ganz eindeutigen Knick, aber am ehesten deutet er auf einen Faktor hin.

4.1.3   Calibration Bias

Der Calibration Bias $Bias_{ki}$ zu jeder Aufgabe i wird für jeden Probanden k über
die Differenz zwischen der erwarteten Selbstwirksamkeit SWK_{ki} und der erbrachten Leistung P_{ki} berechnet, wie bereits in Unterabschnitt 2.2.3 erläutert wurde.
Mit Berücksichtigung der beiden Antwortformate[7] erfolgt die Berechnung für
jeden Probanden k mit $k = 1, \dots, n$ jeweils für die Aufgaben i mit $i = 1, \dots, 30$:

$$Bias_{ki} = (SWK_{ki} - 1) - (7 * P_{ki})$$

Bei einer exakten Einschätzung der eigenen Selbstwirksamkeit liegt der Bias bei
null (SWK bei 8 und 1 Punkt im Leistungstest oder SWK bei 1 und 0 Punkte im
Leistungstest). Bei positiven Werten liegt die Selbstwirksamkeitserwartung über
der erbrachten Leistung, d. h. der Proband hat seine Fähigkeit überschätzt, die
Aufgabe richtig zu lösen. Entsprechend deuten negative Werte auf eine Unterschätzung der eigenen Fähigkeiten hin. Je weiter der Wert von der null entfernt
ist, desto höher ist die Über- bzw. Unterschätzung. Es können Werte zwischen −
7 und 7 angenommen werden.

Ausgehend von diesen Berechnungen können sowohl der durchschnittliche
Calibration Bias für einen Probanden als auch für eine Aufgabe gebildet werden.
Zur Bildung der Skala Calibration Bias wird für jeden Probanden der Mittelwert
über den Bias der Aufgaben gebildet, der für den durchschnittlichen Bias des Probanden steht. Bei positiven Werten überschätzt sich der Proband und bei negativen
Werten unterschätzt sich der Proband im Durchschnitt. Da sich positive und negative Werte bei der Mittelwertbildung ausgleichen, ist es möglich, dass Probanden
einen Bias bei null haben, obwohl sie sich kaum richtig eingeschätzt haben.
Der Wert zeigt somit keine exakte Einschätzung[8], sondern dass diese Person keine
eindeutige Tendenz zur Über- oder Unterschätzung aufweist. Zur Betrachtung
der einzelnen Items der Skala und für die spätere Aufgabenanalyse werden die
Mittelwerte des Bias der Probanden pro Aufgabe gebildet.

4.1.3.1 Eingangstest
Die Mittelwerte des Bias der einzelnen Aufgaben beim Eingangstest unterscheiden sich relativ stark (siehe Abbildung 4.10). Besonders die Aufgaben 1, 6 und
20 weichen relativ stark von den anderen Items ab.

---

[7]Da die SWK von 1 bis 8 kodiert wurde, muss diese um 1 subtrahiert werden und die erreichten
Punkte mit 7 multipliziert werden, damit bei richtiger Einschätzung der Wert null rauskommt.
[8]Dafür wird die Calibration Accuracy gebildet.

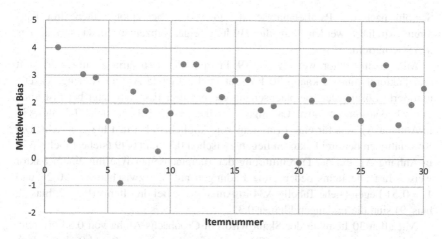

Abbildung 4.10 Mittelwerte der Items Bias zu T1

Die Homogenitäten der Items liegen zwischen 0,11 und 0,20 mit einer Gesamthomogenität von 0,154 (siehe Tabelle A29 in Anhang A). Dieser Wert liegt unter
dem empfohlenen Akzeptanzbereich und zeigt, dass die Items untereinander nicht
besonders hoch korrelieren.

Die Daten eignen sich gut für eine EFA, wie der KMO von 0,838 und der
signifikante Bartlett-Test zeigen. Die MSA-Werte sind größtenteils über 0,80, was
als gut zu bewerten ist (siehe Tabelle A30 in Anhang A). Ein paar Items liegen
darunter, eignen sich aber mit mindestens 0,75 immer noch mittelmäßig für die
EFA.

Tabelle 4.5 Anzahl zu extrahierender Faktoren mit Items Bias zu T1

Kriterium	Anzahl Faktoren
MAP	1
Parallelanalyse	3
Eigenwerte > 1	9
Screeplot (Abb. A71 in Anhang A)	3

Die Kriterien zur Bestimmung der Anzahl zu extrahierender Faktoren ergeben
sehr unterschiedliche Ergebnisse, von einem Faktor nach dem MAP-Kriterium bis
zu neun Faktoren nach dem Eigenwert größer 1 Kriterium (siehe Tabelle 4.5).

Sowohl nach der Parallelanalyse als auch dem Screeplot sollten drei Faktoren extrahiert werden. Für die Bildung einer einzelnen Skala spricht das
MAP-Kriterium.

Mit einem Faktor werden ca. 19 Prozent der Itemvarianz aufgeklärt, mit
drei Faktoren sind es knapp 30 Prozent (siehe Tabelle A31 in Anhang A). Die
unrotierte Lösung der Hauptachsenanalyse mit drei Faktoren zeigt bei fast allen
Items bedeutsame positive Ladungen auf den ersten Faktor (siehe Tabelle A32
in Anhang A), was für eine Erfassung von Ähnlichem bei den Items spricht. Die
Korrelationen der drei Faktoren liegen zwischen 0,37 und 0,49 (siehe Tabelle A33
in Anhang A). Bei der Durchführung der Hauptachsenanalyse mit einem Faktor
weisen fast alle Items bedeutsame Ladungen auf, die zwischen $\lambda = 0,27$ und
$\lambda = 0,51$ liegen (siehe Tabelle A34 in Anhang A). Bei drei Items (bias_2, bias_3,
bias_9) sind die Ladungen kleiner 0,3.

Mit allen 30 Items in der Skala wird ein Cronbachs Alpha von 0,83 erreicht,
das als gut zu bewerten ist. Die Trennschärfen der Items 2, 6 und 9 sind jedoch
relativ gering mit Werten kleiner 0,25 (siehe Tabelle A35 in Anhang A).

Anhand der betrachteten Kriterien zeigen einige Items Auffälligkeiten, die in
Tabelle 4.6 zusammengefasst sind. Die Items bias_2, bias_6 und bias_9 werden
ausgeschossen, da sie jeweils mehrere Auffälligkeiten zeigen. Nach Entfernung
der drei Items erhöht sich Cronbachs Alpha minimal auf 0,833 und alle Items
weisen Trennschärfen größer 0,25 auf (siehe Skalendokumentation in Anhang C).

Tabelle 4.6 Auffällige Items Bias zu T1; ausgeschlossenen Items sind orange markiert

Item	Begründung
bias_1	Ausreißer
bias_2	geringe Faktorladung, geringe Trennschärfe
bias_3	geringe Faktorladung
bias_6	Ausreißer, geringe Trennschärfe
bias_9	geringe Faktorladung; geringe Trennschärfe
bias_20	Ausreißer

4.1.3.2 Zwischentest

Die Mittelwerte der einzelnen Items zum Bias liegen überwiegend zwischen −
0,7 und 2,2 (siehe Abbildung 4.11). Das Item 1 stellt mit einem Mittelwert von
4,45 einen deutlichen Ausreißer dar. Diese Aufgabe ist sehr ähnlich zu Aufgabe
1 im ET, die zu T1 auch den höchsten Bias aufweist. Auch das Item 28 hat einen
etwas höheren Mittelwert als die anderen Items.

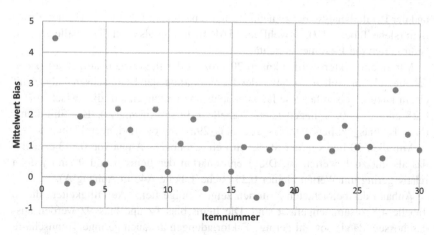

Abbildung 4.11 Mittelwerte der Items Bias zu T2

Die Homogenitäten der Items liegen zwischen 0,10 und 0,23 mit einer Gesamt-homogenität von 0,164 (siehe Tabelle A36 in Anhang A). Dieser Wert liegt unter dem empfohlenen Akzeptanzbereich und zeigt, dass die Items untereinander nicht besonders hoch korrelieren.

Die Daten eignen sich gut für eine EFA, wie der KMO von 0,82 und der signifikante Bartlett-Test zeigen. Die MSA-Werte liegen zwischen 0,64 und 0,89 (siehe Tabelle A37 in Anhang A) und sind somit mäßig bis gut für die EFA geeignet.

Tabelle 4.7 Anzahl zu extrahierender Faktoren mit Items Bias zu T2

Kriterium	Anzahl Faktoren
MAP	1
Parallelanalyse [a]	1
Eigenwerte > 1	9
Screeplot (Abb. A72 in Anhang A)	2

[a] R gibt Warnmeldung raus, dass das Ergebnis der Parallelanalyse falsch sein könnte. Daher sollte das Kriterium hier nicht berücksichtigt werden.

Die Kriterien zur Bestimmung der Anzahl zu extrahierender Faktoren ergeben sehr unterschiedliche Ergebnisse, von einem Faktor nach dem MAP-Kriterium und der Parallelanalyse bis zu neun Faktoren nach dem Eigenwert größer 1 Kriterium (siehe Tabelle 4.7). Sowohl das MAP-Kriterium als auch die Parallelanalyse befürworten die Eindimensionalität.

Mit einem Faktor werden knapp 20 Prozent der Itemvarianz aufgeklärt (siehe Tabelle A38 in Anhang A). Bei der Durchführung der Hauptachsenanalyse mit einem Faktor weisen fast alle Items bedeutsame Ladungen auf, die zwischen $\lambda = 0,25$ und $\lambda = 0,57$ liegen (siehe Tabelle A39 in Anhang A). Bei fünf Items (bias_1z, bias_6z, bias_9z, bias_26z, bias_29z) sind die Ladungen kleiner 0,3.

Mit allen 30 Items in der Skala wird ein Cronbachs Alpha von 0,843 erreicht, das als gut zu bewerten ist. Die Trennschärfen der Items 6 und 9 sind jedoch relativ gering mit Werten kleiner 0,25 (siehe Tabelle A40 in Anhang A).

Anhand der betrachteten Kriterien zeigen einige Items Auffälligkeiten, die in Tabelle 4.8 zusammengefasst sind. Die Items bias_6z und bias_9z werden ausgeschossen, da sie sowohl geringe Faktorladungen als auch geringe Trennschärfe aufweisen. Da sich dabei die Trennschärfe von bias_2z unter 0,25 reduziert, wird auch dieses Item entfernt. Nach Entfernung dieser Items liegt Cronbachs Alpha bei 0,841.

Tabelle 4.8 Auffällige Items Bias zu T2; ausgeschlossenen Items sind orange markiert

Item	Begründung
bias_1z	Ausreißer, geringe Faktorladung
bias_6z	geringe Faktorladung, geringe Trennschärfe
bias_9z	geringe Faktorladung, geringe Trennschärfe
bias_26z	geringe Faktorladung
bias_29z	geringe Faktorladung

Insgesamt zeigen die Analysen zu T1 und T2, dass zwar Skalen mit guten Reliabilitäten gebildet werden können, aber die Items nicht besonders hoch miteinander korrelieren und mit einem Faktor relativ wenig Itemvarianz aufgeklärt wird.

4.1.4 Calibration Accuracy

Die Calibration Accuracy wird berechnet, indem der Betrag des Calibration Bias vom Maximalwert subtrahiert wird: $CA_{ki} = 7 - |Bias_{ki}|$. Entsprechend liegen die Werte zwischen 0 und 7. Ein höherer Wert steht für eine exaktere Selbsteinschätzung.

4.1.4.1 Eingangstest

Die Itemschwierigkeit der Items der Calibration Accuracy liegt im empfohlenen mittleren Bereich zwischen 0,2 und 0,8 (siehe Abbildung 4.12). Das Item 1 ist mit einer Itemschwierigkeit von 0,37 eher ein Ausreißer nach unten.

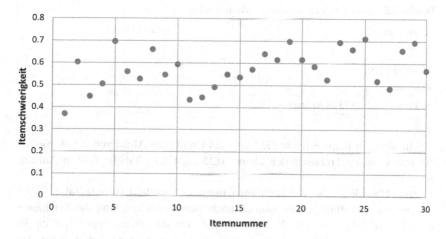

Abbildung 4.12 Itemschwierigkeit CA zu T1

Die Gesamthomogenität der Items ist mit 0,139 eher niedrig und einige Items weisen sehr geringe oder gar negative Homogenitäten auf (ca_2, ca_3, ca_6, ca_9, ca_19, ca_20) (siehe Tabelle A1 in Anhang A).

Mit einem KMO von 0,832 und einem signifikantem Ergebnis des Bartlett-Tests eignen sich die Daten gut für eine EFA. Die MSA-Werte liegen überwiegend im guten Bereich, wobei einzelne Werte als mäßig und einer sogar als schlecht zu beurteilen ist (siehe Tabelle A42 in Anhang A).

Die Kriterien zur Bestimmung der Anzahl zu extrahierender Faktoren ergeben unterschiedliche Ergebnisse von zwei bis zu neun Faktoren (siehe Tabelle 4.9). Mit einem Faktor werden knapp 19 Prozent der Gesamtvarianz aufgeklärt, mit drei Faktoren knapp über 32 Prozent (siehe Tabelle A43 in Anhang A). Ein Großteil der Items lädt bedeutend auf den ersten Faktor bei der unrotierten Lösung (siehe Tabelle A44 in Anhang A), was auf einen Hauptfaktor hindeutet. Die Items ca_2 und ca_6 laden jedoch negativ auf den ersten Faktor und weitere Items haben Ladungen kleiner 0,3 (ca_30, ca_12, ca_3, ca_9, ca_21, ca_19, ca_20) (siehe

Tabelle A46 in Anhang A). Genau diese neun Items weisen bei der Hauptachsenanalyse mit einem Faktor Ladungen unter 0,3 auf. Die Faktoren korrelieren sehr
unterschiedlich miteinander, von $r = 0, 189$ bis $r = 0, 537$ (siehe Tabelle A44 in
Anhang A).

Tabelle 4.9 Anzahl zu extrahierender Faktoren mit Items CA zu T1

Kriterium	Anzahl Faktoren
MAP	2
Parallelanalyse	3
Eigenwerte > 1	9
Screeplot (Abb. A73 in Anhang A)	3

Mit allen 30 Items erreicht die Skala ein Cronbachs Alpha von 0,814. Sieben
der Items weisen Trennschärfen kleiner 0,25 auf (siehe Tabelle A47 in Anhang
A).

Zum Überblick sind die auffälligen Items in Tabelle 4.10 aufgeführt. Items
mit mehreren Auffälligkeiten wurden nacheinander entfernt und die Schätzung
der Trennschärfen wiederholt. Dadurch hat sich die Trennschärfe von ca_30
soweit erhöht, dass dieses Item nicht ausgeschlossen wurde, aber dafür das
Item ca_12, welches im Laufe des Verfahrens eine zu geringe Trennschärfe
aufwies. Die auf 23 Items reduzierte Skala zur Calibration Accuracy hat ein Cronbachs Alpha von 0,842 und alle Items haben Trennschärfen größer 0,25 (siehe
Skalendokumentation in Anhang C).

Tabelle 4.10 Auffällige Items CA zu T1; ausgeschlossenen Items sind orange markiert

Item	Begründung
ca_1	Ausreißer
ca_2,	geringe Homogenität, negative Faktorladung, geringe Trennschärfe
ca_3	geringe Homogenität, Geringe Faktorladung, geringe Trennschärfe
ca_6	geringe Homogenität, negative Faktorladung, geringe Trennschärfe
ca_9	geringe Homogenität, Geringe Faktorladung, geringe Trennschärfe
ca_12	geringe Faktorladung
ca_19	geringe Homogenität, Geringe Faktorladung, geringe Trennschärfe, schlechter MSA-Wert
ca_20	geringe Homogenität, Geringe Faktorladung, geringe Trennschärfe
ca_21	geringe Faktorladung
ca_30	geringe Faktorladung, geringe Trennschärfe

4.1.4.2 Zwischentest

Die Itemschwierigkeit der Items der Calibration Accuracy liegt relativ weit oben im empfohlenen mittleren Bereich (siehe Abbildung 4.13). Das Item 1 ist mit einer Itemschwierigkeit von 0,31 ein Ausreißer nach unten. Die eingesetzte Aufgabe ist vergleichbar zur Aufgabe 1 zu T1, die auch als Ausreißer identifiziert wurde, wobei der Abstand zu T2 jedoch noch deutlicher ist.

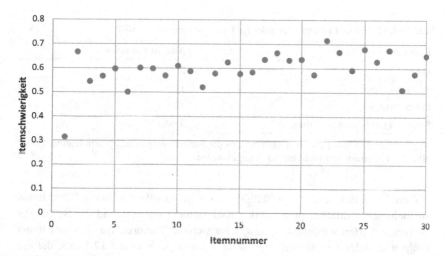

Abbildung 4.13 Itemschwierigkeit CA zu T2

Die Gesamthomogenität der Items ist mit 0,081 sehr niedrig, was die niedrigen Homogenitäten der einzelnen Items wiederspiegelt (siehe Tabelle A48 in Anhang A).

Die Ergebnisse des Bartlett-Tests sind zwar signifikant, aber der KMO-Koeffizient von 0,649 ist nur als mäßig zu beurteilen. Die MSA-Werte liegen zwischen 0,45 und 0,75 (siehe Tabelle A49 in Anhang A) und sind somit bestenfalls mittelmäßig für eine EFA geeignet, teilweise aber sogar inkompatibel für eine Durchführung. Die Items ca_2z, ca_13z, ca_15z und ca_19z weisen MSA-Werte kleiner 0,5 auf und sind somit inkompatibel für eine EFA.

Die Kriterien zur Bestimmung der Anzahl zu extrahierender Faktoren ergeben unterschiedliche Ergebnisse von einem Faktor bis zu zwölf Faktoren (siehe Tabelle 4.11), was auf die Existenz von Teilfacetten hindeutet. Mit einem Faktor werden etwa 12 Prozent der Gesamtvarianz aufgeklärt, mit zwei Faktoren etwa

20 Prozent und mit drei Faktoren etwa 25 Prozent (siehe Tabelle A50 in Anhang
A). Fast die Hälfte der Items weist bei einer Hauptachsenanalyse mit einem Faktor
Ladungen unter 0,3 auf, vier sind sogar kleiner 0,1 (siehe Tabelle A51 in Anhang
A). Mit allen 30 Items erreicht die Skala ein Cronbachs Alpha von 0,694. Achtzehn
der Items weisen Trennschärfen kleiner 0,25 auf (siehe Tabelle A52 in Anhang
A).

Tabelle 4.11 Anzahl zu extrahierender Faktoren mit Items CA zu T2

Kriterium	Anzahl Faktoren
MAP	2
Parallelanalyse[a]	1
Eigenwerte > 1	12
Screeplot (Abb. A74 in Anhang A)	3 oder 9

[a] R gibt Warnmeldung raus, dass das Ergebnis der Parallelanalyse falsch sein könnte. Daher
sollte das Kriterium hier nicht berücksichtigt werden.

Zum Überblick sind die auffälligen Items in Tabelle 4.12 aufgeführt. Items
mit mehreren Auffälligkeiten wurden nacheinander entfernt und die Schätzung
der Trennschärfen wiederholt. Dadurch hat sich die Trennschärfe einzelner Items
erhöht und anderer verringert. Die Skala reduziert sich so auf 17 Items, die ein
Cronbachs Alpha von 0,743 aufweisen (siehe Skalendokumentation in Anhang
C).

Die Analysen zur Skala der CA zeigen zu T1 und besonders zu T2, dass eine
Skalenbildung trotz akzeptabler Reliabilitäten nicht ganz unproblematisch ist. Es
mussten viele Items ausgeschossen werden, da sie bezüglich mehrerer Kriterien
Auffälligkeiten aufwiesen. Die bereits in Unterabschnitt 2.2.3 erläuterte Problematik bei der Bildung dieser sogenannten Differenzskalen zeigt sich bei der Skala
zum Calibration Bias und besonders bei der Skala zur Calibration Accuracy.

4.1.5 Weitere eingesetzte Skalen

Neben den ausführlich erläuterten Skalen zur Leistung, mathematischen Selbstwirksamkeitserwartung, Calibration Bias und Calibration Accuracy wurden weitere Skalen erhoben, die auf bewährte Itemformulierungen zurückgehen, die
bereits mehrfach in anderen Projekten eingesetzt wurden. Eine kurze Übersicht

Tabelle 4.12 Auffällige Items CA zu T2; ausgeschlossenen Items sind orange markiert

Item	Begründung
ca_1z	schlechter MSA-Wert, geringe Faktorladung, geringe Trennschärfe
ca_2z	sehr schlechter MSA-Wert, negative Faktorladung, sehr geringe Trennschärfe
ca_3z	geringe Faktorladung
ca_4z	sehr geringe Faktorladung, geringe Trennschärfe
ca_7z	schlechter MSA-Wert
ca_8z	schlechter MSA-Wert, geringe Faktorladung, geringe Trennschärfe
ca_9z	geringe Trennschärfe
ca_10z	schlechter MSA-Wert, sehr geringe Faktorladung, geringe Trennschärfe
ca_11z	geringe Faktorladung, geringe Trennschärfe
ca_13z	sehr schlechter MSA-Wert, geringe Faktorladung, geringe Trennschärfe
ca_15z	sehr schlechter MSA-Wert, geringe Faktorladung, geringe Trennschärfe
ca_17z	geringe Faktorladung, geringe Trennschärfe
ca_19z	sehr schlechter MSA-Wert, sehr geringe Faktorladung, sehr geringe Trennschärfe
ca_20z	schlechter MSA-Wert, geringe Faktorladung, geringe Trennschärfe
ca_22z	geringe Trennschärfe
ca_25z	geringe Trennschärfe
ca_26z	geringe Trennschärfe
ca_27z	geringe Trennschärfe
ca_28z	geringe Faktorladung
ca_29z	geringe Faktorladung, geringe Trennschärfe
ca_30z	schlechter MSA-Wert, geringe Trennschärfe

liefert Tabelle 4.13. Weitere Daten zu den Formulierungen, Quellen und deskriptiven Statistiken sind der Skalendokumentation in Anhang C zu entnehmen.

4.1.6 Zusammenhänge der Skalen

Die Skalen weisen zu Eingangstest und Zwischentest jeweils ähnlich hohe Korrelationen untereinander auf (siehe Tabelle 4.14). Die mathematische Selbstwirksamkeitserwartung und das Selbstkonzept Mathematik korrelieren jeweils hoch mit der Leistung, so wie es von der Theorie her erwartet wird. Zum Eingangstest korreliert die Selbstwirksamkeitserwartung höher mit der Leistung als das Selbstkonzept und zum Zwischentest genau umgekehrt. Dies bestätigt die Uneinigkeit, welches Konstrukt ein besserer Prädiktor für die Leistung ist, obwohl die Selbstwirksamkeitserwartung hier viel spezifischer erfasst wurde und deshalb höhere Korrelationen zu vermuten wären. Die Höhe der Korrelation zwischen Selbstwirksamkeitserwartung und Leistung entspricht mit 0,551 bzw. 0,427 etwa der durchschnittlichen Korrelation von 0,47 bei aufgabenspezifischer Erfassung

Tabelle 4.13   Überblick weiterer eingesetzter Skalen[a]

Skala	Anzahl der Items	M (T1)	Cronbachs Alpha (T1)	M (T2)	Cronbachs Alpha (T2)
Selbstkonzept Mathematik	3	3,42	,920	3,41	,909
Interesse Mathematik	4	3,50	,948	3,55	,943
Lernzielorientierung	5	3,38	,872	3,41	,872
Mathe-Ängstlichkeit	3	3,91	,880	3,80	,893
Kontrollüberzeugung	5	4,01	,896	3,78	,910
Wahrgenommener Nutzen Mathematik	9	4,49	,870	4,29	,873
Memorierstrategien	5	3,69	,687	3,54	,700
Elaborationsstrategien	7	3,07	,798	3,10	,841

[a]Itemformulierungen und Quellen sind dem Skalenhandbuch zu entnehmen

in der Meta-Analyse von Laging (2015). Die Selbstwirksamkeitserwartung und das Selbstkonzept korrelieren zu beiden Messzeitpunkten zwar hoch miteinander, aber es wird deutlich, dass es sich um zwei eigenständige Konstrukte handelt. Ansonsten korreliert die Selbstwirksamkeitserwartung wie erwartet positiv mit dem Mathematikinteresse, der Lernzielorientierung, der Kontrollüberzeugung und negativ mit Mathematik-Ängstlichkeit. Diese Ergebnisse unterstützen die Validität der Skala.

Der Calibration Bias korreliert mittel bis stark negativ mit der Leistung und stark positiv mit der Selbstwirksamkeitserwartung. Diese Zusammenhänge erscheinen schlüssig und passen zu den bisherigen Forschungsergebnissen, dass schlechtere Leistungen mit einer stärkeren Überschätzung einhergehen und zugleich eine höhere Selbstwirksamkeitserwartung auch mit einer höheren Überschätzung einhergeht. Diese Zusammenhänge sind durch die Berechnung des Calibration Bias nachvollziehbar. Calibration Bias und Calibration Accuracy korrelieren hoch negativ, beim Eingangstest sogar sehr hoch, miteinander, d. h. eine hohe Selbstüberschätzung hängt stark mit einer wenig exakten Einschätzung zusammen. Allerdings korreliert die Calibration Accuracy zu beiden Messzeitpunkten kaum mit der Leistung. Hier wurde eher eine eindeutig positive Korrelation vermutet, d. h. Studierende, die sich exakter einschätzen, erbringen auch bessere Leistungen. Dies, und auch die eher schlechten Itemwerte der Skala, die zu einer starken Reduzierung der Items im Zwischentest geführt haben, weisen darauf hin, dass die Skala der Calibration Accuracy eher kritisch betrachtet werden sollte.

Tabelle 4.14 Pearson-Korrelationen der Skalen ET (oberhalb der Diagonalen) & der Skalen ZT (unterhalb der Diagonalen); **: p<0,01; *: p<0,05 (2-seitig)

	s.leistung	s.mswk	s.bias	s.ca	s.msk	s.int	s.lzo	s.mAng	s.kont	s.num	s.mem	s.el
s.leistung	1	,551**	-,352**	-,076	,482**	,348**	,251**	-,351**	,242**	,041	-,257**	,140**
s.mswk	,427**	1	,574**	-,769**	,641**	,465**	,339**	-,443**	,466**	,252**	-,144**	,295**
s.bias	-,609**	,447**	1	-,795**	,260**	,193**	,137**	-,168**	,282**	,223**	,065	,212**
s.ca	-,008	-,583**	-,485**	1	-,446**	-,335**	-,254**	,257**	-,334**	-,246**	,009	-,279**
s.msk	,556**	,584**	-,062	-,240**	1	,678**	,406**	-,645**	,654**	,265**	-,155**	,352**
s.int	,335**	,448**	,013	-,180**	,652**	1	,617**	-,477**	,524**	,313**	-,140**	,386**
s.lzo	,287**	,386**	,012	-,112	,340**	,565**	1	-,335**	,405**	,240**	-,027	,359**
s.mAng	-,368**	-,428**	-,010	,175*	-,607**	-,404**	-,312**	1	-,597**	-,029	,315**	-,250**
s.kont	,363**	,447**	,020	-,227**	,686**	,524**	,571**	-,640**	1	,251**	-,150**	,350**
s.num	,173*	,317**	,110	-,139*	,233**	,338**	,259**	-,132*	,230**	1	,102*	,177**
s.mem	-,214**	-,111	,136	,024	-,243**	-,188**	-,047	,305**	-,247**	,057	1	-,067
s.el	,209**	,354**	,062	-,188**	,342**	,415**	,451**	-,210**	,294**	,215**	-,063	1

4.2   Aufgabenanalyse

Um die Forschungsfrage zum Einfluss der Aufgabenmerkmale auf die mathematische Leistung, Selbstwirksamkeitserwartung und Calibration zu beantworten, werden neben den deskriptiven Analysen die Ergebnisse der Clusteranalyse vorgestellt. Ergänzt werden diese anhand von Korrelations- und Regressionsanalysen, bei denen die Aufgabenmerkmale als Prädiktoren der Leistung, der Selbstwirksamkeitserwartung, des Calibration Bias und der Calibration Accuracy eingesetzt werden.

4.2.1   Deskriptive Analysen der Aufgabenmerkmale

Die deskriptiven Analysen gliedern sich in univariate und bivariate Analysen. Besonders die Zusammenhänge einzelner Aufgabenmerkmale, die bei den bivariaten Analysen vorgestellt werden, beeinflussen die methodischen Möglichkeiten und die Ergebnisse.

4.2.1.1 Univariate Analysen
Die Aufgaben des Eingangstests behandeln die Stoffgebiete Arithmetik, Algebra und Analysis, wobei fast zwei Drittel der Aufgaben zur Algebra gehören (siehe Tabelle 4.15). Der Großteil der Aufgaben erfordert einfaches oder anspruchsvolles Wissen aus der Sekundarstufe I und ist entsprechend den Curricularen Wissensstufen 2 und 3 zugeordnet[9].

Tabelle 4.15   Aufteilung Stoffgebiete und Curriculare Wissensstufe

Merkmal	Stoffgebiet			Curriculare Wissensstufe			
Ausprägung	Arithmetik	Algebra	Analysis	2	3	4	5
Anzahl	5	19	6	13	11	3	3

Über zwei Drittel der Aufgaben erfordern prozedurales, die übrigen konzeptuelles Wissen. Die Hälfte der Aufgaben ist dem Typ des technischen Arbeitens zuzuordnen und die andere Hälfte teilt sich in rechnerische und begriffliche Aufgaben (siehe Tabelle 4.16).

---

[9]Erläuterungen zu den Aufgabenmerkmalen sind Unterabschnitt 2.4.2 und dem Kategoriensystem in Anhang D zu entnehmen.

Tabelle 4.16 Aufteilung Wissensart und Typ mathematischen Arbeitens

Merkmal	Wissensart		Typ mathematischen Arbeitens		
Ausprägung	Prozedurales Wissen	Konzeptuelles Wissen	Technische Aufgaben	Rechnerische Aufgaben	Begriffliche Aufgaben
Anzahl	22	8	15	7	8

Die Aufgaben decken zwar alle prozessbezogenen Kompetenzen ab, dies jedoch zu sehr unterschiedlichen Teilen (siehe Tabelle 4.17 und 4.18). Fast alle Aufgaben erfordern symbolisch/formales/technisches Umgehen mit Mathematik, jedoch nur wenige Aufgaben mathematisches Argumentieren. Die anderen Kompetenzen werden jeweils für etwa ein Drittel der Aufgaben benötigt. Bei keiner der Aufgaben werden Kompetenzen auf Anforderungsbereich 3 gefordert. Im Bereich des mathematischen Modellierens wird der Anforderungsbereich 2 nicht erreicht.

Tabelle 4.17 Aufteilung der Kompetenzen K1, K2 und K3

Merkmal	K1			K2			K3	
Ausprägung	0	1	2	0	1	2	0	1
Anzahl	27	1	2	21	7	2	24	6

Tabelle 4.18 Aufteilung der Kompetenzen K4, K5 und K6

Merkmal	K4			K5			K6		
Ausprägung	0	1	2	0	1	2	0	1	2
Anzahl	21	7	2	1	12	17	19	7	4

Die Aufgaben behandeln zu gleichen Teilen die Leitidee Algorithmus und Zahl (L1) und Funktionaler Zusammenhang (L4), wobei zwei Aufgaben beiden Leitideen zuzuordnen sind. Alle drei Anforderungsbereiche sind in den Aufgaben enthalten, wobei AB 1 zum Reproduzieren am stärksten vertreten ist (siehe Tabelle 4.19).

Tabelle 4.19 Aufteilung Leitideen und Anforderungsbereiche

Merkmal	Leitidee			Anforderungsbereich		
Ausprägung	Algorithmus und Zahl	Funktionaler Zusammenhang	L1 und L4	1	2	3
Anzahl	14	14	2	17	9	4

Fast die Hälfte der Aufgaben erfordert Grundvorstellungen mit unterschiedlicher Intensität. Bei 17 Aufgaben werden keine benötigt. Bei 19 Aufgaben liegt keine sprachlogische Komplexität vor, bei 10 Aufgaben ein niedriges Niveau, nur eine Aufgabe durchschnittliches Niveau und keine hohes Niveau (siehe Tabelle 4.20).

Tabelle 4.20 Aufteilung Grundvorstellungsintensität und Sprachlogische Komplexität

Merkmal	Grundvorstellungsintensität				Sprachlogische Komplexität		
Ausprägung	0	1	2	3	0	1	2
Anzahl	17	1	9	3	19	10	1

Die Hälfte der Aufgaben ist nicht in einen Kontext eingebettet, bei neun Aufgaben liegt ein innermathematischer Kontext vor und bei sechs Aufgaben geht es um außermathematische Kontexte (siehe Tabelle 4.21). Es sind Aufgaben mit unterschiedlichen Umfängen der Bearbeitung enthalten. Größtenteils ist der Umfang niedrig oder mittel mit überwiegend kleinen Lösungsschritten. Vier Aufgaben erfordern einen hohen Umfang der Bearbeitung, bei dem mindestens zwei implizite Größen im Lösungsweg enthalten sind.

Tabelle 4.21 Aufteilung Kontext und Umfang der Bearbeitung

Merkmal	Kontext			Umfang der Bearbeitung		
Ausprägung	1	2	3	1	2	3
Anzahl	9	6	15	11	15	4

4.2.1.2 Bivariate Analysen

Die Aufgabenmerkmale sind nicht nur unabhängig zu betrachten, sondern auch in ihrer Abhängigkeit zueinander. So treten bestimmte Aufgabenmerkmale gehäuft

gemeinsam auf und andere wiederum werden nicht kombiniert. Tabelle 4.22 gibt
an, bei welchen Kombinationen der Aufgabenmerkmale der Chi^2-Test signifikante
Zusammenhänge aufweist bzw. Höhe und Signifikanz der Spearman-Korrelation.
Die zugehörigen deskriptiven Tabellen befinden sich in Anhang A (Tabelle A54
bis A179). Bei einigen Merkmalen sind die Zusammenhänge aufgrund der theoretischen Definition klar, z. B. wird der Typ mathematischen Arbeitens anhand
der benötigten Wissensart definiert.

Die Aufgabenmerkmale Curriculare Wissensstufe, Leitidee, K4 und K5 weisen
die wenigsten Zusammenhänge zu anderen Aufgabenmerkmalen auf. Hingegen
fallen die Aufgabenmerkmale Anforderungsbereich, Summe an Kompetenzen,
Grundvorstellungsintensität und sprachlogische Komplexität durch besonders
viele Zusammenhänge auf.

Die Zusammenhänge der vier Merkmale Summe an Kompetenzen, Grundvorstellungsintensität, sprachlogische Komplexität und Anforderungsbereich, das
gemeinsame Auftreten einzelner Kompetenzen und die auftretenden Aufgabenmerkmale in Abhängigkeit der Typen mathematischen Arbeitens werden im
Folgenden genauer betrachtet.

Die Aufgabenmerkmale Summe an Kompetenzen, Grundvorstellungsintensität, sprachlogische Komplexität und Anforderungsbereich weisen zueinander
hohe signifikante Zusammenhänge auf (siehe Tabelle 4.22). So erfordern Aufgaben eines höheren Anforderungsbereichs natürlich auch mehr Kompetenzen,
eine höhere Grundvorstellungsintensität und weisen eine höhere sprachlogische
Komplexität auf. Alle 17 Aufgaben, die keine Grundvorstellungsintensität aufweisen, weisen auch keine sprachlogische Komplexität auf, erfordern maximal
Stufe zwei bei der Summe an Kompetenzen (nur K4 und K5) und sind genau die
17 Aufgaben mit Anforderungsbereich 1 (siehe Tabellen A140, A143, A120 in
Anhang A). Es handelt sich dabei um die 15 Aufgaben technischen Arbeitens und
die zwei Aufgaben rechnerischen Arbeitens. Diese starken Zusammenhänge sind
zwar inhaltlich logisch, erschweren aber die Analyse des Einflusses der einzelnen
Aufgabenmerkmale. Eine strikte Trennung dieser Merkmale bei der Konstruktion
von Aufgaben wäre für die Auswertungen zwar wünschenswert, ist aber inhaltlich nicht möglich. So sind z. B. Aufgaben eines höheren Anforderungsbereichs,
die aber zugleich wenige Kompetenzen und eine geringe Grundvorstellungsintensität erfordern, nicht vorstellbar. Schließlich sollen per Definition komplexe
Sachverhalte verarbeitet werden, sodass eine selbständige Anwendung geeigneter
Verfahren und auch Verallgemeinerungen, Begründungen, Deutungen und Refle-
xionen gefordert werden. Dazu sind aber natürlich mehr Kompetenzen erforderlich als bei reinen Reproduktionsaufgaben eines geringen Anforderungsbereichs.
Entsprechend lassen sich die geschilderten Zusammenhänge nicht vermeiden.

Tabelle 4.22 Zusammenhänge der Aufgabenmerkmale, Spearman-Korrelation oberhalb der Diagonalen (hellgrau: $p < 0,01$; dunkelgrau: $p < 0,05$); Ergebnisse Signifikanz Chi^2-Test nominalskalierter Merkmale unterhalb der Diagonalen

	Typ math. Arbeitens	Wissensart	Stoffgebiet	Leitidee	CW	AB	K1	K2	K3	K4	K5	K6	Summe Kompetenzen	KI	Sprachl. Kompl.	Umfang	Kontext
Typ math. Arbeitens	1																
Wissensart		1															
Stoffgebiet			1														
Leitidee				1													
Curric. Wissensstufe					1	,049	-,180	,059	-,207	,168	,321	-,120	,011	,115	-,244	,256	
AB						1	,475	,736	,493	,225	-,212	,868	,932	,963	,806	,437	
K1							1	,321	-,166	,224	-,453	,422	,433	,324	,411	,116	
K2								1	,234	,209	-,118	,586	,810	,736	,532	,502	
K3									1	-,324	-,050	,630	,486	,498	,680	,186	
K4										1	-,388	,023	,247	,281	-,088	,140	
K5											1	-,203	-,089	-,149	-,221	-,115	
K6												1	,855	,796	,814	,338	
Summe Kompetenzen													1	,910	,759	,393	
Grundvorstellung														1	,744	,431	
Sprachl. Kompl.															1	,126	
Umfang																1	
Kontext																	1

Bei den hier verwendeten Aufgaben treten bestimmte Kombinationen von geforderten Kompetenzen besonders häufig auf, was eine einzelne Betrachtung der Kompetenzen, insbesondere bei nur 30 Aufgaben, erschwert. Wie in Tabelle 4.22 abzulesen ist, liegen signifikante, zum Teil negative, Zusammenhänge zwischen K1 und K5, K1 und K6, K2 und K6, K3 und K6 sowie zwischen K4 und K5 vor. Aufgaben, die hohe Anforderungen an einen symbolisch/formalen/technischen Umgang mit Mathematik haben, benötigen hier keine Kompetenzen zum mathematischen Argumentieren und verwenden überwiegend keine mathematischen Darstellungen. Höhere Anforderungen an das mathematische Kommunizieren treten hier in Verbindung mit höheren Anforderungen an mathematisches Argumentieren, Probleme mathematisch lösen und Modellieren auf. Teilweise hätten diese Zusammenhänge durch eine gezielte Konstruktion der Aufgaben vermieden werden können. So hätten Aufgaben konstruiert werden können, die sowohl K1 oder K4 als auch K5 erfordern. Aufgaben, die zwar K2 erfordern, aber nicht K6 und umgekehrt sollten auch möglich zu konstruieren sein, aber schon deutlich schwerer. Kaum vermeiden lassen sich jedoch weder die Zusammenhänge zwischen K1 und K6 noch zwischen K3 und K6, da sowohl beim mathematischen Argumentieren als auch beim mathematischen Modellieren mathematisches Kommunizieren erforderlich ist. Die zum Teil nicht vermeidbaren Zusammenhänge zwischen den Kompetenzen werden u. a. durch die Untersuchung der PISA-Aufgaben 2012 von Turner und Adams (2012) bestätigt, wobei hier zum Teil noch deutlich höhere Korrelationen bestehen (siehe Tabelle 2.21 in Unterabschnitt 2.4.3). Mathematisches Kommunizieren korreliert in dieser Studie ähnlich hoch zu K1, aber noch deutlich höher zu K2 und K3 als im hier verwendeten Eingangstest. Die negativen Zusammenhänge von K5 zu den anderen Kompetenzen sind jedoch eher etwas ungewöhnlich und vermutlich der starken Überrepräsentanz dieser Kompetenz geschuldet.

Die Aufgaben unterscheiden sich grundlegend anhand des Typs mathematischen Arbeitens, der zur Lösung der Aufgabe benötigt wird. Bei einigen Analysen werden die Aufgaben getrennt nach dem Typ mathematischen Arbeitens betrachtet. Die Aufgaben unterscheiden sich auch bezüglich anderer Aufgabenmerkmale. Chi-Quadrat-Tests zeigen signifikante Zusammenhänge zur Wissensart ($Chi^2 = 30; df = 2; p < 0,001$), zur Grundvorstellungsintensität ($Chi^2 = 31,1; df = 6; p < 0,001$), zum Anforderungsbereich ($Chi^2 = 31,1; df = 4; p < 0,001$), zu einigen Kompetenzen (K2: $Chi^2 = 15,3; df = 4; p = 0,004$; K3: $Chi^2 = 15,6; df = 2; p < 0,001$ K6: $Chi^2 = 17,5; df = 4; p = 0,002$), zur Summe an Kompetenzen ($Chi^2 = 37; df = 12; p < 0,001$) und zum Kontext ($Chi^2 = 40,8; df = 4; p < 0,001$).

Für die 15 **technischen Aufgaben** ist nur prozedurales Wissen erforderlich, kein konzeptuelles Wissen. Es werden keine Grundvorstellungen benötigt und alle Aufgaben liegen im Anforderungsbereich 1, in dem Sachverhalte und Kenntnisse reproduziert werden müssen. Es werden keine Kompetenzen zum mathematischen Argumentieren, Problemlösen, Modellieren und mathematischen Kommunizieren benötigt. Die Aufgaben sind weder in einen inner- noch in einen außermathematischen Kontext eingebunden.

Die sieben **rechnerischen Aufgaben** erfordern prozedurales Wissen. Sie liegen in den Anforderungsbereichen 1 und 2. Bis auf K1 sind alle Kompetenzen vertreten, wobei die Summe der Kompetenzen im mittleren Bereich liegt. Die Aufgaben sind in inner- und außermathematische Kontexte eingebettet. Bei diesen Aufgaben sind keine zum Stoffgebiet der Analysis vertreten.

Die acht **begrifflichen Aufgaben** erfordern konzeptuelles Wissen, wodurch sie sich grundlegend von den anderen Aufgaben unterscheiden. Sie erfordern eine höhere Grundvorstellungsintensität, haben einen höheren Anforderungsbereich und weisen die höchste Summe an benötigten Kompetenzen auf. Kompetenzen im mathematischen Argumentieren werden nur bei diesen Aufgaben benötigt. Die

Aufgaben behandeln nicht das Stoffgebiet der Arithmetik und befassen sich überwiegend mit der Leitidee des Funktionalen Zusammenhanges. Die Aufgaben sind überwiegend in einen innermathematischen Kontext eingebettet. Den höchsten Umfang der Bearbeitung weisen fast nur die begrifflichen Aufgaben auf, wobei sich diese nicht unbedingt aufgrund vieler Rechenschritte ergibt, sondern aufgrund benötigter impliziter Größen.

4.2.2 Clusteranalyse

Die erste Forschungsfrage thematisiert, welche Aufgabenmerkmale die Aufgabenschwierigkeit, die Stärke der Selbstwirksamkeitserwartung, den Calibration Bias und die Calibration Accuracy bestimmen. Für die Beantwortung dieser Frage wird der Datensatz des Eingangstests auf Aufgabenebene zugrunde gelegt, indem jeder Aufgabe die durchschnittlichen Werte zu Leistung, Selbstwirksamkeitserwartung, Calibration Bias und Calibration Accuracy sowie die kodierten Aufgabenmerkmale zugeordnet werden. Der Datensatz, der zugleich einen guten Überblick zu den kodierten Aufgabenmerkmalen gibt, befindet sich in Tabelle A53 in Anhang A.

4.2.2.1 Überblick zu den Einschätzungen und Leistungen bezüglich der Aufgaben

Bei den meisten Aufgaben haben sich die Studierenden überschätzt – und dies zum Teil sogar sehr stark (siehe Abbildung 4.14). Bei einzelnen Aufgaben haben sie sich jedoch durchschnittlich relativ exakt eingeschätzt und teilweise sogar im Durchschnitt unterschätzt.

Besonders auffällig sind die relativ exakten Einschätzungen der Aufgaben a2, a6, a9, a19 und a20 sowie die extreme Überschätzung der eigenen Fähigkeiten bei den Aufgaben a1, a3 und a12, bei denen durchschnittlich die Selbstwirksamkeitserwartung der Studierenden sehr hoch ist, aber diese zugleich sehr geringe Leistungen aufweisen. Bei Aufgabe 6 (siehe Abbildung 4.15) unterschätzen sich die Studierenden sogar. Bei dieser Aufgabe konnten vermutlich einige durch Raten die richtige Antwort notieren, auch wenn ihnen der Zusammenhang nicht ganz klar war und sie entsprechend zuvor unsicher waren und keine hohe Selbstwirksamkeitserwartung angegeben haben. Oder sie brauchten ggf. etwas länger um über diese Aufgabe nachzudenken, so dass die Zeit für eine exakte Einschätzung nicht ausgereicht hat.

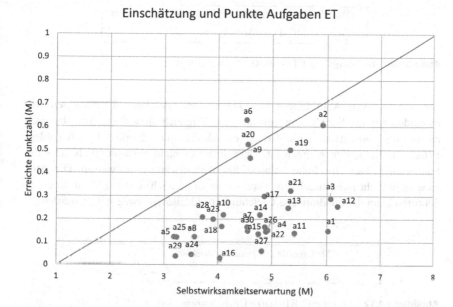

Abbildung 4.14 Calibration Curve mit der eingeschätzten Selbstwirksamkeit auf der x-Achse und der erreichten Punktzahl auf der y-Achse

---

6. Sei $xy = 1$ und x größer als 0. Ergänzen Sie den folgenden Satz zu einer wahren Aussage:

 » Wenn x wächst, dann wird y ... «

Abbildung 4.15 Aufgabe 6 ET (stärkste Unterschätzung)

   Bei Aufgabe 1 (siehe Abbildung 4.16) hingegen haben die Studierenden ihre Fähigkeiten deutlich überschätzt. Diese Aufgabe erfordert neben den Grundrechenarten auch den Umgang mit negativen Zahlen und Gesetze zur Rechenreihenfolge. An sich ist diese Aufgabe zwar nicht schwer, aber sie hat Potenzial für Flüchtigkeitsfehler. So wurde sehr häufig Punkt-vor-Strich-Rechnung nicht berücksichtigt und es haben sich Fehler bei den Vorzeichen eingeschlichen. Auch das Quadrieren negativer Zahlen unter Berücksichtigung vorhandener oder nicht vorhandener Klammern stellt für einige Studierende eine Hürde dar.

   Eine weitere Aufgabe, bei der sich die Studierenden stark überschätzt haben und bei der sie zugleich die höchste Selbstwirksamkeitserwartung aufweisen, ist

> 1. Berechnen und vereinfachen Sie soweit wie möglich.
>
> $(-2)^2 - 1^2(-11 - 5)/(-4)$

Abbildung 4.16 Aufgabe 1 ET (stärkste Überschätzung)

Aufgabe 12 (siehe Abbildung 4.17). Quadratische Gleichungen sollten den Studierenden aus der Schule sehr vertraut sein. Zugleich sieht diese Aufgabe auch recht einfach aus, da sie keine Brüche enthält und mit -2 und -1 auch Zahlen, mit denen einfach zu rechnen ist. Deshalb ist es nicht verwunderlich, dass die Studierenden hier eine hohe Selbstwirksamkeitserwartung aufweisen. Die Aufgabe sieht nicht nur einfach aus, sondern sie ist es auch. Innerhalb von wenigen Schritten kann die quadratische Gleichung im Ideallösungsweg gelöst werden.

> 12. Lösen Sie folgende quadratische Gleichung
>
> $$(x - 2)^2 - 2 = -1$$

Abbildung 4.17 Aufgabe 12 ET (starke Überschätzung, höchste SWK)

Ein Blick in die Lösungswege zeigt jedoch, dass ein Großteil der Studierenden zunächst die Klammer auflöst, dann versucht die Gleichung zusammenzufassen und dann nicht weiter weiß oder versucht die pq-Formel anzuwenden. Auf diesem deutlich längeren Lösungsweg scheitern dann einige an der richtigen Anwendung der binomischen Formel, dem Rechnen mit negativen Zahlen und der korrekten Anwendung der pq-Formel (siehe Fehlerbeispiel in Abbildung 4.18). Viele Studierende formen die Gleichung wie beschrieben um, wenden aber die pq-Formel nicht an und scheitern so auf dem Weg (siehe Fehlerbeispiel in Abbildung 4.19). So führt vor allem dieser umständliche Lösungsweg zu vielen Fehlern und so zu der starken Überschätzung.

4.2.2.2 Bildung der Cluster

Die 30 Aufgaben des Eingangstests werden mittels einer Clusteranalyse in Gruppen eingeteilt. Dabei werden Aufgaben zu Gruppen zusammengefasst, die sich innerhalb der Gruppen bezüglich der Basisvariablen (Punktzahl, SWK, Bias, CA) möglichst ähnlich sind und sich zugleich möglichst stark von den anderen Gruppen unterscheiden. Die ausgewählten Basisvariablen berücksichtigen sowohl die erbrachte Leistung, die Selbstwirksamkeitserwartung als auch deren Exaktheit

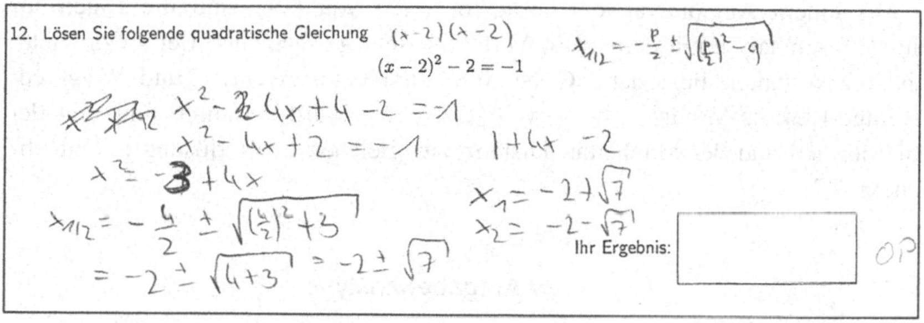

12. Lösen Sie folgende quadratische Gleichung $(x-2)(x-2)$

$$(x-2)^2 - 2 = -1$$

$x_{1,2} = -\frac{p}{2} \pm \sqrt{\left(\frac{p}{2}\right)^2 - q}$

$x^2 - 2 \cdot 4x + 4 - 2 = -1$

$x^2 - 4x + 2 = -1 \qquad |+4x \quad -2$

$x^2 = -3 + 4x$

$x_{1,2} = -\frac{4}{2} \pm \sqrt{\left(\frac{4}{2}\right)^2 + 3}$

$= -2 \pm \sqrt{4+3} = -2 \pm \sqrt{7}$

$x_1 = -2 + \sqrt{7}$

$x_2 = -2 - \sqrt{7}$

Ihr Ergebnis:

OP

Abbildung 4.18 Falscher Lösungsweg A12 im ET – falsche Anwendung der pq-Formel

12. Lösen Sie folgende quadratische Gleichung

$$(x-2)^2 - 2 = -1$$

$\left(x^2 - 4x + 4\right) - 2 = -1$

$x^2 - 4x + 4 - 2 = -1 \quad |+1$

$x^2 - 4x + 4 - 2 + 1$

$x^2 - 4x + 3$

Ihr Ergebnis: $x^2 - 4x + 3$ OP

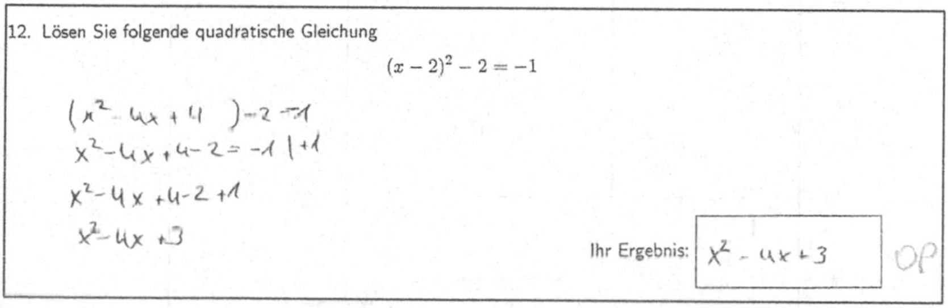

Abbildung 4.19 Falscher Lösungsweg A12 im ET – keine Anwendung der pq-Formel

in Form von Calibration Bias und Calibration Accuracy[10]. Zugleich können die gebildeten Cluster grafisch auf der Calibration Curve dargestellt und beschrieben werden, da sie im direkten Zusammenhang zueinander stehen. Aus diesem Grund wird hier auch die durchschnittliche Punktzahl und nicht die geschätzte Aufgabenschwierigkeit nach dem Birnbaum-Modell verwendet. Die Bildung der Cluster ermöglicht den anschließenden Vergleich der Gruppen bezüglich ihrer Aufgabenmerkmale. Zunächst erfolgt die Beschreibung der entstandenen Cluster anhand der Basisvariablen. Anschließend werden die Aufgaben geordnet nach Clustern mit zugehöriger Kodierung der wichtigsten Aufgabenmerkmale präsentiert und die Cluster werden inhaltlich anhand der Aufgabenmerkmale beschrieben.

---

[10]Die Reihenfolge der berücksichtigten Merkmale spielt hierbei keine Rolle.

Mit einem Agglomerative Coefficient (AC) von 0,92 sind die Daten für eine Clusteranalyse mit dem Ward-Verfahren sehr gut geeignet. Beim Complete-Linkage-Verfahren liegt der AC bei 0,88 und beim Average- und Weighted-Average-Linkage-Verfahren bei jeweils 0,81. Das Ward-Verfahren führt mit der euklidischen und der Manhattan Distanz zur gleichen Clusterlösung mit identischem AC.

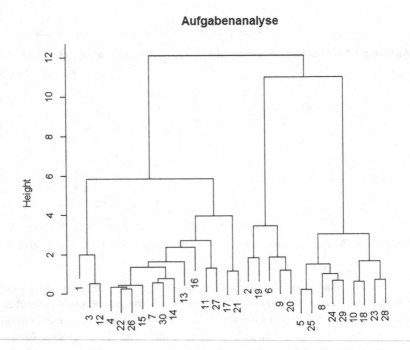

Abbildung 4.20 Dendrogramm Clusteranalyse mit dem Ward-Verfahren

Zur Bestimmung der Clusteranzahl werden das Dendrogramm (siehe Abbildung 4.20) und die Jump-Differenzierung herangezogen. Die Jump-Differenzierung ergibt eine optimale Clusteranzahl bei zwei Clustern (siehe Tabelle A180 mit den fusionierten Koeffizienten im Anhang). Die Einteilung in zwei Cluster wird am Dendrogramm deutlich, wobei eine feinere Einteilung in drei oder vier Cluster auch gut zu erkennen ist. Bei vier Clustern enthält eine Gruppe nur drei Aufgaben. Eine Einteilung in zwei Gruppen ergibt eine Trennung der Aufgaben mit eher hoher versus Aufgaben mit eher niedrigerer Calibration Accuracy. Dabei werden Aufgaben, bei denen die Studierenden eine eher hohe Selbstwirksamkeitserwartung aufweisen und diese auch eher richtig lösen, mit Aufgaben zusammengefasst, bei denen die Studierenden eine geringe Selbstwirksamkeitserwartung haben und geringe Punktzahlen erreichen. Um diese Trennung genauer untersuchen zu können, werden drei Gruppen gebildet, obwohl die Jump-Differenzierung eine Einteilung in zwei Gruppen befürworten würde.

Der Vergleich der Aufgaben bezüglich der durchschnittlichen Selbstwirksamkeitserwartung und der durchschnittlich erbrachten Punktzahl sowie die Clustereinteilung werden in Abbildung 4.21 dargestellt.

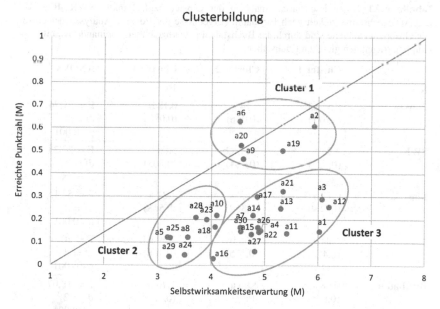

Abbildung 4.21 Calibration Curve zu den Aufgaben des Eingangstests mit der durchschnittlichen SWK auf der x-Achse und der durchschnittlich erreichten Punktzahl auf der y-Achse

Der Vergleich der Clusterlösungen über das Ward-Verfahren mit den Clusterlösungen anderer Verfahren (Complete-, Average-, Weighted Average-Linkage)

anhand der Dendrogramme (siehe Abbildungen A75, A76 und A77 in Anhang A) zeigt, dass es sich um eine recht stabile Einteilung handelt, bei der einzelne Aufgaben jedoch auch anders zugeordnet werden könnten. So ordnet das Complete-Linkage-Verfahren Aufgabe 16 Cluster zwei statt Cluster drei zu, was grafisch gut nachvollziehbar ist. Auch das Weighted-Average-Verfahren ordnet die Aufgaben 16, 17 und 21 Cluster zwei statt Cluster drei zu. Das Average-Verfahren gelangt zur gleichen Clustereinteilung wie das Ward-Verfahren. Außerdem würden bei allen Verfahren die Aufgaben 1, 3 und 12 das vierte Cluster bilden.

Die gebildeten Cluster unterscheiden sich bezüglich der erreichten Punkte, der Selbstwirksamkeitserwartung, dem Calibration Bias, der Calibration Accuracy und der Itemschwierigkeit nach Birnbaum signifikant zueinander, wie univariate Varianzanalysen zeigen (siehe Tabelle 4.23).

Tabelle 4.23 Ergebnisse Varianzanalysen der Cluster bzgl. Punkte, SWK, Bias, CA und Aufgabenschwierigkeit nach Birnbaum (Ergebnisse der Posthoc-Analysen der einzelnen Gruppenvergleiche sind durch die Buchstaben gekennzeichnet, zueinander signifikante Gruppen tragen den gleichen Buchstaben)

	Cluster 1	Cluster 2	Cluster 3	ANOVA
N	5	9	16	
Punkte	0,55 a,b (0,071)	0,14 a (0,066)	0,18 b (0,083)	F = 51,74 df = 2 p<0,001
SWK	4,98 a (0,622)	3,61 a,b (0,364)	5,08 b (0,603)	F = 22,25 df = 2 p<0,001
Bias	0,13 a (0,689)	1,65 a (0,317)	2,81 a (0,568)	F = 52,15 df = 2 p<0,001
CA	4,24 a (0,414)	4,65 b (0,275)	3,59 a,b (0,468)	F = 20,14 df = 2 p<0,001
Birnbaum	0,08 a,b (0,805)	1,96 a (0,616)	1,76 b (0,523)	F = 18,07 df = 2 p<0,001

Cluster 1 beinhaltet Aufgaben, zu denen die Studierenden im Schnitt eine eher höhere Selbstwirksamkeitserwartung haben und die am häufigsten richtig gelöst wurden. Entsprechend handelt es sich um Aufgaben, bei denen die Studierenden ihre Fähigkeiten am wenigsten überschätzen, teilweise sogar eher unterschätzen,

haben (vgl. Abbildung 4.21). Die Betrachtung der Calibration Accuracy zeigt jedoch, dass diese etwas niedriger als bei Cluster zwei ist. Die Betrachtung auf Personenebene zeigt, dass die Aufgaben 2, 6 und 9 die höchste Standardabweichung beim Calibration Bias aufweisen, d. h. bei diesen Aufgaben streuen die Studierenden besonders stark zwischen Über- und Unterschätzung, sodass der nahe bei null liegende Mittelwert des Bias hier nicht als eine besonders exakte Einschätzung gedeutet werden sollte. Auch zueinander weisen die Aufgaben des Clusters 1 die höchste Standardabweichung beim Calibration Bias auf.

Die Aufgaben aus **Cluster 2** zeichnen sich durch eine eher geringe Selbstwirksamkeitserwartung der Studierenden und eine hohe Itemschwierigkeit aus. Trotz tendenzieller Überschätzung der eigenen Fähigkeiten scheinen die Studierenden diese Aufgaben auch als schwieriger zu lösen eingeschätzt zu haben. Dieses Cluster weist durchschnittlich die höchste Calibration Accuracy auf, d. h. hier haben sich die Studierenden am exaktesten eingeschätzt. Gleichzeitig weisen die Aufgaben aus diesem Cluster die geringste Bearbeitungsquote auf.

Cluster 3 beinhaltet die meisten Aufgaben und stellt zugleich das problematischste Cluster dar. Zu diesen Aufgaben haben die Studierenden zwar eine hohe Selbstwirksamkeitserwartung, können diese aber häufig nicht erfolgreich lösen. Die starke Selbstüberschätzung und geringe Calibration Accuracy zeigen, dass die Studierenden die Itemschwierigkeit beziehungsweise ihre Fähigkeiten, Aufgaben dieser Schwierigkeit erfolgreich lösen zu können, nicht exakt einschätzen können. Bei den Aufgaben 1, 3 und 12 ist dies besonders extrem.

Die gebildeten Cluster unterscheiden sich zusätzlich darin, von wie vielen Studierenden die Aufgaben im Schnitt bearbeitet wurden ($F = 12{,}906$; $df = 2$; $p < {,}001$). Die Aufgaben in Cluster 1 wurden durchschnittlich von den meisten Studierenden bearbeitet (360), die in Cluster 3 von etwas weniger Studierenden (320) und die in Cluster 2 von den wenigsten (233). Der Vergleich der einzelnen Cluster mit der Bonferroni-Methode zeigt, dass sich Cluster 1 und 3 jedoch nicht signifikant bezüglich der Bearbeitung unterscheiden. Die Aufgaben in Cluster 2 wurden hingegen von signifikant weniger Studierenden bearbeitet als die Aufgaben aus Cluster 1 und 3.

Die Bearbeitung der Aufgaben wirkt sich auf die erreichten Punkte aus, da eine nicht bearbeitete Aufgabe mit 0 Punkten bewertet wird. Entsprechend korreliert die Anzahl der Bearbeitungen stark positiv mit der durchschnittlichen Punktzahl ($r = {,}597$) und stark negativ mit der Itemschwierigkeit nach Birnbaum ($r = -{,}582$). Es ist davon auszugehen, dass die Nicht-Bearbeitung einer Aufgabe mit dem fehlenden Zutrauen, sie lösen zu können, also einer geringen Selbstwirksamkeitserwartung, zusammenhängt. Dies wird durch einen sehr hohen Korrelationskoeffizienten von $(r = ,873)$ bestätigt. Der Bias korreliert mit $(r = ,055)$ und die Calibration Accuracy mit $(r = -,640)$ mit der durchschnittlichen Bearbeitung der Aufgabe.

Cluster 1

2. Berechnen und vereinfachen Sie soweit wie möglich.

$$\left(\frac{3}{8} \cdot \frac{16}{5}\right) \Big/ \frac{4}{5}$$

CW	A3	K1	K2	K3	K4	K5	K6	Typ	WA	GI	SpK	K	U
2	1	0	0	0	0	1	0	1	2	0	0	3	2

6. Sei $xy = 1$ und x größer als 0. Ergänzen Sie den folgenden Satz zu einer wahren Aussage:

» Wenn x wächst, dann wird y ... «

CW	A3	K1	K2	K3	K4	K5	K6	Typ	WA	GI	SpK	K	U
3	2	0	1	0	0	2	1	3	3	2	1	1	2

9. Thomas besucht dieses Semester zwei Veranstaltungen weniger als Anja, und Verena besucht dreimal so viele Veranstaltungen als Thomas. Stellen Sie einen Ausdruck für die Anzahl der von Verena besuchten Veranstaltungen auf, wenn Anja n Veranstaltungen besucht.

CW	A3	K1	K2	K3	K4	K5	K6	Typ	WA	GI	SpK	K	U
2	2	0	0	1	0	1	2	2	2	2	2	2	1

19. Bestimmen Sie m und b der linearen Funktion $y = mx + b$ die zum folgenden Graphen gehört.

CW	A3	K1	K2	K3	K4	K5	K6	Typ	WA	GI	SpK	K	U
2	1	0	0	0	1	1	0	2	2	0	0	1	1

20. Gegeben seien die Funktionen $g_1(x) = ax + b$ und $g_2(x) = ax + c$ mit $b \neq c$. Begründen Sie, warum sich die Graphen der beiden Funktionen nicht schneiden.

CW	A3	K1	K2	K3	K4	K5	K6	Typ	WA	GI	SpK	K	U
2	2	1	0	0	1	1	1	3	3	2	1	1	1

Cluster 2

5. Berechnen und vereinfachen Sie soweit wie möglich.

$$\log_3 \frac{1}{9}$$

CW	AB	K1	K2	K3	K4	K5	K6	Typ	WA	GI	SpK	K	U
3	1	0	0	0	0	2	0	1	2	0	0	3	1

8. Vereinfachen Sie den Ausdruck soweit wie möglich.

$$\left(2m^2 n^{t-1}\right)^3$$

CW	AB	K1	K2	K3	K4	K5	K6	Typ	WA	GI	SpK	K	U
2	1	0	0	0	0	2	0	1	2	0	0	3	1

10. Vereinfachen Sie den Ausdruck soweit wie möglich.

$$\sqrt{x} \cdot \sqrt[3]{x^2}$$

CW	AB	K1	K2	K3	K4	K5	K6	Typ	WA	GI	SpK	K	U
3	1	0	0	0	0	2	0	1	2	0	0	3	2

18. Gegeben sei die Funktion $f(x) = (x-a)^2 + b$ mit $a, b \in \mathbb{R}^+$. Wie verändert sich der Graph von f, wenn a erhöht wird?

CW	AB	K1	K2	K3	K4	K5	K6	Typ	WA	GI	SpK	K	U
3	2	0	1	0	1	2	0	3	3	2	1	1	1

23. Gegeben sei die Funktion $f(x) = ax^3 + b$ mit $x, a, b \in \mathbb{R}$ und $a > 0$. Begründen Sie, warum der Graph von f unabhängig von a und b sowohl positive als auch negative Funktionswerte annimmt.

CW	AB	K1	K2	K3	K4	K5	K6	Typ	WA	GI	SpK	K	U
3	3	2	1	0	1	1	1	3	3	2	1	1	1

24. Die Geschwindigkeit v eines geradlinig bewegten Körpers t Sekunden nach seinem Start aus der Ruhelage ist $v = -4t^3 + 12t^2$ Meter pro Sekunde. Wie viele Sekunden nach dem Start wird seine Beschleunigung Null?

CW	AB	K1	K2	K3	K4	K5	K6	Typ	WA	GI	SpK	K	U
4	3	0	0	1	0	2	1	3	3	3	1	2	2

25. Skizzieren Sie einen stetigen Graphen mit $D = \mathbb{R}$ der nachstehende Eigenschaften aufweist:

$$f(0) = 1,\ f'(0) = 0,\ f'(1) < 0 \text{ und } f''(x) \neq 0$$

CW	AB	K1	K2	K3	K4	K5	K6	Typ	WA	GI	SpK	K	U
5	3	0	1	0	2	2	2	3	3	3	0	1	3

28. Gegeben sei der Graph einer Funktion $g(x)$. Skizzieren Sie in das gleiche Koordinatensystem der qualitativen Verlauf der Ableitungsfunktion ein.

CW	AB	K1	K2	K3	K4	K5	K6	Typ	WA	GI	SpK	K	U
4	2	0	1	0	2	1	0	3	3	3	0	1	3

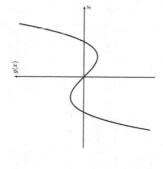

29. Bestimmen Sie die erste Ableitung von $f(x) = x \cdot \ln(x)$

CW	AB	K1	K2	K3	K4	K5	K6	Typ	WA	GI	SpK	K	U
5	1	0	0	0	0	2	0	1	2	0	0	3	1

Cluster 3

1. Berechnen und vereinfachen Sie soweit wie möglich.

$$(-2)^2 - 1^2(-11-5)/(-4)$$

CW	AB	K1	K2	K3	K4	K5	K6	Typ	WA	GI	SpK	K	U
2	1	0	0	0	0	2	0	1	2	0	0	3	2

3. Die Hälfte der Studierenden an der Uni X geht heute in der Mensa essen. Ein Drittel davon wählt Menü 1. Welcher Anteil der Studierenden der Uni X hat sich heute nicht dazu entschlossen das Menü 1 in der Mensa zu essen?

CW	AB	K1	K2	K3	K4	K5	K6	Typ	WA	GI	SpK	K	U
2	2	0	0	1	0	1	1	2	2	1	1	2	2

4. Berechnen und vereinfachen Sie soweit wie möglich.

$$32\tfrac{2}{3}$$

CW	AB	K1	K2	K3	K4	K5	K6	Typ	WA	GI	SpK	K	U
2	1	0	0	0	0	2	0	1	2	0	0	3	1

7. Vereinfachen Sie den Ausdruck soweit wie möglich.

$$\frac{1-y^2}{y+1}$$

CW	AB	K1	K2	K3	K4	K5	K6	Typ	WA	GI	SpK	K	U
2	1	0	0	0	0	2	0	1	2	0	0	3	1

11. Anton und Paul erhalten monatlich den gleichen Nettolohn. Paul hat monatlich fixe Kosten von 600 Euro, gibt aber sonst nur halb so viel aus wie Anton insgesamt. Wie viel kann Anton im Monat ausgeben, damit er genau so viel ausgibt wie Paul?

CW	AB	K1	K2	K3	K4	K5	K6	Typ	WA	GI	SpK	K	U
2	2	0	2	1	0	1	1	2	2	2	1	2	2

12. Lösen Sie folgende quadratische Gleichung

$$(x-2)^2 - 2 = -1$$

CW	AB	K1	K2	K3	K4	K5	K6	Typ	WA	GI	SpK	K	U
3	1	0	0	0	0	2	0	1	2	0	0	3	2

13. Ein Unternehmen produziert zwei Güter A und B, wobei von Gut A stets 20 Prozent mehr produziert wird als von B. Der Gewinn pro verkaufter Einheit beträgt für das Gut A 40 Euro und für Gut B 12 Euro. Wie viel muss von den beiden Gütern produziert werden, um einen Gewinn von 600 Euro zu erzielen?

CW	AB	K1	K2	K3	K4	K5	K6	Typ	WA	GI	SpK	K	U
2	2	0	1	1	0	2	1	2	2	2	1	2	3

CW	AB	K1	K2	K3	K4	K5	K6	Typ	WA	GI	SpK	K	U
3	1	0	0	0	0	2	0	1	2	0	0	3	2
2	1	0	0	0	0	2	0	1	2	0	0	3	1
3	2	0	1	1	0	2	2	2	2	2	1	2	2
2	1	0	0	0	1	1	0	2	2	0	0	1	2
3	1	0	0	0	1	1	0	1	2	0	0	3	1
3	1	0	0	0	1	1	0	1	2	0	0	3	2
4	1	0	0	0	0	1	0	1	2	0	0	3	2
5	1	0	0	0	0	2	0	1	2	0	0	3	2
2	3	2	2	0	0	0	3	3	3	2	1	1	2

14. Lösen Sie folgende Ungleichung

$$-5x - 7 > -2$$

15. Lösen Sie folgende kubische Gleichung

$$(x+1)(x^2-4) = 0$$

16. Frau Meyer möchte unbedingt in zwei Jahren eine Kreuzfahrt machen und legt ihre Ersparnisse in einer riskanten Geldanlage an. Sie benötigt das Neunfache der eingezahlten Summe. Wie hoch muss der Zinssatz i ausfallen, damit Frau Meyer sich die Kreuzfahrt leisten kann?

17. Der Graph einer linearen Funktion verläuft durch die Punkte $P = (0,1)$ und $Q = (2,-2)$. Wie lautet die zugehörige Funktionsgleichung?

21. Zeichnen Sie den Graphen der Funktion $y = (x+1)^2 - 2$

22. Zeichnen Sie den Graphen der Funktion $y = \dfrac{1}{x}$

26. Bestimmen Sie die erste Ableitung von $f(x) = x^{\frac{1}{2}} + x^2 + \dfrac{1}{x^3} - 2$

27. Bestimmen Sie die erste Ableitung von $f(x) = 2(x^2 + 2)^3$

30. Begründen Sie, dass folgende Aussage wahr ist:

» Die Summe von zwei ungeraden Zahlen ergibt immer eine gerade Zahl. «

4.2.2.3 Untersuchung der Cluster

Die Zuteilung der Aufgaben zu den Clustern mit den kodierten Aufgabenmerkmalen Curriculare Wissensstufe (CW), Anforderungsbereich (AB), Kompetenzen K1 bis K6, Typ mathematischen Arbeitens (Typ), Art des Wissens (WA), Grundvorstellungsintensität (GI), Sprachlogische Komplexität (SpK), Kontext (K) und Umfang der Bearbeitung (U) wird für eine erste Übersicht auf den folgenden Seiten dargestellt[11].

Um zu erkennen, inwiefern einzelne Aufgabenmerkmale für die Stärke und die Exaktheit der Selbstwirksamkeitserwartung von Bedeutung sind, werden die gebildeten Cluster bezüglich ihrer Aufgabenmerkmale miteinander verglichen. In Abhängigkeit von den Skalenniveaus werden Chi^2-Tests, Kruskal-Wallis-Tests und univariate Varianzanalysen vorgenommen.

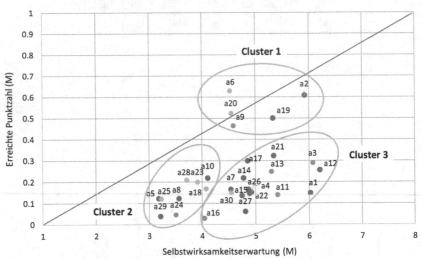

Abbildung 4.22 Vergleich Cluster nach Typ mathematischen Arbeitens (blau/dunkelgrau: Technische Aufgaben; schwarz: Rechnerische Aufgaben; orange/hellgrau: Begriffliche Aufgaben)

---

[11]Zur Erläuterung der Aufgabenmerkmale siehe Unterabschnitt 2.4.2 und Kategoriensystem in Anhang A

Die Cluster unterscheiden sich signifikant bezüglich der Typen mathematischen Arbeitens ($Chi^2 = 10{,}232$; $df = 4$; $p = 0{,}037$). Cluster 3 beinhaltet überwiegend technische Aufgaben, aber auch rechnerische, Cluster 2 technische und begriffliche Aufgaben und Cluster 1 Aufgaben aus allen drei Typen mathematischen Arbeitens (siehe Abbildung 4.22).

Die Cluster unterscheiden sich auch signifikant bezüglich der Wissensart, die in den Aufgaben abgefragt wird, wie der Chi^2-Test zeigt ($Chi^2 = 7{,}706$; $df = 2$; $p = 0{,}021$). Vor allem Cluster 3 sticht durch Aufgaben hervor, die fast alle prozedurales Wissen abfragen. Nur Aufgabe 30 (siehe Abbildung 4.23) erfordert konzeptuelles Wissen, wobei die Wissenszuordnung hier nicht ganz eindeutig ist. Diese Aufgabe kann auch ganz formal mit prozeduralem Wissen gelöst werden. Die Vernetzung der Begriffe mit einer Vorstellung zu geraden und ungeraden Zahlen bzw. deren formalen Darstellung und die Anforderung an eine schlüssige Begründung wurden hier als prozedurales Wissen eingeordnet. Man kann aber zugleich begründen, dass hier der Umgang mit mathematischen Symbolen und deren Umformung gefordert sind, was wiederum dem prozeduralen Wissen zugeordnet wird. Entsprechend passt es, dass ausgerechnet diese Aufgabe dem Cluster 3 zugeordnet ist und somit das prozedurale Wissen als typisches Merkmal für Cluster 3 angesehen werden kann.

---

30. Begründen Sie, dass folgende Aussage wahr ist:

   » Die Summe von zwei ungeraden Zahlen ergibt immer eine gerade Zahl. «

Abbildung 4.23 Aufgabe 30 ET

Dies passt zu der Zuordnung der Typen mathematischen Arbeitens, die bei diesem Cluster vor allem bei technischen und rechnerischen Aufgaben liegt. Cluster 1 und 2 hingegen sind ausgeglichen bezüglich der abgefragten Wissensarten (siehe Tabelle 4.24).

Tabelle 4.24 Vergleich der Cluster nach Wissensart

	Cluster 1	Cluster 2	Cluster 3
Prozedurales Wissen	3	4	15
Konzeptuelles Wissen	2	5	1

Eine Verteilung der Aufgaben sortiert nach Stoffgebieten zu den Clustern ist in Abbildung 4.24 dargestellt. Die Verteilungen unterscheiden sich zwar, jedoch nicht signifikant ($Chi^2 = 5,181$; $df = 4$; $p = 0,269$). Der Großteil der Aufgaben ist der Algebra zuzuordnen und in allen Clustern vertreten. Auch Aufgaben zur Arithmetik sind in allen drei Clustern vertreten. Lediglich Aufgaben zur Analysis fehlen in Cluster 1. Dies liegt vermutlich am Zusammenhang zur Curricularen Wissensstufe, da die Aufgaben zur Analysis den beiden höchsten Stufen 4 und 5 angehören und Cluster 1 Aufgaben niedrigerer curricularer Wissensstufen enthält, wie im nächsten Absatz dargestellt wird.

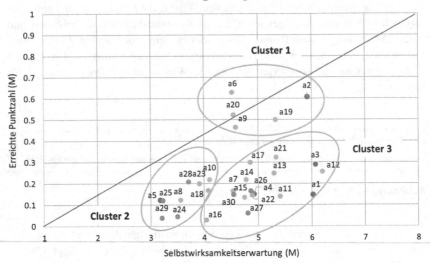

Abbildung 4.24 Vergleich Cluster nach Stoffgebiert (schwarz: Arithmetik; grün/dunkelgrau: Algebra; orange/hellgrau: Analysis)

Die Cluster unterscheiden sich bezüglich der Verteilung der Aufgaben unterschiedlicher curricularer Wissensstufen, wie der Kruskal-Wallis-Test zeigt ($Chi^2 = 7,981$; $df = 2$; $p = 0,018$). Die Aufgaben aus Cluster 2 sind eher höheren curricularen Wissensstufen zugeordnet, wohingegen Cluster 1 Aufgaben niedriger curricularer Wissensstufen enthält (siehe Abbildung 4.25). Bei Cluster

3 mischen sich die Aufgaben unterschiedlicher curricularer Wissensstufen, wobei Aufgaben mit niedrigerer curricularer Wissensstufe dominieren. Die Cluster unterscheiden sich bezüglich der weiteren untersuchten Aufgabenmerkmale nicht signifikant. Weder der Kontext, der Anforderungsbereich, die Leitideen, die Kompetenzen, die Summe der Kompetenzen, die Grundvorstellungsintensität, die sprachlogische Komplexität noch der Umfang der Bearbeitung weisen signifikante Unterschiede zwischen den Clustern auf. Da es sich jedoch um eine relativ geringe Anzahl an Aufgaben handelt, sollte weiterhin die deskriptive Verteilung dieser Merkmale berücksichtigt werden. Entsprechend werden diese trotzdem zur ergänzenden Beschreibung der Cluster verwendet. Tabelle 4.25 gibt einen Überblick zu den Aufgabenmerkmalen der Cluster.

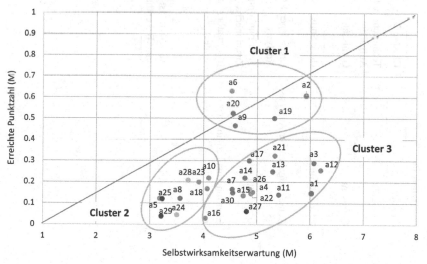

Abbildung 4.25 Vergleich Cluster nach Curricularer Wissensstufe (blau/dunkelgrau: Stufe 2; grün/mittelgrau: Stufe 3; orange/hellgrau: Stufe 4; schwarz: Stufe 5)

Tabelle 4.25 Überblick Aufgabenmerkmale der Cluster

	Cluster 1	Cluster 2	Cluster 3
Typ mathematischen Arbeitens	Gemischt	Technische & begriffliche Aufgaben	Überwiegend technische & rechnerische Aufgaben
Wissensart	Gemischt	Gemischt	Überwiegend prozedurales Wissen
Curriculare Wissensstufe	Niedrige Stufe	Hohe Stufe	Gemischt, aber überwiegend eher niedrige Stufe
Stoffgebiet	Keine Aufgaben zur Analysis	Überwiegend Algebra & Analysis	Alle Stoffgebiete
Leitidee	Gleich aufgeteilt	Mehr Funktionaler Zusammenhang	Mehr Algorithmus & Zahl
Kontext	Eher innermathematischer Kontext	Innermathematisch oder kein Kontext	Überwiegend ohne Kontext, aber auch die meisten Aufgaben mit außermathematischen Kontext enthalten
Anforderungsbereich	AB 1 & AB 2	Alle ABs; fast alle Aufgaben mit AB 3 enthalten	Überwiegend AB 1, aber auch AB 2

(Fortsetzung)

Tabelle 4.25 (Fortsetzung)

	Cluster 1	Cluster 2	Cluster 3
Kompetenzen	K5 niedrig; viele Aufgaben mit K6; eher geringe bis mittlere Summe an Kompetenzen, keine hohen	K5 hoch; verhältnismäßig viele Aufgaben mit K2 Stufe 1; Summe an Kompetenzen gemischt	K5 gemischt, aber eher hoch; Einzige beiden Aufgaben mit K2 Stufe 2 enthalten; Besonders wenige Aufgaben mit K4; Höchster Anteil geringer Kompetenzen, aber auch Aufgaben mit vielen Kompetenzen
Grundvorstellungsintensität	Stufe 2	Stufe 2 & 3	Überwiegend 0; geringster Anteil höherer Grundvorstellungsintensität
Sprachlogische Komplexität	Hoch	Gering	Gering
Umfang Bearbeitung	Höchster Anteil Aufgaben mit geringem Umfang und keine Aufgaben mit hohem Umfang. Somit eher Aufgaben mit niedrigem Bearbeitungsumfang.	Gemischt, aber höchster Anteil mit hohem Umfang	Geringster Anteil Stufe 1 und höchster Anteil Stufe 2. Somit eher Aufgaben mit mittlerem Bearbeitungsumfang.

Kurz zusammengefasst kann man die Cluster folgendermaßen beschreiben[12]:
Cluster 1 enthält Aufgaben niedriger curricularer Wissensstufen und entsprechend keine Aufgaben zur Analysis. Die sprachlogische Komplexität ist hoch und der Bearbeitungsumfang ist niedrig.

Cluster 2 enthält überwiegend technische und begriffliche Aufgaben höherer curricularer Wissensstufen, mit einem höherem Anforderungsbereich und höherer Grundvorstellungsintensität. Die Aufgaben mit dem höchsten Bearbeitungsumfang sind in diesem Cluster enthalten, wobei die höchste Stufe bei erforderten impliziten Größen kodiert wurde, was vor allem begriffliche Aufgaben betrifft. Entsprechend zeichnet sich die höchste Stufe nicht durch besonders lange Rechenwege aus.

Cluster 3 enthält Aufgaben, die prozedurales Wissen erfordern, sowohl technische als auch rechnerische Aufgaben. Aufgaben niedriger curricularer Wissensstufen mit niedrigem Anforderungsbereich und geringer Grundvorstellungsintensität dominieren. Die Aufgaben erfordern überwiegend einen mittleren Bearbeitungsumfang, was in der Regel längeren Rechenwegen ohne implizite Größen entspricht. In diesem Cluster ist ein Großteil der wenigen Aufgaben mit außermathematischen Kontext enthalten.

4.2.3 Leistung

Neben der durchschnittlichen Punktzahl jeder Aufgabe wurde die Itemschwierigkeit auch anhand des Rasch- und des Birnbaum-Modells geschätzt. Die Analysen in Unterabschnitt 4.1.1 zeigen, dass das Birnbaum-Modell am besten für die Daten geeignet ist, weshalb hier der Fokus darauf liegt und die anderen beiden Indizes nur zum Vergleich herangezogen werden.

4.2.3.1 Korrelationen
In Tabelle 4.26 sind die Korrelationen nach Spearman zwischen den Aufgabenmerkmalen und den drei Schwierigkeitsmaßen aufgelistet. Aufgrund der geringen Stichprobenzahl von nur 30 Aufgaben weisen kleine bis mittlere Korrelationen keine statistische Signifikanz auf. Entsprechend ist die Curriculare Wissensstufe das einzige Aufgabenmerkmal, das eine signifikante Korrelation zur empirischen Schwierigkeit aufweist. Die Korrelationen der einzelnen Kompetenzen zur Schwierigkeit nach Birnbaum liegen eher im unteren bis mittleren Bereich,

---

[12]Hierbei handelt es sich zwangsläufig um starke Verallgemeinerungen.

wobei K5 zur Punktzahl eine starke signifikante Korrelation aufweist. Bezogen auf die Korrelationen zur Aufgabenschwierigkeit nach Birnbaum scheint die sprachlogische Komplexität eher eine untergeordnete Rolle zu spielen. Aber auch der Anforderungsbereich, die Summe an Kompetenzen, die Grundvorstellungsintensität und der Umfang der Bearbeitung weisen nur geringe bis mittlere Korrelationen zur Aufgabenschwierigkeit auf. Dabei ist anzunehmen, dass genau diese Merkmale die Schwierigkeit einer Aufgabe ausmachen.

Tabelle 4.26 Spearman-Korrelationskoeffizienten zwischen Aufgabenmerkmalen und Schwierigkeitsindizes

	Punkte	**Rasch**	**Birnbaum**
Curriculare Wissensstufe	$-{,}487^{**}$	$,503^{**}$	$,417^{*}$
Anforderungsbereich	$-{,}037$	$,143$	$,218$
K1	$,117$	$,155$	$,129$
K2	$-{,}112$	$,205$	$,277$
K3	$-{,}096$	$-{,}019$	$,125$
K4	$,217$	$-{,}002$	$-{,}116$
K5	$-{,}436^{*}$	$,232$	$,262$
K6	$-{,}026$	$,091$	$,165$
Summe Kompetenzen	$-{,}122$	$,216$	$,281$
Grundvorstellungsintensität	$-{,}031$	$,078$	$,156$
Sprachlogische Komplexität	$,145$	$-{,}091$	$,024$
Umfang Bearbeitung Code	$-{,}091$	$,204$	$,228$

Die Korrelationen mit den drei Schwierigkeitsindizes ergeben ähnliche Ergebnisse, jedoch sind die jeweiligen Korrelationskoeffizienten unterschiedlich hoch ausgeprägt.

Wie bereits u. a. bei Neubrand et al. (2002) gezeigt wurde, ist eine Trennung der Analysen nach den drei Arten technischen Arbeitens sinnvoll, da einzelne Aufgabenmerkmale z. B. für technische Aufgaben irrelevant sind. Durch die Teilung werden die Stichproben jedoch noch kleiner und die Ergebnisse können nur als Tendenzen interpretiert werden. Die Spearman-Korrelationen zwischen den Aufgabenmerkmalen und der Schwierigkeit nach Birnbaum, getrennt nach Arten technischen Arbeitens, sind in Tabelle 4.27 aufgeführt.

Bei den **technischen Aufgaben** sind mehrere Aufgabenmerkmale irrelevant bzw. innerhalb dieser Aufgabenstichprobe nicht vertreten. K5 und die curriculare

Tabelle 4.27 Spearman Korrelationskoeffizienten zwischen Itemschwierigkeit nach Birnbaum und Aufgabenmerkmalen getrennt nach Arten technischen Arbeitens

	Technische Aufgaben	Rechnerische Aufgaben	Begriffliche Aufgaben
Curriculare Wissensstufe	,367	,612	,235
Anforderungsbereich	–	,316	,873**
K1	–	–	,289
K2	–	,837*	,027
K3	–	,316	,577
K4	–,272	–,316	–,176
K5	,419	,632	–,078
K6	–	,189	,309
Summe Kompetenzen	,318	,709	,454
Grundvorstellungsintensität	–	,418	,282
Sprachlogische Komplexität	–	–,060	,126
Umfang Bearbeitung Code	0	,458	,302

Wissensstufe weisen die höchsten positiven Korrelationen zur Aufgabenschwierigkeit auf.

Bei den **rechnerischen Aufgaben** weisen K2, K5, die Summe an Kompetenzen und die Curriculare Wissensstufe, sehr hohe und die Grundvorstellungsintensität sowie der Umfang der Bearbeitung hohe positive Korrelationen zur Schwierigkeit auf, wobei nur der Korrelationskoeffizient zwischen K2 und der Aufgabenschwierigkeit signifikant ist. Besonders benötigte Problemlösekompetenzen sowie die Summe an geforderten Kompetenzen erhöhen die Schwierigkeit bei rechnerischen Aufgaben.

Bei den **begrifflichen Aufgaben** weist der Anforderungsbereich eine sehr hohe positive Korrelation zur Schwierigkeit auf. Aber auch K3 und die Summe an geforderten Kompetenzen erhöhen die Schwierigkeit begrifflicher Aufgaben.

4.2.3.2 Regressionsanalysen

In Anlehnung an die bereits vorgestellten Analysen zu schwierigkeitsgenerierenden Faktoren bzw. Aufgabenmerkmalen wird der Einfluss der Aufgabenmerkmale auf die empirische Schwierigkeit, die Selbstwirksamkeitserwartung, den Calibration Bias und die Calibration Accuracy anhand von multivariaten Regressionsanalysen untersucht.

Vorab soll einschränkend festgestellt werden, dass die unabhängigen Variablen größtenteils ordinalskaliert sind. Außerdem ist die Stichprobengröße mit 30 Aufgaben eher klein für eine Regression, weshalb möglichst kleine Modelle mit möglichst wenigen Prädiktoren geschätzt werden. Deshalb werden zunächst Regressionsanalysen nur mit den geforderten Kompetenzen als Prädiktoren durchgeführt und anschließend Regressionsanalysen mit den bedeutsamsten Aufgabenmerkmalen als Prädiktoren, wobei dabei die Summe der Kompetenzen statt der einzelnen Kompetenzen verwendet wird. Trotzdem muss deutlich gesagt werden, dass die geringe Anzahl an Aufgaben, die ungünstige Verteilung der Aufgabenmerkmale mit teilweise fehlenden Ausprägungen und die nur ordinale Skalierung der Merkmale eine Interpretation der Ergebnisse nur sehr vage zulässt. Die Voraussetzungen für die Regressionsanalysen sind doch als eher ungünstig zu bewerten und müssen entsprechend berücksichtigt werden.

Zur Untersuchung des Einflusses der prozessbezogenen Kompetenzen auf die Aufgabenschwierigkeit wird eine schrittweise rückwärtsgerichtete multivariate Regression mit der Itemschwierigkeit nach Birnbaum als abhängige Variable durchgeführt (Ergebnisse siehe Tabelle 4.28). Im Endmodell sind nur noch K5 und K1 als Prädiktoren enthalten.

Tabelle 4.28 Ergebnisse Regressionen (rückwärts) mit Itemschwierigkeit nach Birnbaum als AV und Kompetenzen als UVs; alle Aufgaben

	Modell 1	Modell 2	Modell 3	Modell 4	Modell 5
K5	,517*	,522*	,435	,420	,383
K1	,586*	,640*	,557*	,420	,362
K3	,527	,550	,404	,234	
K6	−,428	−,361	−,256		
K4	,197	,228			
K2	,178				
Adj. R^2 (R^2)	,075 (,267)	,091 (,248)	,084 (,210)	,089 (,183)	,066 (,131)
F (p)	1,39 (,259)	1,58 (,203)	1,66 (,190)	1,94 (,148)	2,03 (,151)

Die Modelle sind jedoch, wie die nicht signifikanten F-Werte und der geringe Determinationskoeffizient zeigen, nur bedingt geeignet, um die Varianz der Itemschwierigkeit aufzuklären. Es gibt bei allen Modellen keine Anzeichen auf

Multikollinearität[13]. Die Korrelationen der Prädiktoren untereinander liegen unter 0,7, der VIF unter 10, die Konditionszahlen unter 15 und die Eigenwerte über 0,01.

Wie bereits bei den Korrelationen werden auch die Regressionen getrennt nach den Arten technischen Arbeitens durchgeführt. Dies ist inhaltlich sinnvoll, verringert aber die Fallzahl für die Regressionen weiter, was bei der bereits eher geringen Anzahl an Aufgaben etwas problematisch ist. Daher können auch diese Ergebnisse lediglich als Tendenzen interpretiert werden.

Bei den technischen Aufgaben variieren nur die Kompetenzen K4 und K5. Die Itemschwierigkeit der technischen Aufgaben wird vor allem von der Kompetenz K5 bestimmt (siehe Tabelle 4.29). Je höher der Anforderungsbereich des symbolisch technischen Umgangs, desto höher ist auch die Itemschwierigkeit. Dieser Zusammenhang war zu erwarten und ist insbesondere in Anbetracht an die starke Vertretung dieser Kompetenz bei den technischen Aufgaben absolut plausibel. K5 klärt fast 20 Prozent der Varianz der Itemschwierigkeit bei technischen Aufgaben auf, wobei der F-Wert knapp über dem Signifikanzniveau von 5 % liegt. Die Modelle weisen keine Anzeichen auf Multikollinearität auf.

Tabelle 4.29 Ergebnisse Regressionen (rückwärts) mit Birnbaum als AV und Kompetenzen als UVs, technische Aufgaben

	Modell 1	Modell 2
K5	,780*	,501
K4	,430	
Adj. R^2 (R^2)	,250 (,357)	,193 (,251)
F (p)	3,34 (,071)	4,35 (,057)

Bei den rechnerischen Aufgaben variiert die Kompetenz K1 nicht. Die Kompetenz K3 korreliert sehr hoch mit K4 und mit K6 und wird deshalb aus der Regressionsanalyse ausgeschlossen. Die Itemschwierigkeit rechnerischer Aufgaben wird vor allem von K2 bestimmt (siehe Tabelle 4.30). Ein höherer Anforderungsbereich beim Problemlösen führt bei rechnerischen Aufgaben auch

---

[13]Zu den folgenden Regressionsanalysen werden die Kriterien nur genannt, wenn es Anzeichen auf Multikollinearität gibt und diese Modelle für die Interpretation relevant sind. Alle Angaben zur Erfüllung der Kriterien aller Modelle sind den Tabellen A182 bis A189 in Anhang A zu entnehmen.

zu einer höheren Itemschwierigkeit. Auch dieses Ergebnis ist plausibel nachzu-
vollziehen. Zwar ist der F-Wert nicht signifikant, aber K2 erklärt über 20 Prozent
der Varianz der Itemschwierigkeit auf.

Tabelle 4.30 Ergebnisse Regressionen (rückwärts) mit Birnbaum als AV und Kompetenzen
als UVs, rechnerische Aufgaben

	Modell 1	Modell 2	Modell 3	Modell 4
K2	,614	,562	,442	,595
K4	,490	,299	,412	
K5	,455	,487		
K6	,213			
Adj. R^2 (R^2)	−,276 (,575)	,126 (,563)	,251 (,501)	,225 (,354)
F (p)	,675 (,670)	1,29 (,420)	2,01 (,249)	2,75 (,158)

Nur Modell 1 weist Anzeichen auf Multikollinearität auf, da der Korrelationskoeffizient zwischen K4 und K6 über 0,7 liegt.

Die Itemschwierigkeit der begrifflichen Aufgaben wird von mehreren prozessbezogenen Kompetenzen maßgeblich bestimmt (siehe Tabelle 4.31). Sowohl
das Argumentieren (K1), das Problemlösen (K2), das Modellieren (K3) und das
Umgehen mit Darstellungen (K4) erhöhen die Itemschwierigkeit. Auch dieses
Ergebnis ist plausibel. Hier wird deutlich, dass bei den begrifflichen Aufgaben
eine größere Bandbreite an Kompetenzen gefordert wird. Insgesamt klären diese
Prädiktoren über 75 % der Varianz der Itemschwierigkeit auf, was doch recht
hoch erscheint. Dass der F-Wert nicht signifikant ist, verdeutlicht das Problem
der geringen Fallzahl noch einmal.

Die Kompetenzen K1 und K5 korrelieren hoch ($r > 0,7$), wodurch die
Modelle 1 und 2 Anzeichen auf Multikollinearität aufweisen. Dieses Problem
wird durch die standardisierten Regressionskoeffizienten, die größer als eins sind,
bestätigt. Die Zuverlässigkeit dieser Modelle wird dadurch in Frage gestellt.
Modell 3 hingegen weist keine Anzeichen für Multikollinearität auf.

Die multivariate schrittweise rückwärtsgerichtete Regression mit den Aufgabenmerkmalen Curriculare Wissensstufe, Grundvorstellungsintensität, Summe an
Kompetenzen, sprachlogische Komplexität und Umfang der Bearbeitung als Prädiktoren für die Itemschwierigkeit nach Birnbaum führt zu einem Modell mit
drei Prädiktoren (siehe Modell 3 in Tabelle 4.32). Die Summe der Kompetenzen
und die Curriculare Wissensstufe erhöhen die Aufgabenschwierigkeit, wohingegen die Grundvorstellungsintensität die Aufgabenschwierigkeit verringert. Der

Tabelle 4.31 Ergebnisse Regressionen (rückwärts) mit Birnbaum als AV und Kompetenzen als UVs, begriffliche Aufgaben

	Modell 1	Modell 2	Modell 3
K1	1,017	,938	,582
K2	,851	,805	,708
K3	1,346	1,311*	,286*
K4	,879	,875*	,809*
K5	,498	,456	
K6	−,127		
Adj. R^2 (R^2)	,778 (,968)	,848 (,957)	,756 (,896)
F (p)	5,1 (,327)	8,81 (,105)	6,44 (,079)

F-Wert des Modells ist signifikant und es klärt 33 Prozent der Varianz der Aufgabenschwierigkeit auf. Allerdings korrelieren die Aufgabenmerkmale Grundvorstellungsintensität und Summe an Kompetenzen hoch miteinander. Obwohl bei Modell 3 der VIF unter 10, die Konditionszahlen unter 15 und die Eigenwerte über 0,01 liegen, könnte Multikollinearität vorliegen. Dies wird von dem etwas zu hohen standardisierten Regressionskoeffizienten der Summe an Kompetenzen unterstützt. Die Modelle 4 und 5 zeigen, dass die vorherigen Modelle instabil waren. So wechselt der zuvor sehr hohe negative Einfluss der Grundvorstellungsintensität zu einem nahe Null liegendem Regressionskoeffizienten, wenn das Aufgabenmerkmal Summe an Kompetenzen aus dem Modell entfernt wird. Auch der Einfluss der Summe an Kompetenzen auf die Aufgabenschwierigkeit verringert sich deutlich, wenn die Grundvorstellungsintensität aus dem Modell entfernt wird. Es zeigt sich außerdem, dass die Curriculare Wissensstufe einen stabilen Prädiktor darstellt, der die Aufgabenschwierigkeit positiv beeinflusst. Dieses Ergebnis war zu erwarten und bestätigt die Ergebnisse der Korrelationsanalysen, bei denen die curriculare Wissensstufe die höchste positive und auch signifikante Korrelation zur Aufgabenschwierigkeit aufwies. Auch der leichte positive Zusammenhang zur Summe an Kompetenzen ist inhaltlich plausibel. Etwas enttäuschend ist jedoch die geringe Bedeutung der anderen Prädiktoren in diesen Modellen, insbesondere da bei Modell 5 nur 16 Prozent der Varianz aufgeklärt wird. Zugleich zeigt sich hier die methodische Einschränkung aufgrund der hohen Korrelationen der Prädiktoren.

Tabelle 4.32 Ergebnisse Regressionen (rückwärts) mit Itemschwierigkeit nach Birnbaum als AV und Aufgabenmerkmalen als UVs; alle Aufgaben

	Modell 1	Modell 2	Modell 3	Modell 4	Modell 5
Curriculare Wissensstufe	,435*	,434*	,462**	,406*	,389*
Grundvorstellungsintensität	-,844*	-,852*	-,900*	,009	
Summe Kompetenzen	1,038**	1,030**	1,024**		,237
Sprachlogische Komplexität	-,082	-,073			
Umfang Bearbeitung	-,018				
Adj. R² (R²)	,277 (,402)	,306 (,401)	,330 (,399)	,104 (,166)	,164 (,222)
F (p)	3,22 (,023)	4,19 (,010)	5,76 (,004)	1,89 (,087)	3,85 (,034)

Wie bereits bei den vorherigen Analysen werden die Regressionen auch getrennt nach den Typen mathematischen Arbeitens vorgenommen, wodurch das Problem der eher geringen Anzahl an Aufgaben nochmal deutlich verstärkt wird. Bei den technischen Aufgaben variieren die Aufgabenmerkmale Grundvorstellungsintensität und sprachlogische Komplexität nicht. Die Itemschwierigkeit technischer Aufgaben wird vor allem von der Curricularen Wissensstufe und der Summe der Kompetenzen bestimmt (siehe Tabelle 4.33). Dieses Ergebnis ist inhaltlich absolut plausibel, wobei bedacht werden sollte, dass bei den technischen Aufgaben die Bandbreite der benötigten Kompetenzen sehr gering ist. Hier entspricht die Summe der Kompetenzen vor allem dem Anforderungsbereich an K5. Der Bearbeitungsumfang scheint für die Schwierigkeit technischer Aufgaben keine Bedeutung zu haben, was ein etwas überraschendes und eher enttäuschendes Ergebnis ist. Diese beiden Prädiktoren weisen mit fast 60 Prozent eine sehr zufriedenstellende Varianzaufklärung auf. Es gibt bei beiden Modellen keine Anzeichen auf Multikollinearität.

Bei den rechnerischen Aufgaben variieren die Aufgabenmerkmale, jedoch korreliert die Grundvorstellungsintensität sehr hoch mit der Summe der Kompetenzen und der sprachlogischen Komplexität und wird deshalb nicht in die Regressionsanalysen einbezogen. Die Summe der Kompetenzen und die sprachlogische Komplexität erklären über 70 Prozent der Varianz der Itemschwierigkeit rechnerischer Aufgaben auf (siehe Tabelle 4.34), wobei die sprachlogische Komplexität die Schwierigkeit verringert. Der positive Zusammenhang der Summe an Kompetenzen zur Itemschwierigkeit rechnerischer Aufgaben ist plausibel, der negative

Tabelle 4.33 Ergebnisse Regressionen (rückwärts) mit Itemschwierigkeit nach Birnbaum als AV und Aufgabenmerkmalen als UVs, technische Aufgaben

	Modell 1	Modell 2
Curriculare Wissensstufe	,565*	,560**
Summe Kompetenzen	,560*	,574**
Umfang Bearbeitung	−,036	
Adj. R^2 (R^2)	,546 (,643)	,583 (,642)
F (p)	6,62 (,008)	10,78 (,002)

Zusammenhang der sprachlogischen Komplexität überrascht hingegen. Auch hier ist die geringe Bedeutung des Bearbeitungsumfangs wieder etwas enttäuschend.

Tabelle 4.34 Ergebnisse Regressionen (rückwärts) mit Itemschwierigkeit nach Birnbaum als AV und Aufgabenmerkmalen als UVs, rechnerische Aufgaben

	Modell 1	Modell 2	Modell 3
Summe Kompetenzen	,761	,744	1,081*
Sprachlogische Komplexität	−,734	−,724	−,887*
Curriculare Wissensstufe	,392	,400	
Umfang Bearbeitung	−,014		
Adj. R^2 (R^2)	,715 (,905)	,810 (,905)	,729 (,820)
F (p)	4,76 (,181)	9,5 (,048)	9,08 (,033)

Obwohl das dritte Modell keine Anzeichen auf Multikollinearität zeigt, so erscheint die Varianzaufklärung doch deutlich zu hoch. Auch der Regressionskoeffizient von über 1 bei der Summe an Kompetenzen deutet darauf hin, dass dieses Modell doch sehr vorsichtig betrachtet werden sollte und an der Zuverlässigkeit zu zweifeln ist.

Die Modelle zur Erklärung der Varianz der Itemschwierigkeit begrifflicher Aufgaben sind nicht zufriedenstellend, wie u. a. an den nicht-signifikanten F-Werten und den nicht-signifikanten Regressionskoeffizienten zu sehen ist (siehe Tabelle 4.35). Die geringe Aufgabenanzahl, die ungünstige Verteilung der Aufgabenmerkmale, aber auch Anzeichen für Multikollinearität sind dafür vermutlich ausschlaggebend. Die Aufgabenmerkmale Grundvorstellungsintensität, Curriculare Wissensstufe und sprachlogische Komplexität weisen hohe Korrelationen

$(r > 0,7)$ auf. Nur die Modelle 4 und 5 weisen keine Anzeichen auf Multi-kollinearität auf.

Tabelle 4.35 Ergebnisse Regressionen (rückwärts) mit Itemschwierigkeit nach Birnbaum als AV und Aufgabenmerkmalen als UVs, begriffliche Aufgaben

	Modell 1	Modell 2	Modell 3	Modell 4	Modell 5
Summe Kompetenzen	,630	,609	,677	,494	,522
Grundvorstellungsintensität	,993	,829	,870	,339	
Sprachlogische Komplexität	,754	,779	,733		
Umfang Bearbeitung	,177	,152			
Curriculare Wissensstufe	−,230				
Adj. R^2 (R^2)	−,356 (,013)	,071 (,002)	,287 (,593)	,142 (,387)	,152 (,273)
F (p)	,633 (,706)	1,13 (,478)	1,94 (,265)	1,58 (,294)	2,25 (,184)

Inhaltlich sinnvoll sind die Ergebnisse der Modelle 4 und 5, bei denen die Item-schwierigkeit begrifflicher Aufgaben vor allem durch die Summe an Kompetenzen und die Grundvorstellungsintensität bestimmt wird. Die Bedeutung einer größeren Bandbreite an Kompetenzen hat sich bereits bei den Regressionsanalysen mit den Kompetenzen als einzelne Prädiktoren gezeigt. Auch die Bedeutsamkeit der Grundvorstellungsintensität ist inhaltlich plausibel.

Zusammenfassen zeigt sich für die Itemschwierigkeit, dass sich die Prädiktoren und ihre Gewichtung bei den Aufgabentypen unterscheiden. Bei allen Aufga-ben zusammen erweist sich die curriculare Wissensstufe als wichtiger Prädiktor, jedoch zeigt sich die nicht bei den einzelnen Analysen getrennt nach Aufgabentyp. Die Schwierigkeit technischer Aufgaben wird vor allem durch die Anforderungen an K5 und die curriculare Wissensstufe bestimmt. Bei den rechnerischen Aufga-ben bestimmen K2 und die Summe an Kompetenzen die Schwierigkeit. Wobei die sprachlogische Komplexität hier überraschenderweise zusätzlich einen negativen Einfluss auf die Schwierigkeit aufweist. Die Schwierigkeit begrifflicher Aufga-ben wird durch eine breitere Palette an Kompetenzen bestimmt, sodass K1, K2, K3 und K4 als Prädiktoren in den Regressionsanalysen identifiziert wurden. Ent-sprechend ist die Summe an Kompetenzen ein wichtiger Prädiktor, aber auch die

Grundvorstellungsintensität erhöht die Schwierigkeit begrifflicher Aufgaben. Aus den Korrelationsanalysen ist zudem zu entnehmen, dass der Anforderungsbereich bei rechnerischen und begrifflichen Aufgaben die Schwierigkeit deutlich erhöht.

4.2.4   Selbstwirksamkeitserwartung

Innerhalb dieses Unterabschnitts werden die Zusammenhänge der Selbstwirksamkeitserwartung zu den Aufgabenmerkmalen anhand der Spearman-Korrelation untersucht. Die Regressionsanalysen mit der Selbstwirksamkeitserwartung als abhängige Variable und den Aufgabenmerkmalen als unabhängige Variablen, werden schrittweise rückwärtsgerichtete vorgenommen. Dabei werden die jeweiligen Analysen sowohl für den gesamten Aufgabenpool als auch für die Aufgaben getrennt nach Art des mathematischen Arbeitens vorgenommen.

4.2.4.1 Korrelationen
Die durchschnittliche Selbstwirksamkeitserwartung der einzelnen Aufgaben korreliert mit der curricularen Wissensstufe und der Grundvorstellungsintensität signifikant (siehe Tabelle 4.36). Aufgaben einer höheren curricularen Wissensstufe sowie Aufgaben mit einer höheren Grundvorstellungsintensität verringern die Selbstwirksamkeitserwartung. Der negative Zusammenhang dieser beiden Aufgabenmerkmale mit der Selbstwirksamkeitserwartung wird besonders bei den begrifflichen Aufgaben deutlich. Dieser Zusammenhang ist inhaltlich absolut plausibel und deutet darauf hin, dass innerhalb der kurzen Phase der Einschätzung diese beiden Aufgabenmerkmale den Studierenden eine Orientierung für ihre Selbstwirksamkeitseinschätzung geben.

Auch höhere Anforderungen an K5, ein höherer Anforderungsbereich und mehr geforderte Kompetenzen gehen mit einer geringeren Selbstwirksamkeitserwartung einher. Auf den ersten Blick liefern die Korrelationen zur sprachlogischen Komplexität und dem Bearbeitungsumfang eher überraschende Ergebnisse. Bei rechnerischen Aufgaben verringert sich die Selbstwirksamkeitserwartung etwas bei höherer sprachlogischer Komplexität, jedoch erhöht sie sich bei begrifflichen Aufgaben deutlich. Ein genauerer Blick auf die kodierten Aufgaben zeigt, dass nur zwei der begrifflichen Aufgaben bezüglich der sprachlogischen Komplexität mit 0 und der Rest mit 1 kodiert wurden. Diese beiden Aufgaben weisen zugleich mit 4 und 5 die höchsten curricularen Wissensstufen und die höchste Grundvorstellungsintensität auf. Eine weitere begriffliche Aufgabe wurde zwar noch mit 4 kodiert, aber die restlichen Aufgaben weisen niedrigere curriculare Wissensstufen auf. Entsprechend schätzen hier vermutlich die Studierenden

Tabelle 4.36 Spearman-Korrelationskoeffizienten zwischen Aufgabenmerkmalen und SWK

	Alle Aufgaben	Technische Aufgaben	Rechnerische Aufgaben	Begriffliche Aufgaben
Curriculare Wissensstufe	−,457*	−,158	−,612	−,969**
Anforderungsbereich	−,330	−	0	−,384
K1	−,163	−	−	,560
K2	−,235	−	0	,201
K3	,116	−	0	−,415
K4	−,148	,272	0	−,469
K5	−,324	−,419	−,474	−,525
K6	−,183	−	−,472	,039
Summe Kompetenzen	−,344	−,272	−,327	−,242
Grundvorstellungsintensität	−,369*	−	−,299	−,850**
Sprachlogische Komplexität	−,090	−	−,199	,634
Umfang Bearbeitung Code	,052	,464	,120	−,640

ihre Selbstwirksamkeitserwartung bei Aufgaben höherer sprachlogischer Komplexität höher ein, da diese Aufgaben eine geringe curriculare Wissensstufe und auch eine geringe Grundvorstellungsintensität aufweisen. Hier werden wieder die Probleme aufgrund der Merkmalsverteilung deutlich. Der Zusammenhang des Bearbeitungsumfangs zur Selbstwirksamkeitserwartung unterscheidet sich bei den Aufgaben der verschiedenen Typen mathematischen Arbeitens stark. Bei einem höheren Bearbeitungsumfang wurde eher eine geringere Selbstwirksamkeitserwartung vermutet, so wie es sich bei den begrifflichen Aufgaben zeigt. Der positive Zusammenhang bei den rechnerischen und vor allem den technischen Aufgaben hingegen überrascht sehr.

4.2.4.2 Regressionsanalysen

Die Stärke der mathematischen Selbstwirksamkeitserwartung wird vor allem von K5, K4 und K1 beeinflusst, wie die Ergebnisse der schrittweisen rückwärtsgerichteten Regressionsanalyse mit den Kompetenzen als Prädiktoren zeigen (siehe Tabelle 4.37). Demnach sinkt die Selbstwirksamkeitserwartung bei Aufgaben mit höheren Anforderungen zum symbolisch formalen Umgang mit Mathematik, zum Argumentieren und zum Umgang mit Darstellungen. Diese drei Prädiktoren klären knapp über 20 Prozent der Varianz der Itemschwierigkeit auf. Diese negativen

Zusammenhänge zur Selbstwirksamkeitserwartung sind soweit plausibel. Es gibt bei allen Modellen keine Anzeichen auf Multikollinearität.

Tabelle 4.37 Ergebnisse Regressionen (rückwärts) mit SWK als AV und Kompetenzen als UVs; alle Aufgaben

	Modell 1	Modell 2	Modell 3	Modell 4
K1	−,263	−,261	−,316	−,385
K4	−,351	−,351	−,384*	−,380*
K5	−,566*	−,566*	−,589**	−,578**
K6	−,263	−,262	−,185	
K3	,101	,102		
K2	,004			
Adj. R^2 (R^2)	,162 (,336)	,197 (,336)	,225 (,332)	,223 (,303)
F (p)	1,936 (,118)	2,424 (,065)	3,102 (,033)	3,768 (,023)

Eine Trennung der Aufgaben nach Art des mathematischen Arbeitens führt aufgrund der geringen Fallzahlen bei den multivariaten Regressionen zu bedingt geeigneten Ergebnissen (siehe Tabelle 4.38). Die Selbstwirksamkeitserwartung bei technischen Aufgaben wird am ehesten durch die Anforderungen von K5 negativ geprägt, wobei der F-Wert des Regressionsmodells und der Regressionskoeffizient nicht signifikant sind. Außerdem ist die Varianzaufklärung mit 5 Prozent sehr gering. Die Betrachtung der Kompetenzen bei technischen Aufgaben wird zur Vollständigkeit und zum Vergleich herangezogen, aber inhaltlich ist klar, dass diese Art von Aufgaben kaum Variation bei den prozessbezogenen Kompetenzen ermöglichen, weshalb hier nur K4 und K5 berücksichtigt werden. Es gibt bei allen Modellen keine Anzeichen auf Multikollinearität.

Tabelle 4.38 Ergebnisse Regressionen (rückwärts) mit SWK als AV und Kompetenzen als UVs, technische Aufgaben

	Modell 1	Modell 2
K5	−,412	−,344
K4	−,106	
Adj. R^2 (R^2)	−,021 (,125)	,050 (,118)
F (p)	,853 (,45)	1,74 (,21)

Die schrittweise Regressionsanalyse zur Selbstwirksamkeitserwartung bei rechnerischen Aufgaben führt zu Modell 3 (siehe Tabelle 4.39). Demnach wird die Selbstwirksamkeitserwartung bei rechnerischen Aufgaben vor allem von K4 und K6 beeinflusst, wobei höhere Anforderungen zum Umgang mit mathematischen Darstellungen und zum mathematischen Kommunizieren zu einer geringeren Selbstwirksamkeitserwartung führen. Diese beiden Prädiktoren klären fast 65 Prozent der Varianz der Selbstwirksamkeitserwartung auf. Jedoch korrelieren K4 und K6 hoch miteinander, also genau die beiden Kompetenzen, die als Prädiktoren im letzten Modell verbleiben. Somit liegt hier wahrscheinlich ein Problem der Multikollinearität vor. Dies wird von den standardisierten Regressionskoeffizienten bestärkt, deren Betrag deutlich größer als eins ist. Die Modelle 4 und 5 verdeutlichen die Instabilität der Modelle aufgrund der Abhängigkeit der beiden Prädiktoren. So ist K4 ein äußerst ungeeigneter Prädiktor für die Selbstwirksamkeitserwartung bei rechnerischen Aufgaben, wie Modell 4 zeigt. Hingegen erweist sich K6 als besser geeignet, aber auch nicht besonders gut, wie die geringe Varianzaufklärung und die fehlenden Signifikanzen nahelegen.

Tabelle 4.39 Ergebnisse Regressionen (rückwärts) mit SWK als AV und Kompetenzen als UVs, rechnerische Aufgaben

	Modell 1	Modell 2	Modell 3	Modell 4	Modell 5
K4	−1,709*	−1,745*	−1,327*	,007	
K6	−1,707*	−1,827*	−1,594*		−,484
K2	−,363	−,450			
K5	−,269				
Adj. R^2 (R^2)	,857 (,952)	,797 (,898)	,643 (,762)	−,200 (0)	,081 (,234)
F (p)	9,997 (,093)	8,835 (,053)	6,411 (,057)	0 (,988)	1,528 (,271)

Bei begrifflichen Aufgaben wird die Selbstwirksamkeitserwartung besonders stark von K3 und K4 bestimmt (siehe Tabelle 4.40). Höhere Anforderungen an das mathematische Modellieren und den Umgang mit mathematischen Darstellungen senken die Selbstwirksamkeitserwartung, diese Aufgaben erfolgreich lösen zu können. Diese beiden Prädiktoren klären etwa 70 Prozent der Varianz der Selbstwirksamkeitserwartung auf. Der Zusammenhang ist zwar plausibel, aber die Varianzaufklärung mithilfe dieser beiden Prädiktoren erscheint doch etwas zu hoch.

Tabelle 4.40 Ergebnisse Regressionen (rückwärts) mit SWK als AV und Kompetenzen als UVs, begriffliche Aufgaben

	Modell 1	Modell 2	Modell 3	Modell 4	Modell 5
K3	−1,017	−1,044*	−,975*	−1,035*	−,770*
K4	−1,055	−1,059*	−,952*	−,999**	−,874*
K2	−,489	−,526*	−,492	−,384	
K5	−,566	−,600	−,293		
K1	−,355	−,398			
K6	−,102				
Adj. R^2 (R^2)	,955 (,994)	,951 (,986)	,860 (,940)	,784 (,877)	,702 (,787)
F (p)	25,57 (,15)	28,2 (,035)	11,73 (,035)	9,477 (,027)	9,241 (,021)

Bei den Modellen 1 und 2 liegt eine hohe Korrelation zwischen K1 und K5 vor. Die Modelle 3 bis 5 weisen jedoch keine Anzeichen auf Multikollinearität auf. Allerdings deuten der Regressionskoeffizient größer als |1| bei K3 und die doch sehr hohe Varianzaufklärung darauf hin, dass die Modelle, insbesondere Modell 4, eher kritisch zu betrachten sind.

Werden zusätzlich zu den aufsummierten Kompetenzen weitere Aufgabenmerkmale zur Erklärung der Selbstwirksamkeitserwartung bezüglich der gesamten Aufgaben berücksichtigt, so können über 40 Prozent der Varianz der Selbstwirksamkeitserwartung über die curriculare Wissensstufe, die Summe der Kompetenzen und den Umfang der Bearbeitung erklärt werden (siehe Tabelle 4.41). Höhere Anforderungen bei diesen drei Merkmalen führen zu einer geringeren Selbstwirksamkeitserwartung. Diese Zusammenhänge sind plausibel und deuten darauf hin, dass die Studierenden diese Merkmale als Orientierung für ihre Selbstwirksamkeitseinschätzung nehmen. Etwas merkwürdig ist jedoch der Wechsel des Einflusses des Bearbeitungsumfangs von positiv in den ersten beiden Modellen zu negativ im dritten Modell.

Bei Modell 1 liegt eine hohe Korrelation zwischen der Grundvorstellungsintensität und der Summe der Kompetenzen vor und eine Konditionszahl über 15, was auf ein Problem der Multikollinearität hinweist, das jedoch nur Modell 1 betrifft. Modell 3 zeigt keine Anzeichen auf Multikollinearität.

Die getrennt nach Art des mathematischen Arbeitens durchgeführten schrittweisen Regressionen führen jeweils zu Modellen mit nur einem Prädiktor, wobei die Modelle mit mehreren Prädiktoren teilweise auch akzeptable Werte aufweisen.

Tabelle 4.41 Ergebnisse Regressionen (rückwärts) mit SWK als AV und Aufgabenmerkmalen als UVs

	Modell 1	Modell 2	Modell 3
Curriculare Wissensstufe	−,457*	−,525*	−,587***
Summe Kompetenzen	−,435	−,676**	−,498**
Umfang Bearbeitung	,524**	,480*	−,498**
Sprachlogische Komplexität	,366	,228	
Grundvorstellungsintensität	−,405		
Adj. R^2 (R^2)	,430 (,529)	,421 (,501)	,418 (,478)
F (p)	5,38 (,002)	6,28 (,001)	7,95 (,001)

Die Selbstwirksamkeitserwartung, technische Aufgaben erfolgreich zu lösen, steigt bei Aufgaben, die einen höheren Umfang an Bearbeitung benötigen (siehe Tabelle 4.42). Die Studierenden trauen sich demnach Aufgaben mit mehr Rechenschritten stärker zu als Aufgaben mit wenigen Rechenschritten. Der Umfang der Bearbeitung klärt etwa 24 Prozent der Varianz der Selbstwirksamkeitserwartung auf (siehe Modell 3 in Tabelle 4.42). Dieses Ergebnis ist sehr unerwartet, da mit einem gegenteiligen Effekt gerechnet wurde. Dieses unerwartete Ergebnis hat sich bereits in den Korrelationsanalysen angedeutet. Da bei den rechnerischen Aufgaben vor allem Stufe 1 und 2 des Bearbeitungsumfangs vorliegen, wird hier vor allem die Länge des Rechenwegs, also die Anzahl der Rechenschritte und nicht das Vorhandensein impliziter Größen berücksichtigt. Es ist jedoch nicht davon auszugehen, dass den Studierenden der Umfang der Bearbeitung bei der kurzen Einschätzung bewusst ist und sie gezielt höhere Selbstwirksamkeitserwartungen bei Aufgaben mit höherem Bearbeitungsumfang aufweisen. Es könnte eher so gedeutet werden, dass ihnen der Umfang überhaupt nicht bewusst ist und hier der positive Zusammenhang durch ein anderes Merkmal getragen wird. Die Curriculare Wissensstufe führt bei technischen Aufgaben hingegen zu einer geringeren Selbstwirksamkeitserwartung, was ein zu erwartendes Ergebnis darstellt (siehe Modell 2 in Tabelle 4.42). Bis auf Modell 1 weisen die Modelle keine Anzeichen auf Multikollinearität auf.

Bei den Modellen zur Erklärung der Selbstwirksamkeitserwartung bei rechnerischen Aufgaben wird die Grundvorstellungsintensität aufgrund sehr hoher Korrelationen mit sprachlogischer Komplexität und der Summe der Kompetenzen nicht berücksichtigt. Die Modelle 1 und 2 weisen Anzeichen auf Multikollinearität auf, die Modelle 3 und 4 jedoch nicht. Die curriculare Wissensstufe ist bei

Tabelle 4.42 Ergebnisse Regressionen (rückwärts) mit SWK als AV und Aufgabenmerkmalen als UVs, technische Aufgaben

	Modell 1	Modell 2	Modell 3
Umfang Bearbeitung	,564*	,593*	,540*
Curriculare Wissensstufe	−,377	−,381	
Summe Kompetenzen	−,078		
Adj. R^2 (R^2)	,287 (,440)	,340 (,435)	,237 (,292)
F (p)	2,88 (,084)	4,61 (,033)	5,36 (,038)

rechnerischen Aufgaben der bedeutendste Prädiktor für die Selbstwirksamkeitserwartung (siehe Tabelle 4.43). Eine höhere curriculare Wissensstufe geht mit einer geringeren Selbstwirksamkeitserwartung einher, was plausibel ist. Sie klärt fast 40 Prozent der Varianz auf. Auch hier zeigt sich wieder ein eher unerwarteter zwar geringerer, aber trotzdem positiver Zusammenhang des Bearbeitungsumfangs mit der Selbstwirksamkeitserwartung.

Tabelle 4.43 Ergebnisse Regressionen (rückwärts) mit SWK als AV und Aufgabenmerkmalen als UVs, rechnerische Aufgaben

	Modell 1	Modell 2	Modell 3	Modell 4
Curriculare Wissensstufe	−,651	−,630	−,725	−,704
Umfang Bearbeitung	,284	,303	,238	
Summe Kompetenzen	−,125	−,170		
Sprachlogische Komplexität	−,040			
Adj. R^2 (R^2)	−,302 (,566)	,131 (,566)	,327 (,551)	,394 (,495)
F (p)	,652 (,680)	1,3 (,417)	2,46 (,201)	4,91 (,078)

Die Modelle zur Erklärung der Selbstwirksamkeitserwartung begrifflicher Aufgaben sind durch Anzeichen für Multikollinearität geprägt. So korrelieren Grundvorstellungsintensität, Curriculare Wissensstufe und sprachlogische Komplexität hoch miteinander. Der VIF liegt zwar bei allen Modellen unter 10, jedoch weisen sie zu hohe Konditionszahlen und zu geringe Eigenwerte auf. Deshalb eignet sich Modell 5, mit nur einem Prädiktor, am besten.

Auch bei begrifflichen Aufgaben ist die curriculare Wissensstufe der bedeutsamste Prädiktor mit einem sehr hohen negativen Regressionskoeffizienten und

Tabelle 4.44 Ergebnisse Regressionen (rückwärts) mit SWK als AV und Aufgabenmerkmalen als UVs, begriffliche Aufgaben

	Modell 1	Modell 2	Modell 3	Modell 4	Modell 5
Curriculare Wissensstufe	−,740	−,733	−,673	−,768	−,932**
Grundvorstellungsintensität	−,383	−,379	−,260	−,189	
Summe Kompetenzen	−,193	−,180	−,132		
Sprachlogische Komplexität	−,227	−,235			
Umfang Bearbeitung	,030				
Adj. R^2 (R^2)	,696 (,913)	,796 (,913)	,812 (,892)	,828 (,877)	,846 (,868)
F (p)	4,198 (,204)	7,835 (,061)	11,047 (,021)	17,838 (,005)	39,513 (,001)

sehr hoher Varianzaufklärung (siehe Tabelle 4.44). Wobei die sehr hohen Ergebnisse doch etwas am Modell zweifeln lassen.

Zusammenfassend zeigt sich für die Stärke der Selbstwirksamkeitserwartung, dass höhere Anforderungen an die einzelnen Kompetenzen mit einer Verringerung der Selbstwirksamkeitserwartung einhergehen. Die Summe an Kompetenzen zeigt unter Verwendung aller Aufgaben einen negativen Effekt auf die Selbstwirksamkeitserwartung. Dabei unterscheiden sich die Kompetenzen abhängig vom Aufgabentyp. So wird die Selbstwirksamkeitserwartung bei technischen Aufgaben vor allem durch K5 verringert, bei rechnerischen Aufgaben eher durch K6 und bei begrifflichen Aufgaben durch K3 und K4. Überraschenderweise zeigen sich positive Zusammenhänge zwischen dem Bearbeitungsumfang und der Selbstwirksamkeitserwartung bei rechnerischen, aber vor allem bei technischen Aufgaben. Für dieses Ergebnis gibt es keine plausible Erklärung, da der positive Zusammenhang inhaltlich absolut nicht schlüssig ist. Bei allen Aufgaben zeigt sich ein negativer Effekt der curricularen Wissensstufe auf die Selbstwirksamkeitserwartung, der bei den begrifflichen und rechnerischen Aufgaben besonders deutlich ist und hier jeweils den wichtigsten Prädiktor der Selbstwirksamkeitserwartung darstellt. Insgesamt kann die Curriculare Wissensstufe als bedeutender Prädiktor der Selbstwirksamkeitserwartung identifiziert werden.

4.2.5 Calibration Bias

Innerhalb dieses Unterabschnitts werden die Zusammenhänge des Calibration Bias zu den Aufgabenmerkmalen anhand der Spearman-Korrelation untersucht. Die Regressionsanalysen mit dem Calibration Bias als abhängige Variable und den Aufgabenmerkmalen als unabhängige Variablen, werden schrittweise rückwärtsgerichtete vorgenommen. Dabei werden die jeweiligen Analysen sowohl für den gesamten Aufgabenpool als auch für die Aufgaben getrennt nach Art des mathematischen Arbeitens vorgenommen.

4.2.5.1 Korrelationen

Der durchschnittliche Calibration Bias der gesamten Aufgaben weist nur zu K4 eine hohe negative Korrelation auf. Zu den restlichen Aufgabenmerkmalen liegen keine bis eher leichte Korrelationen vor (siehe Tabelle 4.45). Demnach ist die Überschätzung bei Aufgaben, bei denen mit mathematischen Darstellungen umgegangen werden muss, geringer, vor allem bei rechnerischen Aufgaben. Auch wenn K4 nicht das erste Merkmal ist, das man mit einer geringeren Überschätzung in Verbindung bringt, so erscheint es doch sinnvoll. Die Verwendung von mathematischen Darstellungen ist bei den zu Grunde gelegten Aufgaben anhand der Aufgabenstellung klar, z. B. beim Einzeichnen von Funktionsgraphen. So könnte das Ergebnis darauf hindeuten, dass den Studierenden bei diesen Aufgaben eher klar ist, was von ihnen erwartet wird und sie sich deshalb weniger überschätzen. Da K4 auch mit einer geringeren Selbstwirksamkeitserwartung einhergeht, ist eine geringere Überschätzung auch plausibel.

Aufgaben, die einen stärkeren Umfang an Bearbeitung erfordern, führen tendenziell eher zu einer stärkeren Überschätzung der Fähigkeiten, dies wird insbesondere bei rechnerischen, aber auch bei technischen Aufgaben deutlich. Bei begrifflichen Aufgaben zeigt sich dieser Zusammenhang nicht. Zur Erklärung der Leistung hat der Bearbeitungsumfang zuvor kaum beigetragen, auch wenn theoretisch davon auszugehen ist, dass ein höherer Bearbeitungsumfang mit einer höheren Schwierigkeit einhergeht. Die Selbstwirksamkeitserwartung wurde überraschenderweise positiv vom Bearbeitungsumfang beeinflusst. Das passt zum Ergebnis hier, wobei hier der Zusammenhang zur Überschätzung inhaltlich deutlich plausibler erscheint. Die Einschränkung auf die technischen und rechnerischen Aufgaben liegt vermutlich wieder an der Art der Kodierung, bei der die höchste Stufe durch implizite Größen erreicht wird, die zwar anspruchsvoller sind, aber oft auf konzeptuelles Wissen zurückgreifen, das vermutlich wiederum besser eingeschätzt werden kann. Bei den technischen und rechnerischen Aufgaben ist hier vor allem die Anzahl der Rechenschritte beim Lösungsweg entscheidend.

Tabelle 4.45 Spearman-Korrelationskoeffizienten zwischen Aufgabenmerkmalen und Calibration Bias

	Alle Aufgaben	Technische Aufgaben	Rechnerische Aufgaben	Begriffliche Aufgaben
Curriculare Wissensstufe	,032	,173	,094	−,049
Anforderungsbereich	−,195	–	,474	,655
K1	−,188	–	–	,289
K2	−,037	–	,657	,412
K3	,231	–	,474	−,315
K4	−,403*	,045	−,474	−,183
K5	,182	,174	,158	,231
K6	−,111	–	,094	,056
Summe Kompetenzen	−,111	,272	,473	,316
Grundvorstellungsintensität	−,101	–	,279	,056
Sprachlogische Komplexität	−,101	–	,060	,252
Umfang Bearbeitung Code	,165	,371	,598	−,050

K5 weist zu allen Aufgaben ähnliche leichte positive Korrelationen mit dem Bias auf. Auch die Summe an Kompetenzen bei den einzelnen Aufgabentypen korreliert positiv mit dem Bias. So scheinen, zum Teil getrennt nach Aufgabentypen, der Anforderungsbereich, K2, K5 und die Summe an Kompetenzen eher mit einer stärkeren Überschätzung einherzugehen. Dieses Ergebnis erscheint soweit plausibel, da eine Unterschätzung der tatsächlichen Anforderungen bei diesen Merkmalen durchaus denkbar ist.

Die Korrelationsanalysen zeigen für alle Aufgaben und getrennt nach dem Typ mathematischen Arbeitens zum Teil sehr unterschiedliche Ergebnisse. Die verdeutlicht nochmal wie wichtig ein größerer Aufgabenpool mit einer Trennung der Aufgaben ist.

4.2.5.2 Regressionsanalysen

Die Ergebnisse der schrittweisen Regressionsanalysen mit den Kompetenzen als Prädiktoren für den durchschnittlichen Bias der Aufgaben sind nicht zufriedenstellend. Weder mit den gesamten Aufgaben, noch nach Art des mathematischen Arbeitens getrennt, können Regressionsmodelle mit signifikanten F-Werten geschätzt werden. Die Varianzaufklärung ist bei allen Endmodellen eher gering. Deshalb können auch hier die Ergebnisse nur vorsichtig als Tendenzen betrachtet werden. Zudem sollte auch berücksichtigt werden, dass die Bildung der Skala zum Calibration Bias zwar zufriedenstellend, aber nicht optimal war.

Tendenziell scheinen Aufgaben mit höheren Anforderungen an mathematisches Modellieren eher zu einer Überschätzung zu führen und Aufgaben mit höheren Anforderungen an mathematisches Kommunizieren eher zu einer Unterschätzung bzw. geringeren Überschätzung (siehe Modell 5 in Tabelle 4.46). Bei allen Modellen gibt es keine Anzeichen auf Multikollinearität.

Tabelle 4.46 Ergebnisse Regressionen (rückwärts) mit Bias als AV und Kompetenzen als UVs; alle Aufgaben

	Modell 1	Modell 2	Modell 3	Modell 4	Modell 5
K3	,435	,386	,329	,439	,409
K6	−,621	−,592	−,535	−,585*	−,429
K2	,252	,256	,281	,239	
K4	−,181	−,224	−,236		
K1	178	,092			
K5	,132				
Adj. R^2 (R^2)	,050 (,247)	,077 (,236)	,108 (,231)	,091 (,185)	,085 (,148)
F (p)	1,255 (,316)	1,483 (,232)	1,88 (,145)	1,97 (,143)	2,34 (,115)

Bei den Modellen zur Erklärung des Calibration Bias bei technischen Aufgaben (siehe Tabelle 4.47) liegt zwar keine Multikollinearität vor, aber die niedrigen Determinantionskoeffizienten, die beim adjusted R^2 sogar negativ sind, und die nicht signifikanten F-Werte zeigen deutlich, dass sich diese Modelle nicht zur Interpretation eignen.

Auch die Modelle zur Erklärung des Calibration Bias bei rechnerischen Aufgaben eignen sich nur bedingt, wie die niedrigen Determinationskoeffizienten und nicht signifikanten F-Werte zeigen (siehe Tabelle 4.48). Außerdem korrelieren K4 und K6 hoch miteinander, was die Modelle 1 bis 3 betrifft. Die übrigen

Tabelle 4.47 Ergebnisse Regressionen (rückwärts) mit Bias als AV und Kompetenzen als UVs, technische Aufgaben

	Modell 1	Modell 2
K5	,445	,236
K4	,320	
Adj. R^2 (R^2)	−,032 (,115)	−,017 (,056)
F (p)	,78 (,48)	,77 (,396)

Tabelle 4.48 Ergebnisse Regressionen (rückwärts) mit Bias als AV und Kompetenzen als UVs, rechnerische Aufgaben

	Modell 1	Modell 2	Modell 3	Modell 4
K4	−,895	−,870	−1,282	−,461
K6	−,835	−,752	−,982	
K2	,383	,443		
K5	,187			
Adj. R^2 (R^2)	−,020 (,660)	,268 (,634)	,252 (,502)	,055 (,212)
F (p)	,97 (,565)	1,731 (,332)	2,013 (,248)	1,349 (,298)

Indizes weisen keine Anzeichen auf Multikollinearität auf. Hier zeigt sich wieder die Tendenz, dass K4 mit einer geringeren Überschätzung einhergeht. Die geringe Varianzaufklärung zeigt aber auch, dass es sich nicht um einen besonders aussagekräftigen Prädiktor handelt.

Die schrittweise rückwärts gerichtete Regression zur Erklärung des Calibration Bias bei begrifflichen Aufgaben führt zu Modell 6. Aufgrund des negativen adjusted Determinationskoeffizienten und des niedrigen F-Wertes erscheint jedoch Modell 5 besser geeignet, wobei auch dieses Modell keinen signifikanten F-Wert aufweist. Jedoch erklären bei diesem Modell, das keine Anzeichen von Multikollinearität liefert, K2 und K3 fast 30 Prozent der Varianz des Calibration Bias bei begrifflichen Aufgaben (siehe Tabelle 4.49).

Demnach werden Aufgaben mit höheren Anforderungen an mathematisches Problemlösen und mathematisches Modellieren stärker überschätzt. Dieser Zusammenhang erscheint plausibel, da die Anforderungen bei diesen beiden Kompetenzen innerhalb der kurzen Einschätzungsphase schnell unterschätzt werden können.

Tabelle 4.49 Ergebnisse Regressionen (rückwärts) mit Bias als AV und Kompetenzen als UVs, begriffliche Aufgaben

	Modell 1	Modell 2	Modell 3	Modell 4	Modell 5	Modell 6
K2	,925	,891	,836	,918	,737	,332
K3	1,228	1,217	1,169	1,034	,734	
K4	,647	,628	,631	,471		
K1	,589	,478	,409			
K6	-,206	-,189				
K5	,134					
Adj. R^2	-,409	,278	,455	,378	,279	-,038
(R^2)	(,799)	(,794)	(,767)	(,644)	(485)	(,110)
F	,661	1,538	2,463	2,417	2,355	,743
(p)	(,735)	(,439)	(,242)	(,207)	(,190)	(,422)

Die schrittweise Regressionsanalyse mit verschiedenen Aufgabenmerkmalen als Prädiktoren zur Erklärung des Calibration Bias führt zu einem Modell mit zwei Prädiktoren, die gemeinsam knapp 14 Prozent der Varianz des Bias aufklären (siehe Tabelle 4.50), wobei der F-Wert knapp nicht signifikant ist. Aufgaben mit höherer Grundvorstellungsintensität werden weniger überschätzt und Aufgaben, die einen höheren Umfang an Bearbeitung benötigen stärker überschätzt. Dieses Ergebnis ist plausibel, da die Anforderungen an die benötigten Grundvorstellungen eher innerhalb der kurzen Einschätzungsphase erfasst werden können als der Bearbeitungsumfang einer Aufgabe. Studierende, die die benötigten Grundvorstellungen haben, können diese in der Regel direkt abrufen, was bei der Einschätzung der Aufgaben deutlich hilft. Besitzen Studierende die benötigten Grundvorstellungen jedoch nicht, dann haben sie vermutlich auf Anhieb keine Idee wie genau sie diese Aufgabe lösen sollen und werden ihre Selbstwirksamkeit eher geringer einschätzen. Der positive Zusammenhang des Bearbeitungsumfangs mit der Überschätzung erscheint gut nachvollziehbar und entspricht den ursprünglichen Erwartungen. Schließlich sind die Anzahl und die Schwierigkeit der benötigten Rechenschritte deutlich schwerer einzuschätzen, insbesondere in so kurzer Zeit. Mögliche Hürden bei einzelnen Rechenschritten sind oft zuvor nicht genau absehbar. Zudem erhöht die Länge des Rechenwegs auch das Fehlerpotenzial, insbesondere für kleine Fehler wie z. B. Flüchtigkeitsfehler. Diese führen zu einem falschen Ergebnis obwohl der Proband die Aufgabe grundsätzlich auf dem richtigen Weg gelöst hat.

Die Aufgabenmerkmale Grundvorstellungsintensität und Summe an Kompetenzen korrelieren hoch miteinander, was jedoch Modell 4 nicht betrifft. Dieses Modell weist keine Anzeichen für Kollinearität auf.

Tabelle 4.50 Ergebnisse Regressionen (rückwärts) mit Bias als AV und Aufgabenmerkmalen als UVs; alle Aufgaben

	Modell 1	Modell 2	Modell 3	Modell 4
Grundvorstellungsintensität	$-,941*$	$-,871*$	$-,843*$	$-,472*$
Umfang Bearbeitung	,323	,298	,324	,367
Summe Kompetenzen	,456	,475	,444	
Curriculare Wissensstufe	,125	,092		
Sprachlogische Komplexität	,101			
Adj. R^2 (R^2)	,093 (,250)	,126 (,246)	,151 (,239)	,136 (,196)
F (p)	1,6 (,199)	2,04 (,119)	2,72 (,065)	3,28 (,053)

Der Calibration Bias bei technischen Aufgaben wird durch die Summe an Kompetenzen und den Umfang der Bearbeitung erhöht, wodurch 26 Prozent der Varianz des Calibration Bias aufgeklärt werden können (siehe Tabelle 4.51)[14]. Es erscheint plausibel, dass sich Studierende bei technischen Aufgaben, die mehr Kompetenzen erfordern und einen höheren Bearbeitungsumfang haben, stärker überschätzen. Bei rechnerischen Aufgaben klärt der Umfang der Bearbeitung über 40 Prozent der Varianz des Calibration Bias auf und stellt den wichtigsten Prädiktor dar (siehe Tabelle 4.52)[15]. Hier wird die Bedeutung des Bearbeitungsumfangs für die Überschätzung nochmal besonders deutlich. Die Regressionsmodelle zur Erklärung des Calibration Bias bei begrifflichen Aufgaben über die Aufgabenmerkmale sind nicht geeignet, um Rückschlüsse zu ziehen (siehe Tabelle 4.53). Dies zeigen die Determinationskoeffizienten und die F-Werte, zudem sind auch Anzeichen für Multikollinearität vorhanden.

Zusammenfassen zeigt sich, dass der Bearbeitungsumfang ein wichtiger Prädiktor für den Calibration Bias bei technischen und rechnerischen Aufgaben darstellt. Die Grundvorstellungsintensität scheint sich negativ auf die Überschätzung auszuwirken. Die einzelnen Kompetenzen haben unterschiedliche Wirkungen. So wird bei technischen Aufgaben die Überschätzung durch K5

---

[14]Die Modelle zur Erklärung des Calibration Bias technischer Aufgaben weisen Konditionszahlen über 15 und einen Eigenwert gleich 0,01 auf, was auf Kollinearität hindeutet. Dies wird jedoch von den anderen Indizes nicht bestätigt, die Korrelationen der Prädiktoren liegen unter 0,7 und der VIF unter 10.

[15]Die Modelle 3 und 4 zur Erklärung des Calibration Bias rechnerischer Aufgaben zeigen keine Anzeichen auf Multikollinearität.

Tabelle 4.51 Ergebnisse Regressionen (rückwärts) mit Bias als AV und Aufgabenmerkmalen als UVs, technische Aufgaben

	Modell 1	Modell 2
Summe Kompetenzen	,529	,536
Umfang Bearbeitung	,519	,539
Curriculare Wissensstufe	,125	
Adj. R^2 (R^2)	,213 (,381)	,260 (,366)
F (p)	2,26 (,138)	3,47 (,065)

Tabelle 4.52 Ergebnisse Regressionen (rückwärts) mit Bias als AV und Aufgabenmerkmalen als UVs, rechnerische Aufgaben

	Modell 1	Modell 2	Modell 3	Modell 4
Umfang Bearbeitung	,517	,514	,619	,716
Summe Kompetenzen	,423	,430	,220	
Sprachlogische Komplexität	−,272	−,276		
Curriculare Wissensstufe	,006			
Adj. R^2 (R^2)	−,223 (,592)	,185 (,592)	,328 (,592)	,415 (,513)
F (p)	,726 (,649)	1,45 (,383)	2,46 (,201)	5,26 (,070)

Tabelle 4.53 Ergebnisse Regressionen (rückwärts) mit Bias als AV und Aufgabenmerkmalen als UVs, begriffliche Aufgaben

	Modell 1	Modell 2	Modell 3	Modell 4	Modell 5
Summe Kompetenzen	,646	,576	,505	,351	,371
Grundvorstellungsintensität	1,080	1,061	,688	,240	
Sprachlogische Komplexität	,501	,547	,619		
Curriculare Wissensstufe	−,464	−,499			
Umfang Bearbeitung	−,166				
Adj. R^2 (R^2)	−1,086 (,404)	−,416 (,393)	−,153 (,341)	−,128 (,194)	−,006 (,137)
F (p)	,271 (,896)	,486 (,751)	,690 (,604)	,604 (,582)	,956 (,366)

gestärkt und bei begrifflichen Aufgaben durch K2 und K3. Überraschenderweise senken Anforderungen an K4, insbesondere bei rechnerischen Aufgaben, die Überschätzung.

4.2.6 Calibration Accuracy

Innerhalb dieses Unterabschnitts werden die Zusammenhänge der Calibration Accuracy zu den Aufgabenmerkmalen anhand der Spearman-Korrelation untersucht. Die Regressionsanalysen mit der Calibration Accuracy als abhängige Variable und den Aufgabenmerkmalen als unabhängige Variablen, werden schrittweise rückwärtsgerichtete vorgenommen. Dabei werden die jeweiligen Analysen sowohl für den gesamten Aufgabenpool als auch für die Aufgaben getrennt nach Art des mathematischen Arbeitens vorgenommen.

4.2.6.1 Korrelationen

Die Korrelationen zwischen der durchschnittlichen Calibration Accuracy aller Aufgaben und den Aufgabenmerkmalen sind eher gering (siehe Tabelle 4.54). Nur K4 weist einen hohen positiven Zusammenhang zur Calibration Accuracy auf. Studierende schätzen also Aufgaben, bei denen mathematische Darstellungen verwendet werden, exakter ein, insbesondere bei rechnerischen Aufgaben. Das passt zu den Ergebnissen zum Calibration Bias und unterstützt die Vermutung, dass nicht nur die Überschätzung durch eine geringere Selbstwirksamkeitserwartung geringer ist, sondern, dass es sich um eine generell exaktere Einschätzung handelt. So scheint die Verwendung mathematischer Darstellungen den Studierenden eine Orientierung zur schnellen Einschätzung zu geben. Bei begrifflichen Aufgaben korreliert die curriculare Wissensstufe hoch positiv mit der Calibration Accuracy, so auch der Anforderungsbereich, die Summe an Kompetenzen, die Grundvorstellungsintensität und der Umfang der Bearbeitung. Aufgaben mit hoher sprachlogischer Komplexität werden weniger exakt eingeschätzt. Die Zusammenhänge zu den Aufgabenmerkmalen stellen sich bei den rechnerischen Aufgaben etwas anders dar. So korreliert K4 zwar auch hoch positiv mit der Calibration Accuracy, jedoch fällt die Korrelation zur curricularen Wissensstufe deutlich geringer aus. Im Gegensatz zu den begrifflichen Aufgaben korrelieren bei rechnerischen Aufgaben der Anforderungsbereich, die Summe an Kompetenzen, die Grundvorstellungsintensität und der Umfang der Bearbeitung negativ mit der Calibration Accuracy. Der Umfang der Bearbeitung korreliert auch bei den technischen Aufgaben negativ mit der Calibration Accuracy. Diese starken Gegensätze verdeutlichen erneut die Notwendigkeit der getrennten Betrachtung.

Tabelle 4.54 Spearman-Korrelationskoeffizienten zwischen Aufgabenmerkmalen und Calibration Accuracy

	Alle Aufgaben	Technische Aufgaben	Rechnerische Aufgaben	Begriffliche Aufgaben
Curriculare Wissensstufe	,236	−,071	,204	,655
Anforderungsbereich	,202	–	−,791*	,546
K1	,212	–	–	−,041
K2	,070	–	−,538	−,302
K3	−,270	–	−,791*	,247
K4	,509**	0	,791*	,592
K5	−,047	−,035	0	,130
K6	,042	–	,378	,154
Summe Kompetenzen	,160	−,045	−,491	,481
Grundvorstellungsintensität	,218	–	−,598	,620
Sprachlogische Komplexität	−,075	–	−,598	−,504
Umfang Bearbeitung Code	−,121	−,495	−,458	,617

Bei begrifflichen Aufgaben erhöhen höhere Anforderungen bei den genannten Merkmalen eine exakte Selbsteinschätzung. Bei diesem Aufgabentyp scheinen die höheren Anforderungen besser ersichtlich zu sein, so dass die Studierenden ihre Selbstwirksamkeitserwartung entsprechend anpassen können. Bei den rechnerischen Aufgaben hingegen scheint genau dies nicht der Fall zu sein, so dass Aufgaben mit höheren Anforderungen weniger exakt eingeschätzt werden können. Grundsätzlich erscheint es zwar plausibel, dass die Anforderungen bei einzelnen Merkmalen begrifflicher Aufgaben besser eingeschätzt werden können, aber dieser deutliche Unterschied zwischen den Aufgabentypen ist doch eher überraschend.

4.2.6.2 Regressionsanalysen

Von den prozessbezogenen Kompetenzen stellt K4 den wichtigsten Prädiktor der Calibration Accuracy bei Verwendung aller Aufgaben dar und klärt etwa 22 Prozent der Varianz auf (siehe Tabelle 4.55). Aufgaben mit höheren Anforderungen zum Umgang mathematischer Darstellungen werden von den Studierenden exakter eingeschätzt. Dieses Ergebnis passt zu den vorherigen Analysen. Die Modelle weisen keine Anzeichen auf Multikollinearität auf.

Die Regressionsanalysen mit den Kompetenzen als Prädiktoren der Calibration Accuracy erweisen sich für die technischen Aufgaben als nicht sinnvoll. Wie der Determinationskoeffizient und der F-Wert zeigen (siehe Tabelle 4.56), kann kein geeignetes Regressionsmodell geschätzt werden.

Tabelle 4.55 Ergebnisse Regressionen (rückwärts) mit CA als AV und Kompetenzen als UVs, alle Aufgaben

	Modell 1	Modell 2	Modell 3	Modell 4	Modell 5	Modell 6
K4	,530*	,566**	,558**	,536**	,484**	,500**
K1	,258	,317	,332	,256	,137	
K5	,212	,236	,232	,238		
K2	−,225	−,233	−,186			
K6	,170	,094				
K3	−,106					
Adj. R^2 (R^2)	,173 (,344)	,202 (,340)	,227 (,334)	,227 (,307)	,215 (,269)	,224 (,250)
F (p)	2,01 (,106)	2,468 (,061)	3,134 (,032)	3,834 (,021)	4,965 (,015)	9,358 (,005)

Tabelle 4.56 Ergebnisse Regressionen (rückwärts) mit CA als AV und Kompetenzen als UVs, technische Aufgaben

	Modell 1	Modell 2
K5	−,053	−,037
K4	−,023	
Adj. R^2 (R^2)	−,165 (,002)	−,075 (,001)
F (p)	,01 (,99)	,018 (,895)

Bei den rechnerischen Aufgaben sind K4 und K6 die wichtigsten Prädiktoren der Calibration Accuracy und klären gemeinsam etwa 90 Prozent der Varianz der Calibration Accuracy auf (siehe Tabelle 4.57). Höhere Anforderungen führen bei beiden Kompetenzen zu einer exakteren Einschätzung. Hier wird erneut die Bedeutung von K4 bestätigt und auch der positive Einfluss von K6 erscheint plausibel. Die beiden Prädiktoren korrelieren jedoch hoch miteinander, wobei der VIF unter 10, die Konditionszahlen unter 15 und die Eigenwerte über 0,01 liegen.

Außerdem ist der standardisierte Regressionskoeffizient von K4 deutlich größer als eins, was das Problem der Multikollinearität verdeutlicht. Das Regressionsmodell ist somit nicht zuverlässig. Auch die extrem hohe Varianzaufklärung sollte skeptisch betrachtet werden.

Tabelle 4.57 Ergebnisse Regressionen (rückwärts) mit CA als AV und Kompetenzen als UVs, rechnerische Aufgaben

	Modell 1	Modell 2	Modell 3
K4	1,520*	1,587**	1,555**
K6	,742	,787*	,841*
K5	,213	,193	.
K2	−,076		
Adj. R^2 (R^2)	,914 (,971)	,936 (,968)	,906 (,938)
F (p)	16,984 (,056)	30,08 (,01)	30,02 (,004)

Bei den begrifflichen Aufgaben erhöhen Anforderungen zu K1, K2, K3 und K4 die Exaktheit der Selbsteinschätzung (siehe Tabelle 4.58). Die vier Kompetenzen klären über 90 Prozent der Varianz der Calibration Accuracy auf. Für Modell 3 gibt es zwar keine Anzeichen auf Multikollinearität, aber auch hier sind die Werte der standardisierten Regressionskoeffizienten mit Werten größer als eins problematisch. Und auch hier lässt die extrem hohe Varianzaufklärung eher an dem Modell zweifeln.

Tabelle 4.58 Ergebnisse Regressionen (rückwärts) mit CA als AV und Kompetenzen als UVs, begriffliche Aufgaben

	Modell 1	Modell 2	Modell 3
K1	,932	,962*	,938*
K2	,136	,154	,703*
K3	,780	,793*	1,141**
K4	1,184	1,185**	,687*
K5	,731	,747*	
K6	,048		
Adj. R^2 (R^2)	,900 (,986)	,944 (,984)	,933 (,971)
F (p)	11,506 (,222)	24,66 (,039)	25,38 (,012)

Die schrittweise Regressionsanalyse mit verschiedenen Aufgabenmerkmalen als Prädiktoren der Calibration Accuracy mit allen Aufgaben führt zu einem Modell mit drei Prädiktoren, die gemeinsam etwa 20 Prozent der Varianz der Calibration Accuracy aufklären (siehe Tabelle 4.59). Aufgaben mit einer höheren Grundvorstellungsintensität werden exakter eingeschätzt und Aufgaben mit einer höheren sprachlogischen Komplexität oder einem höheren Umfang der Bearbeitung werden weniger exakt eingeschätzt. Dieses Ergebnis erscheint ziemlich plausibel, da die geforderten Grundvorstellungen eher auf Anhieb deutlich werden, der Bearbeitungsumfang hingegen vermutlich erst innerhalb der Bearbeitung. Auch eine weniger exakte Einschätzung bei Aufgaben hoher sprachlogischer Komplexität erscheint durchaus sinnvoll, da die Anforderungen einer Aufgabe dadurch erstmal versteckt sein können. Für solche Aufgaben ist die kurze Phase der Einschätzung vermutlich zu knapp.

Tabelle 4.59 Ergebnisse Regressionen (rückwärts) mit CA als AV und Aufgabenmerkmalen als UVs, alle Aufgaben

	Modell 1	Modell 2	Modell 3
Grundvorstellungsintensität	,614	,796*	,885**
Sprachlogische Komplexität	,591	−,562	−,663*
Umfang Bearbeitung	−,478*	−,442*	−,438*
Curriculare Wissensstufe	,154	,144	
Summe Kompetenzen	,247		
Adj. R^2 (R^2)	,174 (,316)	,192 (,303)	,207 (,289)
F (p)	2,22 (,086)	2,72 (,052)	3,52 (,029)

Die Modelle 2 und 3 weisen keine Anzeichen auf Multikollinearität auf. Die Aufgabenmerkmale Grundvorstellungsintensität und Summe an Kompetenzen korrelieren hoch miteinander, was nur Modell 1 betrifft.

Einzelne Regressionsanalysen getrennt nach der Art des mathematischen Arbeitens führen zu unterschiedlichen Prädiktoren der Calibration Accuracy bzw. zu unterschiedlichen Gewichtungen. Die Calibration Accuracy bei technischen Aufgaben wird vor allem vom Umfang der Bearbeitung beeinflusst (siehe Tabelle 4.60): Ein höherer Umfang führt zu einer weniger exakten Einschätzung (23 % Varianzaufklärung).

Bei den rechnerischen Aufgaben bestimmen die sprachlogische Komplexität und der Umfang der Bearbeitung die Calibration Accuracy mit einer Varianzaufklärung von 48 % (siehe Tabelle 4.61): Aufgaben mit einer höheren sprachlichen

Tabelle 4.60 Ergebnisse Regressionen (rückwärts) mit CA als AV und Aufgabenmerkmalen als UVs, technische Aufgaben

	Modell 1	Modell 2	Modell 3
Umfang Bearbeitung	−,670*	−,634*	−,535*
Summe Kompetenzen	−,284	−,270	
Curriculare Wissensstufe	,226		
Adj. R^2 (R^2)	,235 (,399)	,241 (,349)	,231 (,286)
F (p)	2,44 (,120)	3,22 (,076)	5,21 (,040)

Komplexität sowie einem höheren Umfang der Bearbeitung werden weniger exakt eingeschätzt. Der Bearbeitungsumfang wurde bereits beim Bias als wichtiger Prädiktor für die Überschätzung bei technischen und rechnerischen Aufgaben identifiziert.

Tabelle 4.61 Ergebnisse Regressionen (rückwärts) mit CA als AV und Aufgabenmerkmalen als UVs, rechnerische Aufgaben

	Modell 1	Modell 2	Modell 3	Modell 4
Sprachlogische Komplexität	−,479	−,651	−,630	−,603
Umfang Bearbeitung	−,432	−,560	−,539	
Curriculare Wissensstufe	,373	,218		
Summe Kompetenzen	−,304			
Adj. R^2 (R^2)	,151 (,717)	,402 (,701)	,481 (,654)	,237 (,364)
F (p)	1,27 (,486)	2,34 (,251)	3,78 (,120)	2,86 (,151)

Bei den begrifflichen Aufgaben stellt die curriculare Wissensstufe mit einer Varianzaufklärung von über 40 % den wichtigsten Prädiktor dar (siehe Tabelle 4.62): Aufgaben einer höheren curricularen Wissensstufe werden von den Studierenden exakter eingeschätzt. Bei der Untersuchung des Calibration Bias konnte dies nicht festgestellt werden, hier waren jedoch die Regressionsmodelle ungeeignet. Die betrachteten Endmodelle weisen keine Anzeichen auf Multikollinearität auf.

Bei den Analysen zur Calibration Accuracy zeigen sich Ähnlichkeiten zu den Analysen bezüglich des Calibration Bias, was zu erwarten war. Schließlich geht eine starke Überschätzung mit einer weniger exakten Einschätzung einher. Die Bedeutung des Bearbeitungsumfangs für technische und rechnerische Aufgaben

Tabelle 4.62 Ergebnisse Regressionen (rückwärts) mit CA als AV und Aufgabenmerkmalen als UVs, begriffliche Aufgaben

	Modell 1	Modell 2	Modell 3	Modell 4	Modell 5
Curriculare Wissensstufe	,521	,648	,590	,648	,715*
Summe Kompetenzen	,256	,219	,219	,269	
Umfang Bearbeitung	,133	,144	,113		
Sprachlogische Komplexität	,151	,104			
Grundvorstellungsintensität	,183				
Adj. R^2 (R^2)	−,419 (,595)	,038 (,588)	,272 (,584)	,409 (,578)	,429 (,511)
F (p)	,587 (,727)	1,070 (,498)	1,87 (,276)	3,427 (,116)	6,259 (,046)

wurde erneut bestätigt. Die Bedeutung der sprachlogischen Komplexität ist hier neu, aber durchaus plausibel. Es macht auch Sinn, dass diese nicht zwingend aus einer Überschätzung ausgehen muss, sondern die Aufgaben allgemein in beide Richtungen weniger exakt eingeschätzt werden. Zudem zeigt sich erneut, hier sogar noch deutlicher, der positive Einfluss von K4 auf die Exaktheit der eigenen Einschätzung.

4.3 Entwicklungen innerhalb des Semesters

Die Veränderungen in der Leistung, der Selbstwirksamkeitserwartung, dem Calibration Bias und der Calibration Accuracy innerhalb des Semesters werden anhand der Daten vom Eingangs- und Zwischentest untersucht. Es handelt sich somit um Entwicklungen bezüglich des mathematischen Grundwissens aus der Sekundarstufe I und II innerhalb der ersten acht Wochen des Wintersemesters 2012/13, das teilweise innerhalb der Veranstaltung „Mathematik für Wirtschaftswissenschaften" wiederholt wurde (siehe Unterabschnitt 3.1.1).

Es werden Veränderungen auf Skalen- und Einzelitemebene betrachtet. Aufgaben, die identisch oder sehr ähnlich in beiden Tests sind, werden einzeln untersucht. Es werden nur Personen betrachtet, die sowohl den Eingangstest mit

Selbstwirksamkeitseinschätzung als auch den Zwischentest mit Selbstwirksamkeitseinschätzung bearbeitet haben. Die Stichprobe mit 172 Studierenden wurde
in Unterabschnitt 3.1.2 beschrieben.

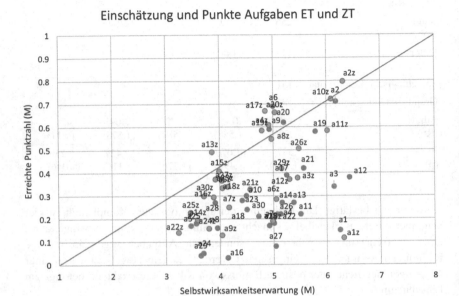

Abbildung 4.26 Vergleich SWK und Punkte der Aufgaben aus ET (blau) und ZT (orange)

Um einen ersten Überblick über mögliche Veränderungen zu erhalten bevor es
in die einzelnen Analysen geht, dient Abbildung 4.26. Daran können die Höhe
der Leistung, der Selbstwirksamkeitserwartung und der entsprechenden Abwei-
chung für die einzelnen Aufgaben des Eingangs- und des Zwischentests abgelesen
werde.

Bis auf Aufgabe 1 wurden bei den Aufgaben im Zwischentest durchschnittlich
höhere Punktzahlen erreicht. Es handelt sich hier um eine ähnliche Rechenaufgabe
wie Aufgabe 1 im Eingangstest (siehe Tabelle 4.63). Diese Aufgabe fällt bei den
weiteren Auswertungen häufiger aus der Reihe. Insgesamt ist deutlich zu sehen,
dass die Selbstüberschätzung zum Zwischentest hin abgenommen hat und die
Punktzahlen näher an der Diagonalen liegen.

Um die Entwicklungen genauer betrachten zu können, werden auch Analysen auf Einzelaufgabenebene durchgeführt. Dazu werden 17 Aufgaben herangezogen, die in beiden Tests identisch oder sehr ähnlich sind. Einen Überblick gibt Tabelle 4.63. Die Aufgabe 25 wurde in beiden Tests eingesetzt und bei den Aufgaben 1, 2, 4, 7, 8, 10, 12, 17, 21, 26 und 27 wurden nur Kleinigkeiten wie Zahlen, Variablenbezeichnungen oder Reihenfolge geändert. Bei den anderen Aufgaben herrscht zwar jeweils die gleiche Grundidee, aber zum Teil mit Unterschieden z. B. bezüglich des Kontextes (a24) oder des zugrunde gelegten Funktionstyps (a23).

4.3.1 Veränderungen der Leistung

Die erreichten Punkte im Eingangstest und im Zwischentest werden zur Untersuchung von Veränderungen bezüglich der Leistung herangezogen. Da keine Ankeritems in die beiden Tests integriert sind[16], können die Itemschwierigkeiten und Personenparameter nach dem Rasch- bzw. dem Birnbaum-Modell nicht gemeinsam geschätzt und somit auch nicht miteinander verglichen werden. Deshalb werden Leistungsskalen, wie sie nach der klassischen Testtheorie anhand des Summenscores gebildet werden, für diese Vergleiche verwendet.

Die im Teilunterabschnitt 4.1.1.5 vorgestellte zusätzliche Erhebung mit Ankeritems im Sommersemester 2014 hat gezeigt, dass einige Aufgaben im Eingangstest eine höhere Aufgabenschwierigkeit aufweisen als im Zwischentest. Bei den Itemschwierigkeiten geschätzt mit dem Birnbaum-Modell wirkten diese zum Teil recht groß, obwohl die gleiche Anzahl an Personen die verglichenen Aufgaben richtig gelöst hatten. Die mit dem Rasch-Modell geschätzten Itemschwierigkeiten haben gezeigt, dass ein Großteil der Aufgaben des Zwischentests etwas höhere Schwierigkeiten aufweist als die Aufgaben des Eingangstests. Da auch die Mittelwertvergleiche der erreichten Punktzahlen im ET und ZT bzw. in den Testversionen A und B keine signifikanten Unterschiede zwischen beiden Tests gezeigt haben, wird davon ausgegangen, dass die beiden Tests etwa vergleichbar schwer sind und erhöhte Punkte im Zwischentest auch tatsächlich auf einen Leistungszuwachs hinweisen. Ein Vergleich der Durchschnittspunkte der beiden Tests für die weiteren Analysen erscheint somit angemessen. Beim Vergleich auf der Ebene einzelner Aufgaben können ggf. kleine Schwierigkeitsunterschiede vorkommen, so dass hier ein genauerer Blick auf die jeweiligen Aufgaben nötig sein kann.

---

[16]Auf eine Ergänzung von Ankeritems wurde u. a. aufgrund der Testlänge verzichtet.

Tabelle 4.63 Vergleichsaufgaben ET und ZT

Aufgaben Eingangstest	Aufgaben Zwischentest
1. Berechnen und vereinfachen Sie soweit wie möglich. $(-2)^2 - 1^2(-11-5)/((-4))$	1. Berechnen und vereinfachen Sie soweit wie möglich. $(-2)^2 - 1^2(-5-3)/((-2))$
2. Berechnen und vereinfachen Sie soweit wie möglich. $\left(\dfrac{3}{8} \cdot \dfrac{16}{5}\right) \Big/ \dfrac{4}{5}$	2. Berechnen und vereinfachen Sie soweit wie möglich. $\left(\dfrac{4}{5} \cdot \dfrac{15}{8}\right) \Big/ \dfrac{5}{4}$
4. Berechnen und vereinfachen Sie soweit wie möglich. $32^{\frac{2}{5}}$	3. Berechnen und vereinfachen Sie soweit wie möglich. $8^{\frac{2}{3}}$
5. Berechnen und vereinfachen Sie soweit wie möglich. $\log_3 \dfrac{1}{9}$	5. Vereinfachen Sie den Ausdruck soweit wie möglich. $\ln \sqrt[2]{e^3}$
7. Vereinfachen Sie den Ausdruck soweit wie möglich. $\dfrac{1-y^2}{y+1}$	6. Vereinfachen Sie den Ausdruck soweit wie möglich. $\dfrac{x+1}{1-x^2}$
8. Vereinfachen Sie den Ausdruck soweit wie möglich. $(2m^2n t^{-1})^3$	7. Vereinfachen Sie den Ausdruck soweit wie möglich. $(2p^3 q^{n-1})^4$
10. Vereinfachen Sie den Ausdruck soweit wie möglich. $\sqrt{x} \cdot \sqrt[3]{x^2}$	8. Vereinfachen Sie den Ausdruck soweit wie möglich. $\sqrt[3]{x^2} \cdot \sqrt{x}$
12. Lösen Sie folgende quadratische Gleichung $(x-2)^2 - 2 = -1$	11. Lösen Sie folgende quadratische Gleichung $(x-1)^2 - 2 = 2$

(Fortsetzung)

Tabelle 4.63 (Fortsetzung)

17. Der Graph einer linearen Funktion verläuft durch die Punkte $P = (0,1)$ und $Q = (2,-2)$. Wie lautet die zugehörige Funktionsgleichung?	17. Der Graph einer linearen Funktion verläuft durch die Punkte $P = (0,3)$ und $Q = (2,-1)$. Wie lautet die zugehörige Funktionsgleichung?
21. Zeichnen Sie den Graphen der Funktion $y = (x+1)^2 - 2$	20. Skizzieren Sie den Graphen der Funktion $y = (x-1)^2 - 2$
23. Gegeben sei die Funktion $f(x) = ax^3 + b$ mit $x, a, b \in \mathbb{R}$ und $a > 0$. Begründen Sie, warum der Graph vor f unabhängig von a und b sowohl positive als auch negative Funktionswerte annimmt.	13. Begründen Sie, warum der Graph der Funktion $f(x) = a(x-b)^4 + c$ mit $a, b, c \in \mathbb{R}^+$ niemals die x-Achse berührt oder schneidet.
24. Die Geschwindigkeit v eines geradlinig bewegten Körpers t Sekunden nach seinem Start aus der Ruhelage ist $v = -4t^3 + 12t^2$ Meter pro Sekunde. Wie viele Sekunden nach dem Start wird seine Beschleunigung Null?	24. Ein Unternehmen produziert ein Produkt mit der Gewinnfunktion $\Pi(x) = -4x^2 + 16x$. Bei welcher Produktionsmenge x ändert sich der Gewinn nicht?
25. Skizzieren Sie einen stetigen Graphen mit $D = \mathbb{R}$ der nachstehende Eigenschaften aufweist: $f(0) = 1,\ f'(0) = 0,\ f'(1) < 0$ und $f''(x) \neq 0$	25. Skizzieren Sie einen stetigen Graphen mit $D = \mathbb{R}$ der nachstehende Eigenschaften aufweist: $f(0) = 1,\ f'(0) = 0,\ f'(1) < 0$ und $f''(x) \neq 0$
26. Bestimmen Sie die erste Ableitung von $f(x) = x^{\frac{1}{2}} + x^2 + \dfrac{1}{x^3} + 2$	26. Berechnen Sie die Ableitung folgender Funktion $$f(x) = x^2 + x^{\frac{1}{4}} + \frac{1}{x^3} + 1$$
27. Bestimmen Sie die erste Ableitung von $f(x) = 2(x^2 + 2)^3$	28. Bestimmen Sie die erste Ableitung von $f(x) = 0,5(x^3 - 4)^4$

(Fortsetzung)

Tabelle 4.63 (Fortsetzung)

28. Gegeben sei der Graph einer Funktion $g(x)$. Skizzieren Sie in das gleiche Koordinatensystem den qualitativen Verlauf der Ableitungsfunktion ein.	27. Gegeben sei der Graph einer Funktion $g(x)$. Skizzieren Sie in das gleiche Koordinatensystem den qualitativen Verlauf der Ableitungsfunktion ein.

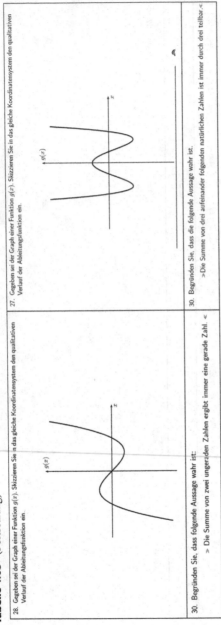

30. Begründen Sie, dass die folgende Aussage wahr ist: » Die Summe von zwei ungeraden Zahlen ergibt immer eine gerade Zahl. «	30. Begründen Sie, dass die folgende Aussage wahr ist. »Die Summe von drei aufeinander folgenden natürlichen Zahlen ist immer durch drei teilbar.«

Der t-Test für Stichproben mit gepaarten Werten hat für die Skala Leistung ergeben, dass die Leistung im Zwischentest signifikant höher ausfällt als im Eingangstest. Während die 172 Probanden im Eingangstest einen Punktemittelwert von 8,62 erreicht haben, sind es im Zwischentest 11,77 Punkte im Schnitt. Die Steigerung um durchschnittliche 3,15 Punkte erweist sich als signifikant ($t = 12,001$; $df = 171$; $p < 0,001$).

Anhand von t-Tests bzw. Welch-Tests (bei Varianzheterogenität) wurden Gruppenunterschiede bezüglich der Leistungen im Eingangs- und im Zwischentest untersucht. Inwiefern sich die Entwicklung zwischen den Gruppen unterscheidet bzw. der Gruppenfaktor einen Interaktionseffekt zur Leistungsentwicklung aufweist, wurde anhand zweifaktorieller Varianzanalysen mit Messwiederholung analysiert. Die Ergebnisse sind in Tabelle 4.64 zusammengestellt.

Sowohl beim Eingangstest als auch beim Zwischentest erreichen Abiturienten signifikant mehr Punkte als FOSler, was zu erwarten war und die Erfahrungen aus den letzten Semestern bestätigt. Die Leistungsentwicklung zeigt jedoch keine signifikanten Unterschiede zwischen den beiden Gruppen. Die Ergebnisse spiegeln sich in den parallelen Verläufen in Abbildung 4.27 wider. Es ist auch nicht erstaunlich, dass die FOSler innerhalb dieser kurzen Zeit den Vorsprung der Abiturient/innen nicht aufholen können. Dass beide Gruppen Leistungszuwächse aufweisen, ist positiv zu bewerten, da eine Förderung aller Studierenden erfolgen soll.

Die Ergebnisse der Varianzanalysen zeigen, dass keines der untersuchten Merkmale einen Interaktionseffekt zur Leistungsentwicklung aufweist.

Die Betrachtung von Veränderungen auf Einzelaufgabenebene ist anhand der vorgestellten 17 Aufgaben möglich, die im Eingangs- und Zwischentest ähnlich und zum Teil sehr ähnlich sind (siehe Tabelle 4.63). Bis auf eine Aufgabe sind diese jedoch nicht identisch und bereits kleine Unterschiede können die Aufgabenschwierigkeit beeinflussen. Die Ergebnisse der t-Tests für Stichproben mit gepaarten Werten sind in Tabelle 4.65 aufgelistet.

Bis auf die erste Aufgabe, die das Rechnen mit negativen Zahlen, das Quadrieren und die Berücksichtigung der Rechenreihenfolge erfordert, wurden alle vergleichbaren Aufgaben beim Zwischentest von mehr Personen richtig gelöst als beim Eingangstest. Die Darstellung des Bruchstrichs als Querstrich bei dieser Aufgabe könnte für die Studierenden zudem unüblich sein und zum Nichteinhalten der Rechenreihenfolge verleiten. Die Verbesserung der Leistung ist bei fast allen Aufgaben signifikant.

Tabelle 4.64 Gruppenvergleiche Leistungsentwicklung

	N	Eingangstest			Zwischentest			Interaktionseffekt
		M	SD	t-Test	M	SD	t-Test	ANOVA
Geschlecht				t(170) = ,73 p = ,467			t(170) = 1,13 p = ,262	F(1,170) = ,592 p = ,443
weiblich	99	8,37	4,94		11,35	5,70		
männlich	73	8,95	5,26		12,33	5,58		
Schulabschluss				t(170) = 3,90 p < ,001			t(170) = 3,31 p = ,001	F(1,170) = ,001 p = ,976
Abitur	100	9,79	5,52		12,94	5,76		
FOS	72	6,99	3,86		10,13	5,11		
Studiengang				t(169) = ,96 p = ,339			t(169) = ,92 p = ,357	F(1,169) = ,011 p = ,917
WiWi	124	8,85	5,39		12,00	5,92		
WiPäd	47	8,01	4,16		11,11	4,93		
Fachsemester				t(170) = ,75 p = ,453			t(170) = 1,30 p = ,197	F(1,170) = 1,025 p = ,313
1./2.	153	8,72	5,17		11,96	5,66		
Höheres	19	7,79	4,18		10,18	5,50		
Vorlesung bereits besucht				t(164) = ,80 p = ,422			t(164) = ,57 p = ,571	F(1,164) = ,66 p = ,797
Nein	152	8,46	5,16		11,70	5,74		
Ja	14	9,61	4,61		12,61	5,10		

(Fortsetzung)

Tabelle 4.64 (Fortsetzung)

	N	Eingangstest			Zwischentest			Interaktionseffekt
		M	SD	t-Test	M	SD	t-Test	ANOVA
Klausur bereits mitgeschrieben				$t(164)=,80$ $p=,424$			$t(164)=1,18$ $p=,239$	$F(1,164)=,586$ $p=,445$
nein	158	8,52	5,12		11,69	5,72		
ja	8	10	4,61		14,13	4,74		
Vorkurs besucht				$t(170)=2,03$ $p=,044$			$t(170)=,99$ $p=,326$	$F(1,170)=1,808$ $p=,181$
ja	109	9,21	4,97		12,05	5,40		
nein	63	7,60	5,13		11,2_	6,07		

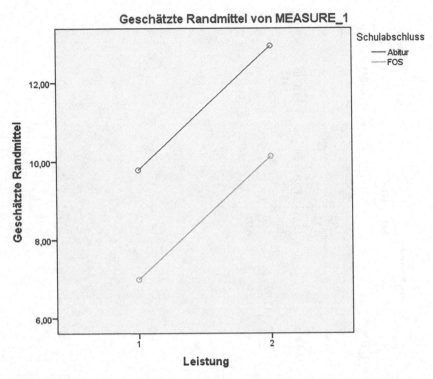

Abbildung 4.27 Entwicklung Leistung von T1 zu T2 getrennt nach Schulabschluss

4.3.2 Veränderungen der Selbstwirksamkeitserwartung

Die durchschnittliche mathematische Selbstwirksamkeitserwartung verringert sich vom Eingangstest ($M = 4,92$) zum Zwischentest ($M = 4,64$) signifikant ($t = 3,317; df = 171; p = 0,001$), wie der t-Test für Stichproben mit gepaarten Werten zeigt.

Sowohl beim Eingangstest als auch beim Zwischentest haben Abiturienten eine signifikant höhere Selbstwirksamkeitserwartung als FOSler (siehe Tabelle 4.66), was auch zu erwarten war. Ähnlich wie bei der Leistungsentwicklung unterscheidet sich die Entwicklung der Selbstwirksamkeitserwartung nicht signifikant zwischen den Gruppen, auch wenn eine leichte Tendenz zu sehen ist, dass sich der Unterschied in der Selbstwirksamkeitserwartung zum Zwischentest leicht erhöht hat.

Tabelle 4.65 Ergebnisse t-Test für Stichproben mit gepaarten Werten Leistung Einzelaufgaben

Aufgabe	M	SD	t	p
Rechnen mit negativen Zahlen			1,227	,222
a1	,151	,359		
a1.z	,116	,322		
Bruchrechnung			−2,080	,039
a2	,709	,455		
a2.z	,797	,404		
Rationale Exponenten			−4,804	<,001
a4	,203	,404		
a3.z	,378	,486		
Logarithmus			−4,717	<,001
a5	,180	,386		
a5.z	,372	,485		
Termumformung bin. Formel			−2,766	,006
a7	,174	,381		
a6.z	,285	,453		
Potenzgesetze			−2,436	,016
a8	,163	,370		
a7.z	,250	,434		
Termumformung Wurzeln			−6,061	<,001
a10	,302	,461		
a8.z	,547	,499		
Quadratische Gleichung			−4,690	<,001
a12	,381	,454		
a11.z	,584	,478		
Lineare Funktion			−7,687	<,001
a17	,387	,412		
a17.z	,669	,427		
Quadratische Funktion zeichnen			−6,558	<,001
a21	,416	,419		
a20.z	,663	,422		

(Fortsetzung)

Tabelle 4.65 (Fortsetzung)

Aufgabe	M	SD	t	p
Potenzfunktion			−1,742	,083
a23	,282	,282		
a18.z	,334	,394		
Ableitung Änderungsrate			−3,270	,001
a24	,052	,223		
a24.z	,157	,365		
Funktionseigenschaften			−1,904	,059
a25	,169	,312		
a25.z	,227	,356		
Ableitung Grundregeln			−6,708	<,001
a26	,221	,416		
a26.z	,506	,501		
Ableitung Kettenregel			−4,456	<,001
a27	,076	,254		
a28.z	,189	,360		
Ableitungsfunktion			−2,994	,003
a28	,265	,424		
a27.z	,366	,422		
Beweis			−2,658	,009
a30	,206	,346		
a30.z	,299	,369		

Die zweifaktoriellen Varianzanalysen mit Messwiederholung ergeben, dass das Fachsemester und der Vorkursbesuch jeweils signifikante Unterschiede in der Entwicklung der Selbstwirksamkeitserwartung aufweisen (siehe Tabelle 4.66). Die kleine Gruppe der Studierenden aus höheren Semestern hat beim Eingangstest deutlich geringere Selbstwirksamkeitserwartungen als die Studienanfänger/innen. Die Studierenden höherer Semester haben in der Regel auch den Eingangstest bereits in einem vergangenen Semester mitgeschrieben. Zudem haben sie sehr wahrscheinlich Misserfolgserlebnisse in der Mathematikveranstaltung gehabt und wurden bereits mit ihren Defiziten in Mathematik konfrontiert, was dann vermutlich zu einer Verringerung der Selbstwirksamkeitserwartung geführt hat. Dieser Unterschied verringert sich jedoch bis zum Zwischentest so weit, dass er

Tabelle 4.66 Gruppenunterschiede Selbstwirksamkeitsentwicklung

	N	Eingangstest			Zwischentest			Interaktionseffekt
		M	SD	t-Test	M	SD	t-Test	ANOVA
Geschlecht				$t(170) = {,}32\ p = {,}749$			$t(170) = {,}79\ p = {,}433$	$F(1{,}170) = 1{,}51\ p = {,}219$
weiblich	99	4,94	1,24		4,53	1,17		
männlich	73	4,88	1,33		4,72	1,22		
Schulabschluss				$t(170) = 2{,}13\ p = {,}034$			$t(170) = 3{,}52\ p = 0{,}001$	$F(1{,}170) = 1{,}57\ p = {,}212$
Abitur	100	5,09	1,31		4,91	1,22		
FOS	72	4,67	1,19		4,28	1,05		
Studiengang				$t(169) = 1{,}74\ p = {,}083$			$t(169) = 2{,}26\ p = {,}025$	$F(1{,}169) = {,}30\ p = {,}585$
WiWi	124	5,07	1,30		4,77	1,15		
WiPäd	47	4,51	1,14		4,31	1,25		
Fachsemester				$t(170) = 3{,}67\ p < {,}001$			$t(170) = 1{,}28\ p = {,}202$	$F(1{,}170) = 7{,}74\ p = {,}006$
1./2.	153	5,04	1,23		4,68	1,16		
Höheres	19	3,94	1,24		4,31	1,41		
Vorlesung bereits besucht				$t(164) = 1{,}78\ p = {,}078$			$t(14{,}3) = {,}57\ p = {,}575$	$F(1{,}164) = 1{,}48\ p = {,}225$
Nein	152	4,98	1,22		4,69	1,15		
Ja	14	4,36	1,67		4,44	1,61		

(Fortsetzung)

Tabelle 4.66 (Fortsetzung)

	N	Eingangstest			Zwischentest			Interaktionseffekt
		M	SD	t-Test	M	SD	t-Test	ANOVA
Klausur bereits mitgeschrieben				$t(164) = ,78\ p = ,435$			$t(7,3) = ,09\ p = ,933$	$F(1,164) = ,58\ p = ,448$
nein	158	4,93	1,26		4,66	1,16		
ja	8	4,56	1,64		4,60	1,91		
Vorkurs besucht				$t(170) = 1,87\ p = ,064$			$t(170) = ,25\ p = ,806$	$F(1,170) = 20,20\ p < 0,001$
ja	109	5,17	1,22		4,62	1,18		
nein	63	4,48	1,25		4,67	1,22		

nicht mehr signifikant ausfällt. In Abbildung 4.28 ist diese Entwicklung grafisch dargestellt.

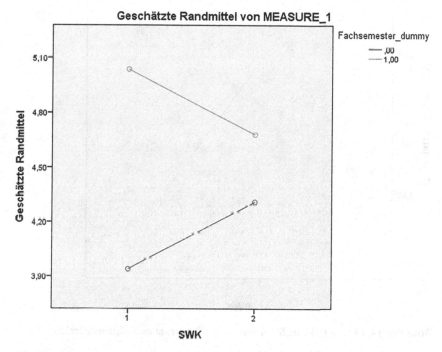

Abbildung 4.28 Entwicklung SWK von T1 zu T2 getrennt nach Fachsemester (0: erstes Fachsemester; 1: höheres Fachsemester)

Studierende, die am Vorkurs vor Semesterbeginn teilgenommen haben, weisen im Eingangstest eine höhere Selbstwirksamkeitserwartung auf als Studierende, die den Vorkurs nicht besucht haben. Die Entwicklungen der beiden Gruppen verlaufen entgegengesetzt, wie in Abbildung 4.29 zu sehen ist. Die Selbstwirksamkeitserwartung der Vorkursteilnehmer verringert sich deutlich und die Selbstwirksamkeitserwartung der Nicht-Vorkursteilnehmer erhöht sich leicht. Zum Zwischentest weisen beide Gruppen ähnlich hohe Selbstwirksamkeitserwartungen auf.

Die Ergebnisse zur Untersuchung von Veränderungen der Selbstwirksamkeitserwartung auf Einzelaufgabenebene mit Hilfe von t-Tests für Stichproben mit

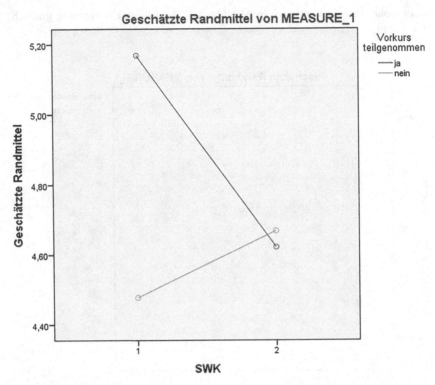

Abbildung 4.29 Entwicklung SWK von T1 zu T2 getrennt nach Vorkursteilnahme

gepaarten Werten sind in Tabelle 4.67 aufgeführt. Die Betrachtung der einzelnen Aufgaben zeigt, dass bei einigen Aufgaben die Selbstwirksamkeitserwartung gestiegen und bei anderen gesunken ist. Bei den Aufgaben zum Rechnen mit rationalen Exponenten, zum Logarithmus und zur Termumformung mit Wurzeln ist die Selbstwirksamkeitserwartung signifikant gestiegen. Die Aufgaben zur quadratischen Gleichung, linearen Funktion, Einzeichnen einer quadratischen Funktion, Verlauf einer Potenzfunktion und einem kurzen Beweis bzw. einer Begründung werden von den Studierenden beim Zwischentest mit einer signifikant geringeren Selbstwirksamkeitserwartung eingeschätzt als beim Eingangstest. Bis auf Aufgabe 30 wurden alle abgefragten Inhalte in der Vorlesung besprochen und anhand teils ähnlicher Aufgaben auf den Übungsblättern in den Tutorien behandelt. Eine mögliche Erklärung für die unterschiedliche Entwicklung bei einzelnen Aufgaben könnte sein, dass beim Eingangstest der rationale Exponent, die Wurzeln und der Logarithmus besonders abschreckend waren und den Studierenden nicht vertraut war. Insbesondere der Logarithmus wird häufig in der Schule nicht mehr behandelt, so dass diese Aufgabe für einige sogar völlig unbekannt gewesen sein könnte.

Die Wiederholung dieser Inhalte in der Vorlesung und die Behandlung in den Tutorien könnte ausgereicht haben, um die Selbstwirksamkeitserwartung bei diesen Inhalten zu stärken. Die anderen Aufgaben zu Gleichungen und Funktionen hingegen sollten den Studierenden aus der Schule noch sehr vertraut gewesen sein, so dass sie hier eine eher hohe Selbstwirksamkeitserwartung im Eingangstest aufgewiesen haben. Die Wiederholung dieser Inhalte führte bei einigen vermutlich zur Konfrontation mit zuvor nicht ganz bewussten Defiziten. Dadurch könnte sich dann die Selbstwirksamkeitserwartung bei diesen Aufgaben gesenkt haben.

4.3.3 Veränderungen des Calibration Bias

Der Calibration Bias reduziert sich vom Eingangstest ($M = 2,14$) zum Zwischentest ($M = 0,85$) signifikant ($t = 11,866$; $df = 171$; $p < 0,001$), wie der t-Test für Stichproben mit gepaarten Werten zeigt.

Die signifikanten Unterschiede zwischen Studienanfänger/innen und Studierenden aus höheren Semestern beim Eingangstest reduzieren sich deutlich, wobei beide Gruppen beim Zwischentest geringere Überschätzung aufweisen (siehe Tabelle 4.68), was in Abbildung 4.30 grafisch dargestellt ist. Zu Beginn des Semesters überschätzen sich Studienanfängerinnen und Studienanfänger stärker als Studierende aus höheren Semestern, was zu erwarten war und zu den vorherigen Ergebnissen zur Selbstwirksamkeitserwartung passt.

Studierende, die den Vorkurs besucht haben, überschätzen sich beim Eingangstest signifikant stärker als Studierende, die nicht am Vorkurs teilgenommen haben. Zum Zwischentest ist der Bias bei beiden Gruppen ähnlich hoch, wie Abbildung 4.31 zeigt.

Dieses Ergebnis ist eher überraschend, wobei es zu den vorherigen Ergebnissen passt, da die Selbstwirksamkeitserwartung bei den Vorkursteilnehmer/innen auch signifikant höher war und die Leistung zwar höher, aber nicht signifikant. Die Ergebnisse deuten darauf hin, dass der Vorkurs die Selbstwirksamkeitserwartung zu positiv beeinflusst und sogar eine Überschätzung der eigenen Fähigkeiten gefördert hat. Um diese Entwicklung zu erklären, muss der Vorkurs genauer betrachtet werden, was im Rahmen der Diskussion in Kapitel 5 erfolgt. Die

Tabelle 4.67 Ergebnisse t-Test für Stichproben mit gepaarten Werten SWK Einzelaufgaben (Erhöhung in blau, Verringerung in orange)

Aufgabe	M	SD	t	p
Rechnen mit negativen Zahlen			−,574	,567
a1	6,251	1,613		
a1.z	6,322	1,417		
Bruchrechnung			−1,185	,238
a2	6,184	1,578		
a2.z	6,316	1,429		
Rationale Exponenten			−3,048	,003
a4	5,006	2,016		
a3.z	5,444	1,854		
Logarithmus			−2,007	,046
a5	3,555	2,199		
a5.z	3,919	1,915		
Termumformung bin. Formel			−,937	,350
a7	4,924	1,885		
a6.z	5,064	1,649		
Potenzgesetze			−1,492	,137
a8	3,953	1,913		
a7.z	4,169	1,848		
Termumformung Wurzeln			−2,819	,005
a10	4,503	2,015		
a8.z	4,959	1,904		
Quadratische Gleichung			3,308	,001
a12	6,433	1,560		
a11.z	6,017	1,550		
Lineare Funktion			2,794	,006
a17	5,253	2,035		
a17.z	4,853	1,921		
Quadratische Funktion zeichnen			3,652	<,001
a21	5,570	1,986		
a20.z	5,035	1,879		

(Fortsetzung)

Tabelle 4.67   (Fortsetzung)

Aufgabe	M	SD	t	p
Potenzfunktion			2,196	,029
a23	4,407	2,165		
a18.z	4,047	1,832		
Ableitung Änderungsrate			−,700	,485
a24	3,692	2,079		
a24.z	3,811	1,644		
Funktionseigenschaften			,073	,942
a25	3,468	1,962		
a25.z	3,456	1,806		
Ableitung Grundregeln			−1,922	,056
a26	5,129	2,091		
a26.z	5,480	1,947		
Ableitung Kettenregel			,346	,730
a27	5,041	2,044		
a28.z	4,983	1,808		
Ableitungsfunktion			−,721	,472
a28	3,913	1,967		
a27.z	4,038	1,991		
Beweis			5,660	<,001
a30	4,696	2,047		
a30.z	3,702	1,697		

Veränderung des Bias vom Eingangstest zum Zwischentest auf Einzelaufgabe-nebene wird anhand von t-Tests für Stichproben mit gepaarten Werten untersucht. Die Ergebnisse sind in Tabelle 4.69 zusammengestellt. Bei allen Aufgaben, bis auf die erste zum Rechnen mit negativen Zahlen und der Berücksichtigung der Rechenreihenfolge, ist die Überschätzung zum Zwischentest hin gesunken. Der Unterschied fällt beim Großteil der Aufgaben signifikant aus und bei zwei Aufgaben wechselt die durchschnittliche Einschätzung sogar von einer Überschätzung in eine Unterschätzung. Bei diesen beiden Aufgaben hatte sich auch die Selbstwirksamkeitserwartung signifikant verringert, scheinbar jedoch zu stark.

Tabelle 4.68 Gruppenunterschiede Bias

	N	Eingangstest			Zwischentest			Interaktionseffekt
		M	SD	t-Test	M	SD	t-Test	ANOVA
Geschlecht				t(170) = 1,37 p = ,172			t(170) = ,48 p = ,631	F(1,170) = ,504 p = ,479
weiblich	99	2,26	1,19		,89	1,43		
männlich	73	1,99	1,30		,79	1,37		
Schulabschluss				t(170) = 1,07 p = ,287			t(170) = ,03 p = ,978	F(1,170) = ,901 p = ,344
Abitur	100	2,06	1,25		,85	1,43		
FOS	72	2,26	1,21		,85	1,36		
Studiengang				t(169) = 1,72 p = ,087			t(169) = ,79 p = ,431	F(1,169) = ,504 p = ,479
WiWi	124	2,24	1,26		,91	1,36		
WiPäd	47	1,87	1,16		,72	1,52		
Fachsemester				t(170) = 3,03 p = ,003			w(170) = ,21 p = ,832	F(1,170) = 8,31 p = ,004
1./2.	153	2,24	1,18		,84	1,81		
Höheres	19	1,35	1,42		,93	1,35		

(Fortsetzung)

Tabelle 4.68 (Fortsetzung)

	N	Eingangstest			Zwischentest			Interaktionseffekt
		M	SD	t-Test	M	SD	t-Test	ANOVA
Vorlesung bereits besucht				$t(164) =$ $2,81$ $p =$ $,006$			$t(164) = 1,15$ $p = ,252$	$F(1,164) = 1,53$ $p =$ $,217$
Nein	152	2,26	1,20		,91	1,54		
Ja	14	1,30	1,42		,46	1,40		
Klausur bereits mitgeschrieben				$t(164) =$ $1,65$ $p =$ $,101$			$t(164) = 1,19$ $p = ,235$	$F(1,164) = ,057$ $p =$ $,811$
nein	158	2,18	1,24		,89	1,43		
ja	8	1,44	1,11		,28	1,26		
Vorkurs besucht				$t(170) =$ $1,94$ $p =$ $,054$			$w(101,9) =$ $1,34$ $p = ,185$	$F(1,170) = 9,94$ $p =$ $,002$
ja	109	2,28	1,17		,73	1,22		
nein	63	1,91	1,32		-,05	1,66		

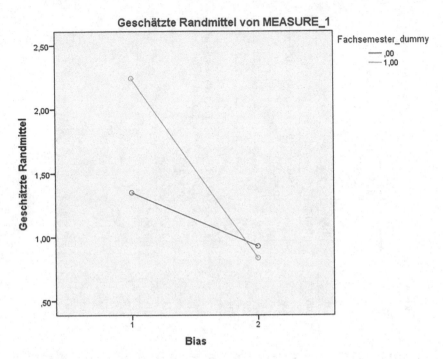

Abbildung 4.30 Entwicklung Bias von T1 zu T2 getrennt nach Fachsemester (0: erstes Fachsemester; 1: höheres Fachsemester)

4.3.4   Veränderungen der Calibration Accuracy

Die Calibration Accuracy steigert sich vom Eingangstest ($M = 3,92$) zum Zwischentest ($M = 4,14$) signifikant ($t = 2,782; df = 171; p = 0,006$), wie der t-Test für Stichproben mit gepaarten Werten zeigt.

Die Calibration Accuracy zeigt bei Studienanfänger/innen versus Studierenden höherer Semester als auch bei Vorkursteilnehmer/innen versus Nicht-Vorkursteilnehmer/innen signifikant unterschiedliche Entwicklungen (siehe Tabelle 4.70).

Zu Beginn des Semesters schätzen sich Studierende höherer Semester exakter ein als Studienanfänger/innen. Bis zum Zwischentest verringert sich dieser Unterschied deutlich. Der Verlauf wird in Abbildung 4.32 dargestellt. So nimmt die Calibration Accuracy bei Studienanfänger/innen zu und bei Studierenden höherer Semester ab. Die Erhöhung der Calibration Accuracy bei Studienanfänger/innen

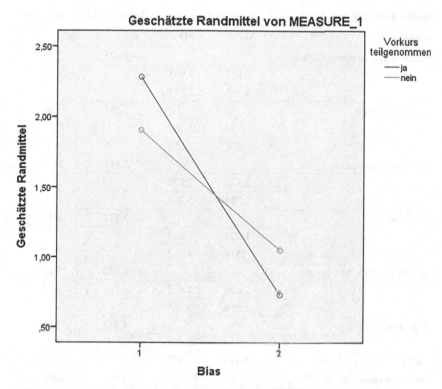

Abbildung 4.31 Entwicklung Bias von T1 zu T2 getrennt nach Vorkursteilnahme

ist positiv zu bewerten und war zu erwarten. Die Verringerung der Calibration Accuracy bei den Studierenden höherer Semester hingegen ist doch als eine eher negative Entwicklung zu beurteilen. Da diese Gruppe von Studierenden bereits zum Eingangstest einen geringeren Bias aufwies und sich dieser zum Zwischentest hin sogar noch etwas weiter verringert hat, deutet die erhöhte Calibration Accuracy auf eine häufigere Unterschätzung der eigenen Fähigkeiten hin, was nicht erzielt werden sollte.

Eine ähnliche Entwicklung ist beim Vergleich der Calibration Accuracy der Vorkursteilnehmer/innen versus der Nicht-Vorkursteilnehmer/innen zuerkennen (siehe Abbildung 4.33). Das passt zu den Ergebnissen des Bias. Die stärkere Überschätzung der Vorkursteilnehmer/innen schlägt sich auch in einer schlechteren Calibration Accuracy nieder. Zu Beginn des Semesters weisen Studierende,

Tabelle 4.69 Ergebnisse t-Test für Stichproben mit gepaarten Werten Bias Einzelaufgaben

Aufgabe	M	SD	t	p
Rechnen mit negativen Zahlen			−1,325	,187
a1	4,187	2,945		
a1.z	4,503	2,577		
Bruchrechnung			1,392	,166
a2	,190	3,267		
a2.z	−,251	3,053		
Rationale Exponenten			2,911	,004
a4	2,573	2,870		
a3.z	1,784	3,268		
Logarithmus			3,173	,002
a5	1,294	3,018		
a5.z	,314	3,412		
Termumformung bin. Formel			2,032	,044
a7	2,696	2,862		
a6.z	2,058	3,365		
Potenzgesetze			1,412	,160
a8	1,814	2,751		
a7.z	1,419	2,972		
Termumformung Wurzeln			3,993	<,001
a10	1,349	3,439		
a8.z	,107	3,304		
Quadratische Gleichung			5,556	<,001
a12	2,767	3,169		
a11.z	,927	3,418		
Lineare Funktion			8,155	<,001
a17	1,535	2,787		
a17.z	−,800	3,026		
Quadratische Funktion zeichnen			7,521	<,001
a21	1,660	3,102		
a20.z	−,605	3,097		

(Fortsetzung)

Tabelle 4.69 (Fortsetzung)

Aufgabe	M	SD	t	p
Potenzfunktion			2,908	,004
a23	1,433	2,351		
a18.z	,706	2,840		
Ableitung Änderungsrate			2,122	,035
a24	2,320	2,414		
a24.z	1,734	2,791		
Funktionseigenschaften			1,654	,100
a25	1,281	2,612		
a25.z	,860	2,654		
Ableitung Grundregeln			5,064	<,001
a26	2,573	3,136		
a26.z	,918	3,109		
Ableitung Kettenregel			3,545	,001
a27	3,512	2,455		
a28.z	2,660	2,792		
Ableitungsfunktion			2,138	,034
a28	1,061	3,099		
a27.z	,474	2,753		
Beweis			5,761	<,001
a30	2,243	2,744		
a30.z	,594	2,840		

die den Vorkurs nicht besucht haben, eine signifikant höhere Calibration Accuracy auf als Studierende, die den Vorkurs besucht haben. Die Vorkursteilnehmer/innen steigern ihre Calibration Accuracy innerhalb des Semesters jedoch, während diese bei den Nicht-Vorkursteilnehmer/innen leicht sinkt.

Die Ergebnisse der Untersuchung der Veränderung der Calibration Accuracy anhand von t-Tests für Stichproben mit gepaarten Werten sind in Tabelle 4.71 aufgelistet. Im Gegensatz zum Calibration Bias hat sich die Calibration Accuracy nur bei wenigen Aufgaben signifikant verändert. Bei den Aufgaben zur quadratischen Gleichung, zur Ableitung mit Summen- und Faktorregel, zum Einzeichnen der Ableitungsfunktion und dem kleinen Beweis ist die Calibration Accuracy der Studierenden signifikant gestiegen. Ein gemeinsamer Grund kann hier für die

Tabelle 4.70 Gruppenunterschiede CA

	N	Eingangstest			Zwischentest			Interaktionseffekt
		M	SD	t-Test	M	SD	t-Test	ANOVA
Geschlecht				t(170) = 1,00 p = ,320			t(170) = 1,46 p = ,147	F(1,170) = 3,833 p = ,052
weiblich	99	3,87	,85		4,21	,74		
männlich	73	4,00	,93		4,04	,79		
Schulabschluss				t(170) = ,17 p = ,867			t(170) = 1,76 p = ,08	F(1,170) = 1,349 p = ,247
Abitur	100	3,91	,90		4,05	,78		
FOS	72	3,94	,87		4,26	,73		
Studiengang				t(169) = 2,10 p = ,037			t(169) = ,59 p = ,556	F(1,169) = 1,836 p = ,177
WiWi	124	3,84	,89		4,12	,71		
WiPäd	47	4,15	,83		4,20	,90		
Fachsemester				t(170) = 3,13 p = ,002			t(170) = ,75 p = ,457	F(1,170) = 4,388 p = ,038
1./2.	153	3,85	,87		4,13	,78		
Höheres	19	4,51	,74		4,26	,67		
Vorlesung bereits besucht				t(164) = 2,17 p = ,031			t(164) = 1,46 p = ,146	F(1,164) = ,583 p = ,446
Nein	152	3,86	,89		4,10	,77		
Ja	14	4,40	,69		4,41	,67		

(Fortsetzung)

Tabelle 4.70 (Fortsetzung)

	N	Eingangstest			Zwischentest			Interaktionseffekt
		M	SD	t-Test	M	SD	t-Test	ANOVA
Klausur bereits mitgeschrieben				$t(164) = 1,69\ p = ,093$			$t(164) = 1,91\ p = ,059$	$F(1,164) = ,002\ p = ,968$
nein	158	3,91	,90		4,11	,76		
ja	8	4,45	,69		4,64	,79		
Vorkurs besucht				$t(170) = 2,87\ p = ,005$			$w(107,8) = 1,31\ p = ,193$	$F(1,170) = 12,25\ p = ,001$
ja	109	3,78	,86		4,20	,70		
nein	63	4,17	,87		4,04	,87		

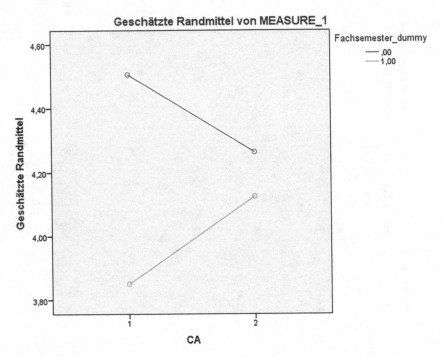

Abbildung 4.32 Entwicklung CA von T1 zu T2 getrennt nach Fachsemester (0: erstes Fachsemester; 1: höheres Fachsemester)

Entwicklung diese Aufgaben nicht gefunden werden. Es scheint sich eher um aufgabenabhängige Veränderungen zu handeln, bei denen nur Vermutungen zu den einzelnen Aufgaben angestellt werden können. So haben sich die Studierenden bei der quadratischen Gleichung im Eingangstest besonders stark überschätzt. Dieser Aufgabentyp wurde auch innerhalb der Veranstaltung gerne als Beispiel für die starke Überschätzung angeführt. Daher könnten die Studierenden beim Zwischentest hier aufmerksamer gewesen sein und eine exaktere Einschätzung aufweisen. Insgesamt fällt es aber schwer hier passende Begründungen zu finden, warum sich die Calibration Accuracy genau bei diesen Aufgaben signifikant verbessert hat.

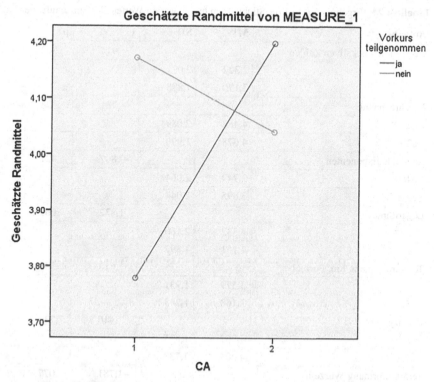

Abbildung 4.33 Entwicklung CA von T1 zu T2 getrennt nach Vorkursteilnahme

4.3.5 Veränderungen der Postdiction

Die Studierenden haben nach der Bearbeitung der Tests jeweils eingeschätzt, wie viele Aufgaben sie glauben, richtig gelöst zu haben. Anhand dieser Einschätzung wurden der globale Postdiction Bias und die globale Postdiction Calibration Accuracy berechnet. Der Vergleich anhand von Balkendiagrammen zeigt, dass Studierende ihre Leistung im Eingangstest stärker überschätzt haben als beim Zwischentest, wobei die Verschiebung auch zeigt, dass mehr Studierende ihre Leistung im Zwischentest unterschätzt haben (siehe Abbildung 4.34). So haben sich die Studierenden beim Eingangstest im Schnitt um 3,37 Aufgaben überschätzt und beim Zwischentest um 0,65 Aufgaben unterschätzt. Der t-Test für

Tabelle 4.71 Ergebnisse t-Test für Stichproben mit gepaarten Werten CA Einzelaufgaben

Aufgabe	MW	SD	t	p
Rechnen mit negativen Zahlen			,914	,362
a1	2,322	2,071		
a1.z	2,170	1,888		
Bruchrechnung			−,981	,328
a2	4,488	2,089		
a2.z	4,678	1,990		
Rationale Exponenten			−,807	,421
a4	3,749	2,064		
a3.z	3,895	2,044		
Logarithmus			1,832	,069
a5	4,532	2,160		
a5.z	4,151	1,892		
Termumformung bin. Formel			,618	,538
a7	3,579	1,931		
a6.z	3,468	1,743		
Potenzgesetze			,346	,730
a8	4,267	1,835		
a7.z	4,209	1,738		
Termumformung Wurzeln			−1,781	,077
a10	3,888	1,977		
a8.z	4,243	1,811		
Quadratische Gleichung			−2,547	,012
a12	3,564	2,423		
a11.z	4,160	2,106		
Lineare Funktion			−,096	,924
a17	4,371	1,785		
a17.z	4,388	1,714		
Quadratische Funktion zeichnen			−,918	,360
a21	4,189	2,108		
a20.z	4,366	1,727		

(Fortsetzung)

Tabelle 4.71 (Fortsetzung)

Aufgabe	MW	SD	t	p
Potenzfunktion			,749	,455
a23	4,788	1,634		
a18.z	4,654	1,742		
Ableitung Änderungsrate			1,088	,278
a24	4,361	2,057		
a24.z	4,166	1,654		
Funktionseigenschaften			−,068	,946
a25	4,743	1,830		
a25.z	4,754	1,647		
Ableitung Grundregeln			−3,828	<,001
a26	3,585	2,182		
a26.z	4,433	1,970		
Ableitung Kettenregel			−1,883	,061
a27	3,268	2,102		
a28.z	3,648	1,901		
Ableitungsfunktion			−2,278	,024
a28	4,352	1,919		
a27.z	4,776	1,682		
Beweis			−2,936	,004
a30	4,079	2,001		
a30.z	4,646	1,688		

Stichproben mit gepaarten Werten bestätigt, dass diese Veränderung signifikant ist ($t(130) = 8, 75$; $p < 0, 001$).

Geschlecht, Schulabschluss, Studiengang, Fachsemester, Vorlesung bereits besucht, Klausur bereits mitgeschrieben und Vorkursteilnahme interagieren nicht mit der Entwicklung des globalen Bias der Postdiction, wie Varianzanalysen zeigen (siehe Tabelle A190 in Anhang A). Nur beim Eingangstest unterscheidet sich der globale Bias signifikant bei Studierenden, die die Vorlesung bereits besucht haben, und Studierenden, die die Vorlesung noch nicht besucht haben. Die zwölf Studierenden, die die Vorlesung bereits besucht haben, weisen einen deutlich geringeren globalen Bias auf als die Studierenden, die die Vorlesung noch nicht besucht haben (siehe Tabelle A190 in Anhang A).

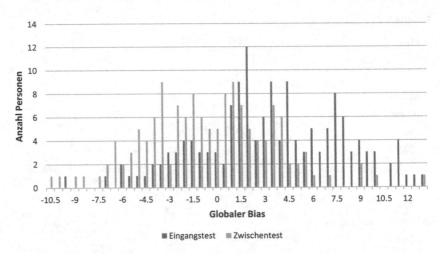

Abbildung 4.34   Vergleich globaler Bias nach dem Test von ET zu ZT

Insgesamt schätzen die Studierenden im Zwischentest ihre Leistung nachträglich exakter ein als beim Eingangstest, wie in Abbildung 4.35 zu sehen ist. Der Mittelwert der globalen Calibration Accuracy steigt von 25,44 im Eingangstest zu 26,71 im Zwischentest[17]. Diese Entwicklung ist signifikant, wie der t-Test für Stichproben mit gepaarten Werten bestätigt ($t(130) = 3,777$; $p < 0,001$).

Bei der globalen Calibration Accuracy der Postdiction zeigen sich keine signifikanten Interaktionseffekte von Geschlecht, Schulabschluss, Studiengang, Fachsemester, Vorlesung bereits besucht, Klausur bereits mitgeschrieben und Vorkursteilnahme auf die Entwicklung vom Eingangstest zum Zwischentest, wie Varianzanalysen zeigen (siehe Tabelle A191 in Anhang A). Zu beiden Messzeitpunkten liegen keine signifikanten Unterschiede bei den genannten Gruppen bezüglich der globalen Calibration Accuracy vor.

4.3.6   Betrachtung „Aussteiger/innen"

Innerhalb der Untersuchungen zu Veränderungen der Leistung sowie der Stärke und Exaktheit der eigenen Selbstwirksamkeitserwartung wurden nur die 172

---

[17]Zur Erinnerung: Die globale Calibration Accuracy wird berechnet, indem der Betrag des globalen Bias vom Maximalwert subtrahiert wird. Höhere Werte entsprechen somit einer exakteren Einschätzung.

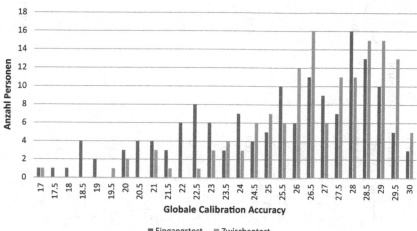

Abbildung 4.35 Vergleich globale CA nach dem Test von ET zu ZT

Studierenden berücksichtigt, bei denen Daten zur Leistung und Selbstwirksamkeitserwartung zu beiden Messzeitpunkten vorlagen. Dadurch erfolgt eine Selektion der ursprünglichen Veranstaltungsteilnehmer/innen, die nicht zufällig ist. Es wird vermutet, dass ein Großteil der Personen, die zum zweiten Messzeitpunkt in der Vorlesung nicht anwesend waren, überwiegend die Veranstaltung generell (und nicht nur am Tag der Befragung) nicht mehr besucht haben. Sie werden hier als „Aussteiger/innen" bezeichnet. Inwiefern sich die beiden Gruppen bezüglich struktureller Merkmale sowie kognitiver und motivationaler Variablen unterscheiden, wird in den folgenden Analysen untersucht.

Die Verteilungen struktureller Merkmale wie u. a. Geschlecht in den beiden Gruppen werden anhand von Kreuztabellen betrachtet und anhand des Pearson-Chi-Quadrat-Tests bewertet (siehe Tabelle 4.72).

Unter den Aussteiger/innen sind signifikant mehr Männer, mehr Nicht-Vorkursteilnehmer/innen, mehr Studierende, die bereits die Vorlesung besucht haben, mehr aus dem dritten/vierten Semester, mehr mit FOS-Abschluss und mehr mit Migrationshintergrund als unter den Nicht-Aussteiger/innen, die zum Zwischentest noch die Vorlesung besucht haben.

Mit Hilfe von t-Tests bzw. Welch-Tests werden Unterschiede bezüglich diverser metrischer Variablen im Eingangstest untersucht. Die Ergebnisse sind in

Tabelle 4.72 Vergleich der "Aussteiger" und "Nicht-Aussteiger" - Chi²-Test

	Nicht-Aussteiger/innen		Aussteiger/innen		Pearson-Chi-Quadrat	
	Anzahl	Prozent	Anzahl	Prozent	Wert	Sig.
Geschlecht					4,676	,031
Weiblich	99	57,6	99	46,5		
männlich	73	42,4	114	53,5		
Vorkurs besucht					31,277	<,001
Ja	109	63,4	74	34,7		
nein	63	36,6	139	65,3		
Vorlesung bereits besucht					5,009	,025
Ja	14	8,4	34	16,2		
nein	152	91,6	176	83,8		
Klausur bereits mitgeschrieben					,872	,351
Ja	8	4,8	15	7,1		
nein	158	95,2	195	92,9		
Schulabschluss					8,467	,004
Abitur	100	58,1	93	43,3		
FOS	72	41,9	122	56,7		
Fachsemester					7,845	,02
1./2.	153	89	171	79,9		

(Fortsetzung)

Tabelle 4.72 (Fortsetzung)

	Nicht-Aussteiger/innen		Aussteiger/innen		Pearson-Chi-Quadrat	
	Anzahl	Prozent	Anzahl	Prozent	Wert	Sig.
3./4.	12	7	35	16,4		
5.+	7	4,1	8	3,7		
Studiengang					3,321	,19
WiWi	124	72,5	142	66,7		
WiPäd	40	23,4	53	24,9		
andere	7	4,1	18	8,5		
Migrationshintergrund					15,177	<,001
Ja	22	12,9	63	29,4		
nein	149	87,1	151	70,6		

Tabelle 4.73 zusammengestellt. Die drei Leistungsmaße zeigen bei den Aussteiger/innen signifikant schlechtere Leistungen im Eingangstest als bei den Nicht-Aussteiger/innen. Außerdem weisen die Aussteiger/innen signifikant niedrigere Selbstwirksamkeitserwartungen und ein niedrigeres Selbstkonzept in Mathematik auf. Die Calibration Accuracy ist jedoch bei den Aussteiger/innen signifikant höher, sowohl auf lokaler als auch globaler Ebene. Dieses Ergebnis erscheint zunächst überraschend. Da die durchschnittliche Überschätzung bei den Aussteiger/innen etwas höher ist, könnte die höhere Calibration Accuracy der Aussteiger/innen auf einer stärkeren bzw. häufigeren Unterschätzung der Nicht-Aussteiger/innen basieren, die sich erst bei der Calibration Accuracy zeigt. Im Schnitt haben sie eine signifikant schlechtere Abschlussnote und schätzen ihre Mathematikkenntnisse schlechter ein als die Nicht-Aussteiger/innen, obwohl der Unterschied in der Mathematiknote der Oberstufe nicht signifikant ausfällt.

Insgesamt weisen die Aussteiger/innen somit zu Beginn des Semesters insbesondere bzgl. kognitiver und motivationaler Aspekte ungünstigere Voraussetzungen auf als die Nicht-Aussteiger/innen, die die Datenbasis für die Vergleiche der beiden Messzeitpunkte liefern.

4.4   Auswertung Einfluss Feedback

Innerhalb dieses Abschnitts werden die Ergebnisse zur Beantwortung der dritten Forschungsfrage nach dem Einfluss des Feedbacks auf die mathematische Leistung, Selbstwirksamkeitserwartung und Calibration dargelegt. Das Feedback wurde über die fakultativen wöchentlichen Kurztests gegeben. Daher wird zunächst die Nutzung der Kurztests in Unterabschnitt 4.4.1 vorgestellt. In Unterabschnitt 4.4.2 wird das Vorgehen zur Untersuchung des Einflusses der Kurztests erläutert. Die darauf folgenden Unterabschnitte widmen sich dem Einfluss auf die Leistung, auf die Selbstwirksamkeitserwartung, auf den Calibration Bias, auf die Calibration Accuracy und auf den globalen Bias und die globale Calibration Accuracy der Postdiction.

4.4.1   Nutzung der Kurztests

Zur Beschreibung der Nutzung der Kurztests werden neben den deskriptiven Auswertungen auch Nutzergruppen anhand der Häufigkeit der Nutzung gebildet. Diese werden in Teilunterabschnitt 4.4.1.2 beschrieben. Die Zusammenhänge

Tabelle 4.73 Vergleich der „Aussteiger" und „Nicht-Aussteiger" – t-Test

Variable	N	M	SD	t	p
Punkte				6,381	<,001
Nicht-Aussteiger	172	8,616	5,071		
Aussteiger	215	5,474	4,470		
PP Rasch				6,546	<,001
Nicht-Aussteiger	172	−1,670	1,226		
Aussteiger	215	−2,510	1,277		
PP Birnbaum				6,676	<,001
Nicht-Aussteiger	171	,384	,809		
Aussteiger	215	−,169	,807		
SWK				3,784	<,001
Nicht-Aussteiger	172	4,916	1,273		
Aussteiger	215	4,410	1,332		
Bias				−1,594	,112
Nicht-Aussteiger	172	2,144	1,238		
Aussteiger	215	2,340	1,173		
CA[a]				−2,284	,023
Nicht-Aussteiger	172	3,923	,883		
Aussteiger	215	4,144	1,026		
Selbstkonzept				2,689	,007
Nicht-Aussteiger	171	3,568	,957		
Aussteiger	213	3,293	1,030		
Interesse				1,377	,169
Nicht-Aussteiger	171	3,587	1,334		
Aussteiger	214	3,399	1,326		
Lernzielorientierung				1,311	,191
Nicht-Aussteiger	171	3,440	,945		
Aussteiger	214	3,304	1,065		
Mathe-Ängstlichkeit				−,284	,776
Nicht-Aussteiger	171	3,906	1,389		
Aussteiger	213	3,946	1,387		

(Fortsetzung)

Tabelle 4.73 (Fortsetzung)

Variable	N	M	SD	t	p
Kontrollüberzeugung				,667	,505
Nicht-Aussteiger	171	4,030	1,050		
Aussteiger	214	3,957	1,062		
Nutzen Mathematik				,725	,469
Nicht-Aussteiger	171	4,537	,655		
Aussteiger	212	4,482	,821		
Jahr Schulabschluss				,854	,394
Nicht-Aussteiger	171	2009,88	2,736		
Aussteiger	213	2009,65	2,517		
Abschlussnote				−4,915	<,001
Nicht-Aussteiger	170	2,343	,510		
Aussteiger	209	2,593	,479		
Mathematiknote Oberstufe				−1,697	,091
Nicht-Aussteiger	172	2,510	,844		
Aussteiger	214	2,660	,880		
Einschätzung Mathematikkenntnisse				−3,770	<,001
Nicht-Aussteiger	171	3,100	,860		
Aussteiger	215	3,450	,941		
Bias global Postdiction				,443	,658
Nicht-Aussteiger	152	3,438	4,503		
Aussteiger	161	3,224	4,035		
CA global Postdiction				−2,243	,026
Nicht-Aussteiger	152	25,332	3,199		
Aussteiger	161	26,180	3,472		

[a] Es liegt Varianzheterogenität vor. Daher wird der Welch-Test verwendet

zur Nutzung anderer Veranstaltungselemente werden in Teilunterabschnitt 4.4.1.3 erläutert.

4.4.1.1 Deskriptive Auswertungen

Im Semester wurden den Studierenden insgesamt zwölf wöchentliche Kurztests zur Verfügung gestellt, die fakultativ zur Korrektur abgegeben werden konnten. Die Häufigkeit der Abgabe und Abholung der einzelnen Tests der 172

Studierenden, zu denen die Daten zu beiden Messzeitpunkten vorliegen, sind in Abbildung 4.36 dargestellt. Bis zum Zwischentest konnten die ersten sieben Tests abgegeben werden, zu den ersten sechs Tests konnte Feedback erhalten werden. Thematisch sind jedoch nur die ersten beiden Tests für die Aufgaben aus dem Zwischentest relevant, da nur diese beiden Tests Grundlagenmathematik behandeln. Die anderen Tests behandeln Themen der Veranstaltung, die nicht innerhalb des Zwischentests abgefragt werden. Die Kurztests sind somit nicht auf die Leistungstests, sondern auf die gesamte Lehrveranstaltung abgestimmt, was bei der Auswertung berücksichtigt werden muss. Dementsprechend werden neben dem Einfluss der allgemeinen Testnutzung, die alle Tests bis zum Zeitpunkt des Zwischentests enthalten, auch der Einfluss der ersten beiden Tests einzeln untersucht.

Grundsätzlich wurden bei der Konstruktion der Tests folgende Effekte angestrebt: Die Leistung sollte sich zum Zwischentest hin verbessern, die Selbstwirksamkeitserwartung weniger reduzieren, die Überschätzung reduzieren und die Calibration Accuracy erhöhen.

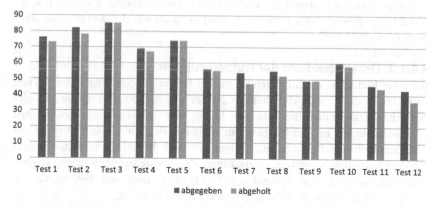

Abbildung 4.36 Balkendiagramm abgegebene und abgeholte Kurztests

Von den Studierenden haben 64 Prozent mindestens einen der ersten sieben Tests abgegeben und etwa 62 Prozent mindestens einen der ersten sechs Tests nach der Abgabe auch wieder abgeholt (siehe Tabelle 4.74). Jedoch haben nur 13,4 Prozent der Studierenden alle sieben Tests abgegeben bzw. 14,0 Prozent die ersten sechs Tests auch abgeholt. Die ersten beiden Tests wurden von 62 Studierenden (36,0 %) abgegeben und von 58 Studierenden (33,7 %) auch wieder abgeholt, d. h. etwa ein Drittel der Studierenden hat Feedback zu den beiden relevanten Tests erhalten.

Tabelle 4.74 Verteilung abgegebener und abgeholter Tests bis ZT

Anzahl an Tests	0	1	2	3	4	5	6	7
Abgegeben	62 36,1 %	11 6,4 %	13 7,6 %	10 5,8 %	16 9,3 %	18 11 %	19 11,1 %	23 13,4 %
abgeholt	65 37,8 %	10 5,8 %	13 7,6 %	17 9,9 %	14 8,1 %	29 16,9 %	24 14 %	–

Die Nutzung der Tests wurde zusätzlich beim Zwischentest erfragt, wobei die Studierenden angeben sollten, wie oft sie dieses Angebot nutzen. Sowohl die Nutzung der Tests mit Abgabe zur Korrektur als auch die Nutzung der Tests ohne Abgabe zur Korrektur wurden anhand einer sechsstufigen Skala von „nie" (1) bis „immer" (6) erhoben. Die Kurztests mit Abgabe wurden häufiger von den Studierenden genutzt als die Kurztests ohne Abgabe (siehe Abbildung 4.37).

Die Angabe zur Nutzung der Kurztests mit Abgabe korreliert sowohl mit der Anzahl abgegebener Tests hoch ($r = ,868$) als auch mit der Anzahl abgeholter Tests ($r = ,861$) hoch.

4.4.1.2 Unterscheidung der Nutzergruppen

Bei einer Einteilung der Studierenden in drei Nutzergruppen anhand der eigenen Angaben ist die Gruppe der häufigen Nutzer mit fast 50 Prozent am größten. Nie oder kaum wurden die Tests von knapp über 30 Prozent genutzt und fast 20 Prozent liegen bei der Nutzung im mittleren Bereich. Da die Nutzung der Tests fakultativ war, ist davon auszugehen, dass sich die Studierenden der Nutzergruppen bezüglich kognitiver, motivationaler und gegebenenfalls noch weiterer Variablen unterscheiden. Anhand von Chi-Quadrat-Tests und Varianzanalysen werden die Gruppen bezüglich ihrer Unterschiede untersucht.

Der Anteil an Studierenden, die am Vorkurs teilgenommen haben, ist in der Gruppe der starken Nutzung signifikant höher als in den anderen Gruppen (siehe Tabelle 4.75). Tendenziell nutzen mehr weibliche Studierende und mehr Studierende, die die Vorlesung bereits besucht bzw. die Klausur bereits mitgeschrieben haben, die Tests, jedoch unterscheiden sich die Gruppen nicht signifikant (siehe Tabelle 4.75).

Eine häufigere Testnutzung erfolgt vor allem durch Studierende, die bereits beim Eingangstest bessere Leistungen erbringen, in der Schule bessere Mathematiknoten hatten und auch ihre Mathematikkenntnisse höher einschätzen und ein

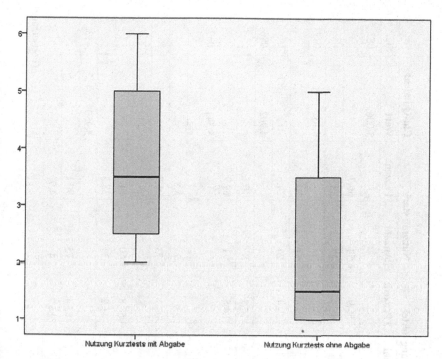

Abbildung 4.37   Boxplots zur Nutzung der Kurztests mit und ohne Abgabe

höheres Vertrauen in die eigenen Fähigkeiten bezüglich Mathematik haben. So fallen die Unterschiede zwischen den Nutzergruppen bezüglich der Leistung im Eingangstest bei Verwendung der Personenparameter aus dem Rasch-Modell und dem Birnbaum-Modell signifikant aus (siehe Tabelle 4.76).

Auch bezüglich der mathematischen Selbstwirksamkeitserwartung, dem Selbstkonzept Mathematik, der Mathematiknote in der Oberstufe und der Einschätzung der eigenen Mathematikkenntnisse unterscheiden sich die Nutzergruppen signifikant (siehe Tabelle 4.76).

Tendenziell weisen die Studierenden, die sehr häufig die Tests nutzen, eine geringere Calibration Accuracy im Eingangstest auf, sowohl auf lokaler Ebene bei der Prediction als auch auf globaler Ebene bei der Postdiction (siehe Tabelle 4.76). Das Interesse an Mathematik ist bei dieser Gruppe tendenziell etwas stärker ausgeprägt, jedoch nicht signifikant höher. Diese Unterschiede sind für die Analysen bedeutsam, da mögliche Effekte auch auf anderen Variablen basieren können.

Tabelle 4.75 Kreuztabellen Vergleich Nutzergruppen

	Nutzung gering		Nutzung mittel		Nutzung stark		Chi-Quadrat	
	Anzahl	Prozent	Anzahl	Prozent	Anzahl	Prozent	Wert	Sig.
Geschlecht							5,006	,082
Weiblich	26	48,1	18	52,9	54	66,7		
männlich	28	51,9	16	47,1	27	33,3		
Vorkurs besucht							6,132	,047
Ja	27	50	23	67,6	57	70,4		
nein	27	50	11	32,4	24	29,6		
Vorlesung bereits besucht							4,902	,086
Ja	1	2	5	15,2	8	10,1		
nein	50	98	28	84,8	71	89,9		
Klausur bereits mitgeschrieben							5,341	,069
Ja	0	0	1	2,9	7	8,8		
nein	49	100	33	97,1	73	91,3		
Schulabschluss							,513	,774
Abitur	30	55,6	20	58,8	50	61,7		
FOS	24	44,4	14	41,2	31	38,3		
Fachsemester							3,950	,413
1./2.	49	90,7	28	82,4	73	90,1		
3./4.	3	5,6	5	14,7	4	4,9		

(Fortsetzung)

Tabelle 4.75 (Fortsetzung)

	Nutzung gering		Nutzung mittel		Nutzung stark		Chi-Quadrat	
	Anzahl	Prozent	Anzahl	Prozent	Anzahl	Prozent	Wert	Sig.
5.+	2	3,7	1	2,9	4	4,9		
Studiengang							1,715	,788
WiWi	36	67,9	27	79,4	59	72,8		
WiPäd	15	28,3	6	17,6	18	22,2		
andere	2	3,8	1	2,9	4	4,9		
Migrationshintergrund							,685	,710
Ja	8	14,8	3	8,8	10	12,5		
nein	46	85,2	31	91,2	70	87,5		

Die untersuchten Variablen können methodisch innerhalb der Analysen kontrolliert werden. Jedoch ist es möglich, dass weitere Unterschiede nicht erhobener Variablen bestehen, die nicht kontrolliert werden können. Dies entspricht den üblichen methodischen Problemen bei quasi-experimentellen Studiendesigns ohne randomisierte Gruppeneinteilung.

4.4.1.3 Zusammenhänge Nutzung der verschiedenen Angebote

Die Nutzung der Tests mit Abgabe korreliert stark mit der Nutzung der Tutorien, den Praktischen Übungen und den Übungsaufgaben[18] (siehe Tabelle 4.77). Außerdem liegen signifikante positive mittlere Korrelationen der Testnutzung zur Nutzung der Vorlesung und der Zusatzaufgaben vor.

Die gebildeten Nutzergruppen unterscheiden sich bezüglich der Nutzung der Vorlesung, des Tutoriums, der Praktischen Übungen, den Übungsaufgaben und den Zusatzaufgaben signifikant (siehe Tabelle 4.78). So besuchen Studierende, die die Tests häufiger nutzen, auch häufiger die Vorlesung und das Tutorium und bearbeiten häufiger die Praktischen Übungen in den Tutorien, die Übungsaufgaben und die Zusatzaufgaben. Diese Zusammenhänge erschweren die Analyse von Effekten der einzelnen Angebote, hier des Feedbacks durch die Kurztests, noch weiter. Daher muss auch die Nutzung anderer Angebote kontrolliert werden.

4.4.2 Vorgehen Untersuchung des Einflusses der Kurztests

Der Einfluss des Feedbacks durch wöchentliche Tests wird auf zwei Arten untersucht: Zum einen werden die gebildeten Nutzergruppen bezüglich ihrer Entwicklung der Leistung, der Selbstwirksamkeitserwartung, des Calibration Bias und der Calibration Accuracy mit Hilfe von Varianzanalysen verglichen und zum anderen wird die Testnutzung neben weiteren Variablen als Prädiktor in multivariaten linearen Regressionen eingesetzt.

Ergänzend zur allgemeinen Testnutzung wird auch der Einfluss der Nutzung von Test 1 und 2 auf einzelne Aufgaben untersucht. Hier werden vergleichbare Aufgaben aus den beiden Leistungstests herangezogen, zu denen inhaltlich passende Aufgaben in einem der Tests behandelt wurden. Für folgende Aufgaben sind die Vergleiche möglich:

Die Aufgaben zur Termumformung mit Hilfe der binomischen Formeln (a7 im ET, a6 im ZT) können auf den Einfluss von Test 1 hin untersucht werden. Die Aufgaben aus dem Eingangs- und dem Zwischentest sind vergleichbar mit der

---

[18]Für Erläuterungen zu den Angeboten sei auf Unterabschnitt 3.1.2 verwiesen.

Tabelle 4.76   Ergebnisse Vergleich Nutzergruppen Varianzanalysen

Variable	N	M	SD	F	df	p
Punkte				2,562	2;166	,080
Nutzung gering	54	7,657	4,974			
Nutzung mittel	34	8,191	5,580			
Nutzung hoch	81	9,574	4,810			
PP Rasch				3,739	2; 166	,026
Nutzung gering	54	−1,928a	1,250			
Nutzung mittel	34	−1,829	1,356			
Nutzung hoch	81	−1,392a	1,079			
PP Birnbaum				4,079	2; 166	,019
Nutzung gering	54	,185a	,809			
Nutzung mittel	34	,295	,891			
Nutzung hoch	81	,566a	,733			
SWK				3,826	2; 166	,024
Nutzung gering	54	4,587a	1,315			
Nutzung mittel	34	4,799	1,383			
Nutzung hoch	81	5,184a	1,165			
Bias				,311	2; 166	,733
Nutzung gering	54	2,039	1,131			
Nutzung mittel	34	2,092	1,577			
Nutzung hoch	81	2,206	1,154			
CA				2,774	2; 166	,065
Nutzung gering	54	4,145	,958			
Nutzung mittel	34	3,926	1,030			
Nutzung hoch	81	3,782	,743			
Selbstkonzept (VH)[a]				5,087	2; 165	,007
Nutzung gering	54	3,315a	1,156			
Nutzung mittel	34	3,431	,871			
Nutzung hoch	80	3,806a	,748			
Interesse				2,538	2; 165	,082
Nutzung gering	54	3,301	1,432			

(Fortsetzung)

Tabelle 4.76   (Fortsetzung)

Variable	N	M	SD	F	df	p
Nutzung mittel	34	3,480	1,397			
Nutzung hoch	80	3,813	1,208			
Lernzielorientierung				,202	2; 165	,817
Nutzung gering	54	3,380	,981			
Nutzung mittel	34	3,417	,916			
Nutzung hoch	80	3,482	,918			
Mathe-Ängstlichkeit				1,701	2; 165	,186
Nutzung gering	54	3,988	1,433			
Nutzung mittel	34	4,201	1,250			
Nutzung hoch	80	3,713	1,357			
Kontrollüberzeugung				,322	2; 165	,725
Nutzung gering	54	3,924	1,066			
Nutzung mittel	34	4,063	1,093			
Nutzung hoch	80	4,063	1,013			
Nutzen Mathematik				,253	2; 165	,777
Nutzung gering	54	4,511	,646			
Nutzung mittel	34	4,480	,612			
Nutzung hoch	80	4,568	,684			
Jahr Schulabschluss				,203	2; 165	,816
Nutzung gering	54	2009,85	2,149			
Nutzung mittel	33	2009,58	2,411			
Nutzung hoch	81	2009,94	3,211			
Abschlussnote				1,647	2;164	,196
Nutzung gering	53	2,430	,479			
Nutzung mittel	33	2,409	,564			
Nutzung hoch	81	2,282	,490			
Mathematiknote Oberstufe				7,155	2; 166	,001
Nutzung gering	54	2,810a	,928			
Nutzung mittel	34	2,600	,796			
Nutzung hoch	81	2,280a	,733			

(Fortsetzung)

Tabelle 4.76 (Fortsetzung)

Variable	N	M	SD	F	df	p
Einschätzung Mathematikkenntnisse (VH)				7,357	2; 165	,001
Nutzung gering	54	3,370a	,958			
Nutzung mittel	34	3,260	,828			
Nutzung hoch	80	2,840a	,732			
Bias global Postdiction				,793	2; 147	,454
Nutzung gering	49	3,225	4,108			
Nutzung mittel	30	2,617	4,354			
Nutzung hoch	71	3,810	4,761			
CA gloabl Postdiction				1,733	2; 147	,180
Nutzung gering	49	25,714	2,956			
Nutzung mittel	30	25,983	3,058			
Nutzung hoch	71	24,880	3,287			

[a] Es liegt Varianzheterogenität (VH) vor.

Aufgabe 1 aus dem Kurztest 1 (siehe Tabelle 4.79). Die Aufgabe aus dem Kurztest erfordert auch die Anwendung der dritten binomischen Formel um den Bruch kürzen zu können. Allerdings ist hier der Schwierigkeitsgrad nochmal deutlich erhöht, da zuvor $-3x$ im Nenner ausgeklammert werden muss. Die typischen Probleme, die bei der Bearbeitung der Aufgabe im Zwischentest auftreten können, werden hier alle behandelt. Ein Feedback zur Bearbeitung dieser Aufgabe sollte somit gut auf den Zwischentest vorbereiten.

Die Aufgaben zur Termumformung mit Hilfe der Potenzgesetze (a8 im ET, a7 im ZT) können auch auf den Einfluss von Test 1 hin untersucht werden. Die Aufgabe 3 aus dem Kurztest 1 enthält alle Anforderungen an das Umformen mit Potenzgesetzen, die bei den Aufgaben aus dem Eingangs- und dem Zwischentest gefordert werden (siehe Tabelle 4.80). Auch hier ist die Aufgabe aus dem Kurztests deutlich länger und schwerer, bereitet aber auf den Zwischentest vor.

Die Aufgaben zur Funktionsgleichung einer linearen Funktion aufstellen (a17 im ET, a17 im ZT) können auf den Einfluss von Test 2 hin untersucht werden. Die Aufgabe 2 aus dem Kurztest 2 ist vergleichbar mit den Aufgaben aus dem Eingangs- und dem Zwischentest (siehe Tabelle 4.81). Sie sind fast identisch und unterscheiden sich nur durch die Koordinaten der angegebenen Punkte. Entsprechend sollte der Kurztest 2 gut auf diese Aufgabe aus dem Zwischentest vorbereiten.

Tabelle 4.77 Pearson-Korrelationen Nutzung der Veranstaltungselemente (*: p<0,05; **: p<0,01)

	Vorlesung	Tutorium/Intensivtutorium	Praktische Übungen	Übungsaufgaben	Zusatzaufgaben	Mathetreff	Kurztests mit Abgabe	Kurztests ohne Abgabe	Brückenkurs	Materialien	Lehrbücher
Nutzung Vorlesung	1	,247**	,128	,376**	,032	,001	,200**	,085	-,046	,189*	,194*
Nutzung Tutorium	,247**	1	,578**	,484**	,000	-,129	,487**	-,093	-,059	,151	,159*
Nutzung Praktische Übungen	,128	,578**	1	,411**	,173*	-,071	,478**	-,027	-,087	,126	,175*
Nutzung Übungsaufgaben	,376**	,484**	,411**	1	,293**	-,258**	,463**	,063	-,125	,228**	,220**
Nutzung Zusatzaufgaben	,032	,000	,173*	,293**	1	-,126	,209**	,265**	-,144	,161*	,315**
Nutzung Mathetreff	,001	-,129	-,071	-,258**	-,126	1	-,056	,062	,190*	,049	-,077
Nutzung Kurztests mit Abgabe	,200**	,487**	,478**	,463**	,209**	-,056	1	-,143	-,155*	,057	,151
Nutzung Kurztests ohne Abgabe	,085	-,093	-,027	,063	,265**	,062	-,143	1	,109	,101	,090
Nutzung Brückenkurs	-,046	-,059	-,087	-,125	-,144	,190*	-,155*	,109	1	-,028	,044
Nutzung Materialien	,189*	,151	,126	,228**	,161*	,049	,057	,101	-,028	1	,184*
Nutzung Lehrbücher	,194*	,159*	,175*	,220**	,315**	-,077	,151	,090	,044	,184*	1

Tabelle 4.78 Nutzung der Veranstaltungselemente getrennt nach Testnutzung

Variable	N	MW	SD	F	df	p
Vorlesung (VH)				3,067	2; 164	,049
Nutzung gering	54	5,685	,577			
Nutzung mittel	34	5,853	,360			
Nutzung hoch	79	5,873	,371			
Tutorium (VH)				27,438	2; 163	<,001
Nutzung gering	54	4,296a	1,919			
Nutzung mittel	33	5,576a	,936			
Nutzung hoch	79	5,835a	,406			
Praktische Übungen (VH)				25,231	2; 163	<,001
Nutzung gering	54	3,389a	1,571			
Nutzung mittel	33	4,242a	1,370			
Nutzung hoch	79	5,101a	1,215			
Übungsaufgaben (VH)				19,304	2; 163	<,001
Nutzung gering	53	4,321a	1,516			
Nutzung mittel	34	5,147a	,989			
Nutzung hoch	79	5,620a	,978			
Zusatzaufgaben				3,684	2; 165	,027
Nutzung gering	54	2,593a	1,381			
Nutzung mittel	34	3,088	1,505			
Nutzung hoch	80	3,325a	1,644			
Mathetreff (VH)				,989	2; 160	,374
Nutzung gering	54	1,389	,998			
Nutzung mittel	31	1,129	,341			
Nutzung hoch	78	1,269	,832			
Brückenkurs (VH)				1,946	2; 163	,146
Nutzung gering	54	1,852	1,687			
Nutzung mittel	33	1,852	1,833			
Nutzung hoch	79	1,392	1,265			
Materialien				,251	2; 165	,779
Nutzung gering	54	5,130	1,100			

(Fortsetzung)

Tabelle 4.78 (Fortsetzung)

Variable	N	MW	SD	F	df	p
Nutzung mittel	34	5,118	1,274			
Nutzung hoch	80	5,250	1,119			
Lehrbücher				2,713	2; 165	,186
Nutzung gering	54	2,167	1,767			
Nutzung mittel	34	2,324	1,571			
Nutzung hoch	80	2,713	1,802			
Vor-/Nachbereitung Vorlesung				,567	2; 164	,568
Nutzung gering	53	3,000	6,159			
Nutzung mittel	34	2,265	1,648			
Nutzung hoch	80	2,372	1,801			
Vor-/Nachbereitung Tutorium				2,497	2; 161	,086
Nutzung gering	53	1,849	1,436			
Nutzung mittel	34	2,294	1,728			
Nutzung hoch	77	2,468	1,567			

Tabelle 4.79 Vergleich Aufgaben Termumformung mit Hilfe der binomischen Formel

Eingangstest	Zwischentest	Kurztest 1
$\frac{1-y^2}{y+1}$	$\frac{x+1}{1-x^2}$	$\frac{2-x}{-12x+3\,x^3}$

Tabelle 4.80 Vergleich Aufgaben Termumformung mit Hilfe der Potenzgesetze

Eingangstest	Zwischentest	Kurztest 1
$\left(2m^2n^{t-1}\right)^3$	$\left(2p^3q^{n-1}\right)^4$	$\left(9a^{4k-2}m^{-2}\right)^{-\frac{1}{2}}/\left(a^0m^{-n}\right)\cdot 3a^{2k}$

4.4.3 Einfluss des Feedbacks auf die Leistung

Sowohl beim ET als auch beim ZT haben die Studierenden mit der geringsten Testnutzung die geringste Punktzahl und die Studierenden mit der höchsten Testnutzung die höchste Punktzahl erreicht (siehe Tabelle 4.82).

Tabelle 4.81   Vergleich Aufgaben Bestimmung Funktionsgleichung

Eingangstest	Zwischentest	Kurztest 2
Der Graph einer linearen Funktion verläuft durch die Punkte P = (0,1) und Q = (2,−2). Wie lautet die zugehörige Funktionsgleichung?	Der Graph einer linearen Funktion verläuft durch die Punkte P = (0,3) und Q = (2,−1). Wie lautet die zugehörige Funktionsgleichung?	Bestimmen Sie die Funktionsgleichung der linearen Funktion, die durch die Punkte P = (2,−8) und Q = (−4,1) verläuft.

Tabelle 4.82   Leistung zu ET und ZT getrennt nach Nutzergruppen

	Gruppe Testnutzung	M	SD	N
Leistung ET	1: gering	7,66	4,97	54
	2: mittel	8,19	5,58	34
	3: hoch	9,57	4,81	81
	Gesamtsumme	8,68	5,07	169
Leistung ZT	1: gering	9,72	5,37	54
	2: mittel	11,53	5,88	34
	3: hoch	13,39	5,30	81
	Gesamtsumme	11,84	5,65	169

4.4.3.1 Ergebnisse Varianz- und Kovarianzanalysen mit allen Items

Bei allen Gruppen hat sich die Leistung vom ET zum ZT gesteigert (siehe Tabelle 4.82). Die zweifaktorielle Varianzanalyse mit Messwiederholung mit der Nutzergruppe als Faktor zeigt einen signifikanten Haupteffekt der Zeit auf die Leistung mit $F(1,166) = 123,772$ und $p < 0,001$.

Es liegt ein signifikanter Interaktionseffekt zwischen der Leistungsentwicklung und der Nutzergruppe vor ($F(2,166) = 4,416$; $p = ,014$). Ohne Berücksichtigung der Messwiederholung zeigt sich ein signifikanter Effekt der Nutzergruppen auf die Leistung insgesamt ($F(2,166) = 5,279$; $p = ,006$). Beide Effekte werden in Abbildung 4.38 deutlich. In der Abbildung ist zu erkennen, dass sich die Gruppen bezüglich der Leistung zu beiden Messzeitpunkten unterscheiden. Die Leistungssteigerung ist, wie anhand der Steigungen zu erkennen ist, bei der Gruppe der geringen Testnutzung geringer als bei den anderen beiden Gruppen.

Da sich die Nutzergruppen bezüglich mehrerer Variablen unterscheiden, die ggf. Einfluss auf die Leistungsentwicklung haben (siehe Unterabschnitt 4.4.1), wird eine zweifaktorielle Kovarianzanalyse mit Messwiederholung durchgeführt.

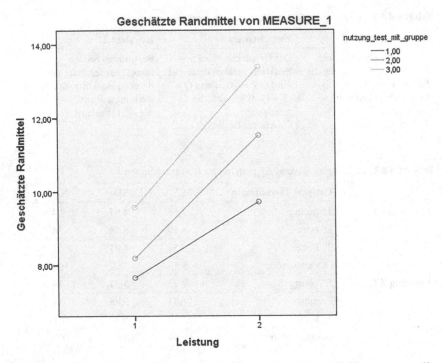

Abbildung 4.38 Leistungsentwicklung von T1 zu T2 getrennt nach Nutzergruppen (1: geringe Nutzung; 2: mittlere Nutzung; 3: häufige Nutzung)

Die Vorkursteilnahme, die Schulnote in Mathematik, die Einschätzung der eigenen Mathematikkenntnisse, die mathematische Selbstwirksamkeitserwartung und das Selbstkonzept Mathematik zum Eingangstest werden als Kovariaten in das Modell aufgenommen[19]. Die Ergebnisse zum Haupteffekt der Zeit und zu den Interaktionseffekten sind in Tabelle 4.83 aufgeführt.

Unter Berücksichtigung der Kovariaten zeigt sich kein signifikanter Haupteffekt der Zeit auf die Leistung, aber ein signifikanter Interaktionseffekt der Nutzergruppen auf die Leistungsentwicklung. Keine der Kovariaten weist einen signifikanten Interaktionseffekt zur Leistungsentwicklung auf.

---

[19]Bei den Kovarianzanalysen zur Untersuchung des Feedbacks werden in der Regel genau diese Variablen als Kovariaten verwendet. Daher werden sie in den folgenden Analysen nicht jedes Mal einzeln aufgeführt, sondern nur, wenn es Änderungen gibt.

Tabelle 4.83 Ergebnisse Kovarianzanalyse mit Leistung als AV

Quelle	Quadratsumme	df	Quadratischer M	F	p
Leistung	,798	1	,798	,140	,709
Leistung * Vorkursteilnahme	14,740	1	14,740	2,592	,109
Leistung * SWK ET	1,094	1	1,094	,192	,662
Leistung * SK ET	4,428	1	4,428	,779	,379
Leistung * Mathematiknote	1,047	1	1,047	,184	,668
Leistung * Einschätzung Mathematikkenntnisse	,020	1	,020	,004	,953
Leistung * Testnutzung	41,340	2	20,670	3,634	,029
Fehler (Leistung)	904,307	159	5,687		

In Abbildung 4.39 ist der Interaktionseffekt der Nutzergruppen mit Berücksichtigung der Kovariaten dargestellt. Im Gegensatz zu Abbildung 4.38 sind nun die geschätzten Leistungen der Gruppen zu T1 etwa gleich hoch und die stärkere Leistungsentwicklung der beiden Gruppen mit mittlerer bzw. hoher Nutzung der Tests wird besonders deutlich.

Dieses Ergebnis unterstützt zunächst den angestrebten positiven Effekt der Testnutzung auf die Leistungsentwicklung. Hier wurden allerdings bisher nur die Ausgangsbedingungen berücksichtigt, nicht, was die Studierenden innerhalb des Semesters noch getan haben, was die Leistungsentwicklung beeinflussen könnte.

Neben den wöchentlichen Tests konnten auch andere Veranstaltungselemente genutzt werden. Die Nutzung der Tests korreliert vor allem mit den Tutorien, den Praktischen Übungen und den Übungsaufgaben (siehe Tabelle 4.77 in Teilunterabschnitt 4.4.1.3), wobei nur die Übungsaufgaben mit der Leistung im ZT korrelieren bzw. mit allen in den weiteren Varianzanalysen verwendeten abhängigen Variablen (Leistung, SWK, Bias, CA). Deshalb wird die Nutzung der Übungsaufgaben als weitere Kovariate berücksichtigt. Die Ergebnisse des Haupteffekts und der Interaktionseffekte sind in Tabelle 4.84 aufgeführt.

Neben der Vorkursteilnahme weist nun nur noch die Nutzung der Übungsaufgaben einen signifikanten Interaktionseffekt auf, während dies auf die Nutzergruppen nicht mehr zutrifft. In der zugehörigen Abbildung 4.40 ist entsprechend auch kein Interaktionseffekt der Nutzergruppe sichtbar, wobei die Gruppe der mittleren Testnutzung eine etwas stärkere Steigung in der Leistungsentwicklung zeigt als die anderen beiden Gruppen.

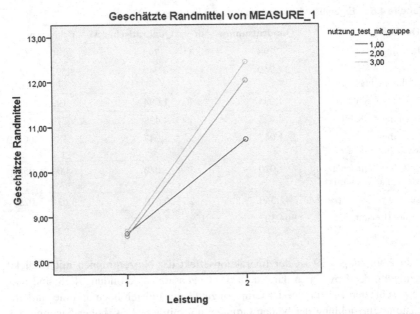

Kovariate im Modell werden für die folgenden Werte ausgewertet: Vorkurs teilgenommen = 1,37, s.mswk = 4,8996, s.msk = 3,5699, Note Mathematik Oberstufe = 2,52, Einschätzung Mathematikkenntnisse = 3,10

Abbildung 4.39 Leistungsentwicklung von T1 zu T2 getrennt nach Nutzergruppen mit Kovariaten (1: geringe Nutzung; 2: mittlere Nutzung; 3: häufige Nutzung)

Dieses Ergebnis zeigt die Problematik bei den Analysen, dass mehrere Veranstaltungselemente zugleich genutzt werden konnten, die potentiell die Leistungsentwicklung beeinflussen können. Zugleich zeigt sich, dass die regelmäßige Nutzung der Übungsaufgaben vermutlich einen stärkeren Einfluss auf die Leistungsentwicklung haben könnte als die Testnutzung. Da die Übungsaufgaben ein zentraler Bestandteil der Veranstaltung sind und sich deutlich umfassender mit den Inhalten der Lehrveranstaltung und der Leistungstests auseinandersetzen, ist dieses Ergebnis gut nachvollziehbar. Ein zusätzlicher Effekt der Testnutzung wäre natürlich wünschenswert.

4.4.3.2 Ergebnisse Varianz- und Kovarianzanalysen für einzelne Items

Da sich nur Test 1 und Test 2 auf Inhalte beziehen, die in den Leistungstests erhoben werden, werden hier die bereits erläuterten Vergleiche auf Basis einzelner

Tabelle 4.84 Ergebnisse Kovarianzanalyse mit Leistung als AV und Übungsaufgaben als weitere Kovariate

Quelle	Quadratsumme	df	Quadratischer M	F	p
Leistung	4,251	1	4,251	,845	,360
Leistung * Vorkursteilnahme	22,552	1	22,552	4,480	,036
Leistung * Mathematiknote	2,888	1	2,888	,574	,450
Leistung * Einschätzung Mathematikkenntnisse	,009	1	,009	,002	,967
Leistung * SWK ET	2,767	1	2,767	,550	,460
Leistung * SK ET	2,909	1	2,909	,578	,448
Leistung * Nutzung Übungsaufgaben	112,233	1	112,233	22,297	,000
Leistung * Testnutzung	2,947	2	1,474	,293	,747
Fehler (Leistung)	785,237	156	5,034		

Aufgaben vorgenommen. Wie bereits in Unterabschnitt 4.3.1 dargestellt, hat sich die Leistung bei der Bearbeitung der Aufgabe zur Termumformung mit Hilfe der binomischen Formel (a7 im ET, a6 im ZT) vom ET zum ZT signifikant verbessert ($t = 2,766$; $p = ,006$).

Studierende, die Test 1 abgegeben und auch wieder abgeholt haben, weisen im ET bei dieser Aufgabe einen etwas höheren Punktemittelwert auf als Studierende, die kein Feedback erhalten haben (siehe Tabelle 4.85). Der Unterschied im Punktemittelwert ist beim ZT bei dieser Aufgabe jedoch deutlich höher.

Die zweifaktorielle Varianzanalyse mit Messwiederholung zeigt einen signifikanten Interaktionseffekt der Bearbeitung bzw. dem Feedback durch Test 1 ($F(1,170) = 5,612$; $p = ,019$), der in Abbildung 4.41 verdeutlicht wird.

Auch die zweifaktorielle Kovarianzanalyse mit Messwiederholung mit den üblichen Kovariaten und der Nutzung der Übungsaufgaben als weitere Kovariate ergibt einen signifikanten Interaktionseffekt zwischen dem Feedback von Test 1 und der Leistungsveränderung bezüglich der Aufgabe zur Termumformung mit binomischer Formel ($F(1,157) = 5,604$; $p = ,019$), (siehe Abbildung 4.42). Keine der berücksichtigten Kovariaten weist signifikante Interaktionseffekte auf (siehe Tabelle A192 in Anhang A).

Dieses Ergebnis deutet auf einen Effekt des ersten Tests auf genau diese Aufgabe im Zwischentest hin. Somit scheint das Feedback zur Bearbeitung der

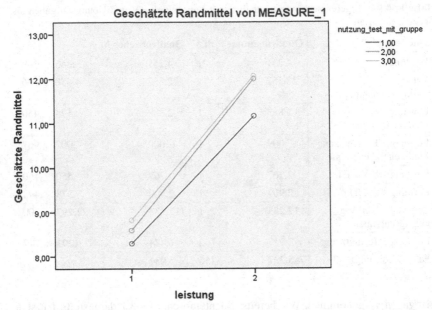

Geschätzte Randmittel von MEASURE_1

Kovariate im Modell werden für die folgenden Werte ausgewertet: Vorkurs teilgenommen = 1,37, Note Mathematik Oberstufe = 2,52, Einschätzung Mathematikkenntnisse = 3,11, s.mswk = 4,8994, s.msk = 3,5687, Nutzung Übungsaufgaben = 5,103

Abbildung 4.40 Leistungsentwicklung von T1 zu T2 getrennt nach Nutzergruppen mit Kovariaten mit Übungsaufgaben (1: geringe Nutzung; 2: mittlere Nutzung; 3: häufige Nutzung)

Tabelle 4.85 Punkte Aufgabe Termumformung mit binomischer Formel getrennt nach Abgabe Kurztest 1

	Kurztest 1 abgegeben	M	SD	N
a7 ET	nicht abgegeben	,156	,365	96
	abgegeben	,197	,401	76
	Gesamtsumme	,174	,381	172
a6 ZT	nicht abgegeben	,177	,384	96
	abgegeben	,421	,497	76
	Gesamtsumme	,285	,453	172

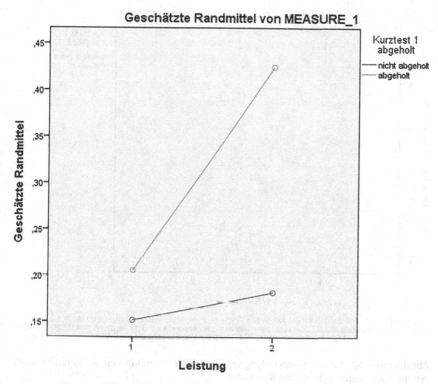

Abbildung 4.41   Leistungsentwicklung von T1 zu T2 Termumformung binomische Formel getrennt nach Nutzung Test 1

Aufgabe aus dem Kurztest 1 die korrekte Lösung der Aufgabe im ZT positiv beeinflusst zu haben, sogar unter Kontrolle der Übungsblattnutzung. Das erste Übungsblatt enthält nämlich auch mehrere Aufgaben, die gut auf diese Aufgabe im Zwischentest vorbereiten.

Die Aufgabe zur Termumformung mit Hilfe von Potenzgesetzen (a8 im ET, a7 im ZT) wurde im Zwischentest signifikant häufiger richtig gelöst als im Eingangstest ($t = 2,436$; $p = ,016$). Die Studierenden, die das Feedback aus Test 1 erhalten haben, haben bereits im ET etwas bessere Leistungen bei dieser Aufgabe erbracht als Studierende, die kein Feedback von Test 1 erhalten haben (siehe Tabelle 4.86). Zum Zwischentest hin erreichen die Studierenden mit Feedback zu Test 1 deutlich höhere Punkte bei dieser Aufgabe als Studierende ohne Feedback zu Test 1.

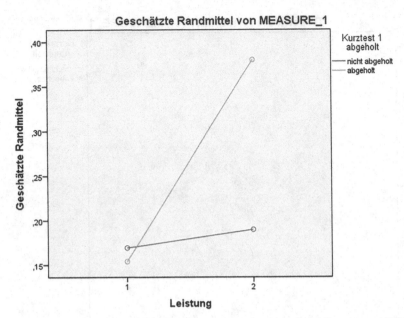

Geschätzte Randmittel von MEASURE_1

Kovariate im Modell werden für die folgenden Werte ausgewertet: Vorkurs teilgenommen = 1,37, Note Mathematik Oberstufe = 2,52, Einschätzung Mathematikkenntnisse = 3,11, s.mswk = 4,8938, s.msk = 3,5653, s.leistung = 8,5964, Nutzung Übungsaufgaben = 5,102

Abbildung 4.42 Leistungsentwicklung von T1 zu T2 Termumformung binomische Formel getrennt nach Nutzung Test 1 mit Kovariaten

Tabelle 4.86 Punkte Aufgabe Termumformung mit Potenzgesetzen getrennt nach Abgabe Kurztest 1

	Kurztest 1 abgeholt	M	SD	N
a8 ET	nicht abgeholt	,141	,350	99
	abgeholt	,192	,396	73
	Gesamtsumme	,163	,370	172
a7 ZT	nicht abgeholt	,162	,370	99
	abgeholt	,370	,486	73
	Gesamtsumme	,250	,434	172

Die zweifaktorielle Varianzanalyse mit Messwiederholung bestätigt, dass das Feedback durch Test 1 einen signifikanten Interaktionseffekt zur Leistungsentwicklung bezüglich der Termumformungsaufgabe mit den Potenzgesetzen aufweist $(F(1,170) = 4,859; p = ,026)$. Abbildung 4.43 verdeutlicht die unterschiedlichen Entwicklungen der beiden Gruppen.

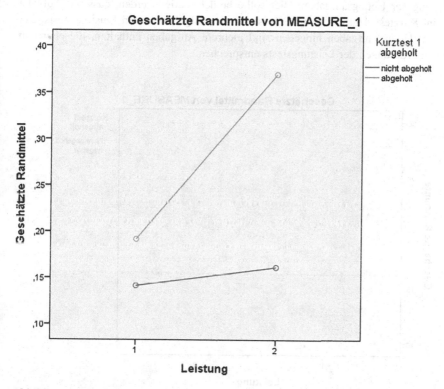

Abbildung 4.43 Leistungsentwicklung von T1 zu T2 Termumformung Potenzgesetze getrennt nach Nutzung Test 1

Die zweifaktorielle Kovarianzanalyse mit Messwiederholung mit den üblichen Kovariaten zeigt weiterhin einen signifikanten Interaktionseffekt zwischen dem Feedback von Test 1 und der Leistungsveränderung bezüglich der Aufgabe zur Termumformung mit den Potenzgesetzen $(F(1,162) = 4,456; p = ,036)$. Wird die Nutzung der Übungsaufgaben als weitere Kovariate hinzugezogen, zeigt sich jedoch kein signifikanter Interaktionseffekt von Test 1 mehr $(F(1,157) = 2,334; p = ,129)$. Eine Tendenz, dass sich die Leistung bezüglich dieser Aufgabe bei den Studierenden, die Feedback zu Test 1 erhalten haben, steigert, ist in Abbildung 4.44 zu erkennen. Keine der berücksichtigten Kovariaten weist einen signifikanten Interaktionseffekt zur Leistungsentwicklung der Termumformungsaufgabe mit Potenzgesetzen auf (siehe Tabelle A193 in Anhang A). Somit zeigt sich auch auf Einzelitemebene die Beeinflussung der Effekte durch die Nutzung der Übungsaufgaben. Hier sollte berücksichtigt werden, dass die Aufgabe im Kurztest deutlich komplexer ist als die Aufgaben in den Leistungstests. Bei den Übungsaufgaben hingegen sind mehrere Aufgaben enthalten, die eher den Anforderungen der Leistungstests entsprechen.

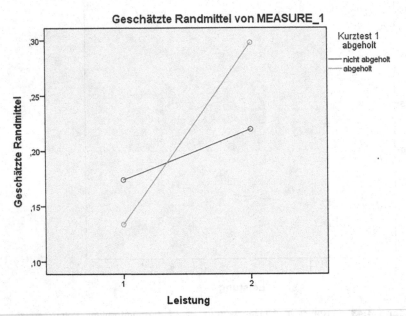

Kovariate im Modell werden für die folgenden Werte ausgewertet: Vorkurs teilgenommen = 1,37, Note Mathematik Oberstufe = 2,52, Einschätzung Mathematikkenntnisse = 3,11, s.mswk = 4,8938, s.msk = 3,5653, s.leistung = 8,5964, Nutzung Übungsaufgaben = 5,102

Abbildung 4.44 Leistungsentwicklung von T1 zu T2 Termumformung Potenzgesetze getrennt nach Nutzung Test 1 mit Kovariaten

Der Punktemittelwert der Aufgabe zum Aufstellen der Funktionsgleichung einer linearen Funktion (a17 im ET, a17 im ZT) ist im ZT signifikant höher als im ET ($t = 7{,}687$; $p < {,}001$). Studierende, die Feedback zu Test 2 erhalten haben, weisen bereits beim ET etwas bessere Leistungen bei dieser Aufgabe auf als Studierende, die kein Feedback zu Test 2 erhalten haben (siehe Tabelle 4.87). Der

Unterschied zwischen den beiden Gruppen fällt beim ZT höher aus. Es zeigt sich allerdings kein signifikanter Interaktionseffekt zwischen dem Feedback zu Test 2 und der Leistungsentwicklung dieser Aufgabe, wie die zweifaktorielle Varianzanalyse mit Messwiederholung zeigt ($F(1,170) = 2,071$; $p = ,152$). Die Tendenz zur etwas stärkeren Leistungsentwicklung bezüglich dieser Aufgabe bei Studierenden, die Feedback zu Test 2 erhalten haben, ist in Abbildung 4.45 zu sehen.

Tabelle 4.87 Punkte Aufgabe Funktionsgleichung getrennt nach Abgabe Kurztest 2

	Kurztest 2 abgeholt	M	SD	N
a17 ET	nicht abgeholt	,351	,414	94
	abgeholt	,429	,409	78
	Gesamtsumme	,387	,412	172
a17 ZT	nicht abgeholt	,585	,438	94
	abgeholt	,769	,392	78
	Gesamtsumme	,669	,427	172

Die zusätzliche Berücksichtigung der üblichen Kovariaten und der Nutzung der Übungsaufgaben als weitere Kovariate in der zweifaktoriellen Kovarianzanalyse mit Messwiederholung bestätigt, dass kein signifikanter Interaktionseffekt zwischen dem Feedback zu Test 2 und der Leistungsentwicklung der Aufgabe zur linearen Funktion besteht ($F(1,157) = 0,612$; $p = ,435$). Dies wird durch Abbildung 4.46 nochmals verdeutlicht, auch wenn weiterhin eine leichte Tendenz zu erkennen ist. Nur die Leistung im ET insgesamt weist einen signifikanten Interaktionseffekt zur Leistungsentwicklung dieser Aufgabe auf (siehe Tabelle A194 in Anhang A). Dabei handelt es sich hier um eine sehr ähnliche Aufgabe im Kurztest.

Vergleicht man die Ergebnisse zu den drei Aufgaben, so sind die unterschiedlichen Ergebnisse etwas verwunderlich. Ausgerechnet bei der Aufgabe zur Bestimmung der linearen Funktionsgleichung konnten keine Effekte gezeigt werden, obwohl diese Aufgabe im Kurztest so ähnlich formuliert ist und außerdem keine derartige Aufgabe auf den Übungsblättern behandelt wird. Der positive Effekt des ersten Tests auf die Aufgabe zur Termumformung mit binomischer Formel ist erfreulich. Da sich die Effekte jedoch nicht bei den beiden anderen untersuchten Aufgaben zeigen, ist hier nicht von einem allgemeinen Effekt der ersten beiden Kurztests auf die Leistung im Zwischentest auszugehen.

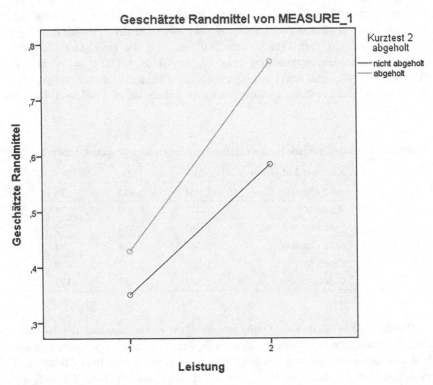

Abbildung 4.45 Leistungsentwicklung von T1 zu T2 Funktionsgleichung getrennt nach Nutzung Test 2

4.4.3.3 Ergebnisse Regressionsanalysen

Der Einfluss der Testnutzung auf die Leistung im ZT wird zusätzlich zu den bisher vorgenommenen Varianz- und Kovarianzanalysen mit Hilfe von linearen Regressionen untersucht. Alle hier verwendeten Modelle weisen keine Anzeichen auf Multikollinearität auf, weshalb dies nicht überall explizit nochmal genannt wird. In Tabelle 4.88 werden die Ergebnisse von drei Modellen dargestellt. Das Modell mit der Testnutzung als einzigem Prädiktor der Leistung im ZT klärt knapp 8 Prozent der Leistungsvarianz auf, wobei die Testnutzung einen signifikanten positiven Einfluss aufweist (Modell 1). Auch bei zusätzlicher Berücksichtigung der Leistung im ET stellt die Testnutzung einen signifikanten Prädiktor der Leistung dar. Die Leistung im ET ist ein bedeutender Prädiktor für die Leistung im ZT, wie die hohe Varianzaufklärung verdeutlicht (Modell 2). Wird jedoch zusätzlich

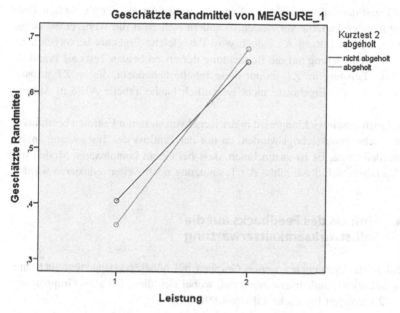

Kovariate im Modell werden für die folgenden Werte ausgewertet: Vorkurs teilgenommen = 1,37, Note Mathematik Oberstufe = 2,52, Einschätzung Mathematikkenntnisse = 3,11, s.mswk = 4,8938, s.msk = 3,5653, s.leistung = 8,5964, Nutzung Übungsaufgaben = 5,102

Abbildung 4.46 Leistungsentwicklung von T1 zu T2 Funktionsgleichung getrennt nach Nutzung Test 2 mit Kovariaten

Tabelle 4.88 Ergebnisse Regressionsanalysen mit Leistung im ZT als AV, u. a. Testnutzung als UV, standardisierte Regressionskoeffizienten

	Modell 1	Modell 2	Modell 3
Nutzung Tests	,289***	,139**	,026
Leistung ET		,771***	,778***
Nutzung Übungsaufgaben			,228***
Adj. R^2 (R^2)	,078 (,083)	,650 (,655)	,690 (,696)
F (p)	15,089 (<,001)	156,326 (<,001)	123,552 (<,001)

die Nutzung der Übungsaufgaben berücksichtigt, zeigt die Testnutzung keinen signifikanten Einfluss auf die Leistung im ZT (Modell 3). Die Ergebnisse der Regressionsanalysen bestätigen den vermutlich stärkeren Einfluss der Nutzung der Übungsaufgaben auf die Leistungsentwicklung als die Testnutzung.

Wird statt der selbst berichteten Testnutzung die Anzahl der abgeholten Tests als unabhängige Variable verwendet, so ändern sich zwar die Werte etwas (siehe Tabelle A195 in Anhang A), jedoch wird das gleiche Ergebnis hervorgebracht. Auch eine Reduzierung auf die Betrachtung der ersten beiden Tests als Prädiktoren für die Leistung im ZT, da nur diese Inhalte behandeln, die im ZT getestet werden, ändert die Ergebnisse nicht wesentlich (siehe Tabelle A196 in Anhang A).

Die Leistungsentwicklung wird in der Regel von weiteren Faktoren beeinflusst, die hier nicht berücksichtigt wurden, da nur der Einfluss der Testnutzung analysiert werden sollte. Es ist anzunehmen, dass bei einem komplexeren Modell mit mehr Variablen sich der Einfluss der Testnutzung noch weiter reduzieren würde.

4.4.4 Einfluss des Feedbacks auf die Selbstwirksamkeitserwartung

Zu beiden Messzeitpunkten weisen Gruppen mit höherer Testnutzung auch eine höhere Selbstwirksamkeitserwartung auf, wobei sich diese bei allen Gruppen von T1 zu T2 verringert hat (siehe Tabelle 4.89).

Tabelle 4.89 Deskriptive Werte Selbstwirksamkeitserwartung getrennt nach Nutzergruppen

	Gruppe Testnutzung	M	SD	N
SWK ET	1: gering	4,59	1,315	54
	2: mittel	4,80	1,383	34
	3: hoch	5,18	1,165	81
	Gesamtsumme	4,92	1,280	169
SWK ZT	1: gering	4,43	1,177	54
	2: mittel	4,50	1,148	34
	3: hoch	4,90	1,139	81
	Gesamtsumme	4,67	1,168	169

4.4.4.1 Ergebnisse Varianz- und Kovarianzanalysen für alle Items

Die zweifaktorielle Varianzanalyse mit Messwiederholung zeigt einen signifikanten Haupteffekt der Zeit auf die Selbstwirksamkeitserwartung ($F(1,166) = 7,915$; $p = ,005$). Der Interaktionseffekt der Nutzergruppen mit der Veränderung der Selbstwirksamkeitserwartung ist nicht signifikant ($F(2,166) = 0,258$; $p = $

,773). Die Nutzergruppen unterscheiden sich jedoch (siehe Abbildung 4.47) insgesamt in der Selbstwirksamkeitserwartung ($F(2,166) = 4,356$; $p = ,014$).

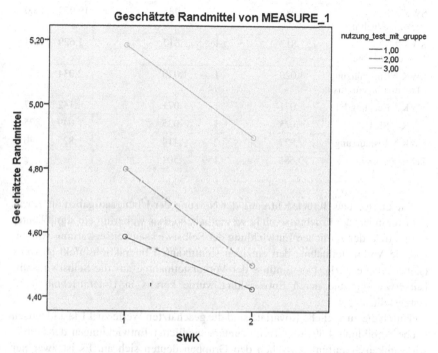

Abbildung 4.47 Veränderung SWK von T1 zu T2 getrennt nach Nutzergruppe (1: geringe Nutzung; 2: mittlere Nutzung; 3: häufige Nutzung)

Die zweifaktorielle Kovarianzanalyse mit Messwiederholung mit den üblichen Kovariaten zeigt einen signifikanten Haupteffekt zur Veränderung der Selbstwirksamkeitserwartung über die beiden Messzeitpunkte ($F(1,159) = 5,067$; $p = ,026$). Nur die Vorkursteilnahme weist einen signifikanten Interaktionseffekt zur Entwicklung der Selbstwirksamkeitserwartung auf (siehe Tabelle 4.90).

Die Nutzergruppen weisen keinen signifikanten Interaktionseffekt auf ($F(2,159) = 0,825$; $p = ,440$). In Abbildung 4.48 zeigt sich jedoch ein leichter Trend, dass sich die Selbstwirksamkeitserwartung bei den Studierenden, die häufig die Tests nutzen, weniger reduziert als bei den anderen beiden Gruppen.

Tabelle 4.90 Ergebnisse Kovarianzanalyse mit SWK als AV

Quelle	Quadratsumme	df	Quadratischer M	F	p
SWK	2,539	1	2,539	5,067	,026
SWK * Vorkursteilnahme	9,985	1	9,985	19,923	,000
SWK * Mathematiknote	,817	1	,817	1,629	,204
SWK * Einschätzung Mathematikkenntnisse	1,020	1	1,020	2,034	,156
SWK * Leistung ET	,071	1	,071	,142	,707
SWK * SK ET	,025	1	,025	,049	,825
SWK * Testnutzung	,827	2	,414	,825	,440
Fehler (SWK)	79,686	159	,501		

Die zusätzliche Berücksichtigung der Nutzung der Übungsaufgaben als Kovariate verändert die Ergebnisse nicht wesentlich, so dass weiterhin ein signifikanter Haupteffekt der zeitlichen Entwicklung der Selbstwirksamkeitserwartung vorliegt und die Vorkursteilnahme den einzigen signifikanten Interaktionseffekt aufweist (siehe Tabelle 4.91). Der Einfluss der Vorkursteilnahme auf die Selbstwirksamkeitserwartung und deren Entwicklung wurde bereits in Unterabschnitt 4.3.2 festgestellt.

Durch die zusätzliche Kovariate sind die geschätzten Werte zu T1 fast identisch (siehe Abbildung 4.49) und Trends unterschiedlicher Entwicklungen der Selbstwirksamkeitserwartung zwischen den Gruppen deuten sich an. Es ist zwar nur eine leichte Tendenz, aber in die angestrebte Richtung der geringeren Reduzierung der Selbstwirksamkeitserwartung.

4.4.4.2 Ergebnisse Varianz- und Kovarianzanalysen für einzelne Items

Bei der Aufgabe zur Termumformung mit binomischer Formel weisen die Studierenden im ZT eine minimal höhere Selbstwirksamkeitserwartung auf als im ET, wobei dieser Unterschied nicht signifikant ist ($t = ,937; p = ,350$). Zu beiden Messzeitpunkten haben Studierende, die Feedback zu Test 1 erhalten haben, eine höhere Selbstwirksamkeitserwartung bezüglich dieser Aufgabe (siehe Tabelle 4.92). Dies war zu erwarten, da Studierende, die die Kurztests genutzt

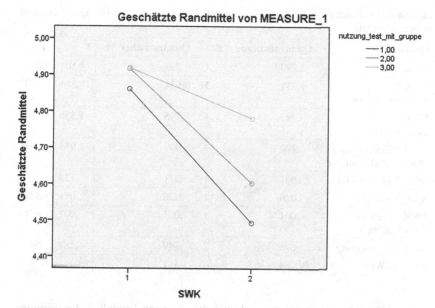

Abbildung 4.48 Veränderung SWK von T1 zu T2 getrennt nach Nutzergruppe mit Kovariaten (1: geringe Nutzung; 2: mittlere Nutzung; 3: häufige Nutzung)

haben durchschnittlich eine höhere Selbstwirksamkeitserwartung in den Leistungstest aufweisen. Entsprechende deskriptive Unterschiede werden auch für die weiteren Aufgaben erwartet.

Die zweifaktorielle Varianzanalyse mit Messwiederholung zeigt keinen signifikante Interaktionseffekt zwischen dem Feedback von Test 1 und der Veränderung der Selbstwirksamkeitserwartung bezüglich der Termumformungsaufgabe mit binomischer Formel ($F(1,169) = 1,550$; $p = ,215$). Bei Studierenden, die kein Feedback zu Test 1 erhalten haben, hat sich die Selbstwirksamkeitserwartung bezüglich dieser Aufgabe fast überhaupt nicht verändert, während sie sich bei Studierenden mit Feedback zu Test 1 leicht erhöht hat (siehe Abbildung 4.50).

Die zweifaktorielle Kovarianzanalyse mit Messwiederholung und den üblichen Kovariaten und der Nutzung der Übungsaufgaben als weitere Kovariate bestätigt den nicht signifikanten Interaktionseffekt zwischen dem Feedback zu Test 1

Tabelle 4.91 Ergebnisse Kovarianzanalyse mit SWK als AV und Übungsaufgaben als weitere Kovariate

Quelle	Quadratsumme	df	Quadratischer M	F	p
SWK	2,299	1	2,299	4,501	,035
SWK * Vorkursteilnahme	9,634	1	9,634	18,861	,000
SWK * Mathematiknote	,795	1	,795	1,556	,214
SWK * Einschätzung Mathematikkenntnisse	,999	1	,999	1,955	,164
SWK * Leistung ET	,071	1	,071	,139	,710
SWK * SK ET	,026	1	,026	,051	,821
SWK * Nutzung Übungsaufgaben	,001	1	,001	,001	,974
SWK * Testnutzung	,698	2	,349	,684	,506
Fehler (SWK)	79,684	156	,511		

und der Veränderung der Selbstwirksamkeitserwartung bezüglich der Termumformungsaufgabe mit binomischer Formel ($F(1,157) = 1,155$; $p = ,215$). Hier zeigt sich somit kein Einfluss von Test 1 auf die Selbstwirksamkeitserwartung bezüglich dieser Aufgabe. Nur die mathematische Selbstwirksamkeitserwartung zu T1 weist einen signifikanten Interaktionseffekt auf (siehe Tabelle A197 in Anhang A).

Die Selbstwirksamkeitserwartung bezüglich der Termumformungsaufgabe mit Potenzgesetzen hat sich vom ET zum ZT nicht signifikant verändert ($t = 1,492$; $p = ,137$), wobei sich die Selbstwirksamkeitserwartung bezüglich dieser Aufgabe bei Studierenden, die Feedback zu Test 1 erhalten haben, zum ZT hin etwas mehr gesteigert hat (siehe Tabelle 4.93).

Die zweifaktorielle Varianzanalyse mit Messwiederholung bestätigt den signifikanten Interaktionseffekt zwischen dem Feedback zu Test 1 und der Entwicklung der Selbstwirksamkeitserwartung bezüglich dieser Aufgabe ($F(1,170) = 4,001$; $p = ,047$), was in Abbildung 4.51 verdeutlicht wird.

Auch mit Berücksichtigung der üblichen Kovariaten und der Nutzung der Übungsaufgaben als weitere Kovariate in der zweifaktoriellen Kovarianzanalyse mit Messwiederholung erweist sich der Interaktionseffekt zwischen Feedback zu Test 1 und der Veränderung der Selbstwirksamkeitserwartung bezüglich der Termumformungsaufgabe mit Potenzgesetzen weiterhin als signifikant ($F(1,157) =$

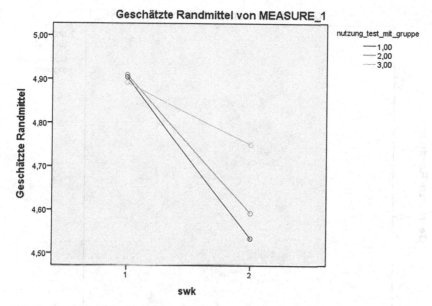

Kovariate im Modell werden für die folgenden Werte ausgewertet: Vorkurs teilgenommen = 1,37, Note Mathematik Oberstufe = 2,52, Einschätzung Mathematikkenntnisse = 3,11, s.leistung = 8,6061, s.msk = 3,5687, Nutzung Übungsaufgaben = 5,103

Abbildung 4.49 Veränderung SWK von T1 zu T2 getrennt nach Nutzergruppe mit Kovariaten mit Übungsaufgaben (1: geringe Nutzung; 2: mittlere Nutzung; 3: häufige Nutzung)

Tabelle 4.92 SWK der Aufgabe Termumformung mit binomischer Formel getrennt nach Abgabe Kurztest 1

	Kurztest 1 abgeholt	M	SD	N
SWK a7 ET	nicht abgeholt	4,816	1,858	98
	abgeholt	5,068	1,925	73
	Gesamtsumme	4,924	1,885	171
SWK a6 ZT	nicht abgeholt	4,796	1,674	98
	abgeholt	5,425	1,554	73
	Gesamtsumme	5,064	1,649	171

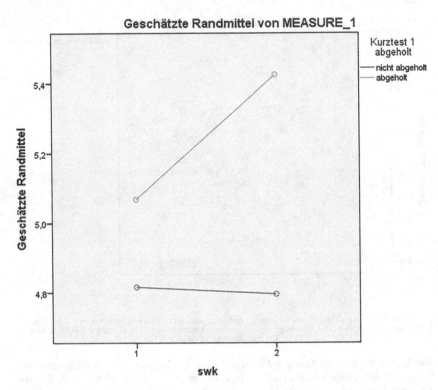

Abbildung 4.50 Veränderung SWK von T1 zu T2 Termumformung mit binomischer Formel getrennt nach Nutzung Test 1

Tabelle 4.93 SWK der Aufgabe Termumformung mit Potenzgesetzen getrennt nach Abgabe Kurztest 1

	Kurztest 1 abgeholt	M	SD	N
SWK a8 ET	nicht abgeholt	3,909	1,922	99
	abgeholt	4,014	1,911	73
	Gesamtsumme	3,953	1,913	172
SWK a7 ZT	nicht abgeholt	3,879	1,848	99
	abgeholt	4,562	1,787	73
	Gesamtsumme	4,169	1,848	172

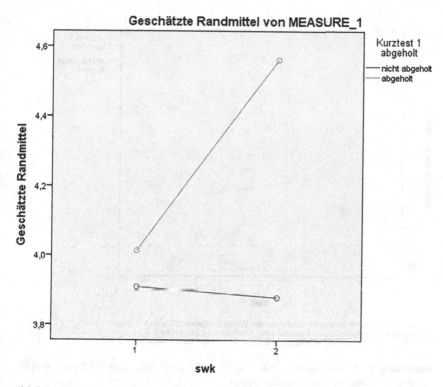

Abbildung 4.51 Veränderung SWK von T1 zu T2 Termumformung mit Potenzgesetzen getrennt nach Nutzung Test 1

$4,241$; $p = ,041$). Abbildung 4.52 verdeutlicht den Zusammenhang. Die mathematische Selbstwirksamkeitserwartung zu T1 und die Leistung zu T1 weisen auch signifikante Interaktionseffekte auf (siehe Tabelle A198 in Anhang A).

Im Gegensatz zu den Ergebnissen bei der Termumformungsaufgabe mit binomischer Formel, zeigt sich hier ein positiver Effekt des Feedbacks von Test 1 auf die Entwicklung der Selbstwirksamkeitserwartung. Ein derartiger Effekt wurde angestrebt (sofern er nicht zu einer stärkeren Überschätzung führt).

Die Selbstwirksamkeitserwartung bezüglich der Aufgabe zur Bestimmung der Funktionsgleichung einer linearen Funktion hat sich vom ET zum ZT signifikant verringert ($t = 2,794$; $p = ,006$). Studierende, die Feedback zu Test 2 erhalten haben, weisen sowohl im ET als auch im ZT höhere Selbstwirksamkeitserwartung

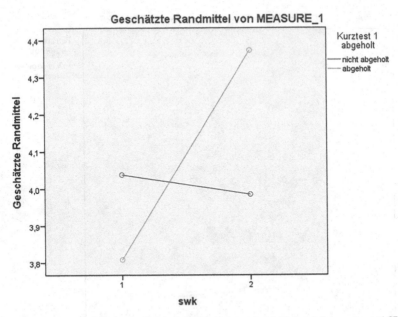

Geschätzte Randmittel von MEASURE_1

Kovariate im Modell werden für die folgenden Werte ausgewertet: Vorkurs teilgenommen = 1,37, Note Mathematik Oberstufe = 2,52, Einschätzung Mathematikkenntnisse = 3,11, s.mswk = 4,8938, s.msk = 3,5653, s.leistung = 8,5964, Nutzung Übungsaufgaben = 5,102

Abbildung 4.52 Veränderung SWK von T1 zu T2 Termumformung mit Potenzgesetzen getrennt nach Nutzung Test 1 mit Kovariaten

bezüglich dieser Aufgabe auf (siehe Tabelle 4.94). Es liegt kein signifikanter Interaktionseffekt zwischen dem Feedback zu Test 2 und der Veränderung der Selbstwirksamkeitserwartung dieser Aufgabe vor, wie die zweifaktorielle Varianzanalyse mit Messwiederholung zeigt ($F(1,168) = 2,157$; $p = ,144$).

In Abbildung 4.53 sind ganz leichte Tendenzen zu erkennen, dass sich die Selbstwirksamkeitserwartung bezüglich der Aufgabe zur linearen Funktion bei Studierenden, die Feedback zu Test 2 erhalten haben, etwas weniger verringert hat als bei Studierenden, die kein Feedback zu Test 2 erhalten haben.

Die zweifaktorielle Kovarianzanalyse mit Messwiederholung mit den üblichen Kovariaten und der Nutzung der Übungsaufgaben als weitere Kovariate weist ebenfalls keinen signifikanten Interaktionseffekt zwischen dem Feedback zu Test 2 und der Veränderung der Selbstwirksamkeitserwartung der Aufgabe zur linearen Funktion auf ($F(1,155) = 2,461$; $p = ,119$). Nur die mathematische

Tabelle 4.94   SWK der Aufgabe Funktionsgleichung getrennt nach Abgabe Kurztest 2

	Kurztest 2 abgegeben	M	SD	N
SWK a17 ET	nicht abgegeben	4,989	2,037	88
	abgegeben	5,537	2,007	82
	Gesamtsumme	5,253	2,035	170
SWK a17 ZT	nicht abgegeben	4,386	1,803	88
	abgegeben	5,354	1,927	82
	Gesamtsumme	4,853	1,921	170

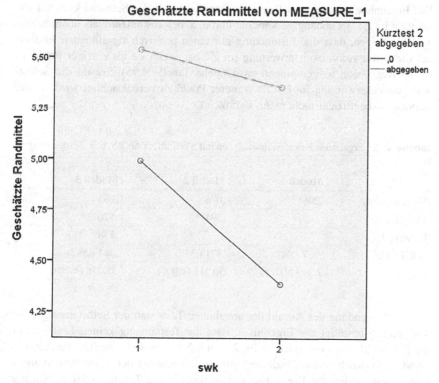

Abbildung 4.53   Veränderung SWK von T1 zu T2 Funktionsgleichung getrennt nach Nutzung Test 2

Selbstwirksamkeitserwartung zu T1 und die Vorkursteilnahme weisen signifikante
Interaktionseffekte auf (siehe Tabelle A199 in Anhang A).

Bei den drei analysierten Aufgabenvergleichen zeigt sich nur bei der Aufgabe zur Termumformung mit den Potenzgesetzen ein positiver Einfluss auf die
Selbstwirksamkeitserwartung, auch unter Kontrolle der Nutzung der Übungsaufgaben. Da die Aufgabe im ersten Test doch schwerer und vor allem länger war,
könnte die Aufgabe im Zwischentest als deutlich einfacher eingeschätzt und so
mit einer höheren Selbstwirksamkeitserwartung bewertet worden sein. Zu den
anderen Aufgaben können keine Effekte nahgewiesen werden.

4.4.4.3 Ergebnisse Regressionsanalysen

Die Ergebnisse der linearen Regressionsanalysen mit der Selbstwirksamkeitserwartung im ZT als abhängige Variable und u. a. der Testnutzung als unabhängige
Variable zeigen, dass die Testnutzung nur einen positiven signifikanten Einfluss
auf die Selbstwirksamkeitserwartung im ZT hat, wenn sie als einziger Prädiktor
in die Regression aufgenommen wird (siehe Tabelle 4.95). Sobald die Selbstwirksamkeitserwartung im ET als weiterer Prädiktor berücksichtigt wird, ist der
Regressionskoeffizient nicht mehr signifikant.

Tabelle 4.95 Ergebnisse Regressionsanalysen mit SWK im ZT als AV, u. a. Testnutzung als
UV

	Modell 1	Modell 2	Modell 3
Nutzung Tests	,206**	,076	,065
SWK ET		,594***	,526***
Leistung ET			,138
Adj. R^2 (R^2)	,037 (,043)	,371 (,378)	,381 (,392)
F (p)	7,393 (,007)	50,211 (<,001)	35,278 (<,001)

Die Verwendung der Anzahl der abgeholten Tests statt der Selbstaussagen zur
Testnutzung bestätigt die Ergebnisse, dass die Testnutzung keinen Einfluss auf
die Selbstwirksamkeitserwartung im ZT zu haben scheint (siehe Tabelle A200 in
Anhang A). Auch eine Reduzierung auf die Betrachtung der ersten beiden abgeholten Tests ändert die Ergebnisse nur minimal (siehe Tabelle A201 in Anhang
A). Die Regressionskoeffizienten der beiden Tests sind bereits im ersten Modell
nicht signifikant.

Auch hier gilt, dass sich der minimale positive Einfluss bei der Berücksichtigung weiterer Variablen sicherlich noch weiter reduzieren würde.

4.4.5 Einfluss Feedback auf den Calibration Bias

Die Nutzergruppen weisen zu T1 ähnlich hohe Selbstüberschätzungen auf, wobei etwas höhere Überschätzungen mit stärkerer Testnutzung einhergehen (siehe Tabelle 4.96). Zu T2 sind die Unterschiede zwischen den Nutzergruppen deutlicher, wonach die Überschätzung bei Studierenden, die die Tests wenig nutzen, am höchsten ist, auch wenn sie sich bei allen Gruppen reduziert hat. Ein derartiges Ergebnis wurde erwartet, da davon ausgegangen wird, dass durch das Feedback auch die Überschätzung reduziert wird.

Tabelle 4.96 Deskriptive Werte Calibration Bias ET und ZT getrennt nach Nutzergruppen

	Gruppe Testnutzung	M	SD	N
Bias ET	1: gering	2,039	1,131	54
	2: mittel	2,092	1,577	34
	3: hoch	2,206	1,154	81
	Gesamtsumme	2,130	1,238	169
Bias ZT	1: gering	1,142	1,397	54
	2: mittel	,752	1,545	34
	3: hoch	,711	1,346	81
	Gesamtsumme	,857	1,409	169

4.4.5.1 Ergebnisse Varianz- und Kovarianzanalysen für alle Items

Die zweifaktorielle Varianzanalyse mit Messwiederholung zeigt einen signifikanten Haupteffekt der Veränderung des Bias zwischen den beiden Messzeitpunkten ($F(1,166) = 115,388$; $p < ,001$), aber einen nur marginal[20] signifikanten Interaktionseffekt der Nutzergruppen ($F(2,166) = 2,934$; $p = ,056$).

Abbildung 4.54 verdeutlicht, dass vor allem die Gruppen der mittleren und der hohen Testnutzung sehr ähnliche Entwicklungen aufweisen. Bei den Studierenden ohne bzw. mit nur geringer Testnutzung reduziert sich der Bias etwas weniger.

Bei Berücksichtigung der üblichen Kovariaten ergibt sich bei der zweifaktoriellen Kovarianzanalyse kein signifikanter Haupteffekt zur Entwicklung des Bias ($F(1,158) = 1,098$; $p = ,296$). Die Leistung im ET, die mathematische

---

[20]Bei p < 0,1 wird der Effekt als „marginal signifikant" bezeichnet, obwohl grundsätzlich von einem 5 %-Niveau ausgegangen wird.

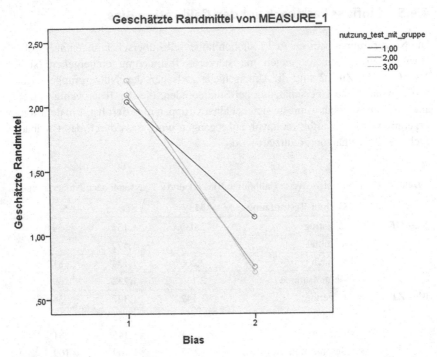

Abbildung 4.54 Veränderung Bias von T1 zu T2 getrennt nach Nutzergruppen (1: geringe Nutzung; 2: mittlere Nutzung; 3: häufige Nutzung)

Selbstwirksamkeitserwartung, die Vorkursteilnahme und die Schulnote Mathematik weisen signifikante Interaktionseffekte zur Veränderung des Bias auf, die Nutzergruppen jedoch nicht (siehe Tabelle 4.97). Abbildung 4.55 verdeutlicht den nicht vorhandenen Interaktionseffekt der Nutzergruppen. Hier deutet sich bereits an, dass andere Variablen einen stärkeren Einfluss auf die Entwicklung des Bias haben als die Testnutzung.

Die zusätzliche Berücksichtigung der Nutzung der Übungsaufgaben als Kovariate verändert die Resultate nicht wesentlich (siehe Tabelle 4.98), wobei die Bearbeitung der Übungsaufgaben einen signifikanten Interaktionseffekt aufweist ($F(1,155) = 5{,}862$; $p = {,}017$). Die grafische Darstellung ändert sich nicht merklich und wird deshalb nicht aufgeführt. Auch hier stellt sich wieder ein stärkerer Einfluss der regelmäßigen Nutzung der Übungsaufgaben als der Kurztests heraus.

Tabelle 4.97 Ergebnisse Kovarianzanalyse mit Calibration Bias als AV

Quelle	Quadratsumme	df	Quadratischer M	F	p
Bias	,808	1	,808	1,098	,296
Bias * Vorkursteilnahme	3,676	1	3,676	4,995	,027
Bias * Mathematiknote	2,971	1	2,971	4,037	,046
Bias * Einschätzung Mathematikkenntnisse	,304	1	,304	,413	,521
Bias * Leistung ET	10,278	1	10,278	13,964	,000
Bias * SWK ET	18,210	1	18,210	24,740	,000
Bias * SK ET	,007	1	,007	,010	,921
Bias * Testnutzung	,520	2	,260	,353	,703
Fehler (Bias)	116,295	158	,736		

4.4.5.2 Ergebnisse Varianz- und Kovarianzanalysen für einzelne Items

Der Bias zur Termumformungsaufgabe mit binomischer Formel hat sich vom ET zum ZT signifikant verringert ($t = 2,032$; $p = ,044$). Studierende, die Feedback zu Test 1 erhalten haben, hatten bereits im ET einen etwas geringeren Bias als Studierende, die kein Feedback zu Test 1 erhalten haben, wobei sich der Unterschied zum ZT hin vergrößert hat (siehe Tabelle 4.99).

Die zweifaktorielle Varianzanalyse mit Messwiederholung zeigt keinen signifikanten Interaktionseffekt zwischen dem Feedback von Test 1 und der Veränderung des Bias bei der Termumformungsaufgabe mit binomischer Formel ($F(1,169) = 2,228$; $p = ,137$). In Abbildung 4.56 ist eine leichte Tendenz zu erkennen, dass sich die Überschätzung bezüglich dieser Aufgabe bei Studierenden, die Feedback zu Test 1 erhalten haben, etwas stärker reduziert hat als bei Studierenden, die kein Feedback zu Test 1 erhalten haben.

Bei Berücksichtigung der üblichen Kovariaten und der Nutzung der Übungsaufgaben als weitere Kovariate innerhalb der zweifaktoriellen Kovarianzanalyse mit Messwiederholung bleibt der Interaktionseffekt zwischen dem Feedback zu Test 1 und den Veränderungen des Bias bezüglich der Termumformungsaufgabe mit binomischer Formel nicht signifikant ($F(1,157) = 2,364$; $p = ,126$). Die Tendenz ist jedoch weiterhin zu erkennen (siehe Abbildung 4.57). Auch die Kovariaten zeigen keine signifikanten Interaktionseffekte (siehe Tabelle A202 in Anhang A). Es ist zwar nur eine Tendenz, aber in die angestrebte Richtung.

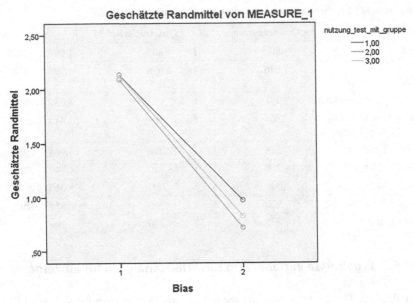

Geschätzte Randmittel von MEASURE_1

Kovariate im Modell werden für die folgenden Werte ausgewertet: Einschätzung Mathematikkenntnisse = 3,10, s.leistung = 8,6437, s.msk = 3,5699, s.mswk = 4,8996, Note Mathematik Oberstufe = 2,52, Vorkurs teilgenommen = 1,37

Abbildung 4.55 Veränderung Bias von T1 zu T2 getrennt nach Nutzergruppen mit Kovariaten (1: geringe Nutzung; 2: mittlere Nutzung; 3: häufige Nutzung)

Der Bias sollte möglichst reduziert werden, wobei natürlich keine Unterschätzung angestrebt wird.

Der Bias zur Termumformungsaufgabe mit Potenzgesetzen hat sich vom ET zum ZT nicht signifikant verändert ($t = 3,993$; $p < ,001$), wobei er tendenziell etwas geringer geworden ist (siehe Tabelle 4.100). Das Feedback zu Test 1 zeigt keinen signifikanten Interaktionseffekt zur Veränderung des Bias bezüglich dieser Aufgabe, wie die zweifaktorielle Varianzanalyse mit Messwiederholung zeigt ($F(1,170) = 0,864$; $p = ,354$). In Abbildung 4.58 ist eine Tendenz zu erkennen, wonach sich bei Studierenden, die Feedback zu Test 1 erhalten haben, der Bias etwas mehr reduziert hat als bei Studierenden ohne Feedback zu Test 1.

Der Interaktionseffekt zwischen dem Feedback zu Test 1 und Veränderungen des Bias bezüglich der Termumformungsaufgabe mit Potenzgesetzen bleibt auch bei Berücksichtigung der üblichen Kovariaten und der Nutzung der Übungsaufgaben als weiter Kovariate innerhalb der zweifaktoriellen Kovarianzanalyse

Tabelle 4.98 Ergebnisse Kovarianzanalyse mit Calibration Bias als AV und Übungsaufgaben als weitere Kovariate

Quelle	Quadratsumme	df	Quadratischer M	F	p
Bias	,056	1	,056	,078	,780
Bias * Vorkursteilnahme	3,087	1	3,087	4,317	,039
Bias * Mathematiknote	3,527	1	3,527	4,934	,028
Bias * Einschätzung Mathematikkenntnisse	,166	1	,166	,232	,631
Bias * Leistung ET	8,966	1	8,966	12,539	,001
Bias * SWK ET	16,896	1	16,896	23,630	,000
Bias * SK ET	,019	1	,019	,026	,872
Bias * Nutzung Übungsaufgaben	4,191	1	4,191	5,862	,017
Bias * Testnutzung	,381	2	,190	,266	,767
Fehler (Bias)	110,826	155	,715		

Tabelle 4.99 Deskriptive Werte Calibration Bias ET und ZT Aufgabe zur Termumformung mit binomischer Formel getrennt nach Abgabe Test 1

	Kurztest 1 abgeholt	M	SD	N
Bias a7 ET	nicht abgeholt	2,745	2,808	98
	abgeholt	2,630	2,951	73
	Gesamtsumme	2,696	2,862	171
Bias a6 ZT	nicht abgeholt	2,510	2,972	98
	abgeholt	1,452	3,768	73
	Gesamtsumme	2,058	3,365	171

mit Messwiederholung nicht signifikant ($F(1,157) = 0,123$; $p = ,727$). Die in Abbildung 4.58 zu sehende Tendenz der etwas unterschiedlichen Entwicklungen der beiden Gruppen ist unter Berücksichtigung der Kovariaten in Abbildung 4.59 nicht mehr so deutlich zu erkennen. Die Tendenz geht aber in die angestrebte Richtung der Reduzierung des Bias durch das Feedback zu Test 1. Keine der Kovariaten weist signifikante Interaktionseffekte auf (siehe Tabelle A203 in Anhang A).

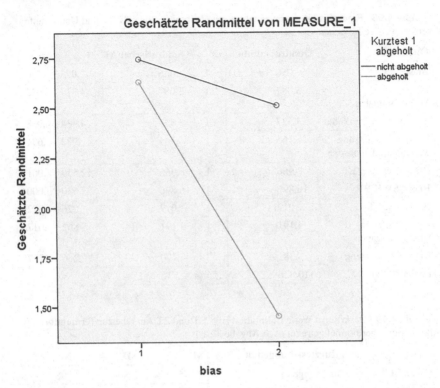

Abbildung 4.56 Veränderung Bias von T1 zu T2 Termumformung binomische Formel
getrennt nach Nutzung Test 1

Der Bias der Aufgabe zur linearen Funktion hat sich vom ET zum ZT signifikant verringert ($t = 8,155$; $p < ,001$) und das sogar von einer durchschnittlichen
Überschätzung zu einer durchschnittlichen Unterschätzung (siehe Tabelle 4.101).
Die Studierenden mit Testnutzung weisen sogar eine noch stärkere Unterschätzung auf, was nicht angestrebt wurde. Es zeigt sich jedoch (siehe Abbildung 4.60)
kein signifikanter Interaktionseffekt zwischen dem Feedback zu Test 2 und der
Veränderung des Bias bezüglich dieser Aufgabe ($F(1,168) = 0,399$; $p = ,529$).

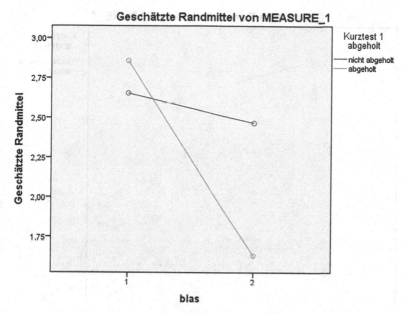

Kovariate im Modell werden für die folgenden Werte ausgewertet: Vorkurs teilgenommen = 1,37, Note Mathematik Oberstufe = 2,52, Einschätzung Mathematikkenntnisse = 3,11, s.mswk = 4,8938, s.msk = 3,5653, s.leistung = 8,5964, Nutzung Übungsaufgaben = 5,102

Abbildung 4.57 Veränderung Bias von T1 zu T2 Termumformung binomische Formel getrennt nach Nutzung Test 1 mit Kovariaten

Tabelle 4.100 Deskriptive Werte Calibration Bias ET und ZT Aufgabe zur Termumformung mit Potenzgesetzen getrennt nach Abgabe Test 1

	Kurztest 1 abgeholt	M	SD	N
Bias a8 ET	nicht abgeholt	1,919	2,498	99
	abgeholt	1,671	3,073	73
	Gesamtsumme	1,814	2,751	172
Bias a7 ZT	nicht abgeholt	1,747	2,775	99
	abgeholt	0,973	3,184	73
	Gesamtsumme	1,419	2,972	172

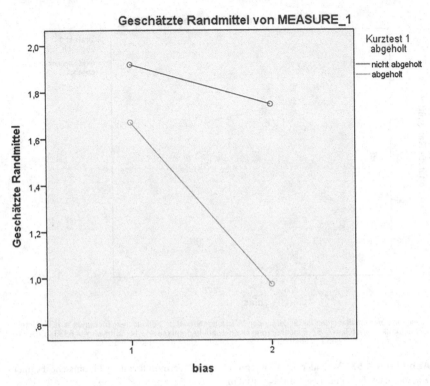

Abbildung 4.58 Veränderung Bias von T1 zu T2 Termumformung Potenzgesetze getrennt nach Nutzung Test 1

Die zweifaktorielle Kovarianzanalyse mit Messwiederholung mit den üblichen Kovariaten und der Nutzung der Übungsaufgaben als weitere Kovariate zeigt ebenfalls keinen signifikanten Interaktionseffekt ($F(1,155) = 0,005$; $p = ,943$), was durch die parallelen Verläufe in Abbildung 4.61 verdeutlicht wird. Das Feedback zu Test 2 scheint somit aber auch nicht zur Unterschätzung beigetragen zu haben. Nur Leistung zu T1 und Vorkursteilnahme weisen signifikante Interaktionseffekte auf (siehe Tabelle A204 in Anhang A).

Auf Einzelitemebene konnte bei den drei untersuchten Aufgabenvergleichen kein Einfluss der ersten beiden Tests festgestellt werden. Bei den beiden Aufgaben zur Termumformung können leichte Tendenzen zu einer Reduzierung des Bias erahnt werden.

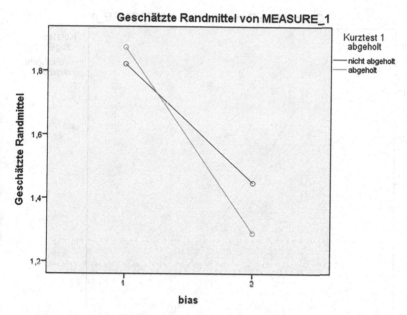

Geschätzte Randmittel von MEASURE_1

Kovariate im Modell werden für die folgenden Werte ausgewertet: Vorkurs teilgenommen = 1,37, Note Mathematik Oberstufe = 2,52, Einschätzung Mathematikkenntnisse = 3,11, s.mswk = 4,8938, s.msk = 3,5653, s.leistung = 8,5964, Nutzung Übungsaufgaben = 5,102

Abbildung 4.59   Veränderung Bias von T1 zu T2 Termumformung Potenzgesetze getrennt nach Nutzung Test 1 mit Kovariaten

Tabelle 4.101   Deskriptive Werte Calibration Bias ET und ZT Aufgabe zur Funktionsgleichung getrennt nach Abgabe Test 2

	Kurztest 2 abgeholt	M	SD	N
Bias a17 ET	nicht abgeholt	1,505	2,836	92
	abgeholt	1,571	2,747	78
	Gesamtsumme	1,535	2,787	170
Bias a17 ZT	nicht abgeholt	−,663	3,105	92
	abgeholt	−,962	2,941	78
	Gesamtsumme	−,800	3,026	170

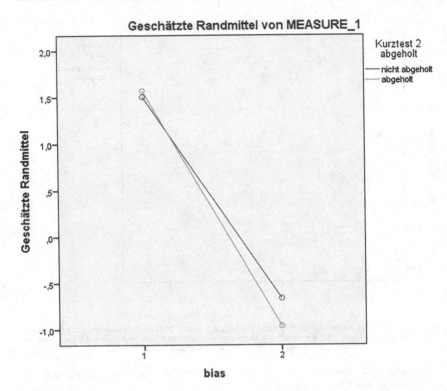

Abbildung 4.60 Veränderung Bias von T1 zu T2 Funktionsgleichung getrennt nach Nutzung Test 2

4.4.5.3 Ergebnisse Regressionsanalysen

Die linearen Regressionsanalysen mit dem Bias im ZT als AV und u. a. der Testnutzung als UV zeigen keinen Einfluss der Testnutzung auf den Bias im ZT (siehe Tabelle 4.102). Bereits im ersten Modell, in dem die Testnutzung den einzigen Prädiktor des Bias im ZT darstellt, sind der Regressionskoeffizient und das Gesamtmodell nicht signifikant, und der Determinationskoeffizient ist sehr niedrig.

Wird statt der Selbstaussage zur Testnutzung jedoch die Anzahl der abgeholten Tests verwendet, so zeigt sich im ersten und zweiten Modell ein signifikanter Einfluss der Testnutzung auf den Bias, wonach die Testnutzung die Selbstüberschätzung leicht reduziert (siehe Tabelle 4.103). Dieser Einfluss ist nicht mehr

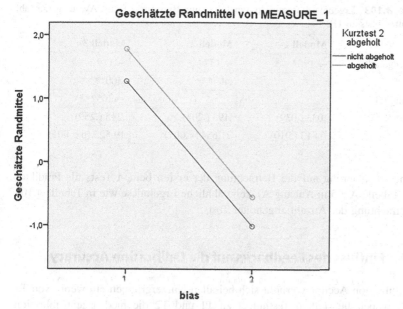

Kovariate im Modell werden für die folgenden Werte ausgewertet: Vorkurs teilgenommen = 1,37, Note Mathematik Oberstufe = 2,52, Einschätzung Mathematikkenntnisse = 3,10, s.mswk = 4,8935, s.msk = 3,5681, s.leistung = 8,6280, Nutzung Übungsaufgaben = 5,104

Abbildung 4.61 Veränderung Bias von T1 zu T2 Funktionsgleichung getrennt nach Nutzung Test 2 mit Kovariaten

Tabelle 4.102 Ergebnisse Regressionsanalysen mit Bias im ZT als AV, u. a. Testnutzung als UV

	Modell 1	Modell 2	Modell 3
Nutzung Tests	−,112	−,134	−,072
Bias ET		,429***	,307***
Leistung ET			−,287***
Adj. R^2 (R^2)	,007 (,013)	,186 (,196)	,247 (,260)
F (p)	2,108 (,148)	20,107 (< ,001)	19,236 (< ,001)

signifikant, sobald die Leistung im ET zusätzlich berücksichtigt wird. Zudem ist die Varianzaufklärung durch die abgeholten Tests sehr gering.

Tabelle 4.103 Ergebnisse Regressionsanalysen mit Bias im ZT als AV, u. a. Anzahl abgeholter Tests als UV

	Modell 1	Modell 2	Modell 3
Tests abgeholt	$-,196*$	$-,177*$	$-,119$
Bias ET		$,407***$	$,300***$
Leistung ET			$-,265***$
Adj. R^2 (R^2)	,033 (,039)	,195 (,204)	,245 (,259)
F (p)	6,813 (,010)	21,654 (<,001)	19,525 (p<,001)

Eine Reduzierung auf die Betrachtung der ersten beiden Tests als Prädiktor (siehe Tabelle A205 in Anhang A), zeigt ähnliche Ergebnisse wie in Tabelle 4.103 die Betrachtung der Anzahl abgeholter Tests.

4.4.6 Einfluss des Feedbacks auf die Calibration Accuracy

Die Calibration Accuracy erhöht sich bei allen Nutzergruppen ein wenig von T1 zu T2, wobei die starken Testnutzer zu T1 und T2 die niedrigste Calibration Accuracy aufweisen (siehe Tabelle 4.104), was nicht erwartet wurde. Mittlere und starke Testnutzer weisen eine ähnliche Entwicklung auf, wie die parallelen Verläufe in Abbildung 4.62 zeigen. Sie steigern ihre Calibration Accuracy stärker als die Gruppe der geringen Testnutzung, die denen keine bzw. nur eine sehr minimale Erhöhung zu erkennen ist. Diese Entwicklung wiederum wurde angestrebt.

Tabelle 4.104 Deskriptive Werte CA zu ET und ZT getrennt nach Nutzergruppen

	Gruppe Testnutzung	M	SD	N
CA ET	1: gering	4,145	,958	54
	2: mittel	3,926	1,030	34
	3: hoch	3,782	,743	81
	Gesamtsumme	3,927	,887	169
CA ZT	1: gering	4,166	,847	54
	2: mittel	4,193	,661	34
	3: hoch	4,052	,696	81
	Gesamtsumme	4,117	,739	169

4.4.6.1 Ergebnisse Varianz- und Kovarianzanalysen für alle Items

Bei der zweifaktoriellen Varianzanalyse mit Messwiederholung zeigt sich ein signifikanter Haupteffekt der Veränderung der Calibration Accuracy von T1 zu T2 ($F(1,166) = 5,166; p = ,025$). Die Nutzergruppen weisen keinen signifikanten Interaktionseffekt zur Veränderung der Calibration Accuracy auf ($F(2,166) = 1,122; p = ,328$). Obwohl der Interaktionseffekt der Nutzergruppen nicht signifikant ist, zeigt die grafische Darstellung unterschiedliche Trends in der Entwicklung des Bias zwischen den Nutzergruppen mit mittlerer und häufiger Nutzung zu geringer Nutzung (Abbildung 4.62). Diese Unterschiede sind jedoch sehr gering wie eine Betrachtung der Werte zeigt.

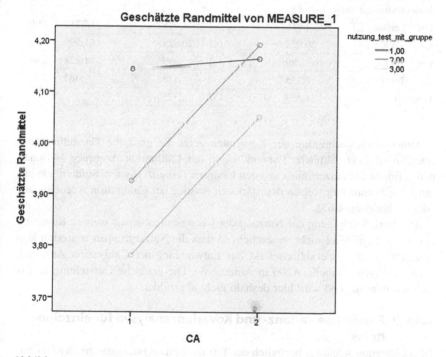

Abbildung 4.62 Veränderung CA von T1 zu T2 getrennt nach Nutzergruppe (1: geringe Nutzung; 2: mittlere Nutzung; 3: häufige Nutzung)

Die zweifaktorielle Kovarianzanalyse mit den üblichen Kovariaten zeigt keinen signifikanten Haupteffekt der Veränderung der Calibration Accuracy ($F(1,158) =$

0,645; p = ,423). Nur die mathematische Selbstwirksamkeitserwartung und die Leistung im Eingangstest, nicht aber die Nutzergruppen, weisen signifikante Interaktionseffekte auf (siehe Tabelle 4.105).

Tabelle 4.105 Ergebnisse Kovarianzanalyse CA als AV

Quelle	Quadratsumme	df	Quadratischer M	F	p
CA	,210	1	,210	,645	,423
CA * Vorkursteilnahme	1,056	1	1,056	3,248	,073
CA * Mathematiknote	,246	1	,246	,758	,385
CA * Einschätzung Mathematikkenntnisse	,085	1	,085	,260	,611
CA * Leistung ET	4,946	1	4,946	15,217	,000
CA * SWK ET	20,023	1	20,023	61,599	,000
CA * SK ET	,399	1	,399	1,228	,269
CA * Testnutzung	,235	2	,118	,362	,697
Fehler (CA)	51,359	158	,325		

Unter Berücksichtigung der Kovariaten zeigt die grafische Darstellung der Interaktionseffekte ähnliche Entwicklungen der Calibration Accuracy zwischen den geringen Testnutzer/innen und den häufigen Testnutzer/innen. Studierende mit mittlerer Testnutzung weisen den stärksten Anstieg der Calibration Accuracy auf (siehe Abbildung 4.63).

Die Berücksichtigung der Nutzung der Übungsaufgaben als weitere Kovariate ändert die Ergebnisse nicht wesentlich, so dass die Nutzergruppen weiterhin keinen signifikanten Interaktionseffekt zur Entwicklung der Calibration Accuracy aufweisen (siehe Tabelle A206 in Anhang A). Die grafische Darstellung ändert sich nur minimal und wird hier deshalb nicht abgebildet.

4.4.6.2 Ergebnisse Varianz- und Kovarianzanalysen für einzelne Items

Die Calibration Accuracy bezüglich der Termumformungsaufgabe mit der binomischen Formel hat sich vom ET zum ZT nicht signifikant verändert (t = ,618; p = ,538), wobei sie eher etwas geringer wurde (siehe Tabelle 4.106).

Das Feedback zu Test 1 weist keinen signifikanten Interaktionseffekt zur Veränderung der Calibration Accuracy bezüglich dieser Aufgabe auf ($F(1,169)$ =

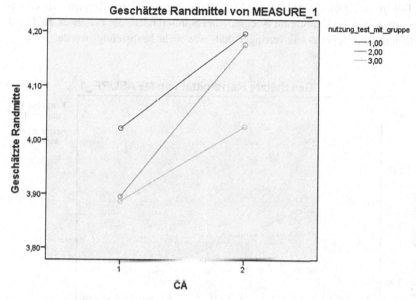

Geschätzte Randmittel von MEASURE_1

Kovariate im Modell werden für die folgenden Werte ausgewertet: Einschätzung Mathematikkenntnisse = 3,10, s.leistung = 8,6437, s.msk = 3,5699, s.mswk = 4,8996, Note Mathematik Oberstufe = 2,52, Vorkurs teilgenommen = 1,37

Abbildung 4.63 Veränderung CA von T1 zu T2 getrennt nach Nutzergruppe unter Berücksichtigung von Kovariaten (1: geringe Nutzung; 2: mittlere Nutzung; 3: häufige Nutzung)

Tabelle 4.106 CA Aufgabe Termumformung mit binomischer Formel getrennt nach Abgabe Test 1

	Kurztest 1 abgeholt	M	SD	N
CA a7 ET	nicht abgeholt	3,561	1,884	98
	abgeholt	3,603	2,005	73
	Gesamtsumme	3,579	1,931	171
CA a6 ZT	nicht abgeholt	3,510	1,701	98
	abgeholt	3,411	1,809	73
	Gesamtsumme	3,468	1,743	171

$0,149; p = ,700$). In Abbildung 4.64 ist eine ganz leichte Tendenz zu erkennen, dass sich die Calibration Accuracy bei Studierenden, die Feedback zu Test 1 erhalten haben, eher etwas verringert hat, was nicht beabsichtigt wurde.

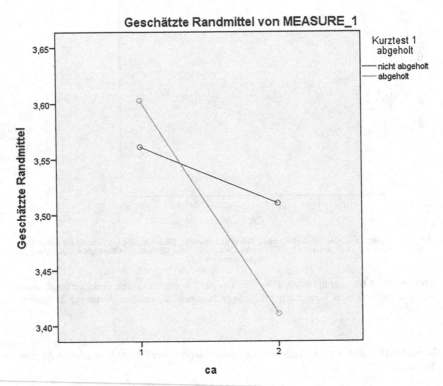

Abbildung 4.64 Veränderung CA von T1 zu T2 Aufgabe Termumformung mit binomischer Formel getrennt nach Abgabe Kurztest 1

Auch unter Berücksichtigung der üblichen Kovariaten und der Nutzung der Übungsaufgaben als weitere Kovariate innerhalb der zweifaktoriellen Kovarianzanalyse mit Messwiederholung zeigt sich kein signifikanter Interaktionseffekt zwischen dem Feedback zu Test 1 und der Veränderung der Calibration Accuracy bezüglich der Termumformungsaufgabe mit binomischer Formel ($F(1,157) = 0,153; p = ,696$). Abbildung 4.65 zeigt weiterhin nur minimale Tendenzen,

die aber so nicht angestrebt wurden. Nur mathematische Selbstwirksamkeitserwartung zu T1 und Vorkursteilnahme weisen signifikante Interaktionseffekte auf
(siehe Tabelle A207 in Anhang A).

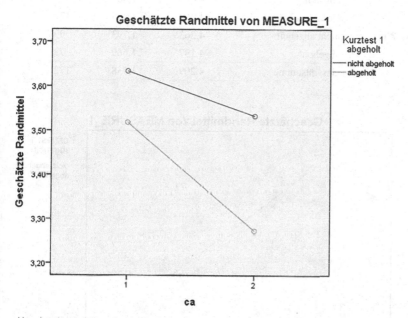

Abbildung 4.65 Veränderung CA von T1 zu T2 Aufgabe Termumformung mit binomischer
Formel getrennt nach Abgabe Kurztest 1 unter Berücksichtigung Kovariaten

Bezüglich der Termumformungsaufgabe mit den Potenzgesetzen liegt keine
signifikante Veränderung der Calibration Accuracy vom ET zum ZT vor ($t =$
$,346$; $p = ,730$). Bei den Studierenden, die Feedback zu Test 1 erhalten haben,
erhöht sich die Calibration Accuracy ein wenig und bei Studierenden, die kein
Feedback zu Test 1 erhalten haben, reduziert sich die Calibration Accuracy
bezüglich dieser Aufgabe etwas (siehe Tabelle 4.107). Diese angestrebte Tendenz ist auch in Abbildung 4.66 verdeutlicht. Die Veränderungen sind jedoch so
gering, dass kein signifikanter Interaktionseffekt vorliegt, wie die zweifaktorielle
Varianzanalyse mit Messwiederholung zeigt ($F(1,170) = 0,418$; $p = ,519$).

Tabelle 4.107 Aufgabe Termumformung mit Potenzgesetzen getrennt nach Abgabe Test 1

	Kurztest 1 abgeholt	M	SD	N
CA a8 ET	nicht abgeholt	4,414	1,790	99
	abgeholt	4,069	1,888	73
	Gesamtsumme	4,267	1,835	172
CA a7 ZT	nicht abgeholt	4,263	1,793	99
	abgeholt	4,137	1,669	73
	Gesamtsumme	4,209	1,738	172

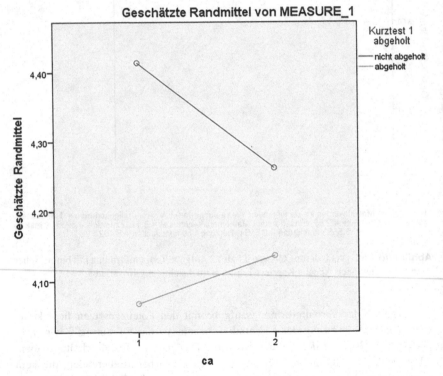

Abbildung 4.66 Veränderung CA von T1 zu T2 Aufgabe Termumformung mit Potenzgesetzen getrennt nach Abgabe Kurztest 1

Die zweifaktorielle Kovarianzanalyse mit Messwiederholung und den üblichen Kovariaten und der Nutzung der Übungsaufgaben als weitere Kovariate zeigt auch keinen signifikanten Interaktionseffekt zwischen dem Feedback zu Test 1 und der Veränderung der Calibration Accuracy bezüglich der Termumformungsaufgabe mit Potenzgesetzen ($F(1,157) = 0,306$; $p = ,581$). Nur die Leistung zu T1 und die allgemeine Einschätzung der Mathematikkenntnisse weisen signifikante Interaktionseffekte auf (siehe Tabelle A208 in Anhang A). Die grafische Darstellung ändert sich kaum (siehe Abbildung A78 in Anhang A) und zeigt somit weiterhin nur eine sehr leichte Tendenz in die angestrebte Richtung der Erhöhung der Calibration Accuracy.

Die Calibration Accuracy bezüglich der Aufgabe zur linearen Funktion ändert sich vom ET zum ZT kaum ($t = ,096$; $p = ,924$). Beim ET liegt die Calibration Accuracy bei beiden Gruppen ähnlich hoch, wobei sie sich bei den Studierenden, die Feedback zu Test 2 erhalten haben, etwas erhöht hat und bei den Studierenden, die kein Feedback zu Test 2 erhalten haben, etwas verringert hat (siehe Tabelle 4.108). Diese angestrebte Entwicklung ist in Abbildung 4,67 dargestellt. Es handelt sich jedoch nicht um einen signifikanten Interaktionseffekt, wie die zweifaktorielle Varianzanalyse mit Messwiederholung zeigt ($F(1,168) = 0,269$; $p = ,605$).

Tabelle 4.108 Aufgabe Funktionsgleichung getrennt nach Abgabe Test 2

	Kurztest 2 abgeholt	M	SD	N
CA a17 ET	nicht abgeholt	4,364	1,819	92
	abgeholt	4,378	1,755	78
	Gesamtsumme	4,371	1,785	170
CA a17 ZT	nicht abgeholt	4,294	1,638	92
	abgeholt	4,500	1,804	78
	Gesamtsumme	4,388	1,714	170

Werden die üblichen Kovariaten und die Nutzung der Übungsaufgaben als weitere Kovariate innerhalb der zweifaktoriellen Kovarianzanalyse berücksichtigt, so ergibt sich weiterhin kein signifikanter Interaktionseffekt zwischen dem Feedback zu Test 2 und der Veränderung der Calibration Accuracy bezüglich der Aufgabe zur linearen Funktion ($F(1,155) = 1,155$; $p = ,509$), auch wenn die Entwicklungen der beiden Gruppen tendenziell gegenläufig sind (siehe Abbildung 4.68).

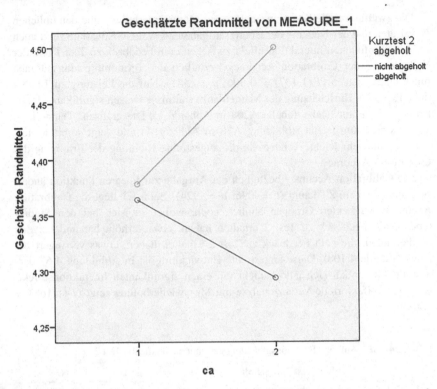

Abbildung 4.67 Veränderung CA von T1 zu T2 Aufgabe Funktionsgleichung getrennt nach Abgabe Kurztest 2

Diese Tendenzen gehen wieder in die angestrebten Richtungen. Nur die mathematische Selbstwirksamkeitserwartung zu T1 weist signifikante Interaktionseffekte auf (siehe Tabelle A209 in Anhang A).

Auch bezüglich der Calibration Accuracy kann auf Einzelitemebene zu keinem der Aufgabenvergleiche ein Effekt der ersten beiden Kurztests nachgewiesen werden. Es zeigen sich nur geringe Tendenzen, wobei bei der Termumformungsaufgabe mit binomischer Formel eine minimale Tendenz zu einer geringeren Calibration Accuracy und bei den anderen beiden Aufgaben eine Tendenz zu einer Erhöhung der Calibration Accuracy zu sehen ist. Die unterschiedlichen Tendenzen befürworten, dass dies eher einfach als kein Einfluss gewertet werden sollte.

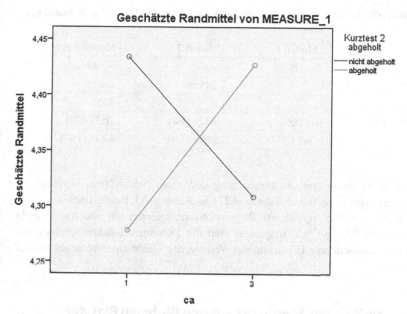

Kovariate im Modell werden für die folgenden Werte ausgewertet: Vorkurs teilgenommen = 1,37, Note Mathematik Oberstufe = 2,52, Einschätzung Mathematikkenntnisse = 3,10, s.mswk = 4,8935, s.msk = 3,5681, s.leistung = 8,6280, Nutzung Übungsaufgaben = 5,104

Abbildung 4.68 Veränderung CA von T1 zu T2 Aufgabe Funktionsgleichung getrennt nach Abgabe Kurztest 2 mit Kovariaten

4.4.6.3 Ergebnisse Regressionsanalysen

Die Calibration Accuracy im ZT wird von der Testnutzung nicht signifikant beeinflusst, wie die Ergebnisse der linearen Regressionsanalysen zeigen (siehe Tabelle 4.109). In keinem der drei Modelle liegt ein signifikanter Regressionskoeffizient der Testnutzung vor und der angepasste Determinationskoeffizient von 0 in Modell 1 verdeutlicht, dass die Testnutzung nicht zur Varianzaufklärung der Calibration Accuracy beiträgt.

Auch bei der Verwendung der Anzahl abgeholter Tests statt der Selbstaussagen zur Testnutzung ändern sich die Ergebnisse nicht wesentlich, so dass die Testnutzung weiterhin keinen signifikanten Einfluss auf die Calibration Accuracy im ZT aufweist (siehe Tabelle A210 in Anhang A). Damit werden die Ergebnisse der Kovarianzanalysen bestätigt, wobei natürlich ein positiver Einfluss angestrebt wurde.

Tabelle 4.109 Ergebnisse Regressionsanalysen mit CA im ZT als AV, u. a. Testnutzung als UV

	Modell 1	Modell 2	Modell 3
Nutzung Tests	$-,075$	$-,032$	$-,049$
CA ET		,245**	,242**
Leistung ET			,083
Adj. R^2 (R^2)	0 (,006)	,052 (,064)	,053 (,070)
F (p)	,947 (,332)	5,604 (,004)	4,133 (,007)

Eine Reduzierung auf die Betrachtung der ersten beiden Tests bestätigt die bisherigen Ergebnisse (siehe Tabelle A211 in Anhang A). Beide Tests weisen in keinem der Modelle signifikante Regressionskoeffizienten auf und tragen nicht zur Varianzaufklärung bei. Insgesamt sind die Determinationskoeffizienten der Regressionsmodelle zur Erklärung der Varianz der Calibration Accuracy im ZT sehr gering.

4.4.7 Einfluss des Feedbacks auf den Globalen Bias der Postdiction

Der globale Bias der Postdiction hat sich vom ET zum ZT signifikant verringert ($t(130) = 8,75$; $p < ,001$). Von einer hohen durchschnittlichen Überschätzung beim ET hat sich der globale Bias zu einer durchschnittlichen, leichten Unterschätzung im ZT entwickelt, wobei die Gruppe der mittleren Testnutzer beim ET einen deutlich niedrigeren Bias aufweist als die anderen beiden Gruppen (siehe Tabelle 4.110), was eher ungewöhnlich ist.

4.4.7.1 Ergebnisse Varianz- und Kovarianzanalysen

Die zweifaktorielle Varianzanalyse mit Messwiederholung zeigt einen signifikanten Interaktionseffekt der Nutzergruppen zur Veränderung des globalen Bias ($F(1,126) = 4,235$; $p = ,017$). In Abbildung 4.69 ist zu erkennen, dass die Studierenden mit geringer und mittlerer Testnutzung sehr ähnliche Entwicklungen des globalen Bias aufweisen. Bei den Studierenden, die die Tests häufig genutzt haben, hat sich der Bias stärker verringert, wobei er sich von einer durchschnittlichen Überschätzung zu einer durchschnittlichen Unterschätzung entwickelt hat, was nicht angestrebt wurde.

Tabelle 4.110   Globaler Bias Postdiction in Et und ZT getrennt nach Nutzergruppen

	Gruppe Testnutzung	M	SD	N
Bias Postdiction ET	1: gering	3,341	4,154	44
	2: mittel	1,457	3,864	23
	3: hoch	3,952	4,700	62
	Gesamtsumme	3,299	4,439	129
Bias Postdiction ZT	1: gering	,432	3,947	44
	2: mittel	−1,000	3,808	23
	3: hoch	−1,427	4,139	62
	Gesamtsumme	−,717	4,074	129

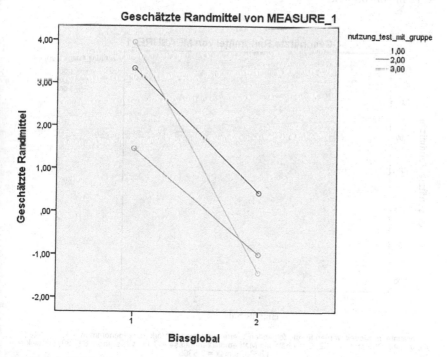

Abbildung 4.69 Veränderung globaler Bias Postdiction von T1 zu T2 getrennt nach Nutzergruppen (1: geringe Nutzung; 2: mittlere Nutzung; 3: häufige Nutzung)

Werden die üblichen Kovariaten innerhalb einer zweifaktoriellen Kovarianzanalyse mit Messwiederholung kontrolliert, ergibt sich weiterhin ein signifikanter
Interaktionseffekt zwischen den Nutzergruppen und der Entwicklung des Bias
$(F(1,119) = 3,275; p = ,041)$, der in Abbildung 4.70 zu sehen ist. Grundsätzlich wurde zwar eine Reduzierung des globalen Bias angestrebt, doch die
Entwicklung zur Unterschätzung, die bei häufiger Testnutzung am stärksten ist,
sollte nicht erzielt werden.

Wird zusätzlich die Nutzung der Übungsaufgaben als Kovariate berücksichtigt, ist der Interaktionseffekt zwischen den Nutzergruppen und der Veränderung
des globalen Bias nicht mehr signifikant, weist aber immer noch eine starke Tendenz des bereits beschriebenen Effekts auf $(F(1,116) = 3,017; p = ,053)$. Nur
die Leistung zu T1 weist einen signifikanten Interaktionseffekt auf (siehe Tabelle
A212 in Anhang A).

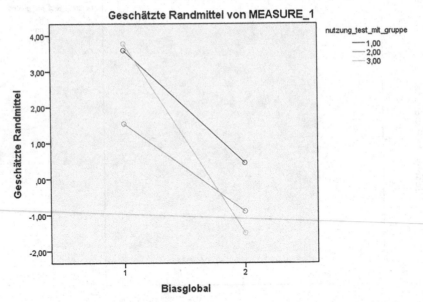

Kovariate im Modell werden für die folgenden Werte ausgewertet: Vorkurs teilgenommen = 1,33, Note
Mathematik Oberstufe = 2,52, Einschätzung Mathematikkenntnisse = 3,11, s.leistung = 8,6289, s.mswk =
4,8368, s.msk = 3,5365

Abbildung 4.70 Veränderung globaler Bias Postdiction von T1 zu T2 getrennt nach Nutzergruppen unter Berücksichtigung von Kovariaten (1: geringe Nutzung; 2: mittlere Nutzung;
3: häufige Nutzung)

4.4.7.2 Ergebnisse Regressionsanalysen

Lineare Regressionsanalysen mit dem globalen Bias im ZT als AV zeigen, dass die Nutzung der Tests die Überschätzung reduziert (siehe Tabelle 4.111). Sie stellt bei den ersten vier Modellen einen signifikanten Prädiktor dar, der bei Berücksichtigung der Nutzung der Übungsaufgaben jedoch leicht das Signifikanzniveau überschreitet.

Tabelle 4.111 Ergebnisse Regressionsanalysen mit globalem Bias im ZT als AV, u. a. Testnutzung als UV

	Modell 1	Modell 2	Modell 3	Modell 4	Modell 5
Nutzung Tests	−,182*	−,203*	−,178*	−,196*	−,154
Globaler Bias ET		,237**	,191*	,129	,159
Leistung ET			−,147	−,250*	−,259*
SWK ET				,168	,147
Nutzung Übungsaufgaben					−,053
Adj. R^2 (R^2)	,026 (,033)	,080 (,095)	,093 (,114)	,103 (,131)	,107 (,142)
F (p)	4,705 (,032)	6,600 (,002)	5,358 (,002)	4,656 (,002)	4,005 (,002)

Im Gegensatz zu den bisherigen Regressionsanalysen haben hier die Übungsaufgaben einen geringeren Einfluss. Da jedoch das Problem der Unterschätzung gefördert wurde, sind Einflüsse in dieser Hinsicht sowieso eher nicht anzustreben. Die Modelle klären jedoch nur maximal 10,7 Prozent der Varianz des globalen Bias im ZT auf.

Die Verwendung der Anzahl abgeholter Tests als Prädiktor statt der Selbstaussagen zur Testnutzung ändert die Ergebnisse der Regressionen nicht wesentlich (siehe Tabelle A213 in Anhang A). Werden jedoch nur die ersten beiden Tests als getrennte Prädiktoren in die Regressionen aufgenommen, so zeigt sich, dass das Feedback zu Test 1 in allen Modellen einen signifikanten Regressionskoeffizienten aufweist, das Feedback zu Test 2 hingegen in keinem der Modelle (siehe Tabelle 4.112). Bei der Ergänzung weiterer Prädiktoren würde sich der Effekt zwar vermutlich etwas reduzieren, aber das Feedback zu Test 1 scheint den globalen Bias zu reduzieren. Eine mögliche Erklärung könnte sein, dass Studierende, die den ersten Test abgegeben haben, beim Feedback auf Fehler aufmerksam gemacht wurden, mit denen sie zuvor nicht gerechnet hatten, weil sie von einer korrekten eigenen Lösung ausgegangen sind. Positiv könnte man eine aufmerksamere Einschätzung schlussfolgern, negativ aber auch ein nachträgliches Misstrauen in die eigene Lösung, was die Effekte der Unterschätzung besser erklären würde.

Tabelle 4.112 Ergebnisse Regressionsanalysen mit globalem Bias im ZT als AV, u. a. Test 1 und 2 als UV

	Modell 1	Modell 2	Modell 3	Modell 4	Modell 5
Test 1	−,212*	−,240*	−,231*	−,232*	−,227*
Test 2	,001	,004	,023	,026	,099
Globaler Bias ET		,232**	,190*	,137	,137
Leistung ET			−,142	−,226*	−,260*
SWK ET				,133	,141
Nutzung Übungsaufgaben					−,111
Adj. R² (R²)	,031 (,045)	,100 (,121)	,111 (,138)	,115 (,149)	,116 (,157)
F (p)	3,237 (,042)	5,805 (,001)	5,049 (,001)	4,370 (,001)	3,769 (,002)

4.4.8   Einfluss Feedback auf die Globale Calibration Accuracy der Postdiction

Die globale Calibration Accuracy der Postdiction erhöht sich vom ET zum ZT signifikant ($t(130) = 3{,}777; p < ,001$). Die Gruppe der häufigen Testnutzer/innen weist im ET und im ZT die geringste globale Calibration Accuracy auf (siehe Tabelle 4.113).

4.4.8.1 Ergebnisse Varianz- und Kovarianzanalysen

Es liegt kein Interaktionseffekt zwischen den Nutzergruppen und der Veränderung der Calibration Accuracy vor ($F(1{,}126) = 1{,}145; p = ,321$), wie die zweifaktorielle Varianzanalyse mit Messwiederholung zeigt. Die Gruppe mit geringer und die Gruppe mit hoher Testnutzung weisen sehr ähnliche Entwicklungen auf, wobei sich bei der Gruppe der mittleren Testnutzung die globale Calibration Accuracy kaum ändert (siehe Abbildung 4.71).

Unter Berücksichtigung der üblichen Kovariaten innerhalb der zweifaktoriellen Kovarianzanalyse mit Messwiederholung ergibt sich weiterhin kein signifikanter Interaktionseffekt zwischen den Nutzergruppen und der Veränderung der

Tabelle 4.113 Globale Calibration Accuracy Postdiction in ET und ZT getrennt nach Nutzergruppen

	Gruppe Testnutzung	M	SD	N
CA Postdiction ET	1: gering	25,659	3,065	44
	2: mittel	26,717	2,425	23
	3: hoch	24,903	3,399	62
	Gesamtsumme	25,485	3,181	129
CA Postdiction ZT	1: gering	27,000	2,561	44
	2: mittel	26,870	2,302	23
	3: hoch	26,476	2,565	62
	Gesamtsumme	26,725	2,512	129

globalen Calibration Accuracy. ($F(1,119) = 1,055; p = ,351$). Die zugehörige Abbildung ändert sich kaum (siehe Abbildung A79 in Anhang A). Eine zusätzliche Berücksichtigung der Nutzung der Übungsaufgaben verändert die Ergebnisse nicht wesentlich, d. h. es liegt kein Interaktionseffekt vor ($F(1,116) = 1,168; p = ,315$). Nur Leistung und mathematische Selbstwirksamkeitserwartung weisen signifikante Interaktionseffekte auf (siehe Tabelle A214 in Anhang A).

4.4.8.2 Ergebnisse Regressionsanalysen

Die linearen Regressionsanalysen mit der globalen Calibration Accuracy der Postdiction im ZT als AV zeigen keinen signifikanten Einfluss der Testnutzung. In den fünf getesteten Modellen sind die Regressionskoeffizienten der Testnutzung nicht signifikant (siehe Tabelle 4.114). Die zugehörigen sehr geringen korrigierten Determinationskoeffizienten zeigen außerdem, dass die verwendeten Prädiktoren nicht zur Erklärung der Varianz der globalen Calibration Accuracy im ZT beitragen. Bei Verwendung der Anzahl abgeholter Tests und auch bei Verwendung der ersten beiden Tests als einzelne Prädiktoren statt der Selbstaussagen zur Testnutzung ändern sich die Ergebnisse der Regressionen nicht wesentlich (siehe Tabelle A215 und Tabelle A216 in Anhang A).

Der ausbleibende Einfluss der Testnutzung, insbesondere des ersten Tests, auf die globale Calibration Accuracy unterstützt die Vermutung, dass es sich zuvor eher um eine Reduzierung zur Unterschätzung gehandelt hat, was nicht angestrebt wurde.

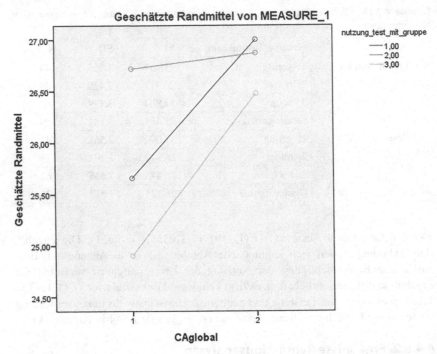

Abbildung 4.71 Veränderung globale Calibration Accuracy Postdiction von T1 zu T2 getrennt nach Nutzergruppen

Tabelle 4.114 Ergebnisse Regressionsanalysen mit globaler CA im ZT als AV, u. a. Testnutzung als UV

	Modell 1	Modell 2	Modell 3	Modell 4	Modell 5
Nutzung Tests	−,108	−,105	−,105	−,110	−,103
Globale CA ET		,074*	,074	,090	,124
Leistung ET			−,002	−,024	−,030
SWK ET				,044	,115
Nutzung Übungsaufgaben					−,092
Adj. R^2 (R^2)	,005 (,012)	,002 (,018)	−,006 (,018)	−,013 (,019)	−,003 (,037)
F (p)	1,626 (,204)	1,147 (,321)	,759 (,519)	,601 (,662)	,928 (,465)

Diskussion zentraler Ergebnisse mit Limitationen

5

Die Auswertungen aus Kapitel 4 werfen viele Fragen auf, die diskutiert werden können. Aufgrund der Fülle an Auswertungen und Ergebnissen kann jedoch nicht alles im Rahmen dieser Dissertation ausführlich behandelt werden. Deshalb widmet sich die Diskussion den zentralen Ergebnissen und möglichen Interpretationen, die zur Beantwortung der drei in Abschnitt 2.5 Forschungsfragen beitragen können. Auswertungen, die u. a. aufgrund geringer Varianzaufklärung, nicht signifikanter Modelle o. ä. nicht zur Interpretation geeignet sind, werden im Folgenden in der Regel nicht mehr herangezogen.

5.1 Aufgabenanalyse

> F1. Welche Aufgabenmerkmale beeinflussen die Aufgabenschwierigkeit, die Stärke der Selbstwirksamkeitserwartung, den Calibration Bias und die Calibration Accuracy bei Studienanfängerinnen und Studienanfängern wirtschaftswissenschaftlicher Studiengänge?
> a. Bei welchen Aufgabentypen überschätzen sich Studierende besonders stark?
> b. Bei welchen Aufgabentypen erreichen Studierende eine verhältnismäßig hohe Calibration Accuracy?

Zur Beantwortung der ersten Forschungsfrage werden zentrale Ergebnisse der Auswertungen aus Abschnitt 4.2 herangezogen. Die Clusteranalyse teilt die 30

Aufgaben des Eingangstests in drei Cluster, die inhaltlich sinnvoll zu unterscheiden sind. Sie unterscheiden sich bezüglich der Stärke der Selbstwirksamkeitserwartung, der Leistung und der Calibration (Bias und CA).

Cluster 1 beinhaltet fünf Aufgaben, bei denen die Studierenden hohe Selbstwirksamkeitserwartungen und zugleich hohe Leistungen aufweisen. Die Studierenden schätzen sich jedoch nicht bei allen Aufgaben exakt ein, sondern es handelt sich um eine Mischung aus relativ exakter Einschätzung, leichter Überschätzung und leichter Unterschätzung. Die relativ exakte Einschätzung einzelner Aufgaben ist zwar anzustreben, aber die Unterschätzung sollte nach Bandura (1997) als problematisch angesehen werden, da sie darauf hinweist, dass die Studierenden ihr Potential nicht ausschöpfen.

Bei den neun Aufgaben aus Cluster 2 weisen die Studierenden sehr geringe Leistungen, aber auch sehr geringe Selbstwirksamkeitserwartungen auf. So überschätzen sich die Studierenden zwar etwas bei den Aufgaben, aber da sie eher geringe Selbstwirksamkeitserwartungen haben, scheint ihnen die Schwierigkeit, diese Aufgaben zu lösen, bewusst zu sein. Entsprechend wird dieses Cluster trotz der geringen Leistungen nicht als besonders problematisch angesehen, jedenfalls nicht bezüglich der Selbsteinschätzung der Studierenden.

In den Aufgaben des Clusters 3 hingegen weisen die Studierenden hohe Selbstwirksamkeitserwartungen auf, erbringen aber nur geringe Leistungen. Demnach überschätzen sie sich besonders stark bei diesen 16 Aufgaben, was als problematisch zu bewerten ist.

Auf den ersten Blick wirken die Aufgaben innerhalb der Cluster sehr unterschiedlich. Der Vergleich der gebildeten Cluster bietet über die Einzelaufgaben hinaus die Möglichkeit, Gemeinsamkeiten und Unterschiede bezüglich der Aufgabenmerkmale zu finden, die zur Erklärung herangezogen werden können.

Cluster 1 umfasst Aufgaben niedriger curricularer Wissensstufen, mit niedrigem bis mittlerem Anforderungsbereich, geringen Anforderungen an den formalen Umgang mit Mathematik, einem geringen Bearbeitungsumfang, einer Einbettung in innermathematische Kontexte und mit mittlerer Sprachkomplexität. Vermutlich haben sich die Studierenden aufgrund der niedrigen curricularen Wissensstufe, dem eher niedrigen bis mittleren Anforderungsbereich und der geringen Anforderungen an den formalen Umgang mit Mathematik die Lösung der Aufgaben zugetraut. Der geringe Bearbeitungsumfang könnte maßgeblich zur erfolgreichen Bearbeitung der Aufgabe und somit auch zu der eher exakten Einschätzung beigetragen haben. Durch die fehlende Einbettung in außermathematische Kontexte sind keine Übersetzungen zwischen der realen Welt und der

Welt der Mathematik nötig, was zu einer komplexeren Bearbeitung und vermutlich auch schwierigeren und somit weniger exakten Einschätzung der eigenen Fähigkeiten führen würde.

Cluster 2 umfasst Aufgaben hoher curricularer Wissensstufen, zum Teil mit hohem Anforderungsbereich und hohen Anforderungen an den formalen Umgang mit Mathematik. Die Aufgaben sind nicht in außermathematische Kontexte eingebunden und weisen eine hohe Grundvorstellungsintensität auf. Bei diesen Aufgaben könnten die hohe curriculare Wissensstufe, der hohe Anforderungsbereich und die hohen Anforderungen an den formalen Umgang mit Mathematik zu niedriger Selbstwirksamkeitserwartung und zugleich auch zur geringen Leistung der Studierenden geführt haben.

Die Aufgaben aus Cluster 3, dem Cluster mit der extrem starken Selbstüberschätzung der Studierenden, erfordern fast alle prozedurales Wissen, gehören eher geringen curricularen Wissensstufen an, haben einen eher geringen bis mittleren Anforderungsbereich, erfordern geringe Grundvorstellungsintensität und sind teilweise in einen außermathematischen Kontext eingebettet. Zugleich erfordern diese Aufgaben einen eher mittleren Bearbeitungsumfang. Die niedrige curriculare Wissensstufe und der eher geringe bis mittlere Anforderungsbereich könnten zu der hohen Selbstwirksamkeitserwartung der Studierenden geführt haben. Der mittlere Bearbeitungsumfang und die Anforderungen durch den außermathematischen Kontext könnten jedoch zu einer höheren Aufgabenschwierigkeit geführt haben, die den Studierenden bei der anfänglichen kurzen Einschätzung nicht bewusst war. Besonders auffällig ist, dass dieses Cluster fast ausschließlich Aufgaben enthält, die prozedurales Wissen erfordern (15 von 16 Aufgaben), wohingegen die geforderte Wissensart bei den beiden anderen Clustern gemischt ist. Da es sich hier zugleich um das größte Cluster handelt, scheint dies kein Zufall zu sein. Es führt vielmehr zu der Vermutung, dass sich die Studierenden bei Aufgaben, die prozedurales Wissen erfordern, eher überschätzen bzw. es Studierenden leichter fällt, ihr konzeptuelles Wissen einzuschätzen. Bei Aufgaben, die konzeptuelles Wissen erfordern, scheint den Studierenden eher auf Anhieb klar zu sein, ob sie dieses Wissen zur Lösung der Aufgabe haben und abrufen können oder eben nicht. Da die beiden anderen Cluster auch Aufgaben enthalten, die prozedurales Wissen erfordern, scheint dies aber nur ein Aspekt zu sein, der durch weitere Merkmale ergänzt wird. Die drei Aufgaben mit der höchsten Selbstüberschätzung (a1, a3 und a12), die nach der Clusteranalyse auch ein kleines viertes Cluster bilden könnten, unterstützen die Vermutung, dass die Studierenden aufgrund der geringen curricularen Wissensstufe und dem eher geringen Anforderungsbereich hohe Selbstwirksamkeitserwartungen aufweisen und zugleich die Schwierigkeit durch den mittleren Bearbeitungsumfang unterschätzen. Eine der drei Aufgaben weist einen außermathematischen Kontext auf. Da der untersuchte Aufgabenpool jedoch nicht so groß ist und nur wenige Aufgaben mit außermathematischen Kontext enthält, kann die Rolle dieses Merkmals bei der hohen Selbstüberschätzung weder unterstützt noch geschwächt werden. Berücksichtigt man, dass in der Studie von Boekaerts und Rozendaal (2010) Aufgaben mit außermathematischen Kontext stärker überschätzt wurden, so können die hier nicht eindeutigen Ergebnisse eher in diese Richtung interpretiert werden. Inhaltlich ist ein Zusammenhang zwischen dem Vorhandensein eines außermathematischen Kontextes bzw. der Anforderung an das Modellieren und der Überschätzung plausibel. Die Komplexität der Aufgabe und insbesondere die benötigten Teilschritte vom Verstehen der Problemsituation im außermathematischen Kontext über das Vereinfachen, Strukturieren und Übersetzen in die Mathematik bis hin zum Lösen mithilfe mathematischer Mittel und der Rückinterpretation in den außermathematischen Kontext können bei einer kurzen Einschätzung schnell unterschätzt werden. Da die Aufgaben mit außermathematischem Kontext in den Leistungstests jedoch eher als eingekleidete Textaufgaben gedeutet werden sollten, ist hier der Prozess des Modellierens bei weitem nicht so komplex wie bei realitätsbezogenen Problemstellungen wie sie z. B. bei PISA-Aufgaben eingesetzt werden. Entsprechend wäre perspektivisch die Untersuchung von weiteren Aufgaben wichtig, die höhere Anforderungen ans Modellieren aufweisen, um gesicherte Aussagen zum Einfluss dieses Aufgabenmerkmals auf die Schwierigkeit, die Selbstwirksamkeitserwartung und die Calibration machen zu können.

Ergänzt durch die Ergebnisse der Korrelations- und Regressionsanalysen können jeweils **Aufgabenmerkmale** identifiziert werden, die die Leistung, die Selbstwirksamkeitserwartung, den Calibration Bias und die Calibration Accuracy beeinflussen.

Bei den untersuchten Aufgaben aus dem Eingangstest bestätigt sich, dass die Studierenden bei Aufgaben höherer curricularer Wissensstufen zu leichtem und komplexem Wissen aus der Sekundarstufe II auch geringere Punktzahlen erreichen. Die *Aufgabenschwierigkeit* wird demnach u. a. von der *curricularen Wissensstufe* bestimmt. Auch Neubrand et al. (2002) haben diese als einen der wichtigsten Prädiktoren der Aufgabenschwierigkeit bei PISA identifiziert, wobei die curriculare Wissensstufe bei technischen Aufgaben der einzige und bei rechnerischen Aufgaben der bedeutendste Prädiktor war. Die hier vorgelegten Analysen zeigen jedoch, dass die Studierenden auch bei Aufgaben geringer curricularer Wissensstufen sehr geringe Leistungen erbringen und genau bei diesen Aufgaben ihre Fähigkeiten deutlich überschätzen. Dies liegt vor allem daran, dass die Aufgabenschwierigkeit von weiteren Merkmalen beeinflusst wird. Bei den untersuchten Aufgaben des Eingangstests bildet die *Summe der geforderten Kompetenzen* einen weiteren wichtigen Prädiktor der Aufgabenschwierigkeit. Bei technischen Aufgaben sind die Anforderungen an K5 entscheidend. Das ist bei diesem Aufgabentyp besonders plausibel, da außer K4 keine weiteren Kompetenzen benötigt werden. Bei rechnerischen Aufgaben beeinflusst K2 am stärksten die Schwierigkeit. Aber auch die Anforderungen an K4 und K5 erschweren die Aufgaben. Einschränkend muss hier aber aufgeführt werden, dass K1 aufgrund fehlender Variation und K3 aufgrund zu hoher Korrelation mit K4 und K6 nicht in die Regressionsanalysen einbezogen werden konnten. Die Korrelationsanalysen weisen einen leichten positiven Zusammenhang dieser Kompetenzen zur Aufgabenschwierigkeit hin. Es ist somit gut möglich, dass sich K3 bei einem anderen Aufgabenpool mit einer geeigneteren Kompetenzverteilung als weiterer wichtiger Prädiktor herausstellen würde. Die geforderten Kompetenzen bei begrifflichen Aufgaben variieren am stärksten, wobei K1, K2, K3 und K4 als Prädiktoren für die Aufgabenschwierigkeit identifiziert werden konnten. Inhaltlich passen die Kompetenzen sehr gut zum jeweiligen Aufgabentyp und ihr Einfluss auf die Schwierigkeit erscheint plausibel. Für den Einfluss des *Umfangs der Bearbeitung* auf die Schwierigkeit gibt es nur schwache Anzeichen, die abhängig vom Typ des mathematischen Arbeitens sind.

Die Analysen zum Calibration Bias unterstützen den Befund, dass der Umfang der Bearbeitung bei technischen und rechnerischen Aufgaben entscheidend für die Überschätzung ist. So liegen mittlere bis hohe positive Korrelationen zwischen dem Umfang der Bearbeitung und der Aufgabenschwierigkeit bei technischen und rechnerischen Aufgaben vor und der Umfang der Bearbeitung ist jeweils ein wichtiger Prädiktor in den Regressionsanalysen, wobei diese aufgrund der geringen Stichprobe und fehlender Signifikanzen nur als Tendenzen zu sehen sind. Die Analysen zur Calibration Accuracy bestätigen diese Tendenz, da sich hier der Umfang der Bearbeitung negativ auf die Calibration Accuracy bei technischen und rechnerischen Aufgaben auswirkt. Auch hier dürfen die Ergebnisse aufgrund der methodischen Einschränkungen nur als Tendenzen gewertet werden. Bei begrifflichen Aufgaben hingegen führt ein höherer Bearbeitungsumfang zu einer höheren Calibration Accuracy.

Für die Einschätzung der Stärke der Selbstwirksamkeitserwartung ist bei den zugrunde gelegten Aufgaben vor allem die *curriculare Wissensstufe* der Aufgaben entscheidend. Aufgrund der eher ungünstigen Verteilung der Aufgabenmerkmale mit teilweise nur wenigen Aufgaben zu einzelnen Merkmalen, ist es jedoch gut möglich, dass weitere Merkmale eine Rolle spielen, die im zugrunde gelegten Aufgabenpool nicht heraustreten. Bei Aufgaben höherer curricularer Wissensstufen schätzen Studierende ihre Selbstwirksamkeitserwartung geringer ein. Die

Ergebnisse der Clusteranalyse, der Korrelationen und Regressionsanalysen bestätigen dies. Die Selbstwirksamkeitserwartung korreliert mit einem Korrelationskoeffizienten von $r = -,457$ mit der curricularen Wissensstufe. Bei begrifflichen Aufgaben ist dieser Zusammenhang mit $r = -,969$ besonders deutlich. Innerhalb der Regressionsanalysen ist die curriculare Wissensstufe der einzige Prädiktor der Selbstwirksamkeitserwartung bei rechnerischen und begrifflichen Aufgaben und weist in diesen Modellen eine hohe Varianzaufklärung auf. Auch bei den Aufgaben insgesamt erweist sich die curriculare Wissensstufe, neben der Summe an Kompetenzen und dem Umfang der Bearbeitung, als bedeutendster Prädiktor der Selbstwirksamkeitserwartung. Auch die Clusteranalyse unterstützt dieses Ergebnis. Das Cluster mit Aufgaben höherer curricularer Wissensstufen (Cluster 2) weist die durchschnittlich geringste Selbstwirksamkeitserwartung auf und das Cluster mit Aufgaben geringer curricularer Wissensstufen (Cluster 1) weist durchschnittlich die höchste Selbstwirksamkeitserwartung auf.

Die hohe Bedeutung der curricularen Wissensstufe bei der Einschätzung der eigenen Selbstwirksamkeit wird vermutlich durch die Erfahrungen aus der Schulzeit geprägt. Entsprechend ist bei den Studierenden die Vorstellung verankert, dass Aufgaben aus höheren Schuljahren auch schwieriger sind bzw. sie sich ihre erfolgreiche Bearbeitung weniger zutrauen. Die Selbstwirksamkeitserwartung, Aufgaben zu Inhalten aus der Sekundarstufe I erfolgreich zu lösen, ist dementsprechend hoch, auch bei einem höheren Umfang der Bearbeitung. Wie umfangreich und komplex der Lösungsweg ist, kann vermutlich bei der schnellen Einschätzung der Selbstwirksamkeitserwartung nicht abgeschätzt und dementsprechend nicht wirklich berücksichtigt werden.

Trotz der nicht ganz eindeutigen Ergebnisse zum Umfang der Bearbeitung erscheint dieses Aufgabenmerkmal entscheidend für die hohe Selbstüberschätzung zu sein. Die Art der Kodierung des Bearbeitungsumfangs könnte zu einer Verschleierung der Ergebnisse geführt haben, da prozedurales und konzeptuelles Wissen gemischt wird. Die höchste Stufe des Bearbeitungsumfangs wird erreicht, wenn implizite Größen benötigt werden, bei denen es sich bei den untersuchten Aufgaben meist um konzeptuelles Wissen handelt. Die Clusteranalyse hat wiederum gezeigt, dass die Studierenden konzeptuelles Wissen besser einschätzen können als prozedurales Wissen. Deshalb überschätzen sich Studierende bei Aufgaben der höchsten Stufe des Bearbeitungsumfangs weniger, die wiederum vor allem den begrifflichen Aufgaben zugeordnet sind.

Als eher überraschendes Ergebnis hat sich der Einfluss von K4 herausgestellt. So scheinen sich Studierende bei Aufgaben, bei denen mit mathematischen Darstellungen umgegangen werden muss, eher weniger zu überschätzen und sogar exakter einschätzen zu können. Die Verwendung von Darstellungen innerhalb der

Aufgabenstellung und das Einfordern mathematischer Darstellungen, z. B. durch das Einzeichnen von Funktionsgraphen, scheinen für die Selbsteinschätzung der Studierenden besonders hilfreich zu sein. Auch wenn das Ergebnis im ersten Moment eher überraschend war, so ist dieser Zusammenhang jedoch plausibel. Zu berücksichtigen ist jedoch, dass es sich hier um einfache mathematische Darstellungen handelt, die alle mit Funktionsgraphen zusammenhängen. Entsprechend kann das Ergebnis nicht auf komplexe Darstellungen bezogen werden.

Unter Berücksichtigung der bisherigen Studien zur Aufgabenschwierigkeit und der Ergebnisse im Rahmen der vorliegenden Dissertation wird deutlich, dass die Bestimmung der Aufgabenschwierigkeit komplex ist und von mehreren Merkmalen abhängt. Zudem hängt der Einfluss der Aufgabenmerkmale vom Typ des mathematischen Arbeitens ab, so dass sich die Schwierigkeit technischer, rechnerischer und begrifflicher Aufgaben unterschiedlich zusammensetzt. Diese Abhängigkeit vom Typ mathematischen Arbeitens setzt sich bei der Untersuchung der Selbstwirksamkeitserwartung, des Calibration Bias und der Calibration Accuracy fort.

Die Anzahl der verwendeten Aufgaben ist jedoch zu gering, um wirklich aussagekräftige Ergebnisse bei den Analysen getrennt nach Typen mathematischen Arbeitens zu erhalten. Die Ergebnisse sind entsprechend als Tendenzen zu interpretieren, die erste Erkenntnisse zum Einfluss der untersuchten Aufgabenmerkmale zeigen. Für weitere Analysen hat sich gezeigt, dass das hier verwendete methodische Vorgehen gut zur Untersuchung der Forschungsfrage geeignet ist und weitere Analysen mit einem erweiterten Aufgabenpool anzustreben sind.

5.2 Entwicklungen

F2. Wie entwickeln sich die Mathematikleistung, die Stärke der Selbstwirksamkeitserwartung, der Calibration Bias und die Calibration Accuracy bei Studierenden wirtschaftswissenschaftlicher Studiengänge innerhalb des ersten Studiensemesters?
a. Unterscheiden sich die Entwicklungsverläufe einzelner Gruppen (z. B. Abiturienten vs. FOSler/innen)?
b. Unterscheiden sich die Entwicklungen hinsichtlich der einzelnen Aufgaben bzw. Aufgabentypen?

Zur Beantwortung der zweiten Forschungsfrage werden zentrale Ergebnisse der Auswertungen aus Abschnitt 4.3 herangezogen, die sich auf die Stichprobe der 172 Studierenden bezieht, die sowohl den Eingangstest als auch den Zwischentest mitgeschrieben haben. Zu Beginn des Semesters weisen die Studierenden durchschnittlich geringe *Mathematikleistungen*, aber zugleich relativ hohe Selbstwirksamkeitserwartungen und damit verbunden eine hohe Überschätzung der eigenen Fähigkeiten und eine eher geringe Calibration Accuracy auf. Im Verlauf der ersten Wochen des Semesters verändern sich diese vier Variablen alle signifikant bis zum Zwischentest. Die Leistung hat sich von durchschnittlich 8,62 Punkten beim Eingangstest auf 11,77 Punkte beim Zwischentest gesteigert. Auch wenn die beiden Tests nicht direkt vergleichbar sind und sich einzelne Aufgaben bezüglich ihrer Schwierigkeit unterscheiden, wie in Teilunterabschnitt 4.1.1.5 gezeigt wurde, so kann diese Entwicklung doch aufgrund der ähnlichen gesamten Schwierigkeit der Tests als Leistungssteigerung gewertet werden. Eine Leistungssteigerung ist grundsätzlich positiv zu bewerten, jedoch sind auch die Ergebnisse beim Zwischentest normativ gesehen nicht zufriedenstellend. Im Schnitt erreichen die Studierenden nicht einmal die Hälfte der erreichbaren Punktzahl, obwohl es sich inhaltlich um mathematische Grundlagen der Sekundarstufe I und II handelt. Die *Selbstwirksamkeitserwartung* der Studierenden hat sich von 4,92 beim Eingangstest auf 4,64 beim Zwischentest verringert. Obwohl eine Verringerung der Selbstwirksamkeitserwartung grundsätzlich nicht anzustreben ist, wird dies aufgrund der sehr hohen Überschätzung zu Beginn des Semesters zunächst nicht als problematisch angesehen. Die extrem hohe Selbstüberschätzung beim Eingangstest mit einem Calibration Bias von 2,14 hat sich zum Zwischentest auf 0,85 reduziert, was auf den ersten Blick sehr positiv zu bewerten ist. Die Calibration Accuracy der Studierenden hat sich mit 3,92 beim Eingangstest zu 4,14 beim Zwischentest gesteigert. Im Vergleich hat sich die Calibration Accuracy jedoch nur etwas erhöht, obwohl der Calibration Bias deutlich gesunken ist. Dies lässt vermuten, dass die durchschnittliche geringere Überschätzung auch durch häufigere Unterschätzung der Studierenden zustande kommt. Die Standardabweichung des Bias hat sich von 1,24 im Eingangstest auf 1,4 im Zwischentest erhöht, was diese Vermutung unterstützt.

Der Vergleich der durchschnittlichen *Selbstwirksamkeitserwartung und Leistung auf Aufgabenebene* zeigt, dass die Studierenden bei fast allen Aufgaben bessere Leistungen erbringen und sich weniger überschätzen. Es wird aber auch deutlich, dass die Studierenden bei einigen Aufgaben zu geringe Selbstwirksamkeitserwartungen aufweisen und sich durchschnittlich häufiger unterschätzen. Die Veränderungen auf Aufgabenebene zeigen, dass die Studierenden ihre Selbstwirksamkeitserwartungen für die einzelnen Aufgaben angepasst haben. Es handelt sich nicht um eine durchschnittliche Senkung, sondern um eine *differenzierte Veränderung*. Zu drei Aufgaben hat sich die durchschnittliche Selbstwirksamkeitserwartung signifikant erhöht, zu fünf Aufgaben verringert und bei den restlichen Aufgaben gibt es leichte Veränderungen in beide Richtungen. Die Überschätzung hat sich bei fast allen Aufgaben deutlich reduziert, jedoch bei drei Aufgaben sogar zu einer Unterschätzung entwickelt. Die Calibration Accuracy hat sich bei nur vier Aufgaben signifikant erhöht und bei sechs Aufgaben sogar leicht verringert.

Eine Reduzierung der Überschätzung, insbesondere bei Aufgaben, bei denen sich die Studierenden extrem überschätzt haben, wurde zwar angestrebt. Diese starke Verringerung bis hin zur Unterschätzung ist jedoch auch problematisch. Nach Bandura (1997) ist eine leichte Überschätzung der eigenen Fähigkeiten anzustreben und Maßnahmen, die eine Verringerung der Selbstwirksamkeitserwartung fördern, sollten sehr kritisch gesehen werden.

Insgesamt sind die Entwicklungen mit der Leistungssteigerung, der Reduzierung der Überschätzung und der allgemeinen Verbesserung der Calibration Accuracy positiv zu bewerten. Es wurde ein Bewusstsein für die Defizite in den Grundlagen geschaffen und die Studierenden wurden mit dem Eingangstest mit ihren persönlichen Defiziten konfrontiert. Das Bewusstwerden der eigenen Defizite, um diese aufzuarbeiten, war u. a. Ziel des Eingangstests. Jedoch sollte dieser als Ausgangspunkt genommen werden, um die individuellen Lücken im Selbststudium, und bei Bedarf mit den Unterstützungsangeboten aufzuarbeiten. Die Verringerung der Selbstwirksamkeitserwartung und die Entwicklung bis hin zur Unterschätzung deuten allerdings darauf hin, dass die Selbstwirksamkeitserwartung der Studierenden im Laufe des ersten Semesters zu stark sinkt. Dabei ist das Zutrauen in die eigenen Fähigkeiten in einer so wichtigen Phase wie dem Übergang von der Schule zur Hochschule von besonderer Bedeutung. Es stellt sich die Frage, ob die Konfrontation mit den eigenen Defiziten zu Beginn des Semesters zu stark ist bzw. so entmutigend ist, dass die Studierenden sich das selbständige Aufarbeiten der eigenen Defizite gar nicht zutrauen. Neben dem Eingangstest könnten aber auch die Lehrveranstaltung selbst und die Zusatzangebote eine Rolle bei dieser Entwicklung spielen. Da die extreme Überschätzung als großes Problem angesehen wird, wurden die Studierenden sowohl in der Vorlesung als auch in den Tutorien immer wieder darauf aufmerksam gemacht.

Die Analysen zur Entwicklung beinhalten nur diejenigen Studierende, die sowohl beim Eingangstest zu Beginn des Semesters als auch beim Zwischentest zur Mitte des Semesters teilgenommen haben. Innerhalb des Semesters reduziert sich die Anzahl der Teilnehmer/innen der Veranstaltung regelmäßig sehr stark. Vergleiche der Studierenden, die zu T1 und T2 anwesend waren, mit Studierenden, die nur zu T1 dabei waren, zeigen, dass vor allem Studierende mit *ungünstigen Voraussetzungen* nicht mehr erfasst wurden. Da sich die Anzahl der Studierenden, die am Ende des Semesters die Klausur mitgeschrieben haben, nicht erhöht, sondern noch verringert hat, ist davon auszugehen, dass ein Großteil der nicht mehr erfassten Studierenden die Veranstaltung in diesem Semester auch nicht mehr besucht hat. Dieser Abbruch könnte mit den Misserfolgserfahrungen durch den Eingangstest und ggf. auch weiterer Veranstaltungselemente zusammenhängen. Aufgrund der ungünstigen Voraussetzungen ist es gut möglich, dass diese Studierenden die Übungsaufgaben nicht selbständig bearbeiten konnten und die Aufgaben der Kurztests zu anspruchsvoll waren, um überhaupt einen Ansatz zu finden. Innerhalb der Vorlesung und der Tutorien wird sehr deutlich kommuniziert, wie wichtig diese Grundlagen sind. Dies schreckt Studierende, die eine selbständige Aufarbeitung nicht schaffen, sicherlich ab. Zudem könnte den Studierenden durch die verschiedenen Rückmeldungen bewusst geworden sein, dass die Aufarbeitung sehr zeitintensiv ist und sie deshalb entschieden haben, „erstmal" den Besuch der Veranstaltung zu verschieben. Studierende, die bereits zu Beginn des Semesters geringe Selbstwirksamkeitserwartungen aufweisen, haben vermutlich auch ungünstige Attributionsmuster und trauen sich womöglich eine selbständige Aufarbeitung der Defizite nicht zu. Das Phänomen der „Aussteiger/innen" ist zwar nicht neu, jedoch sind es zahlenmäßig seit der Einführung der Lehr-Lern-Innovationen mit dem Eingangstest deutlich mehr geworden. Anfängliche Vermutungen, dass diese Studierenden zu einem späteren Zeitpunkt die Lehrveranstaltung besuchen würden, konnten sich nicht bestätigen. Die Anzahl der Aussteiger/innen war auch in den folgenden Semestern ähnlich hoch, ohne plötzliche Anstiege an Studierenden höherer Semester. Da keine Informationen über den weiteren Verlauf und die Hintergründe vorliegen, können nur Vermutungen über den Verbleib und mögliche Gründe für einen Drop Out angestellt werden. Eine genauere Untersuchung dieser Gruppe ist anzustreben, wenngleich es schwer sein wird, diese Studierenden erneut befragen zu können.

Vergleiche der Entwicklungen unterschiedlicher Gruppen von Studierenden von T1 zu T2 zeigen, dass *Geschlecht* und *Studiengang* die Veränderungen der Leistung, der Selbstwirksamkeitserwartung, des Calibration Bias und der Calibration Accuracy nicht beeinflussen. Interessante Ergebnisse zeigen die Untersuchungen bezüglich der *Art des Schulabschlusses*, des *Fachsemesters* und der *Teilnahme am Vorkurs*.

Sowohl beim Eingangstest als auch beim Zwischentest erreichen Studierende, die das Abitur oder einen vergleichbaren Abschluss haben, höhere Leistungen und haben eine höhere mathematische Selbstwirksamkeitserwartung als Studierende, die mit einem Fachoberschulabschluss oder vergleichbarem Abschluss ihr Studium der Wirtschaftswissenschaften beginnen. Zu Beginn des Semesters überschätzen sich Studierende mit FOS-Abschluss zwar etwas mehr, aber dieser Unterschied ist nicht bedeutsam. Die Calibration Accuracy ist bei beiden Gruppen beim Eingangstest etwa gleich hoch, wobei Studierende mit FOS-Abschluss zum Zwischentest eine etwas höhere Calibration Accuracy aufweisen. Die höhere Selbstwirksamkeitserwartung der Abiturienten ist aufgrund der höheren Leistung auch berechtigt. Die Unterschiede in der Leistung zu beiden Zeitpunkten zeigen, dass die Unterschiede, mit denen die Studierenden das Studium starten, in der Regel nicht innerhalb von wenigen Wochen aufgeholt werden können. Die schlechteren Eingangsvoraussetzungen der FOSler/innen, die sich auch in der niedrigeren Selbstwirksamkeitserwartung spiegeln, ziehen sich vermutlich weiter durch das erste Semester und ggf. noch weiter durch das Studium. Weitere Analysen der genauen Unterschiede wären sinnvoll, um Maßnahmen auf diese spezielle Zielgruppe zuzuschneiden. Es sollte geprüft werden, ob die Leistungsunterschiede inhaltlich begründet sind, z. B. weil einzelne Themen an der Fachoberschule nicht behandelt wurden.

Bezüglich der Leistungsentwicklung unterscheiden sich Studienanfänger/innen und Studierende höherer Semester nicht signifikant. Weder im Eingangstest noch im Zwischentest unterscheidet sich die Leistung zwischen den beiden Gruppen signifikant und es ist auch kein Interaktionseffekt vorhanden. Auch Studierende, die die Vorlesung bereits besucht haben oder die Klausur bereits mitgeschrieben haben, weisen keine signifikanten Unterschiede in der Leistung zu T1 und T2 und zur Leistungsentwicklung auf. Bezüglich der Selbstwirksamkeitserwartung unterscheiden sich Studierende unterschiedlicher Fachsemester jedoch deutlich. Studienanfänger/innen haben eine deutlich höhere Selbstwirksamkeitserwartung zu Beginn des Semesters als Studierende höherer Semester. Dieser Unterschied reduziert sich jedoch bis zum Zwischentest stark, so dass ein signifikanter Interaktionseffekt des Fachsemesters auf die Veränderung der Selbstwirksamkeitserwartung vorliegt. Dieser Unterschied wird durch die Ergebnisse bezüglich des Bias und der Calibration Accuracy bestärkt, bei denen auch Interaktionseffekte vorliegen. So reduziert sich die stärkere Überschätzung der Studienanfänger/innen von T1 zu T2 so stark, dass sich die Studierenden höherer Semester zu T2 stärker überschätzen als die Studienanfänger/innen. Entsprechend entwickeln die Studienanfänger/innen zu T2 eine höhere Calibration Accuracy als Studierende höherer Fachsemester, obwohl sie zu T1 eine geringere Calibration Accuracy aufweisen.

Studierende höherer Semester haben bereits die Erfahrung des Übergangs von der Schule zur Hochschule hinter sich. Dabei haben sie in der Regel bereits unterschiedliche Lehrveranstaltungen besucht und auch erste Erfahrungen zu Leistungsrückmeldungen erhalten. Naheliegend ist, dass die Studierenden höherer Semester bereits die Veranstaltung „Mathematik für Wirtschaftswissenschaften

I" besucht haben. Vermutlich haben sie bereits den Eingangstest in einem der vorherigen Semester mitgeschrieben und ggf. die Erfahrung eines schlechten Testergebnisses gemacht. Die Unterschiede bei Studierenden, die die Veranstaltung bereits besucht haben oder die Klausur bereits mitgeschrieben haben, sind zwar etwas weniger deutlich, aber das liegt wahrscheinlich an der geringeren Fallzahl. Insgesamt sind die Vergleiche der Gruppen gebildet nach Fachsemester, Vorlesung bereits besucht und Klausur bereits mitgeschrieben aufgrund der ungleichen Größen der zu vergleichenden Gruppen problematisch. Die Gruppe der Studierenden höherer Semester ist mit 19 Personen deutlich kleiner ist als die Gruppe der Studienanfänger/innen mit 153 Personen. Bei den Studierenden, die die Veranstaltung bereits besucht haben, und den Studierenden, die die Klausur bereits mitgeschrieben haben, werden die kleinen Gruppen mit 14 und 8 Personen noch kleiner. Neben den Erfahrungen mit der Veranstaltung in Mathematik könnten weitere Erfahrungen der ersten Semester die geringere Selbstwirksamkeitserwartung geprägt haben. Dazu liegen jedoch keine Informationen vor, so dass hier nicht weiter dazu spekuliert wird.

Studierende, die den *Vorkurs* besucht haben, erreichen bessere Leistungen im Eingangstest als Studierende, die den Vorkurs nicht besucht haben. Dieser Unterschied ist im Zwischentest jedoch deutlich geringer. Die höheren Punktzahlen der Vorkursteilnehmer/innen im Eingangstest deuten auf den Erfolg des Vorkursbesuchs hin. Der Einfluss des Vorkurses ist jedoch begrenzt. So erreichen die Vorkursteilnehmer/innen trotzdem durchschnittlich nur 9,21 von 30 möglichen Punkten. Zudem müsste geprüft werden, inwiefern die Zusammensetzung der Vorkursteilnehmer/innen mit der Zusammensetzung der Nicht-Vorkursteilnehmer/innen vergleichbar ist. So kann beispielsweise ein höherer Anteil an Studierenden mit Abitur die Punktzahl indirekt erhöhen. Untersuchungen zu früheren Semestern haben genau diesen Effekt gezeigt (siehe Voßkamp & Laging, 2013). Der minimale Leistungsvorteil der Vorkursteilnehmer/innen zum Zwischentest zeigt, dass die anderen Studierenden den Vorteil der Vorkursteilnahme innerhalb der ersten Wochen nachholen können.

Neben der besseren Leistung weisen die Vorkursteilnehmer/innen auch eine höhere Selbstwirksamkeitserwartung, einen höheren Calibration Bias und eine geringere Calibration Accuracy beim Eingangstest auf. Diese Unterschiede sind zum Zwischentest nicht mehr vorhanden, so dass die Vorkursteilnahme zur Entwicklung dieser Variablen Interaktionseffekte aufweist. Da die Unterschiede nur zu Beginn des Semesters vorliegen, könnten diese auf der Vorkursteilnahme beruhen. Inhaltlich gibt es einige Überschneidungen des Vorkurses mit den Aufgaben aus dem Eingangstest, wobei die Tests unabhängig vom Vorkurs entwickelt wurden und der Vorkurs nicht speziell auf den Eingangstest vorbereitet, sondern innerhalb kurzer Zeit sehr viele Themen aus der Sekundarstufe I und II behandelt. Die stärkere Überschätzung und geringere Calibration Accuracy der Vorkursteilnehmer/innen könnte darauf beruhen, dass ihnen die Aufgaben aus dem Eingangstest vertrauter sind, da sie diese Themen zuvor im Vorkurs behandelt haben. Allerdings ist davon auszugehen, dass eine kurze Wiederholung nicht ausreicht, um alle behandelten Themen und Aufgabentypen auch selbständig lösen zu können. Zur Einschätzung der Selbstwirksamkeitserwartung wird die Vertrautheit in Form des abrufbaren Wissens herangezogen, ohne Berücksichtigung der Qualität dieses Wissens. Die Aktivierung ungenauen oder falschen Vorwissens identifizieren Van Loon et al. (2013, S. 22) als eine mögliche Quelle der Überschätzung. Erfahrungen aus dem Vorkurs zeigen, dass viele Studierende die Übungsaufgaben nicht selbständig vorbereiten, sondern nur die vorgestellten Lösungen in den Tutorien mitschreiben. Diese stellvertretenden Erfahrungen könnten als Quelle der Selbstwirksamkeitserwartung dienen und so zu der stärkeren Überschätzung führen. Da die Aufgaben von Studierenden höherer Semester vorgerechnet werden, können sich die Vorkursteilnehmer/innen vermutlich gut mit diesen Studierenden identifizieren und bekommen das Gefühl, dass sie diese Aufgaben auch selber lösen können. So könnte der Vorkurs indirekt zu einer Stärkung der Selbstwirksamkeitserwartung, aber zugleich zu einer stärkeren Überschätzung führen.

5.3 Feedback

F3. Welchen Einfluss üben regelmäßige fakultative Kurztests mit informativem tutoriellem Feedback auf die Mathematikleistung, die Stärke der Selbstwirksamkeitserwartung, den Calibration Bias und die Calibration Accuracy innerhalb des ersten Semesters bei Studienanfängerinnen und Studienanfängern wirtschaftswissenschaftlicher Studiengänge aus?

Die Analysen zum Einfluss des Feedbacks durch die fakultativen Kurztests bringen wenige aussagekräftige Ergebnisse. Der Vergleich der Gruppen unterschiedlich starker Testnutzung zeigt zwar, dass Studierende, die häufig die

Kurztests nutzen, zum Zwischentest hin einen höheren Leistungszuwachs aufweisen. Allerdings werden nicht-randomisierte Gruppen verglichen, für die die Nutzung der Kurztests fakultativ war.

Die Vergleiche haben gezeigt, dass sich die *Nutzergruppen* strukturell unterscheiden. Studierende mit besseren Leistungen zum Eingangstest, höherer Selbstwirksamkeitserwartung, höherem Selbstkonzept und besseren Mathematiknoten in der Schule nutzen die Kurztests häufiger. Die Aufgaben der Kurztests haben einen eher hohen Schwierigkeitsgrad, der Studierende mit geringeren Leistungen und geringerer Selbstwirksamkeitserwartung abschrecken könnte. Zugleich haben die Studien zur Feedbackforschung gezeigt, dass Feedback zu komplexen Aufgaben geringere oder keine Effekte zeigt bzw. entsprechende Effekte schwerer nachzuweisen sind (siehe Unterabschnitt 2.3.3). Zudem konnten weitere Veranstaltungselemente genutzt werden, die Einfluss auf die Entwicklung nehmen konnten. Studierende, die häufig die Tests nutzen, gehen auch häufiger in die Vorlesung ebenso wie in die Tutorien und nutzen stärker die praktischen Übungen, Übungsaufgaben und Zusatzaufgaben. Die Gruppe der „Alles-Nutzer" wurde in Analysen zu früheren Semestern bereits als eine Nutzergruppe identifiziert (siehe Laging & Voßkamp, 2016). Die Effekte der einzelnen Veranstaltungselemente können deshalb nicht klar voneinander getrennt werden.

Die Kovarianz- und Regressionsanalysen machen deutlich, dass die Nutzung der Übungsaufgaben ein wichtigerer Prädiktor für die Leistungsentwicklung ist. Die jeweiligen Übungsblätter sind im Vergleich zu den Kurztests vielfältiger, decken mehr Inhalte der behandelten Themen ab und beinhalten Aufgaben unterschiedlicher Schwierigkeitsniveaus, insbesondere mehr leichte Aufgaben, die die Studierenden besser selbständig bearbeiten können. Ein weiterer Aspekt, der die Untersuchung der Kurztests erschwert, ist die Ausrichtung der Kurztests sowie der anderen Veranstaltungselemente an der Vorlesung, die nur in den ersten beiden Wochen Inhalte zur Grundlagenmathematik behandelt. Der Eingangs- und der Zwischentest hingegen enthalten nur Aufgaben zu mathematischen Grundlagen aus der Sekundarstufe I und II. Nur zwei der insgesamt sieben Kurztests, die innerhalb des Untersuchungszeitraums bearbeitet werden konnten, behandeln somit Inhalte der Leistungstests. Die Tests zur Leistungsmessung sind somit nicht auf die Kurztests abgestimmt, wie bereits im Teilunterabschnitt 4.4.1.1 erläutert wurde. Entsprechend erfassen die Leistungstests nicht genau das, was durch das Feedback gefördert werden soll. Es wäre somit möglich, dass durch das Feedback positive Entwicklungen gefördert werden, die hier aber nicht gemessen werden konnten.

Bezüglich der Selbstwirksamkeitserwartung, des Calibration Bias und der Calibration Accuracy zeigen sich keine Effekte des Feedbacks. Damit schließen sie an die Ergebnisse der Studien von Labuhn et al. (2010) und Harks et al. (2013) an. Die Ergebnisse weisen leichte Tendenzen dazu auf, dass sich die Selbstwirksamkeitserwartung bei Studierenden mit häufiger Nutzung der Kurztests etwas weniger verringert als bei Studierenden mit geringer bis mittlerer Nutzung der Kurztests. Das Feedback zu Test 1 scheint die Selbstwirksamkeitserwartung zur Lösung der Termumformungsaufgabe mit Potenzgesetzen positiv beeinflusst zu haben. Die Tendenzen passen zur theoretischen Ausrichtung, dass Feedback die Selbstwirksamkeitserwartung positiv beeinflussen kann, sind aber wirklich nur als leichte Tendenzen zu interpretieren.

Die genannten Aspekte zeigen, dass eine Untersuchung des Einflusses des Feedbacks unter diesen Bedingungen kaum möglich ist. Ausbleibende Effekte in den Analysen sind somit nicht überraschend und bedeuten nicht, dass die Kurztests keinen Einfluss haben. Weitere methodische Alternativen, wie zum Beispiel Matching-Methoden, wären möglich. Jedoch können diese Methoden auch nur Variablen berücksichtigen, die erhoben wurden, und sind keine echte Alternative zu einem Experimentaldesign mit randomisierten Gruppen. Die Ergebnisse verdeutlichen wie wichtig die Abstimmung des Feedbacks auf die Erhebungsinstrumente und die zugehörigen Rahmenbedingungen sind. Insbesondere der Schwierigkeitsgrad der Aufgaben, zu denen das Feedback gegeben wird, scheint eine wichtige Rolle für die Bearbeitung und somit vermutlich auch für die Leistungsentwicklung zu haben.

Fazit und Ausblick 6

Gegenstand der vorliegenden Arbeit ist die Untersuchung der mathematischen Leistung, Selbstwirksamkeitserwartung und Calibration bei Studienanfänger/innen. Insbesondere wurde der Einfluss von Aufgabenmerkmalen, die Entwicklung innerhalb des ersten Semesters und der Einfluss von Feedback auf diese Variablen untersucht.

Obwohl die Analysen nur 30 Aufgaben umfassen, konnten Aufgabenmerkmale identifiziert werden, die die Aufgabenschwierigkeit, die Selbstwirksamkeitserwartung und die Calibration beeinflussen. Die curriculare Wissensstufe der Aufgaben ist entscheidend für die Einschätzung der eigenen Selbstwirksamkeitserwartung. Auch der allgemeine Anforderungsbereich und die Anforderungen an den formalen Umgang mit Mathematik scheinen die Selbstwirksamkeitserwartung zu beeinflussen. Die Aufgabenschwierigkeit wird jedoch von weiteren Merkmalen geprägt, so dass vor allem der Bearbeitungsumfang von den Studierenden nicht richtig eingeschätzt wird. Ein hoher Bearbeitungsumfang bei Aufgaben, die prozedurales Wissen erfordern, führt eher zu einer Überschätzung. Das Vorhandensein eines außermathematischen Kontextes scheint dies noch zu unterstützen. Aufgaben, die konzeptuelles Wissen erfordern, können hingegen von den Studierenden besser eingeschätzt werden. Auch die Verwendung mathematischer Darstellung scheint eine exaktere Einschätzung zu ermöglichen.

Obwohl erste plausible Erklärungen für die starke Überschätzung einiger Aufgaben gefunden werden konnten, wird zugleich deutlich, dass weitere Analysen mit mehr Aufgaben mit einer höheren Varianz und Unabhängigkeit der Aufgabenmerkmale anzustreben sind. Bei nur 30 Aufgaben können bereits einzelne Aufgaben die Ergebnisse verzerren bzw. deren Interpretation erschweren. Insbesondere Ergebnisse der Regressionsanalysen sind aufgrund der geringen Stichprobe und des Skalenniveaus nur als Tendenzen zu sehen. Weitere Untersuchungen mit

A. Laging, *Selbstwirksamkeit, Leistung und Calibration in Mathematik*, Studien zur Hochschuldidaktik und zum Lehren und Lernen mit digitalen Medien in der Mathematik und in der Statistik, https://doi.org/10.1007/978-3-658-32480-3_6

einem größerem Aufgabenpool und sinnvoll verteilten Aufgabenmerkmalen sind anzustreben. Damit wären aussagekräftigere Analysen getrennt nach Typen des mathematischen Arbeitens möglich, die hier als sehr sinnvoll eingeschätzt werden. Ähnlich zu den Analysen der PISA-Aufgaben wäre eine Ergänzung der Aufgaben um die vorherige Einschätzung der Selbstwirksamkeitserwartung ideal. Im Hinblick auf die praktische Umsetzung ist jedoch problematisch, dass die Tests mit vielen und auch komplexen Aufgaben sehr lang werden würden. Für einen Eingangstest zum Studieneinstieg würde der Test, jedenfalls unter den herrschenden Rahmenbedingungen, zu lang werden.

Zur Bestätigung, Übertragung und Verallgemeinerung der Ergebnisse wären Untersuchungen der Aufgaben bei anderen Kohorten sinnvoll und wünschenswert. Insbesondere ist zu prüfen, ob die Ergebnisse oder Teile der Ergebnisse durch Besonderheiten der Stichprobe der Studierenden wirtschaftswissenschaftlicher Studiengänge beeinflusst wurden. Es ist möglich, dass die starke Überschätzung bei diesen Studierenden besonders deutlich ausgefallen ist und beispielsweise Studierende mathematischer Fächer, die Mathematik nicht als verpflichtendes Servicefach haben, ihre eigenen Kenntnisse und Fähigkeiten im Bereich Mathematik besser einschätzen können. Die Anknüpfungspunkte an bisherige Forschungsergebnisse, die in Unterabschnitt 2.2.4 erläutert wurden, unterstützen jedoch, dass eine Übertragbarkeit der gefundenen Ergebnisse auf andere Kohorten möglich ist und es sich nicht um Erkenntnisse handelt, die nur für die spezielle Gruppe der Studierenden wirtschaftswissenschaftlicher Studiengänge gelten. Es besteht jedoch durchaus weiterer Forschungsbedarf zur Bestätigung der Ergebnisse.

Da die curriculare Wissensstufe bei dieser Studie so eine wichtige Bedeutung einnimmt, ist die Übertragbarkeit der Erkenntnisse auf den Bereich der höheren Mathematik stärker zu bezweifeln. Es wäre möglich, dass sich hier Studierende stärker auf ein allgemeines Konzept der Vertrautheit berufen, das durch Erfahrungen aus der Schul- und Studienzeit geprägt sein dürfte. Bei den Einflüssen der Wissensart, des Bearbeitungsumfangs und des Anwendungskontextes sind ähnliche Ergebnisse denkbar. Jedoch wäre bei der Untersuchung von Aufgaben höherer Mathematik eine Erweiterung des Kodierschemas erforderlich. Es ist anzunehmen, dass dort weitere Aufgabenmerkmale von Bedeutung sind, die hier keine Rolle gespielt haben.

Insgesamt sind die Entwicklungen bezüglich der Leistung, der Selbstwirksamkeitserwartung und der Calibration innerhalb des ersten Semesters positiv zu bewerten, insbesondere da es sich um differenzierte Veränderungen handelt, wie in Abschnitt 4.3 gezeigt wurde. Die Leistung der Studierenden hat sich verbessert, die Selbstwirksamkeitserwartung durchschnittlich etwas verringert und die Calibration ist exakter geworden, d. h. die Studierenden haben sich deutlich weniger überschätzt und insgesamt exakter eingeschätzt. Jedoch sollten die Entwicklung der Selbstwirksamkeitserwartung bis hin zur Unterschätzung und der große Anteil an Studierenden, die die Veranstaltung innerhalb des Semesters abbrechen, zur kritischen Betrachtung der Veranstaltungselemente bzw. deren Einbindung anregen. Hier könnte die untersuchte Studierendenkohorte von Bedeutung sein. Es ist davon auszugehen, dass einigen Studierenden zu Beginn des Studiums nicht bewusst ist, welche mathematischen Grundlagen vorausgesetzt werden und welchen hohen Stellenwert die Mathematik im Studium der Wirtschaftswissenschaften an einer Universität hat. Scheinbar greifen die durchaus bereits vielfältigen Unterstützungsmaßnahmen nicht gut genug, um diese Studierenden zu einer eigenen Aufarbeitung ihrer Defizite zu bringen. Allerdings werden die Unterstützungsmaßnahmen von sehr vielen Studierenden nicht genutzt. Dies wirft sofort weitere Fragen auf, insbesondere warum diese Angebote nicht genutzt werden und was aus Sicht der Anbieter der Lehrveranstaltungen geändert werden kann.

Die Ergebnisse zum Einfluss der Kurztests weisen darauf hin, dass es sinnvoll wäre, hier den Schwierigkeitsgrad zu reduzieren und so mehr Studierende mit geringerem Vorwissen und geringerer Selbstwirksamkeitserwartung zu erreichen. Zugleich wären Erfolgserlebnisse möglich, die die Selbstwirksamkeitserwartung berechtigterweise stärken. Von einer Stärkung der Selbstwirksamkeitserwartung über stellvertretende Erfahrungen, wie sie die Studierenden u. a. im Vorkurs sammeln konnten, sollte abgesehen werden. Diese scheinen eher zur Überschätzung zu verleiten und von der eigenen Bearbeitung der Aufgaben und somit von eigenen Bewältigungserfahrungen abzuhalten. Diese Erkenntnisse werden von der Studie von Harks et al. (2013) gestützt. Die Autoren messen auch der Komplexität der eingesetzten Aufgaben eine hohe Bedeutung bei der Wirksamkeit des Feedbacks zu. Dies verdeutlicht, wie wichtig ein angemessener und vor allem nicht zu hoher Schwierigkeitsgrad der Aufgaben ist, zu denen Feedback gegeben wird.

Aus den Ergebnissen können mehrere bereits genannte Folgerungen für die konkrete Lehrveranstaltung gezogen werden. Für eine exaktere Selbsteinschätzung der Studierenden sollten diese stärker für den Bearbeitungsumfang von Aufgaben sensibilisiert werden. Zugleich ist es wichtig, dass sie eigene Erfahrungen mit dem Bearbeiten der Aufgaben machen und nicht noch mehr stellvertretende Erfahrungen sammeln. Hier wäre für den Vorkurs zu überlegen, ob eine stärkere Einbindung der Studierenden durch praktische Arbeitsphasen möglich wäre. Die Rückmeldung durch den Eingangstest ist zwar wichtig und sinnvoll, aber hier sollte noch mehr darauf geachtet werden, dass die zusätzlichen Angebote greifen und Studierende mit ungünstigen Voraussetzungen besser aufgefangen werden. Werden Angebote wie der Brückenkurs und der Mathetreff jedoch nicht in Anspruch genommen, wird es schwer, diese Studierenden zu erreichen. Die wöchentlichen Kurztests sollten ein deutlich geringeres oder breiteres Anforderungsniveau haben. So könnten mehr leistungsschwächere Studierende erreicht werden und die Studierenden hätten mehr Erfolgserlebnisse.

Aufbauend auf den Ergebnissen der hier vorgelegten Dissertation sind besonders folgende Anschlussstudien sinnvoll:

- Eine Aufgabenanalyse mit einem erweiterten Aufgabenpool, z. B. anhand von PISA-Aufgaben mit vorheriger Einschätzung der Selbstwirksamkeitserwartung. Da es sich dabei um einen längeren Test handeln würde, wäre hier eine Laborstudie sinnvoll. Diese könnte an unterschiedlichen Kohorten, z. B. an Studierenden unterschiedlicher Studienfächer, vorgenommen werden, um die Übertragbarkeit zu prüfen.
- Eine Befragung der Aussteiger/innen, um zu erfahren, warum sie die Veranstaltung nicht weiter besucht haben und welche Studien- oder Ausbildungsentscheidung sie gefällt haben.
- Eine Untersuchung, ob der Leistungsunterschied zwischen Abiturienten und FOSler/innen an einzelnen Inhalten festzumachen ist, die dann gezielt mit den FOSler/innen wiederholt werden könnten.
- Eine Studie zur Wirkung des Feedbacks mit deutlich leichteren Aufgaben, die besser auf die Leistungstests abgestimmt sind. Idealerweise sollte dies mit randomisierten Gruppen erfolgen, was in der Praxis jedoch schwer umzusetzen ist. Eine Möglichkeit wäre eine zufällige Auswahl aus Freiwilligen, die sich für die zusätzlichen Tests (nur zu Grundlagen) melden. Dieses Vorgehen müsste allerdings den nicht Ausgewählten im Nachhinein ein vergleichbares Feedbackangebot zugestehen.

Insgesamt konnten innerhalb der vorliegenden Arbeit wichtige Erkenntnisse gesammelt werden. Insbesondere die Ergebnisse der Aufgabenanalyse aus Abschnitt 4.2 haben gezeigt, dass nicht nur die Leistung, sondern auch die Selbstwirksamkeitserwartung und Calibration von den Merkmalen der Aufgaben beeinflusst werden. Das Wissen darüber kann genutzt werden, um Studierende, aber auch Schüler/innen, gezielt dafür zu sensibilisieren und so eine adäquate Selbstwirksamkeitserwartung zu fördern. Die Ergebnisse aus Abschnitt 4.4 weisen zudem darauf hin, dass der Schwierigkeitsgrad der Aufgaben, zu denen Feedback gegeben wird, von entscheidender Bedeutung für die Nutzung und vermutlich auch die Wirkung des Feedbacks ist. Dies sollte allgemein bei der Konstruktion von Tests bzw. der Konzeption von Feedbackmaßnahmen berücksichtigt werden.

Literaturverzeichnis

Aldenderfer, M., & Blashfield, R. (1985). *Cluster Analysis* (2. Auflage). Beverly Hills: SAGE Publications.

Alexander, P. A. (2013). Calibration: What is it and why it matters? An introduction to the special issue on calibrating calibration. *Learning and Instruction, 24,* 1–3.

Anderson, L. W., & Krathwohl, D. R. (Eds.) (2001). *A Taxonomy for Learning, Teaching and Assessing. A Revision of Bloom's Taxonomy of Educational Objectives.* New York: Longman.

Anjum, R. (2006). The Impact of Self-efficacy on Mathematics Achievement of Primary School Children. *Pakistan Journal of Psychological Research, 21(3–4),* 61–78.

Astleitner, H. (2008). Die lernrelevante Ordnung von Aufgaben nach der Aufgabenschwierigkeit. In J. Thonhauser (Hrsg.), *Aufgaben als Katalysatoren von Lernprozessen. Eine zentrale Komponente organisierten Lehrens und Lernens aus der Sicht von Lernforschung, Allgemeiner Didaktik und Fachdidaktik* (S. 65–80). Münster: Waxmann.

Ayotola, A., & Adedeji, T. (2009). The relationship between gender, age, mental ability, anxiety, mathematics self-efficacy and achievement in mathematics. *Cypriot Journal of Educational Sciences, 4,* 113–124.

Bacher, J., Pöge, A., & Wenzig, K. (2010). *Clusteranalyse. Anwendungsorientierte Einführung in Klassifikationsverfahren* (3. Auflage). München: Oldenbourg.

Backhaus, K., Erichson, B., Plinke, W., & Weiber, R. (2003). *Multivariate Analysemethoden. Eine anwendungsorientierte Einführung* (10. Auflage). Berlin: Springer.

Bandura, A. (1977). Self-efficacy: Toward a unifying theory of behavioral change. *Psychological Review, 84(2),* 191–215.

Bandura, A. (1986). *Social Foundations of Thought and Action. A Social Cognitive Theory.* Englewood Cliffs: Prentice-Hall.

Bandura, A. (1997). *Self-Efficacy. The Exercise of Control.* New York: W. H. Freeman and Company.

Bandura, A. (2006). Guide for Constructing Self-Efficacy Scales. In F. Pajares, & T. C. Urdan (Eds.), *Self-efficacy beliefs of adolescents* (S. 307–337). Greenwich, Conn: Information Age.

© Der/die Herausgeber bzw. der/die Autor(en), exklusiv lizenziert durch Springer Fachmedien Wiesbaden GmbH, ein Teil von Springer Nature 2021
A. Laging, *Selbstwirksamkeit, Leistung und Calibration in Mathematik*, Studien zur Hochschuldidaktik und zum Lehren und Lernen mit digitalen Medien in der Mathematik und in der Statistik, https://doi.org/10.1007/978-3-658-32480-3

Barnett, J. E., & Hixon, J. E. (1997). Effects of Grade Level and Subject on Student Test Score Predictions. *The Journal of Educational Research, 90(3)*, 170–174.

Baumert, J., Bos, W., Klieme, E., Lehmann, R., Lehrke, M., Hosenfeld, I., Neubrand, J., & Watermann, R. (Hrsg.) (1999). *Testaufgaben zu TIMSS/III. Mathematisch-naturwissenschaftliche Grundbildung und voruniversitäre Mathematik und Physik der Abschlußklassen der Sekundarstufe II (Population 3)*. Berlin: Max-Planck-Institut für Bildungsforschung.

Besser, M., Leiss, D., Harks, B., Rakoczy, K., Klieme, E., & Blum, W. (2010). Kompetenzorientiertes Feedback im Mathematikunterricht. Entwicklung und empirische Erprobung prozessbezogener, aufgabenorientierter Rückmeldesituationen. *Empirische Pädagogik, 24(4)*, 404–432.

Blömeke, S. (2009). Allgemeine Didaktik ohne empirische Lernforschung? – Perspektiven einer reflexiven Bildungsforschung. In K.-H. Arnold, S. Blömeke, R. Messner, & J. Schlömerkemper (Hrsg.), *Allgemeine Didaktik und Lehr-Lernforschung. Kontroversen und Entwicklungsperspektiven einer Wissenschaft vom Unterricht* (S. 13–25). Bad Heilbrunn: Klinkhardt.

Blömeke, S., Risse, J., Müller, C., Eichler, D., & Schulz, W. (2006). Analyse der Qualität von Aufgaben aus didaktischer und fachlicher Sicht. *Unterrichtswissenschaft, 34(4)*, 330–357.

Bloom, B. S., Engelhart, M. D., Furst, E. J., Hill, W. H., & Krathwohl, D. R. (1956). *Taxonomy of Educational Objectives. The Classification of Educational Goals* (15. Auflage). New York: David McKay Company.

Blum, W. (2001). Was folgt aus TIMSS für Mathematikunterricht und Mathematiklehrerausbildung? In Bundesministerium für Bildung und Forschung (Hrsg.), *TIMSS–Impulse für Schule und Unterricht. Forschungsbefunde, Reforminitiative, Praxisberichte und Video-Dokumente* (S. 75–83). Bonn: BMBF Publik.

Blum, W. (2007). Einführung. In W. Blum, C. Drüke-Noe, R. Hartung, & O. Köller (Hrsg.), *Bildungsstandards Mathematik: konkret. Sekundarstufe I: Aufgabenbeispiele, Unterrichtsanregungen, Fortbildungsideen*. 3. Auflage (S. 14–32). Berlin: Cornelsen Scriptor.

Blum, W., Drüke-Noe, C., Hartung, R., & Köller, O. (2010) (Hrsg.). *Bildungsstandards Mathematik: konkret. Sekundarstufe I: Aufgabenbeispiele, Unterrichtsanregungen, Fortbildungsideen*. 4. Auflage. Berlin: Cornelsen.

Blum, W., & vom Hofe, R. (2003). Welche Grundvorstellungen stecken in der Aufgabe? *Mathematik Lehren, 118*, 14–18.

Blum, W., vom Hofe, R., Jordan, A, & Kleine, M. (2004). Grundvorstellungen als aufgabenanalytisches und diagnostisches Instrument bei PISA. In M. Neubrand (Hrsg.), *Mathematische Kompetenzen von Schülerinnen und Schülern in Deutschland. Methoden und Ergebnisse im Rahmen von PISA 2000* (S. 145–157). Wiesbaden: VS Verlag für Sozialwissenschaften.

Blum, W., Krauss, S., & Neubrand, M. (2011). COACTIV–Ein mathematikdidaktisches Projekt? In M. Kunter, J. Baumert, W. Blum, U. Klusmann, S. Krauss, & M. Neubrand (Hrsg.), *Professionelle Kompetenz von Lehrkräften. Ergebnisse des Forschungsprogramms COACTIV* (S. 329–343). Münster: Waxmann.

Boekaerts, M. (1999). Self-regulated learning: where we are today. *International Journal of Educational Research, 31*, 445–457.

Boekaerts, M., & Rozendaal, J. S. (2010). Using multiple calibration indices in order to capture the complex picture of what affects students' accuracy of feeling of confidence. *Learning and Instruction, 20(5)*, 372–382.

Bohl, T., Kleinknecht, M., Batzel, A., & Richey, P. (2012). *Aufgabenkultur in der Schule. Eine vergleichende Analyse von Aufgaben und Lehrerhandeln im Hauptschul-, Realschul- und Gymnasialunterricht*. Baltmannsweiler: Schneider Hohengehren.

Bol, L., Hacker, D. J., O'Shea, P., & Allen, D. (2005). The Influence of Overt Practice, Achievement Level, and Explanatory Style on Calibration Accuracy and Performance. *The Journal of Experimental Education, 73(4)*, 269–290.

Bong, M. (1999). *Comparison between Domain-, Task-, and Problem-Specific Academic Self-Efficacy Judgments: Their Generality and Predictive Utility for Immediate and Delayed Academic Performances.* Paper presented at the Annual Convention of the American Psychological Association, August 20–24 1999, Boston. Retrieved from https://files.eric.ed.gov/fulltext/ED435080.pdf (14.12.2018).

Bong, M. (2009). Age-related differences in achievement goal differentiation. *Journal of Educational Psychology, 101(4)*, 879–896.

Bong, M., Cho, C., Ahn, H. S., & Kim, H. J. (2012). Comparison of Self-Beliefs for Predicting Student Motivation and Achievement. *The Journal of Educational Research, 105(5)*, 336–352.

Bong, M., & Skaalvik, E. M. (2003). Academic Self-Concept and Self-Efficacy: How Different Are They Really? *Educational Psychology Review, 15(1)*, 1–40.

Borenstein, M., Hedges, L. V., Higgins, J. P. T., & Rothstein, H. R. (2009). *Introduction to Meta-Analysis*. Chichester: John Wiley & Sons.

Bortz, J., & Döring, N. (2006). *Forschungsmethoden und Evaluation für Human- und Sozialwissenschaftler* (4. Auflage). Heidelberg: Springer.

Bouffard-Bouchard, T., Parent, S., & Larivee, S. (1991). Influence of Self-Efficacy on Self-Regulation and Performance among Junior and Senior High-School Age Students. *International Journal of Behavioral Development, 14(2)*, 153–164.

Bromme, R., Seeger, F., & Steinbring, H. (1990). Aufgaben, Fehler und Aufgabensysteme. In R. Bromme, F. Seeger, & H. Steinbring (Hrsg.), *Aufgaben als Anforderungen an Lehrer und Schüler* (S. 1–30). Köln: Aulis-Verlag Deubner.

Büchter, A., & Leuders, T. (2007). *Mathematikaufgaben selbst entwickeln. Lernen fördern–Leistung überprüfen* (3. Auflage). Berlin: Cornelsen Scriptor.

Bühner, M. (2011). *Einführung in die Test- und Fragebogenkonstruktion* (3. aktualisierte Auflage). München: Pearson.

Butler, D. L., & Winne, P. H. (1995). Feedback and Self-Regulated Learning. A Theoretical Synthesis. *Review of Educational Research, 65(3)*, 245–281.

Champion, J. K. (2010). *The Mathematics Self-Efficacy and Calibration of Students in a Secondary Mathematics Teacher Preparation Program* (Dissertation). University of Northern Colorado. Retrieved from https://digscholarship.unco.edu/cgi/viewcontent.cgi?referer=https://www.google.com/&httpsredir=1&article=1089&context=dissertations (14.12.2018).

Chemers, M. M., Hu, L., & Garcia, B. F. (2001). Academic Self-Efficacy and First-Year College Student Performance and Adjustment. *Journal of Educational Psychology, 93(1)*, 55–64.

Chen, P. P. (2003). Exploring the accuracy and predictability of the self-efficacy beliefs of seventh-grade mathematics students. *Learning and Individual Differences, 14(1)*, 77–90.

Chen, P., & Zimmerman, B. J. (2007). A Cross-National Comparison Study on the Accuracy of Self-Efficacy Beliefs of Middle-School Mathematics Students. *The Journal of Experimental Education, 75(3)*, 221–244.

Churchill, G. (1979). A paradigm for developing better measures of marketing constructs. *Journal of Marketing Research, 16*, 64–73.

Cohen, J. (1960). A Coefficient of Agreement for Nominal Scales. *Educational and Psychological Measurement, 20(1)*, 37–46.

Cohen, J. (1968). Weighted Kappa: Nominal Scale Agreement with Provision for Scaled Disagreement or Partial Credit. *Psychological Bulletin, 70(4)*, 213–220.

Cohen, J. (1988). *Statistical power analysis for the behavioral sciences*. Hillsdale: Erlbaum.

Cohors-Fresenborg, E., Sjuts, E., & Sommer, N. (2004). Komplexität von Denkvorgängen und Formalisierung von Wissen. In M. Neubrand (Hrsg.), *Mathematische Kompetenzen von Schülerinnen und Schülern in Deutschland. Methoden und Ergebnisse im Rahmen von PISA 2000* (S. 109–144). Wiesbaden: VS Verlag für Sozialwissenschaften.

Cronbach, L. J., & Furby, L. (1970). How we should measure „change" – or should we? *Psychological Bulletin, 74(1)*, 68–80.

Dinsmore, D. L., & Parkinson, M. M. (2013). What are confidence judgments made of? Students' explanations for their confidence ratings and what that means for calibration. *Learning and Instruction, 24*, 4–14.

Drüke-Noe, C. (2014). *Aufgabenkultur in Klassenarbeiten im Fach Mathematik. Empirische Untersuchungen in neunten und zehnten Klassen*. Wiesbaden: Springer Spektrum.

Drüke-Noe, C., & Merk. S. (2013). Fachdidaktische Analyse von Aufgaben in Mathematik. In M. Kleinknecht, T. Bohl, U. Maier, & K. Metz (Hrsg.), *Lern- und Leistungsaufgaben im Unterricht. Fächerübergreifende Kriterien zur Auswahl und Analyse* (S. 75–94). Bad Heilbrunn: Klinkhardt.

Eccles, J. (1985). Model of students' mathematics enrollment decisions. *Educational Studies in Mathematics, 16(3)*, 311–314.

Eccles, J. S., & Wigfield, A. (2002). Motivational Beliefs, Values, and Goals. *Annual Review of Psychology, 53*, 109–132.

Eid, M., Gollwitzer, M., & Schmitt, M. (2010). *Statistik und Forschungsmethoden*. Weinheim: Beltz.

Eilerts, K., Bescherer, C., & Niederdrenkfelgner, C. (2010). AK Hochschulmathematikdidaktik, Beiträge zum Mathematikunterricht 2010. In A. Lindmeier, & S. Ufer (Hrsg.), *Beiträge zum Mathematikunterricht 2010* (S. 957–960). Münster: WTM.

Efklides, A. (2006). Metacognition and affect. What can metacognitive experiences tell us about the learning process? *Educational Research Review, 1(1)*, 3–14.

Ewers, C. A., & Wood, N. L. (1993). Sex and ability differences in children's math self-efficacy and prediction accuracy. *Learning and Individual Differences, 5(3)*, 259–267.

Fabrigar, L., Wegener,, D., MacCallum, R., & Strahan, E. (1999). Evaluating the use of exploratory factor analysis in psychological research. *Psychological Methods, 4(3)*, 272–299.

Falco, L. D. (2008). *"Skill-Builders": Enhancing middle school students' self-efficacy and adaptive learning strategies in mathematics* (Dissertation). University of Arizona.

Retrieved from https://citeseerx.ist.psu.edu/viewdoc/download?doi=10.1.1.465.7241& rep=rep1&type=pdf (14.12.2018).

Finney, S. J., & Schraw, G. (2003). Self-efficacy beliefs in college statistics courses. *Contemporary Educational Psychology, 28(2)*, 161–186.

Fisher-Hoch, H, Hughes, S., & Bramley, T. (1997). *What makes GCSE examination questions difficult? Outcomes of manipulating difficulty of GCSE questions.* Paper presented at the British Educational Research Association Annual Conference, September 11–14 1997; University of York. Retrieved from https://www.cambridgeassessment.org.uk/Images/109646-what-makes-gcse-examination-questions-difficult-outcomes-of-manipulating-difficulty-of-gcse-questions.pdf [30.05.2017].

Fleiss, J. L., & Cohen, J. (1973). The equivalence of weighted kappa and the intraclass correlation coefficient as measures of reliability. *Educational and Psychological Measurement, 33*, 613–619.

Gainor, K. A., & Lent, R. W. (1998). Social Cognitive Expectations and Racial Identity Attitudes in Predicting the Math Choice Intention of Black College Students. *Journal of Counseling Psychology, 45(4)*, 403–413.

GDM, & DBV (2003). *Gemeinsame Stellungnahme der Deutschen Mathematiker Vereinigung (DMV) und der Gesellschaft für Didaktik der Mathematik (GDM) zu den „Bildungsstandards im Fach Mathematik für den Mittleren Schulabschluss".* Verfügbar unter https://madipedia.de/images/a/a3/2003_01.pdf [11.12.2018].

Glenberg, A. M., & Epstein, W. (1987). Inexpert calibration of comprehension. *Memory and Cognition, 15(1)*, 84–93.

Hacker, D. J., Bol, L., & Bahbahani, K. (2008). Explaining calibration accuracy in classroom contexts: the effects of incentives, reflection, and explanatory style. *Metacognition Learning, 3(2)*, 101–121.

Hacker, D. J., Bol, L., Horgan, D. D., & Rakow, E. A. (2000). Test Prediction and Performance in a Classroom Context. *Journal of Educational Psychology, 92(1)*, 160–170.

Hackett, G. (1985). Role of Mathematics Self-Efficacy in the Choice of Math-Related Majors of College Women and Men: A Path Analysis. *Journal of Counseling Psychology, 32(1)*, 47–56.

Hackett, G., & Betz, N. E. (1982). *Mathematics Self-Efficacy Expectations, Math Performance, and the Consideration of Math-Related Majors.* Paper presented at the Annual Meeting of the American Educational Research Association, March 18–23 1982, New York. Retrieved from https://files.eric.ed.gov/fulltext/ED218089.pdf (14.12.2018).

Hackett, G., & Betz, N. E. (1989). An Exploration of the Mathematics Self-Efficacy/Mathematics Performance Correspondence. *Journal for Research in Mathematics Education, 20(3)*, 261–273.

Harks, B., Rakoczy, K., Hattie, J., Besser, M., & Klieme, E. (2013). The effects of feedback on achievement, interest and self-evaluation. The role of feedback's perceived usefulness. *Educational Psychology, 34(3)*, 269–290.

Hattie, J. (1999). *Influences on student learning.* Retrieved from https://cdn.auckland.ac.nz/assets/education/hattie/docs/influences-on-student-learning.pdf (11.12.18).

Hattie, J. (2008). *Visible Learning. A Synthesis of over 800 Meta-Analyses relating to Achievement.* London: Routledge.

Hattie, J. (2013). Calibration and confidence: Where to next? *Learning and Instruction, 24*, 62–66.

Hattie, J. (2014). *Lernen sichtbar machen. Überarbeitete deutschsprachige Ausgabe von „Visible Learning" besorgt von Wolfgang Beywl und Klaus Zierer* (2. korrigierte Auflage). Baltmannsweile: Schneider Verlag Hohengehren.

Hattie, J., & Timperley, H. (2007). The Power of Feedback. *Review of Educational Research, 77(1)*, 81–112.

Hatzinger, R., Hornik, K., & Nagel, H. (2011). *R – Einführung durch angewandte Statistik.* München: Pearson Studium.

Hiebert, J., & Lefevre, P. (1986). Conceptual and Procedural Knowledge in Mathematics: An Introductory Analysis. In J. Hiebert (Ed.), *Conceptual and procedural knowledge. The case of mathematics* (S. 1–27). Hillsdale: L. Erlbaum Associates.

Hodapp, V., & Mißler, B. (1996). Determinanten der Wahl von Mathematik als Leistungsbzw. Grundkurs in der 11. Jahrgangsstufe. In R. Schumann-Hengsteler, & H. M. Trautner (Hrsg.), *Entwicklung im Jugendalter* (S. 143–164). Göttingen: Hogrefe.

vom Hofe, R. (1995). *Grundvorstellungen mathematischer Inhalte.* Heidelberg: Spektrum Akademischer Verlag.

vom Hofe, R., Kleine, M., Blum, W., & Pekrun, R. (2005). Zur Entwicklung mathematischer Grundbildung in der Sekundarstufe I–theoretische, empirische und diagnostische Aspekte. In M. Hasselhorn, H. Marx, & W. Schneider (Hrsg.), *Diagnostik von Mathematikleistungen* (S. 264–292). Göttingen: Hogrefe.

Hoffman, B. (2010). "I think I can, but I'm afraid to try": The role of self-efficacy beliefs and mathematics anxiety in mathematics problem-solving efficiency. *Learning and Individual Differences, 20(3)*, 276–283.

Hoffman, B. (2012). Cognitive efficiency: A conceptual and methodological comparison. *Learning and Instruction, 22(2)*, 133–144.

Hoffman, B., & Schraw, G. (2009). The influence of self-efficacy and working memory capacity on problem-solving efficiency. *Learning and Individual Differences, 19(1)*, 91–100.

Hoffman, B., & Spatariu, A. (2008). The influence of self-efficacy and metacognitive prompting on math problem-solving efficiency. *Contemporary Educational Psychology, 33(4)*, 875–893.

Horn, J. (1965). A rationale and test for the number of factor in factor analysis. *Psychometrika, 30(2)*, 179–185.

Huang, C. (2013). Gender differences in academic self-efficacy: a meta-analysis. *European Journal of Psychology of Education, 28(1)*, 1–35.

Huth, K. (2004). *Entwicklung und Evaluation von fehlerspezifischem informativem tutoriellem Feedback (ITF) für die schriftliche Subtraktion* (Dissertation), TU Dresden. Verfügbar unter www.qucosa.de/fileadmin/data/qucosa/documents/1243/1105354057406-4715.pdf (14.12.2018).

Jordan, A., Krauss, S., Löwen, K., Blum, W., Neubrand, M., Brunner, M., Kunter, M., & Baumert, J. (2008). Aufgaben im COACTIV-Projekt: Zeugnisse des kognitiven Aktivierungspotentials im deutschen Mathematikunterricht. *Journal für Mathematik-Didaktik, 29(2)*, 83–107.

Jordan, A., Ross, N., Krauss, S., Baumert, J., Blum, W., Neubrand, M., Löwe, K., Brunner, M., & Kunter, M. (2006). *Klassifikationsschema für Mathematikaufgaben: Dokumentation der Aufgabenkategorisierung im COACTIV-Projekt. Materialien aus der Bildungsforschung Nr. 81.* Berlin: Max-Planck-Institut für Bildungsforschung.

Keller, S., & Bender, U. (2012). Einleitung. In S. Keller, & U. Bender (Hrsg.), *Aufgaben-kulturen. Fachliche Lernprozesse herausfordern, begleiten, auswerten* (S. 8–20). Seelze: Friedrich.

Kenney-Benson, G. A., Pomerantz, E. M., Ryan, A. M., & Patrick, H. (2006). Sex differences in math performance: The role of children's approach to schoolwork. *Developmental Psychology, 42(1)*, 11–26.

Klassen, R. M. (2004). A Cross-Cultural Investigation of the Efficacy Beliefs of South Asian Immigrant and Anglo Canadian Nonimmigrant Early Adolescents. *Journal of Educational Psychology, 96(4)*, 731–742.

Kleinknecht, M., Maier, U., Metz, K., & Bohl, T. (2011). Analyse des kognitiven Aufgabenpotenzials. Entwicklung und Erprobung eines allgemeindidaktischen Auswertungsmanuals. *Unterrichtswissenschaft, 39(4)*, 328–344.

Klieme, E., Avenarius, H., Blum, W., Döbrich, P., Gruber, H., Prenzel, M., Reiss, K., Riquarts, K., Rost, J., Tenorth, H.-E., & Vollmer, H. J. (2007). *Zur Entwicklung nationaler Bildungsstandards. Expertise.* Bonn, Berlin: Bundesministerium für Bildung und Forschung.

Kluger, A. N., & DeNisi, A. (1996). The Effects of Feedback Interventions on Performance. A Historical Review, a Meta-Analysis, and a Preliminary Feedback Intervention Theory. *Psychological Bulletin, 119(2)*, 254–284.

KMK (2004). *Bildungsstandards im Fach Mathematik für den Mittleren Schulabschluss (Beschluss vom 4.12.2003).* Verfügbar unter https://www.kmk.org/fileadmin/Dateien/ver oeffentlichungen_beschluesse/2003/2003_12_04-Bildungsstandards-Mathe-Mittleren-SA.pdf (14.12.2018).

KMK (2012). *Bildungsstandards im Fach Mathematik für die Allgemeine Hochschulreife (Beschluss der Kultusministerkonferenz vom 18.10.2012).* Verfügbar unter https://www. kmk.org/fileadmin/veroeffentlichungen_beschluesse/2012/2012_10_18-Bildungsstan dards-Mathe-Abi.pdf (14.12.2018).

Knoche, N., Lind, D., Blum, W., Cohors-Fresenborg, E., Flade, L., Löding, W., Möller, G., Neubrand, M., & Wynands, A. (2002). Die PISA-2000-Studie, einige Ergebnisse und Analysen. *Journal für Mathematik-Didaktik, 23(3/4)*, 159–202.

Köller, O., Daniels, Z., Schnabel, K. U., & Baumert, J. (2000). Kurswahlen von Mädchen und Jungen im Fach Mathematik. Zur Rolle von fachspezifischem Selbstkonzept und Interesse. *Zeitschrift für Pädagogische Psychologie, 14(1)*, 26–37.

Köller, O., & Möller, J. (2006). Selbstwirksamkeit. In D. H. Rost (Hrsg.), *Handwörterbuch Pädagogische Psychologie* (S. 693–699). Weinheim, Basel, Berlin: Beltz Verlag.

Köller, O., Trautwein, U., Lüdtke, O., & Baumert, J. (2006). Zum Zusammenspiel von schulischer Leistung, Selbstkonzept und Interesse in der gymnasialen Oberstufe. *Zeitschrift für Pädagogische Psychologie, 20(1/2)*, 27–39.

Labuhn, A.-S., Zimmerman, B. J., & Hasselhorn, M. (2010). Enhancing students' self-regulation and mathematics performance: the influence of feedback and self-evaluative standards. *Metacognition Learning, 5(2)*, 173–194.

Laging, A. (2015). *Eine Meta-Analyse zum Zusammenhang von Selbstwirksamkeitserwartung und Leistung in Mathematik.* (Unveröffentlichte Masterarbeit). Universität Kassel.

Laging, A., & Voßkamp, R. (2016). Determinants of Maths Performance of First-Year Business Administration and Economics Students. *International Journal of Research in Undergraduate Mathematics Education, 3*, 108–142.

Landmann, M., Perels, F., Otto, B., & Schmitz, B. (2009). Selbstregulation. In E. Wild, & J. Möller (Hrsg.), *Pädagogische Psychologie* (S. 50–70). Heidelberg: Springer.

Lee, J. (2009). Universals and specifics of math self-concept, math self-efficacy, and math anxiety across 41 PISA 2003 participating countries. *Learning and Individual Differences, 19,* 355–365.

Leiß, D., & Blum, W. (2007). Beschreibung zentraler mathematischer Kompetenzen. In W. Blum, C. Drüke-Noe, R. Hartung & O. Köller (Hrsg.), *Bildungsstandards Mathematik: konkret. Sekundarstufe I: Aufgabenbeispiele, Unterrichtsanregungen, Fortbildungsideen.* 3. Auflage. (S. 33–50). Berlin: Cornelsen Scriptor.

Lent, R. W., Lopez, F. G., & Bieschke, K. J. (1991). Mathematics Self-Efficacy: Sources and Relation to Science-Based Career Choice. *Journal of Counseling Psychology, 38(4),* 424–430.

Lin, L.-M., & Zabrucky, K. M. (1998). Calibration of Comprehension: Research and Implications for Education and Instruction. *Contemporary Educational Psychology, 23,* 345–391.

Linneweber-Lammerskitten, H., & Wälti, B. (2006). Was macht das Schwierige schwierig? Überlegungen zu einem Kompetenzmodell im Fach Mathematik. In L. Criblez, P. Gautschi, P. Hirt Monico, & H. Messner (Hrsg.), *Lehrpläne und Bildungsstandards. Was Schülerinnen und Schüler lernen sollen. Festschrift zum 65. Geburtstag von Prof. Dr. Rudolf Künzli* (S. 197–227). Bern: hep.

Lord, F. M. (1956). The Measurement of Growth. *Educational and Psychological Measurement, 16(4),* 421–437.

Maier, U., Bohl, T., Kleinknecht, M., & Metz, K. (2013). Allgemeindidaktische Kategorien für die Analyse von Aufgaben. In M. Kleinknecht, T. Bohl, U. Maier, & K. Metz (Hrsg.), *Lern- und Leistungsaufgaben im Unterricht. Fächerübergreifende Kriterien zur Auswahl und Analyse* (S. 9–45). Bad Heilbrunn: Klinkhardt.

Marsh, H. W. (1986). Verbal and Math Self-Concepts: An Internal/External Frame of Reference Model. *American Educational Research Journal, 23(1).* 129–149.

Marsh, H. W., Walker, R., & Debus, R. L. (1991). Subject-Specific Components of Academic Self-Concept and Self-Efficacy. *Contemporary Educational Psychology, 16,* 331–345.

Moosbrugger, H., & Kelava, A. (2008). Qualitätsanforderungen an einen psychologischen Test (Testgütekriterien). In H. Moosbrugger, & A. Kelava (Hrsg.), *Testtheorie und Fragebogenkonstruktion* (S. 7–26). Heidelberg: Springer.

Morony, S., Kleitman, S. Lee, Y. P., & Stankov, L. (2013). Predicting achievement: Confidence vs self-efficacy, anxiety, and self-concept in Confucian and European countries. *International Journal of Educational Research, 58,* 79–96.

Moschner, B., & Dickhäuser, O. (2006). Selbstkonzept. In D. H. Rost (Hrsg.), *Handwörterbuch Pädagogische Psychologie* (S. 685–692). Weinheim, Basel, Berlin: Beltz.

Müller, H., & Ditton, H. (2014). Feedback: Begriff, Formen und Funktionen. In H. Ditton & A. Müller (Hrsg.), *Feedback und Rückmeldungen: Theoretische Grundlagen, empirische Befunde, praktische Anwendungsfelder* (S. 11–28). Göttingen: Waxmann.

Multon, K., Brown, S., & Lent, R. W. (1991). Relation of Self-Efficacy Beliefs to Academic Outcomes: A Meta-Analytic Investigation. *Journal of Counseling Psychology, 38(1),* 30–38.

Mummendey, H. D. (2006). *Psychologie des ,Selbst'. Theorien, Methoden und Ergebnisse der Selbstkonzeptforschung.* Göttingen: Hogrefe.

Narciss, S. (2006). *Informatives tutorielles Feedback. Entwicklungs- und Evaluationsprinzipien auf der Basis instruktionspsychologischer Erkenntnisse.* Münster: Waxmann.

Narciss, S. (2008). Feedback Strategies for Interactive Learning Tasks. In J. M. Spector, M. D. Merrill, J. J. G. van Merrienboer, & M. P. Driscoll (Hrsg.), *Handbook of Research on Educational Communications and Technology* (S. 125–143). Mahaw, NJ: Lawrence Erlbaum Associates.

Narciss, S. (2014). Modelle zu den Bedingungen und Wirkungen von Feedback in Lehr-Lernsituationen. In H. Ditton, & A. Müller (Hrsg.), *Feedback und Rückmeldungen: Theoretische Grundlagen, empirische Befunde, praktische Anwendungsfelder* (S. 43–82). Göttingen: Waxmann.

Nasser, F., & Birenbaum, M. (2005). Modeling Mathematics Achievement of Jewish and Arab Eight Graders in Israel: The Effects of Learner-Related Variables. *Educational Research and Evaluation, 11(3),* 277–302.

Neubrand, J. (2002). *Eine Klassifikation mathematischer Aufgaben zur Analyse von Unterrichtssituationen. Selbsttätiges Arbeiten in Schülerarbeitsphasen in den Stunden der TIMSS-Video-Studie.* Hildesheim: Franzbecker.

Neubrand, J., & Neubrand, M. (2004). Innere Strukturen mathematischer Leistung im PISA-2000-Test. In M. Neubrand (Hrsg.), *Mathematische Kompetenzen von Schülerinnen und Schülern in Deutschland. Methoden und Ergebnisse im Rahmen von PISA 2000* (3. 87–108). Wiesbaden: VS Verlag für Sozialwissenschaften.

Neubrand, M. (2004). „Mathematical Literacy" und „mathematische Grundbildung": Der mathematikdidaktische Diskurs und die Strukturierung des PISA-Tests. In M Neubrand (Hrsg.), *Mathematische Kompetenzen von Schülerinnen und Schülern in Deutschland. Methoden und Ergebnisse im Rahmen von PISA 2000* (S. 15–29). Wiesbaden: VS Verlag für Sozialwissenschaften.

Neubrand, M., Biehler, R., Blum, W., Cohors-Fresenborg, E., Flade, L., Knoche, N., Lind, D. Löding, W., Möller, G., & Wynands, A. (2004). Grundlagen der Ergänzung des internationalen PISA-Mathematiktests in der deutschen Zusatzerhebung. In M. Neubrand (Hrsg.), *Mathematische Kompetenzen von Schülerinnen und Schülern in Deutschland. Methoden und Ergebnisse im Rahmen von PISA 2000* (S. 229–258). Wiesbaden: VS Verlag für Sozialwissenschaften.

Neubrand, M., Jordan, A., Krauss, S., Blum, W., & Löwen, K. (2011). Aufgaben im COACTIV-Projekt: Einblicke in das Potenzial für kognitive Aktivierung im Mathematikunterricht. In M. Kunter, J. Baumert, W. Blum, U. Klusmann, S. Krauss, & M. Neubrand (Hrsg.), *Professionelle Kompetenz von Lehrkräften. Ergebnisse des Forschungsprogramms COACTIV* (S. 115–132). Münster, München: Waxmann.

Neubrand, M., Klieme, E., Lüdtke, O., & Neubrand, J. (2002). Kompetenzstufen und Schwierigkeitsmodelle für den PISA-Test zur mathematischen Grundbildung. *Unterrichtswissenschaft, 30(2),* 100–119.

Nietfeld, J. L., Cao, L., & Osborne, J. W. (2005). Metacognitive Monitoring Accuracy and Student Performance in the Postsecondary Classroom. *The Journal of Experimental Education, 74(1),* 7–28.

Nietfeld, J. L., & Schraw, G. (2002). The Effect of Knowledge and Strategy Training on Monitoring Accuracy. *The Journal of Educational Research, 95(3),* 131–142.

Niss, M. (2003). Mathematical Competencies and the Learning of Mathematics: The Danish KOM Project. In A. Gagatsis, & S. Papastavridis (Eds.), *3rd Mediterranean Conference on Mathematical Education* (S. 115–124). Athens: The Hellenic Mathematical Society.

Niss, M., & Hoejgaard, T. (Hrsg.) (2011). *Competencies and mathematical learning. Ideas and inspiration for the development of mathematics teaching and learning in Denmark*. Roskilde: Roskilde University.

OECD (1999). *Measuring Student Knowledge and Skills. A New Framework for Assessment*. Paris: OECD.

OECD (2003a). *Das Lernen lernen. Voraussetzungen für lebensbegleitendes Lernen. Ergebnisse von PISA 2000*. Paris: OECD.

OECD (2003b). *PISA 2003: Internationaler Schülerfragebogen*. Verfügbar unter https://www.bifie.at/wp-content/uploads/2017/05/PISA-2003-fragebogen-schueler-internati onal.pdf (11.12.2018).

OECD (2004). *Learning for Tomorrow's World. First Results from PISA 2003*. Paris: OECD.

OECD (2012). *PISA 2012: Internationaler und nationaler Schülerfragebogen*. Verfügbar unter https://www.bifie.at/wp-content/uploads/2017/05/pisa12_internationaler_ nationaler_schuelerfragebogen.pdf (11.12.2018).

OECD (2013). *PISA 2012 Results: Ready to Learn. Students' engagement, drive and self-beliefs. Volume III*. Paris: OECD.

Orth, U., & Robins, R. W. (2014). The Development of Self-Esteem. Current Directions in *Psychological Science, 23(5)*, 381–387.

Osburn, H. (2000). Coefficient alpha and related internal consistency reliability coefficients. *Psychological Methods, 5(3)*, 343–355.

Otto, B., Perels, F., & Schmitz, B. (2011). Selbstreguliertes Lernen. In H. Reinders, H. Ditton, C. Gräsel, & B. Gniewosz (Hrsg.), *Empirische Bildungsforschung* (S. 33–44). Wiesbaden: Verlag für Sozialwissenschaften.

Pajares, F. (1996). Self-Efficacy Beliefs in Academic Settings. *Review of Educational Research, 66(4)*, 543–578.

Pajares, F. (2005). Gender Differences in Mathematics Self-Efficacy Beliefs. In A. M. Gallagher & J. C. Kaufman (Eds.), *Gender differences in mathematics. An integrative psychological approach* (S. 294–315). Cambridge, UK, New York: Cambridge University Press.

Pajares, F., & Graham, L. (1999). Self-Efficacy, Motivational Constructs, and Mathematics Performance of Entering Middle School Students. *Contemporary Educational Psychology, 24*, 124–139.

Pajares, F., & Kranzler, J. (1995). Self-Efficacy Beliefs and General Mental Ability in Mathematical Problem-Solving. *Contemporary Educational Psychology, 20*, 426–443.

Pajares, F., & Miller, D. (1994). Role of Self-Efficacy and Self-Concept Beliefs in Mathematical Problem Solving. A Path Analysis. *Journal of Educational Psychology, 86(2)*, 193–203.

Pajares, F., & Miller, D. M. (1997). Mathematics Self-Efficacy and Mathematical Prolem Solving: Implications of Using Different Forms of Assessment. *The Journal of Experimental Education, 65(3)*, 213–228.

Pekrun, R., vom Hofe, R., Blum, W., Götz, T., Wartha, S., Frenzel, A., & Jullien, S. (2006). Projekt zur Analyse der Leistungsentwicklung in Mathematik (PALMA). Entwicklungsverläufe, Schülervoraussetzungen und Kontextbedingungen von Mathematikleistungen in der Sekundarstufe I. In M. Prenzel, & L. Allolio-Näcke (Hrsg.), *Untersuchungen zur Bildungsqualität von Schule. Abschlussbericht des DFG-Schwerpunktprogramms [BIQUA]* (S. 21–53). Münster, München: Waxmann.

Perels, F., Löb, M., Schmitz, B., & Haberstroh, J. (2006). Hausaufgabenverhalten aus der Perspektive der Selbstregulation. *Zeitschrift für Entwicklungspsychologie und Pädagogische Psychologie, 38(4),* 175–185.

Peter, J. (1979). Reliability: A review of psychometric basics and recent marketing practices. *Journal of Marketing Research, 16,* 6–17.

Pieschl, S. (2009). Metacognitive calibration–an extended conceptualization and potential applications. *Metacognition Learning, 4(1),* 3–31.

Pintrich, P. R., & De Groot, E. V. (1990). Motivational and Self-Regulated Learning Components of Classroom Academic Performance. *Journal of Educational Psychology, 82(1),* 33–40.

Rach, S., Heinze, A., & Ufer, S. (2014). Welche mathematischen Anforderungen erwarten Studierende im ersten Semester des Mathematikstudiums? *Journal für Mathematikdidaktik, 35,* 205–228.

Randhawa, B. S., Beamer, J. E., & Lundberg, I. (1993). Role of Mathematics Self-Efficacy in Structural Model of Mathematics Achievement. *Journal of Educational Psychology, 85(1),* 41–48.

Rasch, B., Friese, M., Hofmann, W., & Naumann, E. (2014). *Quantitative Methoden. Band 2. Einführung in die Statistik für Psychologen und Sozialwissenschaftler* (3. erweiterte Auflage). Heidelberg: Springer.

Renkl, A. (1991). *Die Bedeutung der Aufgaben- und Rückmeldungsgestaltung für die Leistungsentwicklung im Fach Mathematik.* (Dissertation). Universität Heidelberg.

Risse, J., & Blömeke, S. (2008). Kriterien lernprozessanregender Aufgaben und deren Umsetzung bei der Konstruktion von Aufgaben zum Thema Differenzialgleichungen. *Der Mathematikunterricht, 54(2),* 33–45.

Rottinghaus, P., Larson, L. M, & Borgen, F. H. (2003). The relation of self-efficacy and interests. A meta-analysis of 60 samples. *Journal of Vocational Behavior, 62(2),* 221–236.

Ruekert, R., & Churchill, G. (1984). Reliability and validity of alternative measures of channel member satisfaction. *Journal of Marketing Research, 21,* 226–233.

Schendera, C. (2008). *Regressionsanalyse mit SPSS.* München: Oldenbourg Verlag.

Schiefele, U., Streblow, L., Ermgassen, U., & Moschner, B. (2003). Lernmotivation und Lernstrategien als Bedingungen der Studienleistung. *Zeitschrift für Pädagogische Psychologie, 17(3/4),* 185–198.

Schrader, FW., & Helmke, A. (2008). Determinanten der Schulleistung. In M.K.W. Schweer (Hrsg.), *Lehrer-Schüler-Interaktion* (S. 285–302). Wiesbaden: Verlag für Sozialwissenschaften.

Schraw, G., Potenza, M. T., & Nehelsick-Gullet, L. (1993). Constraints on the Calibration of Performance. *Contemporary Educational Psychology, 18,* 455–463.

Schunk, D. H. (1982). Effects of Effort Attributional Feedback on Children's Perceived Self-Efficacy and Achievement. *Journal of Educational Psychology, 74(4),* 548–556.

Schunk, D. H. (1983a). Ability Versus Effort Attributional Feedback. Differential Effects on Self-Efficacy and Achievement. *Journal of Educational Psychology, 75(6),* 848–856.

Schunk, D. H. (1983b). Reward Contingencies and the Development of Children's Skills and Self-Efficacy. *Journal of Educational Psychology, 75(4),* 511–518.

Schunk, D. H. (1984a). Enhancing Self-Efficacy and Achievement Through Reward and Goals. Motivational and Informational Effects. *Journal of Educational Research, 78(1)*, 29–34.

Schunk, D. H. (1984b). Sequential Attributional Feedback and Children's Achievement Behaviors. *Journal of Educational Psychology, 76(6)*, 1159–1169.

Schunk, D., Pintrich, P. R., & Meece, J. L. (2009). *Motivation in education. Theory, research, and applications* (3. Auflage). Upper Saddle River, NJ: Pearson Education.

Schwarzer, R., & Jerusalem, M. (2002). Das Konzept der Selbstwirksamkeit. *Zeitschrift für Pädagogik, 44*, 28–53.

Shavelson, R. J., Hubner, J. J., & Stanton, G. C. (1976). Self-Concept: Validation of Construct Interpretations. *Review of Educational Research, 46(3)*, 407–441.

Shih, S.-S., & Alexander, J. M. (2000). Interacting effects of goal setting and self- or other-referenced feedback on children's development of self-efficacy and cognitive skill within the Taiwanese classroom. *Journal of Educational Psychology, 92(3)*, 536–543.

Sjuts, J. (2003). Formalisierung von Wissen. Ein probates Werkzeug zur Bewältigung komplexer Anforderungen. *Mathematica Didactica, 26(2)*, 73–90.

Stankov, L.; Lee, J.; Luo, W., & Hogan, D. J. (2012). Confidence: A better predictor of academic achievement than self-efficacy, self-concept and anxiety? *Learning and Individual Differences, 22(6)*, 747–758.

Stein, M. K., Grover, B. W., & Henningsen, M. (1996). Building Student Capacity for Mathematical Thinking and Reasoning: An Analysis of Mathematical Tasks Used in Reform Classrooms. *American Educational Research Journal, 33(2)*, 455–488.

Steiner, G. (2007). *Lernen. 20 Szenarien aus dem Alltag (4. Auflage)*. Bern: Huber.

Stevens, T., Olivárez, A. Jr., & Hamman, D. (2006). The Role of Cognition, Motivation, and Emotion in Explaining the Mathematics Achievement Gap Between Hispanic and White Students. *Hispanic Journal of Behavioral Sciences, 28(2)*, 161–186.

Stevens, T., Wang, K., Olivárez, A., & Hamman, D. (2007). Use of Self-perspectives and their Sources to Predict the Mathematics Enrollment Intentions of Girls and Boys. *Sex Roles, 56(5–6)*, 351–363.

Stigler, J. W., Gonzales, P., Kawanaka, T., Knoll, S., & Serrano, A. (1999). *The TIMSS videotape classroom study. Methods and Findings from an Exploratory Research Project on Eight-Grade Mathematics Instruction in Germany, Japan, and the United States. A Research and Development Report*. National Center for Education Statistics. Retrieved from https://nces.ed.gov/pubs99/1999074.pdf (14.12.2018).

Stone, N. J. (2000). Exploring the Relationship between Calibration and Self-Regulated Learning. *Educational Psychology Review, 12(4)*, 437–475.

Strobl, C. (2012). *Das Rasch-Modell. Eine verständliche Einführung für Studium und Praxis.* (2. erweiterte Auflage). München: Rainer Hampp.

Tall, D. (2008). The Transition to Formal Thinking in Mathematics. *Mathematics Education Research Journal, 20(2)*, 5–24.

Terhart, E., Baumgart, F., Meder, N., & von Sychowski, G. (2009). Standardisierte Prüfungsverfahren in der Erziehungswissenschaft: Kontext, Formen, Konsequenzen. *Erziehungswissenschaft, 38*, 9–36.

Thonhauser, J. (2008). Warum (neues) Interesse am Thema 'Aufgaben'? In J. Thonhauser (Hrsg.), *Aufgaben als Katalysatoren von Lernprozessen*. *Eine zentrale Komponente organisierten Lehrens und Lernens aus der Sicht von Lernforschung, Allgemeiner Didaktik und Fachdidaktik* (S. 13–27). Münster: Waxmann.

Turner, R., & Adams, R. J. (2012). *Some drivers of test item difficulty in mathematics: an analysis of the competency rubric*. Paper presented at the Annual Meeting of the American Educational Research Association, April 13.17.2012, Vancouver. Retrieved from https://research.acer.edu.au/cgi/viewcontent.cgi?article=1006&context=pisa (14.12.2018).

Turner, R., Dossey, J., Blum, W., & Niss, M. (2013). Using Mathematical Competencies to Predict Item Difficulty in PISA: A MEG Study. In M. Prenzel (Hrsg.), *Research on PISA. Research outcomes of the PISA Research Conference 2009* (S. 23–37). Dordrecht: Springer.

Usher, E. L., & Pajares, F. (2008). Sources of Self-Efficacy in School: Critical Review of the Literature and Future Directions. *Review of Educational Research, 78(4)*, 751–796.

Van Loon, M. H., Bruin, A. B. H., van Gog, T., & van Merrienboer, J. J. G. (2013). Activation of inaccurate prior knowledge affects primary-school students' metacognitive judgments and calibration. *Learning and Instruction, 24*, 15–25.

Voßkamp, R. (2008). *Eingangstest Mathematik WS 2008/09*. Mimeo. Kassel: Universität Kassel.

Voßkamp, R. (2013a). *Folien zur Veranstaltung „Mathematik für Wirtschaftswissenschaften" WS 2012/13*. Mimeo. Kassel. Universität Kassel.

Voßkamp, R. (2013b). *Materialien zur Veranstaltung „Mathematik für Wirtschaftswissenschaften" WS 2012/13*. Mimeo. Kassel: Universität Kassel.

Voßkamp, R., & Laging, A. (2013). Teilnahmeentscheidungen und Erfolg. Eine Fallstudie zu einem Vorkurs aus dem Bereich der Wirtschaftswissenschaften. In I. Bausch (Hrsg.), *Mathematische Vor- und Brückenkurse (Konzepte und Studien zur Hochschuldidaktik und Lehrerbildung)* (S. 65–81). Wiesbaden: Springer Fachmedien.

Vrugt, A., Oort, F. J., & Waardenburg, L. (2009). Motivation of men and women in mathematics and language. International *Journal of Psychology, 44(5)*, 351–359.

Wang, J. (2011). *Untangling the relationship among high school students' motivation, achievement and advanced course-taking in mathematics: Using structural equation modeling with complex samples*. (Dissertation). University of Houston. Retrieved from https://citeseerx.ist.psu.edu/viewdoc/download?doi=10.1.1.870.5740&rep=rep1&type=pdf (14.12.2018).

Weinert, F. E. (2001). Vergleichende Leistungsmessung in Schulen – eine umstrittene Selbstverständlichkeit. In F. E. Weinert (Hrsg.), *Leistungsmessungen in Schulen* (S. 17–31). Weinheim, Basel: Beltz.

Winter, H. (1995). Mathematikunterricht und Allgemeinbildung. *Mitteilungen der Gesellschaft für Didaktik der Mathematik, 61*, 37–47.

Wu, M. L., Adams, R. J., Wilson, M. R., & Haldane, S. A. (2007). *ACERConQuest. Version 2.0*. Camberwell, Australia: ACER Press.

Wynands, A., & Neubrand, M. (2003). PISA und mathematische Grundbildung. Impulse für Aufgaben (nicht nur) in der Hauptschule. In L. Hefendehl-Hebeker, & S. Hußman (Hrsg.), *Mathematikdidaktik zwischen Fachorientierung und Empirie. Festschrift für Norbert Knoche* (S. 299–311). Hildesheim, Berlin: Franzbecker.

Yates, J. F. (1990). *Judgment and decision making*. Englewood Cliffs, NJ, US: Prentice-Hall Inc.

Zimmerman, B. J. (2000a). Attaining self-regulation: A social cognitive perspective. In M. Boekaerts, P. R. Pintrich, & M. Zeidner (Hrsg.), *Handbook of self-regulation* (S. 13–39). San Diego, CA: Academic Press.

Zimmerman, B. J. (2000b). Self-Efficacy. An Essential Motive to Learn. *Contemporary Educational Psychology, 25*, 82–91.

Zimmerman, B. J., Bandura, A., & Martinez-Pons, M. (1992). Self-Motivation for Academic Attainment: The Role of Self-Efficacy Beliefs and Personal Goal Setting. *American Educational Research Journal, 29(3)*, 663–676.

Zimmerman, B. J., & Martinez-Pons, M. (1990). Student Differences in Self-Regulated Learning: Relating Grade, Sex, and Giftedness to Self-Efficacy and Strategy Use. *Journal of Educational Psychology, 82(1)*, 51–59.

Printed in the United States
By Bookmasters